박석환 · 곽동희 · 이태진 · 장관순 · 허우명 · 신윤근 공저

환경생태학

신광문화사

머/리/말

지구상에 존재하는 생물은 인류가 지속적으로 발달해 나아가기 위한 기본 자산이다. 그러나 현재 생물 종 다양성은 그 손실이 가속화되고 있으며, 이는 인류의 요구와 이에 대한 자연의 수용능력사이의 불균형을 의미한다. 전세계 인구는 계속 늘고 있고, 이에 따라 자원의 소비는 갈수록 더 커지고, 그로 인한 환경오염의 정도도 더욱 급증하여 이미 자연의 수용한계를 넘어서고 있다.

환경과 개발은 동전의 양면과 같다. 따라서, 환경오염문제가 논의될 때마다 항상 제기되는 논쟁거리의 하나가 경제발전과 환경보진과의 관계이나. 최근늘어 이러한 모순을 해결하기 위한 환경정책의 목표로 '환경적으로 건전하고 지속가능한 개발(Environmentally Sound and Sustainable Development, ESSD)' 이 제시되고 있다. 즉, 현 세대가 미래세대의 필요를 충족시킬 능력을 저해하지 않으면서, 현 세대의 필요를 충족시키는 방향으로의 개발을 의미한다. 이는 결국 환경과 자연자원은 물론 우리 인류를 포함한 생태계의 지속성을 뜻하며, 그 핵심은 생물 종 다양성의 확보이고, 이를 담보해내기 위해서는 생태학의 근본원리를 이해하고, 복잡한 각종 환경오염현상 및 행위가 생태계에 미치는 영향을 규명하고, 그 제어방안을 강구하기 위한 학제적 연구노력과 실질적 구체화가 필요하다 하겠다.

따라서 본 책자는 먼저 제1부 생태학의 원리에서 생태계의 구조와 특성, 생태계의 에너지 역학과 물질순환 및 생태계의 제한요인 등을 살펴보고, 제2부의 개체군, 군집 및 생태계에서 개체군의 특성과 동태 및 상호작용, 군집의 구성과 동태 및 발전, 지구상에 존재하는 생태계의 종류 등을 파악한 다음, 제3부 인간과 생태계에서 인구, 자원 및 환경오염의 상호작용과 지구생태계 보전을 위한 국제적 노력들을 알아보고, 마지막으로 제4부 환경오염과 생태계에서 가종 환경오염의 원인과 이들이 생태계에 미치는 영향 및 그 제어방안을 살펴보는 순서로 구성되어 있다.

이 책을 통해 지구생태계의 원리와 구성 및 이에 영향을 미치는 여러 가지 환경오염

현상의 원인과 제어방안 등을 이해하는데 도움이 되기를 바라며, 이를 바탕으로 지금 이 순간에도 지구상에 남아 있는 많은 생물들이 사라져가고 있고, 이들이 사라진다면 인류의 문명은 더 이상 지속될 수 없을 것이다. 따라서 지구상의 생물들을 보존하는 길, 그 것이 바로 인류문명을 지속적으로 꽃피워 나가기 위한 우리의 책임이자 의무이며, 이의 달성은 바로 지금 우리의 작은 실천으로부터 시작됨을 인식하게 되기를 기원한다.

끝으로, 이 책을 펴냄에 있어 많은 격려와 조언을 해 주신 모든 분들께 진심으로 감사드리며, 또한 초판 · 2판 · 3판 · 4판에 성원을 보내주신 여러분들께도 감사를 드리며, 본 5판의 발간에 즈음해서 다시 한번 신광문화사 전귀연 사장님을 비롯한 임직원 여러분께 심심한 감사의 뜻을 전한다.

저자

차/례

제 1 부 생태학의 원리

Chapter 1 생태계의 구조와 특성 / 3

1-1 생태학의 정의 • 3
1-2 생태계의 정의 • 3
1-3 생태계의 구조 • 3
1-4 생물권의 물리적 특성 • 5

Chapter 2 생태계의 에너지 역학 / 11

2-1 에너지의 기본적 개념 • 11
2-2 생태계의 에너지 흐름과 생물량 • 12
2-3 영양단계(Trophic Level) • 13
2-4 에너지와 생산력 • 16

Chapter 3 생태계의 물질순환 / 19

3-1 생물지구화학적 순환의 양상과 기본형 • 19
3-2 탄소의 순환 • 19
3-3 산소의 순환 • 21
3-4 질소의 순환 • 22
3-5 황의 순환 • 25
3-6 인의 순환 • 26

Chapter 4 생태계의 제한요인 / 29

4-1 제한요인의 정의 • 29
4-2 Liebig의 최소량의 법칙 • 30
4-3 Shelford의 내성의 법칙 • 31

4-4 제한요인의 결합 • 31
4-5 조절요인으로서의 생존조건 • 32
4-6 제한요인으로서 중요한 물리적 요인 • 33
4-7 생태학적 지표 • 40

제 2 부

개체군, 군집 및 생태계

Chapter 5 개체군의 특성과 동태 / 45

5-1 개체군의 특성 • 45
5-2 개체군의 동태 • 51

Chapter 6 개체군의 상호작용 / 63

6-1 서론 • 63
6-2 포식(捕食, predation) • 64
6-3 기생(寄生, parasitism) • 67
6-4 편리공생 (偏利共生, commensalism) • 69
6-5 상리공생 (相利共生, mutualism) • 70
6-6 종간경쟁(種間競爭, interspecific competition) • 71

Chapter 7 군집의 구성과 동태 및 발달 / 75

7-1 군집의 구성과 동태 • 75
7-2 군집의 발달- 생태적 천이 • 82

Chapter 8 생태계의 분류 / 89

8-1 육상 생태계 • 89
8-2 담수생태계 • 103
8-3 해양생태계 • 110
8-4 한국의 생태계 • 114

제 3 부 인간과 생태계

Chapter 9 인구 / 127

9-1 인구의 변천 • 127
9-2 인구증가의 영향 • 133
9-3 인구 증가의 전망과 지구의 수용능력 • 134
9-4 농업생산과 인구부양능력 • 135
9-5 인간의 생활수준과 인구부양능력 • 138

Chapter 10 자원 / 141

10-1 자원의 고갈 • 141
10-2 자원의 종류 • 142
10-3 지원의 한계 • 143
10-4 자원의 한계 내에서의 생존방안 • 145

Chapter 11 인간활동과 환경오염 / 153

11-1 환경오염문제의 발생 • 153
11-2 인구, 자원 및 환경오염의 상호작용 • 154
11-3 환경오염문제를 발생시키는 인간활동 • 156
11-4 기후변화와 생태계 • 158
11-5 바람직한 개발 방향 • 160
11-6 생태주의와 환경주의 • 161

Chapter 12 지구생태계 보전을 위한 노력 / 163

12-1 기이이 가설과 그 한계 • 163
12-2 경제활동과 환경규제 • 166
12-3 지구생테계 보전을 위한 국세 협약 • 179

제 4 부

환경오염과 생태계

Chapter 13 대기오염과 생태계 / 191

13-1 대기오염물질 및 실내공기오염물질의 형태와 근원 • 191
13-2 여러 가지 대기오염 현상 • 198
13-3 대기오염이 인체에 미치는 영향 • 204
13-4 대기오염이 동 · 식물 및 재물에 미치는 영향 • 206
13-5 대기오염이 지구생태계에 미치는 영향 • 209
13-6 대기오염의 제어 • 221

Chapter 14 수질오염과 생태계 / 227

14-1 인류와 수자원 • 227
14-2 물의 자정작용 • 230
14-3 수질오염(water pollution) • 233
14-4 해양오염 • 243
14-5 폐수의 특성 • 245
14-6 수질오염의 제어 • 266

Chapter 15 폐기물과 생태계 / 293

15-1 폐기물의 정의 및 역사 • 293
15-2 폐기물 관리정책의 변천 • 294
15-3 폐기물의 분류 • 295
15-4 폐기물의 특성 • 298
15-5 폐기물의 관리체계 • 300
15-6 폐기물의 자원화와 에너지 회수 • 311
15-7 방사능 폐기물의 영향과 처리 및 처분 • 324

Chapter 16 살생물제와 환경호르몬 및 토양오염 / 327

16-1 살생물제와 생태계 • 327
16-2 내분비계 장애물질(환경호르몬)과 생태계 • 338
16-3 토양오염과 생태계 • 350

■ 찾아보기 • 361

제 1 부

생태학의 원리

1. 생태계의 구조와 특성
2. 생태계의 에너지 역학
3. 생태계의 물질순환
4. 생태계의 제한요인

CHAPTER 1

생태계의 구조와 특성

1-1 생태학의 정의

생태학(ecology)이란 무엇을 다루는 학문일까? 생태학을 뜻하는 그리스 원어 '*oikos*'는 '집'을 의미한다. 따라서 생태학은 '집'을 연구하는 '학문'이다. 여기서 집은 우리가 살고 있는 곳, 즉 환경(environment)이다. 전문 용어로서 광의의 환경은 생물에게 영향을 미치는 생물적 요인과 비생물적 요인을 모두 포함한다. 결론적으로, 생태학이란 생물적 요인과 비생물적 요인 사이의 상호작용(interaction)을 연구하는 학문이라 할 수 있다.

1-2 생태계의 정의

생물적 요인(biotic factor)과 비생물적 요인(abiotic factor ; 협의의 환경)은 불가분의 관계에 있으며 서로 상호작용을 하고 있는데, 생태학적인 계(系, system), 즉 생태계(ecosystem)란 '어떤 지역의 모든 생물이 물리적 환경과 상호관계를 가지며, energy의 흐름이 system 속에서 뚜렷한 영양구조, 생물의 다양성, 물질의 순환 등을 만들어 내고 있는 상태'로 정의된다.

1-3 생태계의 구조

1) 생태계의 생물적 구성요소와 비생물적 구성요소

생물적 구성요소로는

① 생산자(producer) : 간단한 무기물로부터 유기물(거대소비자 및 분해자의 먹이)을 만들 수 있는 녹색 식물 등의 독립영양생물(autotroph, 자가영양생물)
② 거대소비자(macroconsumer) : 다른 생물이나 유기물을 섭취하는 동물 등의 종속영양생물(heterotroph, 타가영양생물)
③ 분해자(decomposer) : 이는 미세소비자(microconsumer)로서, 사체를 분해시키거나 다른 생물로부터 유기물을 취하여 에너지를 얻는 세균, 곰팡이 등의 종속영양생물

비생물적 구성요소로는
① 물질순환에 관여하는 C, N, CO_2, H_2O, O_2, N_2, P, Ca, Mg 등의 무기물
② 생물과 무생물을 연결하는 단백질, 탄수화물, 지방, 부식질(humic substance) 등의 유기화합물
③ 공기, 온도, 습도, 기후 등의 물리적 요소

2) 생태계의 기능적 구성요소

① 에너지 회로 : 살아있는 식물을 직접 소비하는 초식회로(grazing circuit)와 죽은 동식물을 분해하는 유기물 잔재회로(organic detritus circuit)로 나뉜다.
② 먹이사슬(food chain) : 생물간의 먹고 먹히는 관계를 표현한 것으로, 실제로는 복잡한 망상구조를 나타내어 먹이망(網, food web)이라고도 한다.
③ 시 · 공간적 다양성 : 생태계는 시간적(낮과 밤, 여름과 겨울 등), 공간적(육상과 담수 등)으로 다양한 형태(pattern)를 나타낸다.
④ 영양염류의 순환(nutrient cycling) : 생태계 내에서, 원형질(세포질)의 모든 원소를 포함한 화학적 원소는 환경으로부터 생물로, 다시 생물로부터 환경으로 독특한 경로를 거쳐 순환한다(biogeochemical cycle).
⑤ 발달과 진화 : 생태계는 생물적 · 비생물적 구성요소의 상호작용에 의해 보다 안정되고 균형잡힌 상태로 발달 · 진화한다(천이 – 遷移 – succession와 극상 – 極相 – climax).
⑥ 제어(control) : 생태계는 스스로 자신의 체계를 제어할 수 있는 능력을 가지고 있어서, 전체적으로 대단히 안정된 특성을 가지고 있다. 이 때, 생물종 다양성(生物種 多樣性, bio-species diversity)이 전제된 상황하에서 생태계의 항상성(恒常性, homeostasis)이 유지될 수 있다.

1-4 생물권의 물리적 특성

생물권(biosphere)은 지구에서 생물이 존재하는 부분이다. 다시 말해서 빛과 물이 상호작용하여 생물이 살아갈 수 있도록 조성된 육지, 지하, 담수, 해수 등의 영역이다.

지구 전체로 보아 생물권은 넓이로는 지구의 많은 부분을, 깊이로는 지표면의 극히 얇은 부분을 차지한다. 생물은 지구 표면에서 매우 높거나 낮은 곳에서는 살 수 없다. 정확히 말해 지구에서 생물이 서식할 수 있는 부분은 높이 약 22km 정도의 매우 얇은 층이다. 이 범위는 높은 산과 깊은 해구를 포함하지만 만약 지구를 농구공만한 크기로 본다면, 생물권은 이 공에 칠해진 페인트 한 겹 정도의 두께이다.

1) 대기

지구의 내기(atmosphere)는 희미하고 적은 양의 기체로 형성되어 있지만 모든 생물은 이 미약한 장막에 의지하여 살고 있다. 대기층은 기체로 된 보호막이라 할 수 있는데, 질소 78%, 산소 21%, 소량의 이산화탄소(0.03%)와 수증기를 포함한 그 외 기체 1%로 구성되어 있다.

지구 대기의 대부분은 지구에 가깝게 밀착되어 지표면에서 8~11km(대류권)내에 존재한다. 대기는 유용한 기체의 저장소일 뿐만 아니라, 생물에 유해한 자외선이 지표면에 닿지 않도록 차단해 주는 생명을 위해 절대 필요한 공간이기도 하다(성층권의 ozone layer).

대기는 또한 열을 흡수하여 보유하는 열저장소이다. 이 열저장 역할 때문에 대기는 종종 온실에 비유된다. 빛에너지는 창유리를 통하여 온실 안으로 쉽게 들어간다. 흡수된 빛에너지는 다시 열에너지로 복사되는데 빛과는 달리 열은 쉽게 빠져 나가지 못한다. 결국, 온실 안은 충분한 햇볕을 이용할 수 있는 한, 겨울철에도 따뜻하게 유지된다 마찬가지로 대기의 이산화탄소와 수증기도 이와 같은 방식으로 지구에 도달하는 열을 가둬 놓는다.

지구가 태양으로부터 받는 전체 에너지의 양과 우주로 방출되는 복사에너지의 양은 같다. 그러나 이 평형 상태는 계속된 대기오염으로 심각하게 파괴되고 있다. 우리가 통제하기 힘든 대기오염물질 중의 하나가 이산화탄소이다. 이것은 우리 자신과도 직접 관련되어 있는 호흡에서부터 화석 연료의 연소, 삼림과 목초지 파괴 등 모든 형태의 연소로부터 발생된다. 내기 중에 증가된 이산화탄소는 복사열을 잡아 둠으로써 지구의 온실효과(greenhouse effect)에 의한 지구온난화(global warming)를 유발한다.

2) 물

생물권 내에서 물은 여러 가지 역할을 할 수 있는 독특한 성질을 갖고 있다. 물은 좋은 용매로서 무기·유기물질을 용해시키며, 또 많은 물질의 운반매체 노릇을 할 수 있고 이러한 현상은 전 생물권 뿐만 아니라 개개의 생물체에서도 일어난다. 즉, 우리 몸에서 기본적인 수송작용을 하는 세 가지는 피, **림프액**(조직과 조직 사이를 채우는 무색의 액체로서 각종 백혈구를 함유), **오줌**인데 이들도 대부분이 물로 되어 있으며, 생물체 내에서 일어나는 생화학적 대사과정의 대부분이 물의 특유한 화학적 성질에서 비롯된다.

물은 **열용량**(물체의 온도를 단위온도만큼 올리는데 필요한 열량으로서 비열과 질량의 곱)이 보통 물질 중 가장 크다. 이 말은 일정한 온도를 높이려면 물은 다른 물질보다 더 많은 에너지가 필요하다는 뜻이다. 반대로, 일정한 온도로 냉각하려면 이때에도 물은 다른 물질보다 더 많은 에너지가 든다. 이러한 물의 특성은 생물 개체에 있어서나 전 지구적인 견지에서 보아도 중요한 점이다.

개체 생물에 있어서 물이 높은 열용량을 갖는다는 것은 온도가 갑작스럽게 변하는 경우에 물이 완충제 역할을 할 수 있다는 뜻이 된다. 좀더 큰 범위로 본다면 대양 및 많은 분량으로 물이 존재하는 경우에는 계절적 온도의 변동을 조절한다. 이 사실은 동 위도상에 있는 해안지방이 내륙보다 여름에 더 시원하고 겨울에 더 따뜻한 이유가 된다.

물은 높은 **기화열**을 필요로 한다. 물 1g을 수증기로 바꾸는데 평균 539cal가 든다. 이것은 다른 어떤 물질의 값보다 크며, 많은 동물들의 체온 조절에도 큰 의의가 있다. 땀을 흘리고 가쁜 숨을 쉬는 것은 포유류가 체온을 내리게 하기 위한 두 가지 행동 방식이다.

물의 이같은 특성들은 물분자 구조에 기인한 것인데, 물에서 전자의 불균형된 분포 때문에 분자는 강렬한 극성이 있다. 이는 물이 다른 극성체와 쉽게 작용하고 강한 용매작용을 하게 한다. 물분자의 산소와 수소원자간의 전기음성도의 차이는 분자간에 수소결합을 가지게 한다. 그것은 넓은 범위의 온도(0 ~ 100℃)에서 액체로 되는 물의 성질이나, 물이 얼 때 높은 응고열을 방출하고, 증발할 때 높은 기화열을 필요로 하는 현상을 설명해주는 물분자 간의 상호결합이다.

물은 **비열**이 높기 때문에 온도를 올리기 위해서는 비교적 큰 에너지가 필요하며, 또한 매우 느리게 에너지를 잃는다(물 분자 사이의 수소결합 때문에). 따라서 물은 지구의 온도를 일정하게 유지시켜 주는 거대한 안정제이다. 지구가 심한 기후 변동을 겪지 않고 비교적 온화한 기후를 유지할 수 있는 것은 대기 중에 존재하는 수증기 때문이기도 하다. 이 습기는 열을 보유하며 지구 표면으로부터 열이 느리게 복사되도록 한다(대기와 물이 거의 없는 달의 경우 낮에는 100℃ 이상, 밤에는 영하 100℃ 이하를 나타냄).

3) 토양

육상 생태계에서 토양은 대부분의 물질들이 생명체로 유입되는 관문으로서, 식물체는 뿌리를 통하여 토양으로부터 물, 질산염, 인산염, 황산염, 칼륨, 구리, 아연 이온 등과 기타 필수무기염류 등을 흡수한다. 이와 함께 식물은 잎을 통해 이산화탄소를 이용하여 단백질, 탄수화물, 지방, 핵산 및 비타민 등의 유기물을 합성하고, 이 유기물은 다시 식물 자신과 모든 타가영양생물들의 먹이가 된다. 토양은 물, 온도 등과 더불어 지구 생산력의 중요한 결정요인이 된다.

토양의 수직단면은 몇 개의 층으로 구성되어 있는데, 맨 위층은 나뭇잎과 같은 부분적으로 썩은 유기물로 구성되어 있고, 이 층 바로 밑에 존재하는 **표토(表土, topsoil)**에는 썩은 유기물인 부식질(腐植質, humus)이 있어서 어두운 색깔을 나타낸다. 농작물은 주로 이 표토층에서 자라게 되는데, 그 이유는 부식질이 토양을 성기게 하여 수분의 보유와 공기의 유통을 좋게 할 뿐만 아니라 여러 가지 영양물질을 잡아두는 역할을 하기 때문이다.

표토 밑은 **하층토(下層土, subsoil)**로서 표토보다는 색이 엷고, 무기영양분이 많이 함유되어 있다. 하층토 밑은 **풍화된 모암층(風化된 母岩層**, weathered parent material layer)으로, 이는 화학적 파쇄에 의해 모암이 토양으로 전환되는 첫단계이다.

토양의 형성은 역동적인 과정으로

① 화학적 작용에 의해 모암의 해체가 이뤄지고

② 상부에 존재하는 생물의 사체에 대한 분해자로서의 미생물에 의해 부식질이 형성·혼합되고

③ 물의 침누현상(沈漏現象, percolation) 등으로 물 속에 녹아 있던 각종 무기 염류가 토양 속으로 혼입된다.

경사도가 심하고 특히 강수량이 많은 지역에서는 지표수에 의해 부식질 및 무기염류가 씻겨나가, 그 토양은 산성화되고 척박해지며 비옥도가 낮아져 비료와 석회를 많이 투입하여야만 생산량을 높일 수 있다. 반대로, 사막의 경우는 강우량이 대단히 적어서 수분은 표면에만 약간 있다가 증발되어 버리고, 염분이 표토 근처에 올라와 있어 염도가 높으며, 알칼리성을 띠고, 유기물 함량이 적어서 농작물이 제대로 자랄 수 없다.

4) 태양에너지

지구로 들어오는 태양 광선 중 약 30%는 지구와 대기에 의해 다시 우주 공간으로 반사되고, 20%는 대기 중의 기체에 흡수된다. 그 나머지 50% 가량만이 빛에너지로서 지구 표면에 도달하는데, 일단 육지와 물에 흡수되었다가 열로서 우주 공간에 다시 복사된다. 그러나 이 50%의 빛에너지가 방대한 양의 일을 해낸다.

놀라운 일은 이중 광합성 과정에 쓰이는 빛에너지는 1%도 채 안된다는 사실이다. 나머지 대부분의 열은 해양, 호수, 강에 유입되어 물을 증발시키거나, 미약하지만 증산작용을 통해 식물의 잎에서 일어나는 증발에도 관여한다. 태양에너지를 흡수한 물 분자는 열을 얻어 활발히 움직이다가 결국 수증기로서 대기로 올라간다. 대기 중에서 물은 다시 액체상태로 응축되어 열을 잃고 비나 눈으로 낙하한다.

따라서 태양에너지는 지구상에 물을 분배시키는 데 결정적인 역할을 하며, 또한 지구의 기후를 조절하는 열을 재분배한다. 지구상에서 액체와 기체 상태를 오가는 이러한 물의 일정한 변화를 물의 순환(hydrologic cycle, water cycle)이라 한다.

5) 기후

지구에 도달하는 태양에너지의 가장 두드러진 효과는 1년을 주기로 일어나는 계절 현상을 유발하는 것이다. 주기적인 계절의 변화는 지구의 공전을 따라 태양의 직사광에 노출되는 지표면의 부위가 변하기 때문에 일어난다. 일정 지역에 일어나는 직사광선의 노출 변화는 지구의 회전축이 태양 광선에 수직이 아니라 수직으로부터 23.5°기울어져 있기 때문이다. 기울어진 축은 무역풍과 지역 특유의 강우 양상도 일으킨다.

태양광선은 지구의 다른 지역보다도 적도에 더 많은 양이 도달하기 때문에 적도 지방은 덥다. 이 열은 수증기를 많이 포함하는 아주 따뜻한 기단(氣團, air mass)을 형성시켜 상승하게 만든다. 따뜻한 공기는 찬 공기보다 습기를 많이 보유한다. 따뜻한 기단이 상승하면 아래쪽의 대기 밀도가 희박해짐으로써 북쪽으로부터 차고 건조한 기단이 밀려들어오게 되는데, 이 때 지구의 자전력에 의해 무역풍이 발생한다.

적도에서 생긴 습한 공기는 이동하면서 적도 지방 특유의 강우 양상을 형성한다. 상승한 기단은 빠르게 차가워져서 적도 지방 근처에 비를 뿌려 대부분의 물을 잃게 된다. 공기 격실 내의 기단이 북쪽으로 점차 이동함에 따라 습기가 점점 더 고갈되며 이 지역에서의 강우량은 더 적어진다. 결국 북위와 남위 30°부근 지역은 강우량의 부족으로 인하여 사막(desert)이 형성된다.

기단의 이동은 해류를 만드는 데 일익을 담당하기도 한다. 해류의 이동은 근처에 있는 육지의 기후에 영향을 주고, 물을 혼합하여 수중 생물에 필요한 영양분과 가스 등을 분배하기 때문에 상당히 중요하다.

환•경•생•태•학

CHAPTER 2

생태계의 에너지 역학

2-1 에너지의 기본적 개념

어떤 물체가 일을 할 수 있는 상태에 있을 때, 그 물체는 에너지를 가지고 있다고 한다. 즉, 에너지(energy)란 "일을 할 수 있는 능력"이라고 정의되고 있으며, 그 특성은 다음의 법칙으로 설명될 수 있다.

첫째로 열역학 제1법칙은 에너지 보존의 법칙으로서 한 계(系, system)가 갖는 에너지의 총량은 외부와의 출입이 없는 한 일정 불변하고, 외부에서 출입이 있을 때는 그 양만큼 증가 또는 감소한다는 내용, 즉 에너지는 차례차례로 모양을 바꿀 수는 있지만 결코 스스로 발생하거나 소멸되지 않는다는 법칙이다.

예를 들어, 에너지의 한 형태인 빛은 상태에 따라서 일에너지, 열에너지 또는 먹이(food)라는 잠재에너지로 변환될 수는 있으나 소실되는 경우는 없다.

둘째로 열역학 제2법칙은 엔트로피 증가의 법칙으로 불리는데, 에너지는 무질서가 증가하는 방향, 즉 엔트로피가 증가하는 방향으로 이동한다는 것이다. 이 때 엔트로피(entropy)란 독일의 물리학자 Rudolf Clausis에 의해 창안된 용어로서 "에너지의 상태가 무질서한 정도(degree of disorder), 즉 사용불가능한 에너지(unavailable energy)의 척도"로 사용된다. 따라서 엔트로피의 증가라 함은 사용가능한 에너지(available energy)가 사용불가능한 에너지의 상태로 전환됨을 의미한다.

에너지가 높은 수준에서 낮은 수준으로 이동함에 따라 엔트로피(무질서도)가 증가하고 우주는 점점 더 무질서해진다. 그러므로 우리는 보다 조직화된 계에 보다 많은 에너지가 있고, 이 에너지는 항상 더 낮은 수준으로 이동하기 때문에 계가 점차 무질서하게 된다고 추론할 수 있다. 이산화탄소와 물 분자는 가솔린 분자보다 더 무질서한 상태이며 따라서 잔디 깎는 기계는 더 큰 엔트로피 쪽으로 작동한다. 연료의 화학결합에 있던 대부분의 에너지는 열로 변한다.

또한 제2법칙은 에너지의 형태 전환이 불완전하다는 것을 말해 주는데 일부 에너지가 각 전환 과정중에 열로 사라지기 때문이다. 우리는 화학에너지가 운동에너지로 바뀌면서 에너지의 일부가 열로 사라지는 것을 안다. 그렇지만 열에너지가 그 계에서 완전히 소멸되는 것이 아니다. 단지 유용한 일에 쓰일 수 없을 뿐이다.

각 전환 단계에서 손실되는 에너지를 고려한다면 어떻게 생물은 살아가는 것일까? 그것은 오직 태양에서 오는 무한한 에너지 때문이다. 사실상 지구에 도달하는 빛에너지의 1% 미만으로도 생물은 삶을 지탱할 수 있다.

생물, 생태계, 그리고 생물권 전체는 근본적으로 열역학적인 특성을 가진다. 즉, 이들은 내적 질서가 높은 상태, 즉 엔트로피가 낮은 상태(계내의 무질서의 양이나 이용할 수 없는 에너지가 적은 상태)를 창출하고 유지한다.

결론적으로, 열역학 제2법칙에서 엔트로피의 증가는 사용가능한 에너지, 즉 자원의 감소를 뜻하며, 환경(생태계)에서 무슨 일이 일어날 때마다 얼마간의 에너지는 사용불가능한 에너지로 끝이 난다. 이러한 사용불가능한 에너지가 바로 '환경오염'을 뜻한다고 할 수 있다.

산업화의 진전과 인구의 증가로 말미암은 대기오염, 수질오염, 폐기물의 발생 등은 모두 엔트로피의 증가를 뜻한다. 따라서 환경오염은 엔트로피 증가에 대한 또 다른 이름이라고 할 수 있으며 사용 불가능한 에너지에 대한 척도가 될 수 있다.

한편, 열역학 제3법칙은 절대온도 0도(0°K, −273.6°C)에서는 분자운동이 없으며, 따라서 엔트로피는 0이 된다는 법칙이다.

2-2 생태계의 에너지 흐름과 생물량

1) 생태계의 에너지 흐름

태양에너지는 광합성을 통해 생산자에 의해서 최초로 사용된다. 그리고 나서 먹이 속의 화학결합에너지 형태로, 하나의 소비자에서 다음 소비자로 그리고 하나의 영양단계에서 또 다른 영양단계로 넘어간다. 최종적으로 에너지는 분해자로 간다.

각 영양단계의 전환 효율은 약 10% 정도이다. 나머지 에너지는 생물을 유지하는 호흡활동의 결과인 열로 빠져 나간다(엔트로피의 증가).

2) 생물량(생체량, Biomass)의 개념

생물계를 통한 에너지 흐름은 다소 신비스러운 일처럼 생각되기도 하지만 그것은 식사와 같은 일상적인 행동처럼 우리 주변에 흔히 존재하는 현상이다. 잘 알고 있듯이 지구상에 존재하는 모든 생명체의 궁극적 에너지 근원은 태양에서 오는 가시광선이다.

이 가시광선의 에너지는 일차적으로 광합성을 통해 생물계로 들어온다. 앞에서 대기권에 도달하는 태양에너지의 약 50% 정도만이 지구 표면에 도달하며, 광합성 생물에 의해 사용되는 에너지는 1%도 안된다(전지구에 걸친 평균으로는 1%의 1/10)는 것을 알았다. 이 양은 매우 적게 느껴지지만 건조 유기물을 연간 1500 ~ 2000억 톤을 생산할 만큼 충분하다.

이러한 건조 유기물은 단위 면적당 생물의 전체 무게인 **생물량**(biomass)으로 표현하는데, 평방 미터당 그램이나 킬로그램(g/m^2 또는 kg/m^2)으로 그 건중량 또는 생체량으로 기록한다. 여기에 해저 배출구에서 분출되는 화학에너지를 사용하거나(화학독립영양생물) 또는 유기물을 직접 이용하는 생물체도 더해야 하지만 이러한 기여는 광합성 생물에 의한 것과는 비교도 안 될 만큼 적다.

2-3 영양단계(Trophic Level)

생태계를 통해 흐르는 에너지는 광합성 생물들과 같은 독립영양생물에 의해 최초로 이용된다. 이들은 생태학적 술어로 **생산자**(producer)이다. 생산자로부터 에너지는 다양한 **소비자**(consumer), 즉 외부의 에너지를 이용할 수 없고 그들이 필요한 유기화합물을 다른 생물체에 의존하는 **종속영양생물**(heterotroph)들에게 전달된다.

예를 들어, 1차 생산자인 식물성 플랑크톤은 동물성 플랑크톤의 먹이가 되고 이것들은 다시 보다 큰 해양생물들의 먹이가 된다. 생태계의 에너지 역학에서는 이러한 에너지 전달 단계를 **영양단계**(trophic level)라 하는데, 이러한 에너지 흐름은 먹이 분자의 전달이라고도 할 수 있다. 이런 관점에서 각 영양단계를 좀더 자세히 살펴보면 아래와 같다.

1) 생산자(Producer)

생산자에는 식물, 조류(藻類, algae ; 식물성 plankton), 광영양박테리아(phototrophic bacteria)와 같은 모든 광합성 생물들이 속한다(**독립영양생물**, **자가영양생물**, autotroph). 이러한 생물들은 보통 이산화탄소와 물, 그리고 몇몇 무기물질로부터 유기물질을 생산하기 위하여 빛에너지를 사용하는데, 광계(photosystem)로 알려진 분자 복합체인 엽록소 색소에 의해서 빛에너지를 흡수한다. 화학독립영양생물(chemoautotroph)에는 지각의 무기물질로부터 에너지를 얻는 박테리아가 있다. 이러한 모든 생산자에 의한 생물량은 생물권에 존재하는 총 생물량의 약 99%를 차지하고 있다.

2) 소비자(Consumer)

동물과 여러 원생동물 등이 여기에 속하는데, 이들은 스스로 먹이를 생산할 수 없으므로 다른 생물을 먹이로 취하는 **종속영양생물**(**타가영양생물**, heterotroph)이다. 소비자를 통한 에너지 흐름은 몇 가지 영양단계를 거친다.

이들 소비자들은 초식동물(herbivores)과 같이 생산자를 직접 먹는 1차 **소비자**(primary consumer), 1차소비자를 잡아먹는 육식동물(carnivores)과 같은 2차 **소비자**(secondary consumer), 그리고 생산자와 소비자를 모두 먹는 사람 등의 잡식동물(omnivores)과 같은 3차 **소비자**(tertiary consumer) 등으로 나뉜다.

어떤 소비자(주로 육식동물)의 섭식 방식은 몇 개의 영양단계를 생략하기도 하며, 군집 내에서의 복잡한 섭식 양상 때문에 **먹이사슬**(**먹이연쇄**, food chain)보다는 **먹이그물**(**먹이망**, food web)로 표현되기도 한다.

3) 분해자(Decomposer)

부생생물(**腐生生物**, saprobe)들은 동식물의 사체를 먹고 산다. 이러한 부생 균류(菌類, fungi, 곰팡이)와 박테리아 등의 미생물을 분해자(decomposer)라 한다. 분해자는 물질을 분해, 이를 다시 순환시켜 생산자가 이용할 수 있게 함으로써 소비자와 생산자 사이의 중요한 연결 고리의 역할을 한다.

분해자는 유기물이나 생물의 잔류물과 노폐물을 분해하여 암모니아, 황산염, 아질산염, 질산염, 인산염, 이산화탄소, 물과 같은 단순한 생성물(무기물)로 전환시켜 녹색식물이 다시 이용할 수 있도록 한다.

4) 피라미드형 영양단계

영양단계들간의 관계를 도표로 구성하면 이해하기 쉽다. 생태학의 선구자인 엘톤(Charles Elton)은 처음으로 '생태적 피라미드' 또는 '엘토니언 피라미드(Eltonian pyramid)'의 개념을 제시하였다. 생태적 피라미드는 여러 영양단계에서 일부 요소들이 변화하는 것을 보여 준다.

밑바닥의 생산자 개체군 위에 1차, 2차, 3차와 최고 단계의 소비자가 있다. 일반적으로 사용되는 생태적 피라미드의 세 가지 형태는 개체수 피라미드, 생물량 피라미드(모든 생물의 총 건중량), 에너지 피라미드이다.

일반적으로 생산자 → 1차 소비자 → 2차 소비자 → 3차 소비자에 있어서 개체수, 종 수, 생물량의 크기에 대한 피라미드는 정의 삼각형 형태를 나타내고, 개체당 무게, 에너지 효율, 생물농축(농도)에 대한 피라미드는 역의 삼각형 형태를 나타낸다.

(1) 개체수 피라미드(Pyramid of Number)

초원 군집의 각 영양단계에서 개체수를 도식화하면 전형적인 계단 모양의 피라미드 형태가 된다. 그래야만이 안정적인 계(系, system)가 유지될 수 있는 것이다.

(2) 생물량 피라미드(Pyramid of Biomass)

이 피라미드는 생물량을 도표로 나타내는 방법으로 먹이연쇄의 단계가 아주 잘 나타나는데, 앞에서 지적한 바와 같이 지구의 생물량 중 99%를 1차생산자가 차지하는데, 몇 가지 이유 때문에 이와 같은 많은 생물량은 실제로 1차소비자에게 전달되어 저장되지 않는다. 초식동물에게 먹힌 식물체 중에서 상당히 많은 양이 물질대사 과정에서 소비된다(이산화탄소, 물, 질소 노폐물 등으로 전환). 그 외에 일부는 흡수되지 않고 배설물로 버려지기도 한다. 이 때문에 1차소비자 단계는 보통 생산자보다 적은 생물량을 유지한다. 결국 2차 생물량이 더 적게 유지되므로 계단식으로 좁아진 피라미드가 형성된다.

(3) 에너지 피라미드(Pyramid of Energy)

에너지 피라미드는 한 영양단계에서 다음 영양단계까지의 에너지 흐름을 나타내고 그 전달 과정에서 일어나는 에너지 손실을 보여 준다. 에너지는 생물의 각 집단이 섭취함으로써 수용되는 분자의 화학결합으로 나타내는데, 그것은 대개 계단 모양을 이루는데, 이 같은 계단형 피라미드는 '에너지는 전달되는 과정에서 손실된다'는 열역학 제2법칙에 의해 설명이 가능하다.

사실 이 같은 에너지 손실은 상당해서, 에너지는 한 영양단계에서 다음 영양단계로 약 10% 효율로 전달된다. 때문에 한 영양단계에 전입되는 에너지의 대부분은 다음 단계에서 거의 이용될 수 없다. 소비자가 섭취한 먹이에서 나오는 에너지의 90% 정도는 그 동물을 유지하는 데 이용된다(또는 노폐물로 손실).

5) 인간과 영양단계

대부분의 경우, 경제적으로 여유가 있는 사람은 소고기나 양고기를 먹는데 반해 가난한 사람은 곡류나 콩류를 먹는 경향이 있다. 많은 아시아인처럼 어류와 해산물을 이용하는 것은 에너지면에서 효율적이다.

만약 우리들이 식물성 먹이만 먹는다면 지구는 더 많은 인구를 부양할 수 있을 것이다. 그러나 이 경우 인간은 영양의 질이라는 문제에 직면하게 될 것이다.

2-4 에너지와 생산력

하나의 생태계에서 생산자가 단위 공간당 유기물질에 저장하는 에너지 저장률을 **총1차생산력**(gross primary productivity ; GP)이라 한다. 총1차생산력의 값은 생태계나 몇몇 군집 간의 비교, 또는 어떤 특정한 기간을 단위로 하여 비교하려고 할 때 유용하게 사용된다.

그러나 총1차생산력은 광합성 생물들이 실제적으로 얼마나 많은 에너지를 저장하여 얼마만큼 생장을 하였는가는 제시하지 못한다. 왜냐하면 획득한 에너지의 상당량은 합성과 이동, 그리고 수많은 다른 활동에 소비되기 때문이다.

이에 반해 **순1차생산력**(net primary productivity ; NP)은 생산자에 의해 이용된 에너지를 근거로 한다. 이것은 총1차생산력으로부터 광합성 생물에 의한 호흡률(에너지 이용)을 뺀 값이다. 다시 말해, 순1차생산력은 에너지 저장률에서 에너지 방출률을 뺀 것이다. 순1차생산력은 새로운 생장, 종자 생산, 그리고 지질이나 탄수화물과 같이 에너지가 많은 화합물의 단순한 저장량을 나타낸다. 유기물의 축적은 순1차생산력에서 종속영양생물의 호흡량을 뺀, **순군집생산력**(net community productivity ; NCP)으로 나타낼 수도 있다.

생태학자들은 군집에서 순생산력을 측정하기 위한 많은 기법들을 고안하였고, 이러한 정보로부터 이들은 군집의 상태를 이해할 수 있게 되었다. 즉, 군집이 생장할 것인가? 군집이 안정되고 자체적으로 극상 상태에 도달할 것인가? 아니면 소멸할 것인가? 새롭게 나타나는 생산력은 생장 단계에 있는 군집에서만 축적된다. 군집이 극상 상태(climax state)에 접근하면 에너지 동화율과 이용률 간에는 평형이 이루어진다.

한편, 소비자 수준에서의 에너지 축적속도는 2차생산력(secondary productivity)이라고 하는데, 호흡에 따른 약간의 손실은 있으나 소비자는 이미 생산된 먹이를 이용하여 일련의 생화학적 반응에 의해서 다른 조직으로 바꾸는 데 지나지 않는다. 따라서 2차생산력은 총(gross)과 순(net)량으로 구분해서는 안되며, 엄밀한 의미에서 종속영양자(소비자) 수준에서의 총에너지 흐름은 생산(production)이 아니라 동화(同化, assimilation)라고 하여야 한다.

환•경•생•태•학

| CHAPTER 3 |

생태계의 물질순환

3-1 생물지구화학적 순환의 양상과 기본형

화학적 원소는 원형질(세포질)의 모든 기본 원소를 포함하여 생태계내에서 환경으로부터 생물로, 다시 생물로부터 환경으로 독특한 경로를 거쳐 순환하는 경향이 있는데, 이들의 크고 작은 순환적인 경로를 **생물지구화학적 순환**(biogeochemical cycle)이라 한다.

이들 원소와 생명에 필수적인 무기화합물의 이동을 편의상 **영양염류의 순환**(nutrient cycle)이라고 하는데, 각각의 순환에 대해서 두 개의 **구획 또는** pool을 설정하는 것이 편리하다. 즉, ① **저장풀**(reservoir pool)은 크고 서서히 이동하는, 일반적으로 비생물적 구성요소이며, ② **교환풀**(exchange pool) 또는 순환풀(cycling pool)은 보다 작지만 생물과, 생물을 둘러싸고 있는 인접한 환경과의 사이에서 끊임없는 교환이 이뤄지는 보다 활동적인 부분이다.

전체적인 생태계의 입장에서 보면 생물지구화학적 순환은 **두 개의 기본군**으로 분류할 수 있는데, ① **기체형**(gaseous type)에서는 그 저장고가 대기 또는 수역이며, ② **퇴적형**(sedimentary type)에서는 그 저장고가 지각이다.

3-2 탄소의 순환

탄소는 지상의 무생물 부분에는 매우 드문 요소이지만(diamond) 생체의 약 18%를 차지한다. 서로서로 결합하는 탄소원자의 능력은 우리가 아는 한 생명과 떼어 생각할 수 없는 유기물 분자의 다양성과 분자의 크기에 대한 기초를 제공해 준다.

유기물(有機物, organic compound)이란 **무기물**(無機物, inorganic compound)에 반하는 말

로서, 화학적으로는 탄소와 수소가 공존하는 화합물이며 생명체의 주요 구성요소(탄수화물, 단백질, 지방, 핵산 등)이고 어원은 **유기체**(organism), 즉 **생명체**이다. 유기물 이외에서 탄소는 가스상태인 이산화탄소와 탄화석(석회석, 산호초)으로 발견된다.

주로 녹색식물인 독립영양생물이 이산화탄소를 받아들여 그것을 탄수화물, 단백질, 지방, 기타 유기물로 환원시킨다. 육상의 생산자는 대기로부터 이산화탄소를 얻고 수중생산자는 물에 녹아있는 것(중탄산염, HCO_3^-)을 이용한다.

탄소는 먹이망의 구조뿐만 아니라 먹이망 속에서의 에너지 흐름에도 영향을 미치는데, 먹이연쇄의 각 영양수준에서 탄소는 호흡의 결과로 대기 또는 물로 되돌아간다. 식물, 초식동물, 육식동물 모두는 호흡을 하며 그렇게 함으로써 이산화탄소를 방출한다.

각 영양수준에서 유기물의 대부분은 더 높은 영양수준에 있는 소비자나 마지막 영양수준으로 전달되는 대신에 부생생물(분해자)로 전달된다. 이런 일은 식물, 동물 또는 그들의 일부가 죽음으로써 일어나는데, 세균과 균류는 더 이상 다른 영양수준의 먹이가 되지 못하는 시체나 부스러기의 탄소화합물(유기물)로 살아가며, 이들의 대사작용을 통해 이산화탄소가 방출되고 이 탄소는 다시 생산자에게 흡수되어 순환하게 된다.

이산화탄소가 받아들여지고 방출되는 과정은 불균형을 나타내어 대기 중의 이산화탄소 양이 점차 증가하는데, 이 증가는 아마도 18세기 **산업혁명** 이래 시작되었을 것이며, 많은 양의 석탄, 석유, 천연가스 등을 태움으로써 수백만 년 동안 땅에 묻혀 있던 탄소가 대기 중으로 되돌려진다. 그러나 대기 중의 이산화탄소의 증가는 화석연료의 이용에 대한 자료로부터 추정된 것의 약 1/3 정도에 불과한데, 나머지 중 약간은 해양 속으로 축적되고 대부분은 광합성률의 증가에 의해 소비되었을 것이다.

실험실에서 작물 생육을 연구하는 학자들은 이산화탄소의 적당한 증가가 광합성 증가를 가져온다는 것을 밝혀냈다. 그러므로 화석연료 사용으로 방출된 이산화탄소의 일부는 세계 도처에서 1차생산성을 높일지도 모른다. CO_2생성에 대한 다른 가능한 보관소는 해양이다. 대기 중의 CO_2와 해양에 녹아있는 CO_2는 쉽게 교환된다. 용해된 이산화탄소는 해양의 탄산석회(석회석, $CaCO_3$) 퇴적량과 평형을 이룬다. 만약 보다 많은 이산화탄소가 해수에 첨가된다면 그 초과량은 산호초나 석회석과 같은 탄산 퇴적물이 된다. 이와 같은 퇴적물은 다시 이산화탄소로 환원될 수 있다.

이같은 해양 퇴적물은 이산화탄소의 대기중 농도를 적게 하는 완충지대가 되고 탄소의 커다란 저장소가 된다. 증가된 이산화탄소 생성에 대한 이와 같은 침적에도 불구하고 대기의 CO_2 농도는 최근 몇십년 동안에 뚜렷하게 증가되었다.

이러한 대기 중의 CO_2 농도의 증가는 햇빛을 통과시키나 열선에 대해서는 차단막 역할을 하여 지구로부터 우주공간으로 되돌아가는 복사열을 막게 되는데, 이로써 지구는 더욱 따뜻해 진다(global warming). 소위 이러한 온실효과(green house effect)는 극지방의 커다란 빙산을 녹게 할 것이고, 만약 지구의 모든 빙산이 녹는다면 해수면은 75~150m 상승할 것이며 세계의 모든 해안도시가 물에 잠기게 될 것이다.

또한, 화석연료의 연소로부터 이산화탄소가 발생되는 과정 중에는 필연적으로 유해가스와 매연이나 분진입자를 방출하게 되는데, 이들은 대기를 통한 빛의 전달을 방해함으로써 식물의 1차생산력을 떨어뜨리는 효과를 가져온다(global dimming). 이와 같이 대기오염은 태양으로부터 지구생태계로의 에너지의 도달을 방해할 뿐만 아니라 지구로부터의 우주공간으로의 복사열의 방출을 방해하기도 한다.

3-3 산소의 순환

산소분자는 대기의 약 21%를 차지하며, 이것은 호흡하는 모든 육상 생물에게 제공되고 물에 용해되어 수중생물도 이용한다. 에너지를 얻기 위한 호흡과정에 있어서 산소는 먹이(유기물)의 탄소원자로부터 제거된 전자의 마지막 수용체(최종전자수용체, final electron acceptor)로 작용하며, 그 산물이 바로 물이다.

식물의 광합성 과정 중 다시 이러한 물 속의 산소원자로부터 전자를 빼앗기 위해 빛 에너지가 사용되며, 이렇게 발생된 전자는 이산화탄소 중의 탄소를 탄수화물(유기물)로 환원시키고, 그 부산물로 물 속의 산소원자가 전자를 빼앗겨 산소분자로 대기 중으로 유리되어 산소의 순환이 종결되며, 다시 같은 과정의 새로운 산소의 순환이 시작된다.

세포호흡에 사용된 각 산소분자에 대해 1분자의 이산화탄소가 방출되며, 역으로 광합성 과정 중 받아들인 각 이산화탄소에 대해 1분자의 산소가 방출된다. 지구의 역사 초기에 형성된 광물에 대한 연구결과, 어느 시기에는 지구의 대기 중 산소가 존재하지 않았던 것으로 알려졌으며, 물을 이용한 광합성이 진전됨으로써 산소가 최초로 나타나게 되었다. 순생산력이 없는, 즉 호흡과 광합성이 균형을 이루는 완성된 생태계의 조기상태와 비교했을 때, 오늘날 대기 중에 존재하는 산소량은 어떻게 설명될 수 있을까?

대기 중에 존재하는 산소분자는 한 때 광합성 과정 중 유기물로 환원된 1개의 탄소원자를 대표한다고 할 수 있으며, 이렇게 환원된 탄소원자가 호흡이나 연소에 의해 산화되지 않고 석탄, 석유 기타 다른 유기물 형태로 지구 생태계에 축적되어 있는 한 대기 중의 산소는 일정 농도를 유지하게 될 것이다. 이렇게 축적된 유기물 형태의 탄소 원자에는, 전 세계적으로 널려있는 살아있는 생물의 생물량(생체량, biomass)뿐만 아니라 아직까지 썩거나 분해되지 않은 동·식물의 사체도 포함된다.

화석연료의 연소에는 산소가 필요한데, 이는 석탄, 석유, 천연가스 등의 소모가 증가됨에 따라 대기의 산소가 고갈될 것이라는 생각을 가지게 한다. 그러나 지구에 보존된 사용가능한 연료물질의 연소는 대기 중 산소량의 2～8% 정도만을 고갈시킬 것으로 추산된다. 왜 그 이상은 고갈되지 않을까? 그 이유는 지구상에 존재하는 환원된 형태의 탄소(유기물)의 대부분은 우리 인간이 연료로서 사용할 수 없도록 적은 농도로 너무도 광범위하게, 그리고 땅 속 깊이 존재하기 때문이다. 따라서 이러한 사용이 어려운 연료물질의 존재는 산소의 철저한 고갈에 대한 완충역할을 해준다.

이 때, 2～8%의 산소량의 감소는 지구 생태계에 존재하는 생물에 큰 영향을 미치지는 않으나, 그에 앞서 지구 자원의 고갈 및 대기오염 등의 환경오염 문제로 더 큰 악영향을 받게 될 것이다.

인간의 활동이 적어도 대기 중의 산소량의 크기에는 크게 영향을 미치지 못하지만, 수중생태계에서는 이야기가 다르다. 인구가 밀집되고 공장이 많이 존재하는 하천이나 호소는 주기적으로 용존산소의 결핍 현상을 겪게 되는데, 때로는 어떤 수중생물이 더 이상 살 수 없을 정도로 심각해질 때가 있다. 용존산소의 감소요인은 유기물과 기타 폐기물이 물 속에 들어가면 미생물들이 이들을 분해하는데 용존산소를 이용하기 때문이다.

사실, 수질오염에 대해 가장 널리 사용되는 지표(indicator)가 **생물화학적 산소요구량(BOD, Biochemical Oxygen Demand)**인데, 이는 물 속에 존재하는 유기물질(오염물질)을 미생물이 산화시키는데 필요한 산소량(mg O_2/L)으로서, 하천이나 호소의 BOD가 높으면 높을수록 그 곳에 정상적으로 생활하는 생물이 이용할 수 있는 산소의 양은 점점 적어져 수중 생태계의 파괴를 가져올 수 있다.

3-4 질소의 순환

모든 생물은 단백질이나 다른 여러 가지의 필수 유기분자를 구성하는데 있어서 질소원자를 필요로 한다. 78%가 질소로 구성된 매우 큰 질소저장소인 공기가 존재함에도 불구하고, 질소는 흔히 생물체에 대한 제한인자로 작용한다. 그 이유는 대부분의 생물체가 기체상태의 질소(N_2)를 이용할 수 없기 때문이다.

식물이 단백질을 만들기 위해서는 고정된 형태, 즉 화합물 형태로 결합된 질소를 확보해야만 하며, 가장 많이 이용되는 형태가 질산이온(NO_3^-) 형태이다. 그럼에도 불구하고 암모니아(NH_3)와 요소[尿素, $(NH_2)_2CO$]와 같은 다른 형태의 화합물이 자연계나 농업 등에서 성공적으로 사용된다.

1) 질소고정(Nitrogen Fixation)

질소분자(N_2)는 상온에서 다른 원소와 쉽게 결합하지 않는 기체로서, 질소원자가 다른 원자와 결합할 수 있도록 질소분자를 쪼개는 데에는 많은 에너지가 요구된다. 생물권에서 이와 같은 질소를 고정시키는 방법(공기중의 유리된 질소로부터 질소화합물, 즉 NH_3 등을 만드는 과정)으로 3가지가 존재한다.

첫째는, 번개에 의한 질소의 고정이다. 번개의 거대한 에너지는 질소분자를 붕괴시켜, 대기 중의 산소와 결합할 수 있게 한다. 이렇게 해서 형성된 질소산화물은 비에 녹아들어 질산으로 전환되어 지표면에 도달된 후 식물에 이용된다. 이와 같이 대기 중에서 번개에 의해 고정되는 질소의 양은 전체 질소고정량의 5～8%로 추정된다.

둘째는, 인간에 의한 산업적 질소고정방법이다. 제1차 세계대전 직전에 독일에서, 전통적인 화약의 제조에 필요한 질산(窒酸＝硝酸, ※ 硝煙)에 대한 수요는 질소고정공업의 발달을 가져왔다. 이 공정에서 수소(보통 천연가스나 석유로부터 얻음)와 질소가 반응하여 암모니아(NH_3)가 형성되는데, 반응이 효율적으로 진행되기 위해서는 높은 온도(600℃), 거대한 압력, 촉매 등이 있어야만 한다.

오늘날 공업적으로 고정된 질소의 대부분이 비료로 사용되는데, 최초 산물인 암모니아를 직접 사용하기도 하나, 대부분 요소(尿素, urea, $(NH_2)_2CO$)나 질산암모늄(NH_4NO_3, 유안비료)과 같이 더 가공된 형태를 사용한다. 식량생산을 위한 농업의 발달은 공업적으로 고정된 질소생산량(화학비료 생산량)의 끊임없는 증가를 가져왔는데, 아마도 그 양은 오늘날 생물권에서의 모든 질소고정량의 1/3에 해당하는 것으로 추정되며, 이러한 사실은 생물권 스스로의 기능에 대한 인간의 과도한 간섭 내지는 친입을 나타낸다.

이러한 행위의 유해로운 부작용으로, 질소비료 성분이 농장으로부터 인근의 하천이나 호소에 유입되어 조류(藻類, algae)의 폭발적인 증가(물꽃현상, 水華現象 : algal blooming, 赤潮 : red tide)를 초래하는 경우를 종종 볼 수 있다.

셋째는, 미생물에 의한 질소의 고정이다. 완두콩, 알팔파(alfalfa ; 목초의 일종), 토끼풀 등의 콩과식물(legume)의 뿌리혹(root nodule)에는 *Rhizobium* 속의 그람음성의 간균(桿菌)들이 공생하는데, 이 세균들은 그들 자신뿐만 아니라 숙주인 콩과식물을 위해서도 대기 중의 질소를 고정할 수 있는 능력이 있다. 이 밖에 어떤 방선균(放線菌, Actinomycetes)은 콩과식물이 아닌 다른 식물과 공생하면서 질소고정을 하며, 기타 *Azotobacter*나 *Clostridium*과 같은 세균은 토양에 독자적으로 존재하면서 질소고정능력을 발휘한다. 약간의 남조류(藍藻類, blue-green algae)는 질소고정 능력이 존재하여 논(畓)과 같은 준-수중환경의 비옥도를 유지시키는데 중요한 역할을 한다.

이들 질소고정 세균들은 자신의 ATP와 nitrogenase를 이용하여 공기 중의 질소를 암모니아 형태로 고정시키는데, 이는 다시 이들 세균이나 식물에 필요한 단백질이나, 질소를 필요로 하는 다른 유기화합물로 합성된다. 한편, 질소고정 세균들과 공생관계를 이루지 못한 식물들은 토양으로부터 질소성분 – 주로 질산이온 형태(NO_3^-) – 을 흡수하여 단백질 등 필요한 물질을 합성하게 된다.

2) 부패(Decay)

식물에 의해 만들어진 단백질도 탄수화물과 마찬가지로 먹이망 속으로 들어가 각 영양단계를 거치게 되는데, 각 영양단계에서 주로 배설물의 형태로 환경으로 되돌아간다. 유기질소화합물의 최종 수혜자는 부패에 관여하는 미생물로서, 이들의 활동을 통해서 배설물과 사체 속의 유기질소화합물이 암모니아로 분해된다.

3) 질화작용(질산화과정, Nitrification)

암모니아는 앞에서 살펴본 바와 같이 식물의 뿌리를 통해서(콩과식물) 또는 식물의 잎을 통해서 흡수될 수 있다(식물의 잎을 방사성 동위원소로 표지된 암모니아 가스에 노출시켰을 때 이를 흡수하여 단백질로 합성시킨다). 그러나 부패 미생물에 의해 발생된 암모니아의 대부분은 질산태로 전환된다.

이 과정은 두 단계에 의해 완성되는데 첫 번째 단계로, *Nitrosomonas* 속 세균이 암모니아(NH_3)를 아질산태(NO_2^-)로 산화시키고, 두 번째 단계에서 *Nitrobacter* 속 세균이 아질산태를 질산태(NO_3^-)로 산화시킨다. 이들 두 집단은 이 과정에서 발생되는 에너지를 가지고 생활하고, 탄소원으로는 CO_2를 이용하기 때문에 화학적 자가영양 세균(chemoautotrophic bacteria)이며 **질화세균**(nitrifying bacteria)이라 한다. 에너지를 얻기 위한 그들의 이러한 활동을 통해, 질소는 식물의 뿌리에 쉽게 이용될 수 있는 형태(질산태)로 전환된다.

4) 탈질작용(탈질과정, Denitrification)

대기 중의 질소로부터 전환된 질산성 질소는 다시 탈질과정에 의해 질소분자로 환원되어 대기 중으로 방출되어 질소의 순환이 이뤄지는데, 이 과정에도 역시 세균이 관여한다.

이들 세균들은 땅 속 깊은 곳이나 수중 침적물 속과 같이 산소가 부족한 상태에서도 살아가는 미생물로서, 에너지를 얻기 위한 호흡과정에 필요한 최종전자수용체로서 산소(O_2) 대신에 질산태를 사용하는 세균들이다. 이 과정에서 질산성 질소는 질소분자(N_2)로 환원된다.

이 과정은 주로 혐기성(anaerobic) 혹은 무산소(anoxic) 상태에서 이뤄지며, 이에 관여하는 세균들로는 *Achromobacter, Alcaligens, Bacillus, Brebibacterium, Lactobacillus, Micrococcus, Pseudomonas* 등 많은 속(屬, genus)이 관여하고 있는데, 이들을 통칭하여 탈질세균(denitrifying bacteria)이라 한다.

한편, 이들의 탈질작용에 의해 질소를 순환시킬 수 있는 능력이 인간의 식량증산을 위한 인위적인 질소고정(화학비료의 생산)의 증가를 충분히 완충시킬 수 있을지의 여부는 두고 봐야 알 문제이다. 즉, 이들에 의한 완충작용이 지속되려면, 인간에 의해 배출되는 또 다른 물질에 의한 환경오염으로부터 생물 종 다양성(bio-species diversity)이 확보되지 않는 한 기대하기 힘들 것이다.

3-5 황의 순환

황은 모든 단백질에(amino acids 중 methionine와 cysteine 속에) 함유되어 있기 때문에 모든 생물체에 절대적으로 필요한 원소이다. 이는 생태계에서 두 가지의 순환과정을 거치는데 내부순환과 외부순환이 바로 그것이다.

첫째로, 내부순환에서는 토양 또는 수중환경 속의 황이 식물을 거쳐 동물로 이동하고 이어서 분해자인 세균에 의해 토양이나 수중환경으로 다시 돌아가게 된다. 둘째로, 외부순환에서는 토양 또는 담수환경 속의 황이 바다로 흘러들어간 다음 미생물에 의해 황화수소(H_2S)와 이산화황(아황산가스, SO_2) 등의 기체상 화합물로 변환되어 대기 중으로 유입되고, 이것들은 비와 함께 다시 토양 및 담수환경으로 돌아오게 된다.

황의 순환에 있어서 세균이 결정적인 역할을 하는데, 산소가 존재할 경우 단백질과 같은 황화합물의 분해로부터 황산태(SO_4^{-2})가 발생되며, 산소가 없는 혐기성 상태에서는 황화수소(H_2S)나 디메틸황화물(CH_3SCH_3) 등의 기체상 화합물이 발생된다. 이들은 대기 중에서 이산화황으로 전환된 후 비를 만나 황산으로 전환되어 지표로 도달된다(acid rain). 따라서 식물이 이용하거나 바다로 흘러들어가게 되는 육지생태계 속의 황의 일반적인 형태는 바로 황산이온(SO_4^{2-}) 형태이다.

화석연료인 석탄과 석유는 황을 함유하고 있으며, 이들의 연소시 아황산가스(SO_2)가 대기 중으로 방출된다. 구리광석 속에는 많은 양의 황이 존재하는데, 이들 구리광석을 제련하는 과정에서 많은 양의 아황산가스가 방출된다. 실제로 이러한 제련소로부터 방출된 아황산가스에 의해 반경 수마일까지의 농작물에 큰 피해를 주는 것으로 나타났다. 현재 대기 중에 존재하는 가스상태의 황의 15～25%가 인간의 산업활동으로부터 야기된 것으로 추정되는데 특히 유럽과 북미 산업지역의 대기 중에서 높은 농도의 아황산가스 농도가 검출되며, 이로 인하여 그 지역의 비나 눈의 수소이온농도(pH)가 감소하는 것으로 나타난다.

정상적인 강우의 수소이온농도는 대기 중에 0.03%로 존재하는 이산화탄소가 녹아들어 약 5.6을 나타내는데, 아황산가스로 오염된 지역에서는 약 4를 나타내며 심한 경우 강산성인 2.1까지도 나타낸 바가 있다. 이러한 **산성우**(산성비, acid rain)는 인체에 해를 끼치며, 토양과 바위로부터 광물질의 방출을 촉진시켜 토양의 산성화, 척박화를 유도하고, 강이나 호수의 pH를 떨어뜨려 **물고기의 떼죽음**(acid shock by thaw), 생산성의 저하 등을 일으키기도 하며, 석회석이나 대리석(석회석이 변성된 것)으로 만들어진 조각품이나 건물을 부식시키기도 한다.

3-6 인의 순환

생물체 내에서 인이 차지하는 비율은 작지만, 그의 역할은 절대적으로 필수불가결하다.

유전정보를 저장하고 번역하는데 관여하는 **핵산**(염기 + 5탄당 + 인)에 인이 많이 포함되어 있으며, 광합성과 세포호흡에 관여하는 많은 중간산물들이 인과 결합되어 있고, 생체내 에너지 저장물질로서의 ATP 및 Polyphosphate의 주요 구성성분이 바로 인이다.

인은 무생물계에서는 비교적 희귀한 요소인데(즉, 제한요소로 작용할 가능성이 큼), 토양 중에 이용가능한 인의 양이 증가된다면 그 육지생태계의 생산성도 크게 증가하게 된다. 농업 생산성은 질소(N, 주로 암모늄염이나 요소 형태), 칼륨(K, 주로 K_2O 형태)뿐만 아니라 인(P, 주로 P_2O_5 형태)에 의해서도 크게 영향을 받으므로 이들을 비료의 3대 성분이라 한다.

인의 순환 역시 **내부순환**과 **외부순환**으로 구분할 수 있다. **첫째로, 내부순환**에서 인을 함유한 유기물질(식물의 파편이나 동물의 배설물)이 미생물에 의해 분해되어 토양이나 담수생태계로 유출되면 토양식물이나 담수식물에 흡수되어 유기물로 통합된 다음 먹이망을 통해 동물로 전달되며, 다시 이들의 사체나 배설물을 미생물이 분해하여 그 속의 인이 토양이나 담수생태계로 전달된다. 둘째로, 외부순환에서는 토양이나 담수 중의 인의 일부는 강우에 의해 해양으로 흘러들어가고, 이어서 해양식물 속으로 흡수되어 물고기에게 전달되는 등 해양생태계를 순환하다가 바다 밑바닥에 퇴적되거나, 바다물고기를 먹이로 하는 새를 통하여 그 배설물에 의해서 육지나 담수생태계로 되돌아오게 된다.

인의 외부순환은 탄소, 질소, 황의 그것과는 매우 다른 점이 존재하는데, 인의 경우는 대양으로부터 대기 중으로 빠져나갈 수 있는 휘발성 화합물을 형성할 수 없다는 점이다. 일단, 대양에 도착한 인이 육상생태계로 되돌려지는 방법은 2가지 밖에 없다. 첫째는, 바다새에 의하는 방법으로, 바다 속의 먹이망을 통해 물고기로 이동된 인을 바다새가 섭취하고 그 배설물을 통해 육상생태계에 되돌려 놓는 경우이다. 실제로 페루의 해안을 따라 발달한 구아노 퇴적물(guano deposits, 인산비료의 원료로 사용)이 바로 그 예이다(바다속의 인 → 식물성 Plankton → 동물성 Plankton → 멸치떼 → 가마우지 배설물 → 구아노). 둘째는, 바다 밑바닥에 퇴적된 인을 함유한 층의, 수백만 년에 걸친 매우 느린 지질학적 융기에 의해 육지로 전환되는 과정이다.

우리 인간은 여러 가지 종류의 산업생산품이나 인산비료를 만들기 위해 인을 함유한 바위를 개발하는 과정에서 인의 순환에 영향을 미치고 있다. 특히 산업생산품 중 합성세제에 첨가되는 연수제(軟水劑, water-softening agent, 물 속의 칼슘이나 마그네슘 등을 제거하기 위해 사용되는 인산을 함유한 첨가제로서 builder라고도 함)가 문제이다.

인간의 활동에 의한 인의 하천으로의 유입원으로는 합성세제 속의 연수제 이외에도 하수나 축산폐수의 무단 방류, 인공사료를 사용하는 각종 양식장, 농경지에 과다하게 사용된 인산비료 등을 들 수 있다

이와 같이 조류의 성장을 촉진시키도록, 수중생태계에 영양염류(nutrients)로서 인, 질소 등이 과다하게 유입된 상태를 부영양화(富營養化, eutrophication)상태라 하며, 이는 결국 상수공급 등 여러 가지 면에서 물의 이용도를 크게 떨어뜨린다.

그 과정을 구체적으로 살펴보면, 이들 용존성 인산은 하수를 따라 하수처리장에 도달하여도 그 처리효율이 매우 낮아서 많은 양이 하천이나 호수로 유입되는데, 수중 식물 특히 조류(藻類, algae)의 성장에 대한 제한인자(영양염류)로 작용하여 조류의 폭발적인 증가(녹조현상 : 綠藻現象, 물꽃현상, 수화현상 : 水華現象, algal blooming, 적조현상 : 赤潮現象, red tide)를 가져온다. 이는 조류군 덩어리가 물 표면에 떠오르게 되고, 상수공급관을 막히게 하

거나 물의 색깔을 흐리게 하며, 특히 밤에는 광합성이 중단되어 용존산소가 고갈되거나, 조류가 방출하는 독소에 의해서(독수대, 毒水帶) 또는 조류가 아가미에 흡착, 질식시켜 어패류가 폐사하거나, 조류가 방출하는 흙냄새(geosmin)가 발생되기도 하는 등 물의 이용도 및 수중 생물에 큰 타격을 초래하며, 궁극적으로 전체 조류군도 조그마한 환경변화(용존산소량, 온도, 빛)에 쉽게 사멸하여 이에 대한 세균의 혐기성 분해가 진전되게 된다(수중 생태계 파괴).

따라서 하·폐수 처리장에서의 P의 제거가 중요한데, P은 N(N_2로 탈질시킴)과 달리 상온에서 기체상 물질로 존재하지 않으므로 화학약품($FeCl_3$ 등)을 첨가하여 침전시키거나, 미생물 세포내에 에너지 저장물질(polyphosphate 등)로 축적시켜 미생물 군집체인 sludge 형태로 제거해야만 한다(하·폐수의 고도처리).

CHAPTER 4
생태계의 제한요인

4-1 제한요인의 정의

지역에 따라 분포하는 동식물의 종수는 서로 다르며, 인간에게 잘 알려진 생물의 분포와 풍부도도 변화가 심하다. 즉, 야자는 우리나라에 자생하지 않고, 열대지방에는 잣나무가 없다. 동물도 마찬가지로 우리나라에는 코끼리와 흰곰이 없다. 더러는 온도와 습도 등의 기후가 분포를 제한하지만, 생물의 분포와 풍부도를 결정하는 요인은 매우 복잡하다. 이러한 요인을 밝히는 것은 과학적으로 흥미로운 일일 뿐만 아니라 환경, 보건, 농업, 자연자원의 보존을 위해서도 반드시 필요하다. 또한 현대생태학이 해결하여야 할 문제 중의 하나가 환경조건과 동식물의 분포 및 풍부도의 상관관계를 규명하는 일이다. 동식물의 분포와 풍부도를 규제하거나 제한하는 생태적 조건을 제한요인(制限要因, limiting factor ※식물에 있어서 N, P와 같은 영양염류)이라 한다.

제한요인의 개념은 1840년 독일의 유명한 생화학자 Liebig에 의하여 농작물의 생산이 비료와 관계된다는 데에서 생겨났다. 그는 농토가 척박해지는 이유가 식물이 이를 흡수하기 때문이라 하였으며, 토양에 무기질비료를 주어 실험한 결과 농작물의 수확량이 시비(施肥)한 영양소의 양에 의존한다는 것을 발견하였다(비료의 3요소 ; N, P, K). 더 나아가 그는 식물의 생산성은 가장 많이 결핍된 단일 영양소의 양에 의하여 결정됨을 밝혀내고 이를 Liebig의 최소량의 법칙(Liebig's law of minimum)이라 하였다. 그 후 여러 사람이 이 법칙을 다른 환경요인에도 적용하였으나 제한요인과 생물의 분포 및 생산성과 관계는 매우 복잡하였다. 예를 들면, 한 물질이 많으면 이것이 다른 부족한 물질의 제한효과를 보상하는 경우도 있기 때문이다.

1913년 미국의 생태학자 Shelford는 환경요소는 부족한 것 뿐만 아니라 과다한 것도 개체군의 크기를 제한한다고 하였다. 즉, 생물의 내성(耐性)상한치와 내성하한치에 접근하는 몇 가지의 환경요인이 그 생물의 분포와 풍부도를 제한한다는 것이다.

예를 들면 온도, 광도, 수분, 염도 등은 너무 낮아도 문제이지만 너무 높아도 생물의 생존을 제한한다는 것이며, 이를 Shelford의 내성의 법칙(Shelford' s law of tolerance)이라 하였다. 미국의 식물지리학자이며 생태학자인 Gleason은 동식물군집의 속성에 이 법칙을 적용하여 모든 생물은 각 환경요인에 대한 고유의 내성범위를 가지고 있으며, 자연생태계는 그 환경에서 활발하게 생장하고 생식할 수 있는 생물들로 이루어진다고 하였다. 그러나 생물이 살아가는 것은 비생물요인 뿐만 아니라 경쟁, 먹이의 획득, 포식자 등 생물상호작용에도 영향을 받는다.

어떤 생물은 환경조건의 지표가 되는데, 이런 생물을 **지표종**(指標種, indicator species), 또는 **지표생물**(指標生物, indicator organism)이라 한다. 어떤 지역에 살고 있는 종의 생태적 특성을 안다면 그 지역의 물리적 환경특성을 설명할 수 있는 것이다. 지표종은 내성의 범위가 넓은 종보다는 좁은 종이 훨씬 좋으며, 환경오염의 판단에 유용하게 이용되기도 한다.

예를 들면, 대장균이 들어 있는 물은 오염되었다고 할 수 있으며, 특정 하천에 어떤 물고기(예 : 열목어, 피라미, 붕어)가 살고 있는지를 앎으로써 그 하천의 수질(각각 1급수, 2급수, 3급수)을 파악할 수 있는 것이다.

또한 광물질의 탐사에도 지표종을 이용할 수 있다. 즉, 소나무나 향나무가 우라늄이 많은 토양에서 자라면 뿌리가 토양 속의 우라늄을 흡수하여 줄기나 잎 속의 우라늄 농도가 높아지기 때문에 식물을 분석하여 우라늄광을 찾아낼 수 있다.

4-2 Liebig의 최소량의 법칙

Justus Liebig는 식물의 생장에 대한 여러 가지 요인의 효과에 관한 연구의 선구자였다.

1840년 그는 작물의 수확량은 그 작물이 다량으로 필요로 하는, 그 환경 속에 일반적으로 풍부한 이산화탄소나 물과 같은 양분에 의해 제한되는 것이 아니고, 매우 미량만 필요하나 토양 중에는 극소량인 붕소와 같은 어떤 원소에 의해 제한된다는 것을 발견하였다. '식물의 생장은 공급되는 최소량의 양분에 의존한다' 는 그의 생각은 Liebig의 최소량의 법칙으로 알려지게 되었다. 많은 연구자들은 무기염류 외에 다른 여러 가지 요인(온도, 습도, 기후 등)이나 시간적 요소를 포함하도록 그 개념을 확대하였다.

4-3 Shelford의 내성의 법칙

어떤 생물의 존재와 번영은 여러 조건의 복합된 완전성에 의존하고 있다. 어떤 생물의 숫자가 줄어들거나 번식이 잘 안 될 경우, 여러 요인 중 어느 것에 있어서 그 생물의 내성의 한도에 가까운 부족 혹은 과잉에 의하여 그 생물의 성장이 억제되어 있다는 것은 틀림없는 사실이다.

Liebig가 제창한 것과 같이 물질이 지나치게 적어도 제한요인이 될 뿐 아니라 또한 열, 빛, 물과 같은 요인의 경우에서는 너무 많아도 제한요인이 되는 것이다. 이와 같이 생물은 생태학적 최소량과 최대량을 갖고 있으며, 동시에 내성의 한도(limits of tolerance)를 나타내는 범위를 갖고 있다. 1913년 V. E. Shelford는 최소량과 같이 최대량의 제한 효과의 개념을 "내성의 법칙"에 집어넣었다.

내성의 상대적 정도를 표현하기 위하여 협소한 것을 의미하는 '협(挾, steno)'과 넓은 것을 의미하는 '광(廣, eury)'을 접두어에 이용한 용어를 생태학에서는 일반적으로 사용한다. 즉, 협온성(狹溫性, stenothermal) – 광온성(廣溫性, eurythermal)은 온도에 관하여, 협수성(狹水性, stenohydric) – 광수성(廣水性, euryhydric)은 물에 관하여, 협염성(狹鹽性, stenohaline) – 광염성(廣鹽性, euryhaline)은 염분농도에 관하여, 협식성(狹食性, stenophagic) – 광식성(廣食性, euryphagic)은 먹이에 관하여, 협서성(狹棲性, stenoecious) – 광서성(廣棲性, euryecious)은 서식장소 선택에 관하여 사용된다.

4-4 제한요인의 결합

어떤 생물이나 집단의 생존과 번영은 여러 가지 조건의 복합에 의존하고 있다. 내성의 한도에 가깝거나, 또는 그것을 초과하는 조건은 어떤 것이든 제한조건 또는 제한요인이라고 말할 수 있는 것이다.

최소량의 개념과 내성한도의 개념을 종합함으로써 제한요인에 대한 보다 일반적이고 유효한 개념에 도달하게 된다. 따라서, 생물은 자연계에서 (1) 최소 요구의 대상이 되는 물질과 임계적인 물리적 여러 조건의 양 및 불안정성, (2) 이런 것들이나 다른 환경요소에 대한 생물 자신의 내성의 한도에 지배되고 있는 것이다.

이러한 제한요인에 관한 2가지 법칙, 즉 Liebig의 최소량의 법칙과 Shelford의 내성의 법칙을 생태학적으로 연관시켜 생태학자 Odum은 새로운 이론, 즉 어느 개체 또는 집단이 생존하고 증식하는 것은 여러 환경조건들이 조합되어 나타난 결과라는 **결합법칙(Combined law)**을 확립하였다.

4-5 조절요인으로서의 생존조건

육상에서는 빛, 온도, 물(강우량)이 생태학적으로 중요한 환경 요인이고, 해양에서는 빛, 온도, 염분농도가 '3대 요인'이다. 담수에서는 주로 산소와 같은 다른 요인이 중요할 것이다. 모든 환경에 있어서 기초적인 무기영양염류(無機營養鹽類)의 화학적 성질과 순환 속도는 주로 고려되어야 할 인자들이다. 이들 모든 물리적 생존조건은 나쁜 의미에서 제한요인일 뿐만 아니라 좋은 의미로서 조절 요인일 수도 있을 것이다.

생물은 물리적 환경에 견딘다는 의미에서 그 환경에 적응되어 있을 뿐만 아니라 물리적 환경 내에서 자연의 주기성을 생물의 활동에 부합되도록 '이용'하며, 적합한 여러 조건으로부터 이익을 얻도록 그들의 생활사를 '계획'한다.

온대의 생물이 그 활동의 시간을 맞추는데 가장 신뢰하는 근거의 하나는 **일장주기(日長週期)**, 즉 **광주기(光週期, photoperiod)**인 것이다. 다른 많은 계절적 요인과는 달리 일장(日長)은 어떤 특정 계절과 지역에서는 항상 같다. 연주기의 진폭은 위도가 높아짐에 따라 증가되므로 계절의 신호도 역시 위도에 따라 증가하게 된다. 캐나다의 Winnipeg에서 최대 광주기는 16.5시간(6월), 최소는 8시간 (12월 하순)이다. Florida주의 Miami에서는 그 범위가 겨우 13.5~10.5시간이다.

광주기는 많은 식물의 성장, 개화, 조류나 동물의 털갈이, 지방의 축적, 이주, 번식 및 곤충류의 휴면(휴지기)의 개시를 가져오는 일련의 생리적인 진행을 정하는 timer 혹은 trigger라는 것을 보여 준다. 광주기성은 다채로운 시간 조절 기구를 만들어내는 것으로 이미 널리 알려져 있는 생체의 **생물시계(生物時計, 生物學的 時計, biological clock)**와 결부되어 있다.

일장(日長)은 동물의 눈이나 식물의 잎의 특수한 색소와 같은 감각 수용기를 통하여 작용하게 된다. 그리고 그것은 한 가지 또는 그 이상이 같이 작용하는 호르몬 및 효소계를 차례로 활성화시켜, 생리적 또는 행동적 반응을 일으킨다.

대부분의 생물은 **일주기성(日週期性, daily cycle)**을 갖는다. 낮에 활동하고 밤에는 자거나 활동하지 않는 종을 **주행성(晝行性, diurnal)**, 밤에 활동하고 낮에는 활동하지 않는 종을 야행성(夜行性, nocturnal), 새벽녘이나 어두워질 때 활동하는 종을 황혼성(黃昏性, crepuscular) 생물이라고 한다(※ 미네르바의 올빼미는 황혼녘에 날개를 편다 – 헤겔).

고등식물의 어떤 종은 일장(日長)이 증가되면 개화하므로 장일식물(長日植物, long-day plants : 일조시간이 차차 길어질 때 꽃이 피고, 단일처리를 하면 꽃이 안피는 식물로서 시금치, 밀)이라고 말하고, 단일(短日, 12시간 이하)에서 개화하는 것은 단일식물(短日植物, short-day plants : 일조시간이 점차 짧아져야만 꽃이 피는 성질이 있는 코스모스, 국화)이라 말한다. 동물도 마찬가지로 장일(닭 사육시 일조시간을 증가시키면 산란율이 증가하고, 꾀꼬리가 봄이 되면 더욱 잘 울게 됨) 또는 단일(사슴은 일조시간이 짧아지는 가을이 되어야 생식기능을 왕성하게 나타냄) 쪽에 반응하는 경우가 있다.

4-6 제한요인으로서 중요한 물리적 요인

1) 온도

이 우주에서 생기는 것으로 알고 있는 수 천 도라는 온도 범위와 비교하여, 생명은 우리들이 알고 있는 바와 같이 대체로 –200℃～100℃ 사이의 약 300도라는 좁은 범위에서만 생존할 수 있다. 실제로 많은 종들의 대부분의 활동이 더욱 좁은 온도대에 한정되어 있다. 얼마간의 생물은 특히 휴면기에는 적어도 단기간은 매우 저온에서도 생존하며, 이에 반해서 소수의 미생물, 주로 박테리아나 조류(藻類)는 온도가 비등점에 가까운 온천에서도 살며, 번식할 수 있다(thermophilic bacteria). 사실상 많은 생물에 있어서 그 내성 범위의 상한으로 향할수록 기능은 효과적으로 작용하는 것 같으나, 일반적으로 상한은 하한보다 즉시 임계점에 노출하게 된다.

온도 변화의 범위는 육상보다도 수중에서 적은 경향이 있으며(물의 비열이 크기 때문), 대체로 수서동물(水棲動物)은 대응하는 육상의 동물보다도 온도에 대한 내성의 폭이 좁다. 그렇기 때문에 온도는 보편적으로 중요하며, 거의 대부분의 경우 제한요인이 된다. 온도의 주기적인 변화는 빛, 습도, 조석의 주기적 변화와 더불어 식물이나 동물의 계절적인 활동이나 매일의 활동을 크게 지배한다. 온도는 가끔 수중과 육상의 양 환경에 있어서 대상구조(帶狀構造, zonation : 열대, 온대, 냉대)와 층상구조(層狀構造, stratification : 표층, 수온약층 ; 水溫躍層, 심층)의 원인이 된다.

온도의 가변성은 생태학적으로 매우 중요하다. 10℃와 20℃ 사이의 온도변화, 즉 평균

15℃라는 온도는, 15℃라는 항온과 똑같이 생물체에 같은 효과를 주지는 않는다. 자연계에서 대부분의 온대지역과 같이 통상 온도하에 있는 생물은, 온도 변화가 없는 정온도하에서 압박, 저해, 또는 지연되는 경향이 있는 것으로 알려져 있다. 메뚜기를 대상으로 한 실험에서, 일정한 온도하에서 보다는 변화하는 온도하에서 보관된 메뚜기 알이 평균 38.6%, 유충은 평균 12%나 발생이 촉진되는 것으로 밝혀졌다.

2) 빛에너지

빛은 에너지의 궁극적인 원천이며 그것 없이는 생명이 존재할 수 없지만, 원형질(세포질)을 직접 빛에 노출시키는 것은 사멸의 원인이 된다. 그 결과, 생물의 많은 구조적, 행동적인 특성은 이 문제의 해결에 관계하고 있는 것이다. 빛은 생태계의 궁극적인 에너지원으로 광합성을 수행하는 생산자에 의해 화학에너지로 전환되어 소비자에게 공급된다. 그러므로 빛은 생물 환경요인 중에 가장 중요한 것들 중의 하나이며, 빛의 세기는 광합성에 직접적인 영향을 미칠 뿐 아니라 식물의 형태에도 영향을 미친다.

전리층으로 들어오는 태양빛은 파장이 225 ~ 3,200 nm의 다양한 광선을 갖고 있지만, 이 중에 41% 정도가 식물에 의해 이용되는 400 ~ 700 nm의 파장을 갖고 있다. 이 빛이 오존층을 통과하면서 대부분의 자외선이 흡수되고 대기권에서 수증기, CO_2, 산소에 의해 1,100 ~ 3,200 nm의 파장이 흡수된다. 그러므로 식물에 들어오는 빛은 310 ~ 1,100 nm의 파장으로 이중에 가시광선(400 ~ 700 nm)이 46%가 된다. 그러나 실제로 식물이 받는 빛의 양은 구름과 고도, 위도에 따라 다를 수 있으며, 군락 안에서는 더욱 복잡한 요인에 의해 영향을 받게 된다. 식물의 밀도, 높이, 식물의 크기, 잎의 모양 등에 따라 식물에 미치는 빛의 양과 질이 다르게 된다.

빛의 파장에 따라 식물은 특별한 광수용체(photoreceptor)를 이용해 흡수하여 다양한 광반응을 하게 된다.

3) 물

모든 원형질에 있어서 생리적으로 필요한 물은 육상에서는 그 양이 변동되기 쉽고, 수중에서는 고농도의 염분이 삼투압에 의하여 생물체로부터의 수분 손실을 조장하므로 생태학적 견지에서 육상, 수중 환경에서 주된 제한요인이다.

(1) 강우

강우는 주로 지형과 큰 공기이동의 형식, 즉 '기상계(weather system)'에 의해서 결정된다. 해양에서부터 불어오는 습기를 포함한 바람은 그 습기의 대부분을 바다에 면한 사면(斜面)으로 가라앉히며, 그 결과로서의 '비그늘(rain shadow)'은 반대쪽의 사면에 사막을 만들게 되고, 일반적으로 산이 높을수록 그 효과는 크다. 이런 까닭에 사막은 통상 높은 산지의 '뒤쪽'에 형성된다. 연간의 강우 분포는 생물에 대해서 지극히 중요한 제한요인인데, 강우가 균등하게 분배되어 900mm인 상황과, 주로 연간의 한정된 기간내에 900mm의 강우가 있는 상황과는 전연 다르다. 후자의 경우에는 동식물이 긴 가뭄 기간을 살아남지 않으면 안된다. 일반적으로 열대나 아열대에서의 강우는 사계절을 통하여 균일하지 못한 경향이 있으며 종종 우기와 건기가 뚜렷하다. 온대에서 온도나 빛의 계절적 주기성이 생물의 계절적 주기성을 규제하는 것과 거의 같은 방법으로, 열대에서는 이 습도의 계절적 주기성이 생물의 계절적 주기성(특히 생식)을 규제한다. 온대 기후의 강우는 많는 예외는 있으나, 연간을 통하여 고르게 분포하는 경향이 있다.

(2) 습도

습도(humidity)는 대기 중의 수증기의 총량을 나타낸다. **절대습도**(absolute humidity)는 단위공기량에 대한 물의 무게(예로써 공기 1kg에 대한 수증기의 g수)로서 표시한 대기 중의 실제의 물의 양이다. 대기가 유지하는(포화상태에서) 수증기의 총량은 온도와 기압과 더불어 변화되는 것이므로 **상대습도**(relative humidity)는 그 장소의 온도 – 기압의 조건하에서의 포화상태와 비교한 실제로 존재하는 수증기의 비율을 나타낸다.

상대습도(R)는 대기 중에 포함되어 있는 수증기의 양(f)과 그 때의 온도에서 대기가 함유할 수 있는 최대수증기량(포화수증기량, F)의 비를 백분율로 나타낸 것으로, 식으로 표시하면

$$R = (f/F) \times 100(\%)$$

대기 중의 수증기량이 일정(즉, f가 일정)해도 온도가 변하면 F가 변하므로 상대습도 R이 변하게 된다. 예를 들면, 새벽에 최저기온이 나타날 무렵에 하루 중의 최고습도가 나타나기 쉬운 것은 주로 F의 변화에 의한 것이다.

상대습도의 일변화는 기온의 일변화와는 정반대가 된다. 즉, 새벽에 습도가 가장 높아지고 오후 2～3시, 최고기온이 나타날 무렵에 최저습도가 나타난다. 상대습도의 연변화는 지역적으로 차이가 있으나, 한국에서는 대부분의 지역이 우기(雨期)인 7월에 80% 이상의

최고습도가 나타나며, 건조기인 1월을 중심으로 한 겨울철에 50～70%의 최저습도가 나타난다. 습도는 일반적으로 고도의 증가와 함께 급격히 감소된다.

앞에서 살펴본 바와 같이 습도에는 일주기가 있으므로(예로써 야간에는 높고, 주간은 낮음) 습도는 온도나 빛과 같이 생물의 활동을 규칙화시키거나, 분포를 제한하는 데 중요한 역할을 수행한다.

(3) 대기의 증발력

대기의 증발력은 특히 육상 식물에 있어서 중요한 생태학적 요인의 하나이며, 동물은 종종 과도한 증발을 피하기 위해 안전한 장소로 이동하거나 야간 활동을 하도록 되어있어 탈수를 피할 수 있도록 그들의 행동을 조정한다. 토양에서 식물체에 들어온 물의 97～99%는 잎에서 증발되어 소실된다. 이 증발은 증산(蒸散, transpiration)이라고 불리우며, 육상생태계에 있어서 에너지동태의 독특한 특징인 것이다.

건기 중의 사막 식물은 높은 증산 효율을 보여주고 있으나, 물론 이와 같은 조건하에서는 영양물을 적게 만들고 있다. 다른 모든 생물과 같이 사막의 식물에도 내성의 하한과 상한이 있으며, 개개의 종으로 보면 약간씩 범위가 다르다. 건조된 지역에서 관개(灌漑, irrigation)에 의하여 습도가 매우 증가되었을 때는 전 생태계의 1차생산력은 증가되나 전부는 아니지만 많은 사막종의 식물이 죽게 되고, 고습도에 의해서 적응된 다른 종에 의하여 대치된다.

(4) 이용 가능한 표면수 공급

이용 가능한 표면수 공급은 물론 그 지역의 강우에 관계하고 있으나 장소에 따라 큰 차이가 있다. 즉, 동물이나 식물은 지하수원이나 근처의 지역에서 공급되는 표층수 덕분에 비로 내리는 것보다 많은 물을 얻을 수가 있을지도 모른다. 이와 같이 내리는 빗물은 즉시 생물에게 이용되지 않을 수도 있다.

Wells는 North Carolina주 사구를 '빗속의 사막'이라 불렀는데, 그것은 그 지방의 풍부한 강우도 다공성의 토양에 바로 스며들어 식물, 특히 초본은 표층에서 극히 소량의 물만 이용할 수 있는 까닭이다. 이와 같은 지역의 식물이나 소동물의 생활은 건조지역의 것과 흡사하다. 서부평야의 다른 토양은 확실하게 보수(保水)가 되므로 식물이 겨울의 강우에 의해 축적된 물을 이용할 수 있으며, 따라서 작물은 성장기에 한 방울의 비가 없어도 생육이 가능하다.

4) 온도와 습도의 공동작용

온도와 습도의 상호작용은 대부분의 요인의 상호작용의 경우와 같이 각각의 요인의 절대값 뿐만 아니라 상대값에도 의존한다. 예로써, 온도는 습도의 조건이 적당할 때보다도 매우 높거나 낮은 극단적인 습도 조건일 경우에, 생물에 대해서 보다 엄격한 제한 인자로 작용한다. 이와 같이 습도는 극단적인 온도하에서, 보다 강하게 임계적인 역할을 한다.

예를 들어, 목화다래바구미의 한 종은 습도가 매우 높을 때보다 저습이나 적당한 습도의 경우에 고온에 잘 견딜 수가 있는 것이다. 사실상 기상에는 두 가지 기본형이 있다.

즉, 온도와 습도의 극단적인 변동으로 특징지을 수 있는 대륙성 기후와, 큰 수체(水體)의 완충효과에 의하여 극단적인 변동이 없는 것을 특징으로 하는 해양성 기후인 것이다(큰 호수는 이런 까닭에 국지적 해양성 기후를 만들어낸다).

5) 대기 속의 기체

수증기의 큰 변동을 제외하고는 생물권의 주요 성분인 대기는 놀라울 만큼이나 항상적인 것이다. 매우 흥미있는 것은 이산화탄소(부피로 0.03%)와 산소(부피로 21%)의 현재의 농도는 어느 정도 고등식물을 제한하고 있다. CO_2 농도의 알맞은 증가도 많은 식물의 광합성을 증가시킬 수 있는 것으로 알려져 있으나, O_2 농도의 감소도 실험적으로 또한 광합성을 증가시킬 수 있다는 것은 그리 알려져 있지 못하다.

콩과 다른 많은 식물에 대해서 그 잎의 주변의 O_2 농도를 5%로 낮추었을 때 50%나 광합성의 비율을 증가시켰다는 보고가 있다.

산소는 호기성 생물을 제한하고 있으며 토양이나 퇴적물 속에 깊이 들어감에 따라 O_2는 감소하게 되며(큰 동물의 체내와 마찬가지로 가축의 혹위는 혐기적 상태임), 이 결과 분해 속도는 저하된다.

수계(水界) 환경의 상황은 대기 환경과 아주 다르며, 산소, CO_2 기타 대기 중의 여러 기체가 물에 녹아 있는 양이나 생물의 이용 가능한 양은 그때 그때 장소에 따라 전연 다르다. 수중이나 특히 유기물의 축적이 많은 호수에서 O_2는 제1급의 제한요인이다. 산소가 질소보다도 물에 잘 녹는다는 사실에도 불구하고 가장 좋은 상태하에서 물에 유지될 수 있는 실제 산소의 양은 대기 중에 끊임없이 존재하는 것보다도 훨씬 적다. 즉, 만일 공기 1L의 용적의 21%가 산소라면 여기에는 1L에 대해 210cc의 O_2가 있는 것이다. 여기에 대해서 물 1L에 대해 O_2의 총량은 10cc를 초과하는 것은 없다. 온도와 녹아있는 염분은 물의 산소 보유 능력에 큰 영향을 주며 O_2의 녹아들어가는 정도는 저온에서 증가하며 높은 염분 농도에서 감소하게 되는 것이다. 수중으로의 O_2공급은 주로 두 개의 근원이 있는데 그것은 공중으로부터의 확산과 수생 식물의 광합성이다. 만일 바람이나 물의 움직임과 같은 도움이 없다면 산소의 물속으로의 확산이 느려질 것이다. 한편 빛의 입사는 산소를 만들어내는 광합성에는 지극히 중요한 요인이다. 그런 까닭에 수계 환경의 산소 농도에는 일주기, 계절적 또는 공간적인 변동이 발생한다.

물 속에 존재하는 CO_2의 양은 O_2와 같이 매우 변화하기 쉽다. 그러나 수중에서의 동태는 다르며 그 생태학은 잘 알려져 있지 않다. 그런 까닭에 제한요인으로서의 역할에 관해서 일반적으로 말하기는 힘들다. 또한 호흡, 부패 그리고 토양이나 지하의 원천에서 대량 공급될 수 있다. 그런 까닭에 '최소량'은 O_2의 경우만큼 중요한 것 같지 않다. 더욱이 O_2와 달리 CO_2는 물과 화합되어 H_2CO_3를 만들게 된다.

그것은 석회석을 이용하여 차례로 반응해서 탄산($-CO_3$)과 중탄산($-HCO_3$)을 만들게 된다. 생물권의 CO_2의 주된 저장고는 해양의 탄산염계인 것이다. 이들 화합물은 영양물의 근원이 될 뿐만 아니라 수계 환경의 수소이온 농도의 중성점 가까이로 유지하는 것을 돕는 완충제로서 작용한다. 수중의 CO_2의 완만한 증가는 광합성과 많은 생물의 발생 과정을 촉진하는 것 같다. 그러나 높은 CO_2농도는 특히 낮은 산소 농도를 동반하고 있으며, 분명히 동물에 대해서 제한요인으로 작용한다. 물고기는 높은 농도에 민감하게 반응하고 만일 물속에 유리 CO_2가 많이 함유되어 있으면 사망하게 되는 것이다.

6) 생물적 염류

다량 영양소와 미량 영양소 등 생명에 필요한 가용성 염류를 편의상으로 생물적 염류(biogenic salts)라고 부른다. 사실 Liebig가 제창한 최소량의 법칙은 주로 생명에 필수적이며 환경 속에 부족하고 변화되기 쉬운 원료 물질의 작용에 기초를 두고 있다. 이미 제시한 바와 같이 질소와 인산염은 부영양화에 큰 중요성을 지니며, 또한 칼륨, 칼슘, 유황, 마그네슘 등이 고찰의 가치가 있다. 칼슘은 연체동물과 척추동물에서는 특히 다량으로 필요하며, 마그네슘은 엽록소의 필요한 성분으로 그것 없이 작동하는 생태계는 없다. 이때 상대적으로 다량으로 필요로 하는 원소나 그 화합물은 종종 다량영양소(macronutrient)로 알려져 있다.

근년에 생명계의 작용에는 불가결하거나, 중요한 효소의 성분으로서 매우 소량만 요구되는 요소와 그 화합물의 연구에 매우 큰 관심이 주어지고 있다. 이들 요소는 일반적으로 미량원소(tracer element) 또는 미량영양소(micronutrient)로 불린다.

Eyster는 식물에 필수적인 10가지 미량 영양소를 들었다. 그것들은 철, 망간, 동, 아연,

붕소, 규소, 몰리브덴, 염소, 바나듐, 코발트 등이다. 이것들은 다음과 같이 그 기능에 따라 세 가지 그룹으로 정리된다.

① 광합성을 위해서 필요로 하는 것 ; Mn, Fe, Cl, Zn, V

② 질소대사를 위해서 필요로 하는 것 ; Mo, B, Co, Fe

③ 다른 대사를 위해서 필요로 하는 것 ; Mn, B, Co, Cu, Si

이들의 대부분은 동물에게도 필수적이다.

7) 흐름과 압력

생물이 생활하고 있는 대기, 물 등의 유체(流體)는 어떤 순간에도 완전히 정지하지는 않는다. 물의 흐름은 기체나 영양염의 농도에 막대한 영향을 줄 뿐만 아니라 제한요인으로서 직접 작용하게 된다. 때문에 강과 작은 연못의 생물 군집의 차이점은 대부분 수류(水流)라는 요인의 근 차이에 따른다. 많은 하천의 동·식물은 수류 속에서 자기 위치를 유지하기 위해서 형태적으로 특수하게 적응되고 있다(물고기의 유선형, 수중 식물의 유연성 등). 육상에서는 바람이 생물의 활동이나 분포에까지 같은 방법으로 제한 효과를 미치는 것이다. 예를 들면, 조류는 바람이 있는 날에는 안전한 장소에서 조용히 있는 까닭에 새의 개체군 조사를 시도하고 있는 생태학자들에게는 성과가 오르지 않을 시간인 것이다.

Whitehead는 노출된 산지 식물의 생장이 바람에 의하여 제한되는 것을 실험적으로 제시했다. 바람으로부터 식물을 지키도록 벽을 세웠을 때 식물의 키가 더욱 자란 것이다. 폭풍우는 그것이 비록 국지적이라 해도 매우 중요하다. 허리케인은(보통 바람도 그러하지만) 동식물을 매우 먼 곳까지 운반하고, 육상에서 바람은 수년 사이에 삼림 군집의 구성을 바꾼다. 바람은 증산에 의한 물의 손실을 촉진시키므로 건조지에서는 식물에 대해서 특별히 중요한 요인이다.

기압은 직접 생물에 제한을 주는 날씨나 기후와 매우 관계가 깊으며, 대양에서는 수압이 표면에서 깊이에 따라 매우 큰 구배를 갖고 있는데, 수중에서는 압력이 10m마다 1기압씩 증가된다. 해안에서 가장 깊은 곳의 압력은 1,000 기압에 달한다. 일반적으로 심해에서 보여주는 것 같은 큰 압력은 억압적 효과로서 작용하고 있으므로 생물의 활동성을 떨어뜨린다.

8) 토양

생물권(biosphere)은 대기권(atmosphere), 수권(hydrosphere), 지권(pedosphere)으로 구성되어 있으며, 이 때 지권은 토양을 말하며, 생물적 요소와 비생물적 요소는 토양에 있어서 특히 밀접하게 결부되어 있다. 토양은 살아 있는 생물과 그 분해된 산물이 서로 섞인 지각이 풍우에 씻긴 층으로부터 성립된다. 일반적으로 토양은 지표의 모재에 대한 기후와 생물, 특히 식생의 작용에 의한 결과이며 이와 같이 모재, 즉 기초가 되는 지질적이고 무기질적인 기질입자에 생물과 그 생산물(유기질)이 첨가되어 토양이 된다. 토양입자 사이의 공간은 기체와 물로 차 있으며, 토양구조와 다공성은 매우 중요한 성질이며 식물과 토양동물의 영양 이용을 크게 결정하게 된다.

9) 생태학적 요인으로서의 화재

화재는 이상요인이 아니고, 세계 육상 환경의 대부분에서 몇 세기에 걸쳐서 그러했던 것과 같이 그것은 대체로 정상적인 '기후(climate)'의 일부라고 할 수 있을 정도로 중요한 요인이며, 생물군집은 마치 그들이 기후나 물에서와 같이 이 요인에 대해서도 적응하고 보상한다.

생태학적 요인으로서 화재는 2가지 형태가 있는데, 먼저 **수관화재(樹冠火災**, crown fire)는 종종 모든 식생을 파멸시키는 데 비하여 **지표화재(地表火災**, surface fire)는 전적으로 다른 효과를 갖는다. 전자는 대부분의 생물을 제한함으로써 생물 군집은 전적으로 처음부터 다소나마 재차 출발해야 하며, 그 곳이 사람의 입장에서 볼 때도 생산적인 것이 되기까지는 몇 년 또는 몇 십년이 소요된다.

한편 지표화재는 선택효과의 기능이 있으며, 어떤 생물을 다른 생물보다 그 이상으로 제한하고, 화재 요인에 대한 높은 내성을 가진 식물의 발전을 돕는다. 질소를 고정시키는 콩과류는 종종 가벼운 화재 후에 더 번성하게 된다. 특히 화재가 일어나기 쉬운 지방에서 정기적인 가벼운 지표화재는 타기 쉬운 낙엽을 최소한으로 유지시킴으로써 심한 수관화재의 위험을 감소시킨다.

4-7 생태학적 지표

특정의 요인은 때때로 어떤 종의 생물이 존재하는지를 정확하게 결정짓는데, 이와는 반대로 특정 생물의 존재로부터 물리화학적 환경의 종류를 판정할 수 있다. 육상 식물은 특히 이런 점에서 유용하다. 예를 들어, 물과 토양의 조건(특히 그것들이 방목과 농업의 가능성에 영향을 준다)의 지표(指標, indicator)로서 식물이 많이 쓰여진다. 식물과 함께 온도대의 지표로서 척추동물의 사용도 많이 연구되고 있다.

생태학적 지표(指標種 : indicator species, 指標生物 : indicator organism)를 취급할 때 고려해야 될 중요한 사항은 다음과 같다.

① 일반적으로 협(狹, steno) 종(種)은 광(廣, eury) 종보다 좋은 지표가 된다(특이성 및 대표성).

② 큰 종은 작은 종보다 양호한 지표가 된다. 왜냐하면 크고 보다 안정된 생체량, 즉 현존량이 어떤 환경적 특성을 대표한다고 볼 수 있기 때문이다. 작은 생물의 생활 속도는 빠르기 때문에(오늘은 있어도, 내일은 없다) 어떤 순간에 존재하는 특수한 종은 생태학적 지표에 유익하다고 할 수 없다(하루살이 등등).

③ 지표로서 어떤 종을 사용하려면 야외에서의 많은 증거, 또는 가능하다면 실험적인 증거도 있어야 된다(열목어를 1급수 수질 지표생물로 사용하려면, 2급수, 3급수에서는 살지 못한다는 증거가 필요하다).

제 2 부

개체군, 군집 및 생태계

5 개체군의 특성과 동태

6 개체군의 상호작용

7 군집의 구성과 동태 및 발달

8 생태계의 분류

환•경•생•태•학

CHAPTER 5

개체군의 특성과 동태

5-1 개체군의 특성

개체군(個體群, population)이란 어떠한 특정 공간을 점유하는 같은 종(種)의 생물이 만드는 집합체로 정의되며(In ecology, population is defined as a group of organisms of a particular species which occupy a particular space), 통계적으로 표현되는 여러 가지 특성을 가지고 있는데, 여기에는 밀도(密度, density), 출생률(出生率, natality; birth rate), 사망률(死亡率, mortality; death rate), 연령분포(年齡分布, age distribution) 및 분산(分散, dispersion) 등이 있다.

1) 밀도

(1) 밀도의 정의 및 종류

개체군밀도(個體群密度, population density)는 어떠한 단위공간 속의 개체군의 크기를 말하며, 보통은 단위면적 또는 체적당 개체수 또는 개체군 생체량(population biomass)으로 표현된다. 예로써 1 에이커(1 acre = 4046.8m²)당 200 그루의 수목, 물 1 m³ 당 500 만 개의 규조류 또는 1 에이커의 수표면당 200 파운드(pound, 1 lb = 453.6g)의 물고기라고 표현된다.

건조 중량에서 DNA 또는 RNA 함유량 등 다종다양한 속성은 생체량의 단위로 취급될 수 있다. 어떤 경우에 있어서는 조밀도(粗密度, crude density), 즉 단위 총공간당 개체수(생체량)와, 고유밀도〔固有密度, specific density, 생태밀도(生態密度, ecological density)〕, 즉 단위 생활 공간(개체군이 현실적으로 생활할 수 있는 이용 가능한 면적 또는 체적)당 개체수(생체량)를 구별하는 것은 중요하다. 또한 때때로 개체수가 변화(증가 또는 감소)하는지 여부를 안다는 것은 어떤 순간의 개체군의 크기를 아는 것보다도 더욱 중요한 것이 될 수 있다. 그런 경우에는 상대밀도(相對密度,relative abundance)의 지표를 쓰는 것이 편리하다. 예를 들면, 1시간당 관찰된 조류의 수와 같이 '시간적 상대(time-relative)' 이거나 또는 어떤 종의 식물에 의하여 점유된 샘플 구획의 백분율과 같이 여러 가지 종류의 백분율로 나타낼 수 있다.

(2) 여러 가지의 밀도측정법

① 전수조사(全數調査, total counts) : 대형생물(코끼리) 또는 눈에 두드러지게 띄는 것(초원의 기린) 혹은 무리를 형성하는 생물(물개) 등의 밀도 측정에 사용된다.

② 방형구법(方型區法, quadrat sampling) : 측정지역의 추정밀도를 얻기 위해서 적당한 크기와 수의 방형구(정사각형)를 구획하여 그 속의 생물수를 헤아리거나 또는 무게를 측정하는 방법

③ 재포획법(再捕獲法, marking-recapture method) : 운동성이 있는 동물에서 개체군의 일부를 표본으로 포획하여 표식한 다음 놓아 주고, 그 후 재차 포획된 표본에 포함되는 표식개체의 비율을 써서 전체의 개체를 결정하는 방법

예를 들어, 100 마리의 표식표본을 방출한 후 재포획된 100 마리의 표본 중 10 마리의 표식표본이 발견되었다면 전체 개체수 p는 $100/p = 10/100$에서 $p = 1000$ 마리가 된다.

④ 제거법(除去法, removal sampling) : 특정 지역으로부터 연속적으로 시료를 취하여 이제까지 제거한(재방출하지 않음) 누적 개체수를 그래프의 x축상에 잡고, 각 회마다 제거한 새로운 포획개체수를 y 축상에 취하여 그래프상에 적점한다.

만일 포획될 확률이 충분히 일정하다면, 이렇게 하여 취한 점들은 음의 기울기를 갖는 직선상에 존재할 것이고, 외삽법(extrapolation)에 의해 그 직선이 x 축과 만나는 점, 즉 더 이상 포획이 이뤄지지 않는 점이 바로 그 조사지역으로부터의 100% 포획수, 즉 전체 개체수를 나타내게 된다.

⑤ 비구획법(非區劃法, plotless method) : 나무와 같은 착생생물에 적용되는 밀도측정법으로서, 예를 들면 사각법(四角法, quarter method)의 경우, 특정 지역에서 무작위로 (randomly) 기준점을 취하고 그 곳을 중심으로 4지역으로 분각(分角)한 다음 각각의 분각지역내에서 기점에 가장 가까운 개체의 거리를 측정하는 방법이다. 이 때 단위 면적당 밀도는 기점으로부터의 평균거리로부터 추정된다.

2) 출생률

출생률(出生率, natality)이라는 것은 개체군에 내재하는 증가능력을 말한다. 출생률은 인간의 개체군 연구(인구 통계학, demography)에서 쓰여지는 용어의 **출산율**(出産率, birth rate ; numbers of live babies divided by numbers of females between 15 and 49 years old)에 대응된다. 실제에 있어서 출생률이란 용어는 여러 가지 생물이 새로운 개체를 낳을 때 단순하게 폭 넓게 쓰여지는 용어로서, 이때 신개체는 '탄생, 부화, 발아, 또는 분열에 의한 방법이든 혹은 다른 방법에 의한 발생' 등등의 경우를 모두 포함한다. **최대출생률**[maximum natality, **절대출생률**(absolute n.), **생리적 출생률**(physiological n.)]은 이상적 조건하(즉, 생태적 제한요인과는 아무 관계없이 오직 번식은 생리적 요인에 의해서만 제한되는 상태)에서 이론적으로 최대수의 신개체를 낳는 능력을 말한다. 이것은 각 개체군에서 일정하다.

생태적 출생률(ecological n.) 또는 **실현 출생률**(realized n. ; 또는 조건적인 형용사를 부치지 않고 다만 '출생률')은 실제적 또는 특정한 환경 조건하에서의 개체군 증가에 관하여 쓰인다. 이것은 개체군의 크기와 구조 및 물리적 환경조건에 의하여 여러 가지로 변할 수 있다.

출생률은 일반적으로 산출된 신개체수를 시간으로 나누어 얻어진 개체($\Delta Nn/\Delta t$, 절대출생률), 또는 단위 개체군과 단위시간당 새 개체수[$\Delta Nn/(N\Delta t)$, 고유출생률]로서 표현된다.

3) 사망률

사망률(死亡率, mortality)은 개체군 속의 개체의 사망에 관한 것으로 출생률과 어느 정도 대조를 이루고 있으며 몇 가지 서로 대응하는 하위개념을 갖고 있다. 사망률은 인구 통계학에서의 '사망률(death rate)'과 동의어로 쓰인다. 출생률과 같이 사망률은 어떤 시간 내에 사망된 개체수(시간당 사망)로서 표시할 수도 있으며 고유율로서 전체 개체군 당 또는 개체군의 어떤 부분 당으로 표현이 가능하다. **생태적 사망률**(生態的 死亡率, ecological mortality), 즉 **실현사망률**(實現死亡率, realized mortality)–어떤 환경 조건하에서 개체의 사망–은 생태적 출생률과 같이 일정하지 않고 개체군과 환경조건에 의하여 변한다. 이론상의 **최소사망률**(minimum mortality)은 개체군에 따라 일정하며, 이상적이고 제한 요인이 작용하지 않는 조건하에서 사망을 나타낸다. 일반적으로 개체의 **생리적 수명**(physiological longevity)은 그 **생태적 수명**(生態的 壽命, ecological longevity)보다는 훨씬 길다고 하겠다(예 : 포식 · 피식 관계, 환경요인, 질병, 사고 등). 종종 생존율(survival rate) 쪽이 사망률보다 더 중요하게 사용되는 경우가 있는데, 후자를 M으로 표시하면 생존율은 1－M으로 표현된다.

4) 연령분포

연령분포는 출생률과 사망률의 쌍방에 영향을 주는 중요한 개체군의 성질의 하나이다.

따라서, 개체군 속의 여러 가지 연령 집단의 비율은 개체군의 현재 번식 상태를 결정하며 예상된 장래의 동향을 보여주게 된다. 보통 급속히 확대되어 있는 개체군은 유령(幼齡) 개체를 많이 포함하며, 안정된 개체군은 각 연령 단계가 보다 균일하며, 쇠퇴한 개체군은 노령(老齡) 개체를 많이 포함하는 것이다. 그러나 개체군은 그 크기를 바꾸지 않고 연령분포를 바꿀 수도 있다. 개체군은 정상 또는 안정된 연령 분포를 갖고 실제의 연령 분포는 그 쪽으로 향하는 경향이 있다. 일단 안정된 연령 분포에 달하면 출생률과 사망률의 이상 증감은 일시적인 변화를 일으킬 뿐, 곧 자발적인 안정 상태로 되돌아가게 된다(homeostasis의 유지).

개체군에 관한 한 세 가지 생태적 연령, 즉 **전생식연령(前生殖年齡**, prereproductive age), **생식연령(生殖年齡**, reproductive age), **후생식연령(後生殖年齡**, postreproductive age)이 있다. 수명에 관한 이들 연령의 상대적인 길이는 생물의 종에 따라 매우 다르다.

현대인에게서는 이 세 가지의 연령은 길이가 대체로 같으며 어느 것이나 일생의 약 3 분의 1 정도로 본다. 이에 비하여 원시인은 후번식연령의 기간이 훨씬 짧았다. 많은 식물과 동물은 전번식연령기가 비교적 길다고 본다. 어떤 동물, 곤충에 있어서는 전번식연령기가 극단적으로 길고 번식연령기는 매우 짧으며 또한 후번식연령기를 전연 갖지 않은 것도 있다. 하루살이(Ephemeridae)나 17년된 매미 등은 옛부터 알려져 있는 예들이다. 전자는 수중에서 유충기(幼蟲期) 발생에 1년 또는 수년을 요하나 성충(成蟲)은 겨우 수일밖에 살지 못하며, 후자도 극단적으로 긴 발생사(굼벵이)를 갖는다고는 하나 성충(매미)의 생명은 한 계절도 지속되지 못한다.

5) 분산

개체군의 **분산(分散**, dispersal)이란 개체군 또는 개체군 점유 지역내 또는 밖으로의 개체 및 그들의 **살포자(撒布子**, disseminules－이동시켜주는 생물체나 바람, 물 등) 또는 번식자(propagules－종자, 포자, 유충 등)의 움직임에 관한 것이다. 이것은 세 가지 형을 나타내는데, **이출(移出**, emigration ; 외부로의 일방적인 움직임), **이입(移入**, immigration ; 내부에로의 일방향적인 움직임), **회귀이동(回歸移動**, migration ; 주기적인 이탈과 복귀 등)으로 나눌 수 있다. 이러한 분산은 개체군의 생장형이나 밀도의 형성에 있어서 출생률이나 사망률을 보충하는 요인으로 작용한다.

대부분의 경우 개체나 번식 생성물은 어느 정도, 그리고 항상 개체군에서 들고 나는데, 이러한 점차적인 형태의 분산은 보통 개체군 전체(특히 개체군의 크기가 크면)에 대하여는 거의 효과를 나타내지 않는다. 왜냐하면 이출은 이입과 평형을 유지하든지 그렇지 않으면 획득과 상실은 사망률과 출생률의 변화로 보상되기 때문이다. 그러나 다른 경우에는 개체군에 있어서 그에 상응하는 영향을 주어 급격한 변화를 나타내는 것과 같은 대량적인 분산이 일어나게 된다. 분산은 장벽과 이동력(移動力, vagility)이라는 말로 나타내는 개체(또는 살포자)의 고유운동력에 의하여 큰 영향을 받게 되는 것이다. 분산은 새롭고 또한 이제까지 개체군이 존재되지 않은 지역에 정착하여 다양성의 평형을 확립하는 방법인 것이다. 그것은 또한 유전자 유동과 종의 확립 과정에서의 중요한 요소이다.

한편, 개체군내에서 개체의 분포는 크게 3가지, 즉 ① 균일형 분포(regular distribution) ② 임의형 분포(random distribution) ③ 괴상형 분포(塊狀形 分布, clumped distribution)로 나눌 수 있는데, 균일형 분포는 개체간의 경쟁이 심한 곳이거나 균등한 공간 배열을 촉진시키는 정(正)의 길항(拮抗)이 있는 곳에서 나타나며, 임의형 분포는 자연계에서 비교적 드물고 환경이 매우 비슷하여 집합하는 경향을 갖지 않는 곳에서 나타나며(in vitro, petri-dish 속의 colony들), 괴상형 분포는 생태계에서 관찰되는 가장 보편적인 분포형으로서, 이와 같은 괴상화(塊狀化, 무리, 떼)는 ① 지리적인 장소의 차이에서 오거나(오아시스 주변, 물이나 자원이 많은 곳) ② 일주기적 또는 계절적인 변화에 의해 초래되거나(우기 후, 초원의 형성은 소떼 형성) ③ 생식과정의 결과로 생기거나(같은 시기에 대량번식) 또는 ④ 고등동물에 있어서 사회적인 유인책에 의한 개체의 집합의 결과라 하겠다(산업화, 도시화, 이동현상, 인구의 도시집중). 따라서 어떤 種의 개체군에서 발견되는 집단화의 정도는 생활장소의 고유의 성질, 기후 기타 물리적 요인, 종에 특징적인 번식양식, 사회성의 정도에 의존하게 된다.

생존하기에 불리한 조건에 접하는 기간이나 다른 생물의 공격을 받고 있을 때, 고립되어 있는 개체군보다는 집단 속의 개체쪽이 보다 낮은 사망률을 나타내는 것을 종종 볼 수 있나(물소떼와 사자). 환경에 노출되는 표면적이 그 양에 비하여 작아진다는 것과 집단이 미기후(微氣候)나 미생활장소(微生活場所)를 유리하도록 변화시킬 수 있기 때문이다(남극의 펭귄 무리). 집합의 정도는 전체적인 밀도와 같이 최적의 개체군 생장 또는 생존을 가져오나, 이러한 집합의 정도는 종에 의하여 상황에 따라 변화하는 것이다. 그런 까닭에 과소(過疏, 즉 집합이 부족, 물소떼나 펭귄 무리가 부족할 때)는 과밀(過密, 즉 사자나 호랑이가 과도한 밀도를 나타낼 때)과 같이 생존에 대한 제한요인이 되는 것이다. 이것이 Allee의 원리(Principle of Allee)이다.

즉, 어떤 개체군에서는 생장률이나 생존율(y축)이 개체군의 크기(x축)가 작을 경우에 최대가 되지만, 이에 반하여 **종내협동**(種內協同, intraspecific cooperation)이나 **원시협동**(原始協同, protocooperation) 등이 이루어지고 있는 많은 개체군들에서는 개체군의 크기가 중간정도일 때, 그 개체군의 생장률이나 생존율이 최고를 나타낸다. 이와 같이 후자의 경우에는 과소는 과밀과 함께 개체군의 생장률이나 생존율을 떨어뜨리는 제한요인으로 작용하는 것이다(Allee의 원리).

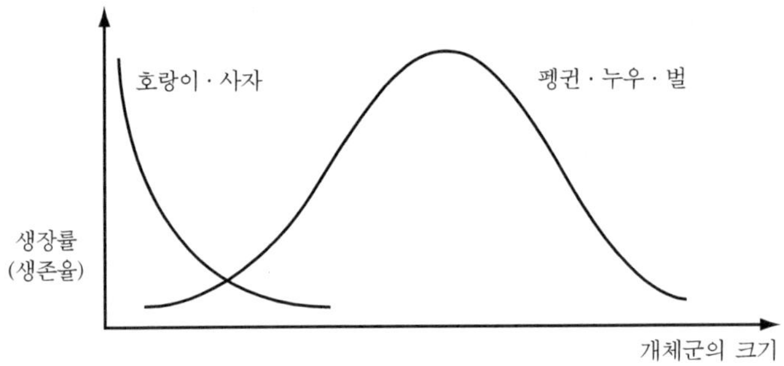

그림 5-1 Allee의 원리

집단으로서의 생존값은 집합에 의하여 나타나는 중요한 특징이다. 식물 집단은 흩어져 있는 개체보다 바람의 작용에 강하게 저항할 수 있으며, 수분의 손실을 효과적으로 감소시킬 수 있는 것이다. 그러나 녹색식물에서는 빛과 영양염류를 둘러싼 경쟁의 해로운 영향이 일반적으로 집단화의 이익을 용이하게 상회하게 되는 것이다. 가장 뚜렷한 집단 생존값은 동물에서 볼 수 있으며 Allee는 이 분야에서 많은 실험을 했는데, 예를 들면 물고기의 무리들은 단독의 개개 물고기보다 수중에 넣은 독물에 대한 내성(耐性)이 높다는 것을 알아냈다.

꿀벌은 집단 생존값의 또 다른 예로서 들 수 있다. 각각 따로따로일 때는 죽어버리는 낮은 온도 조건에서도, 벌집이나 무리들의 속에서는 전 개체가 살아남을 수 있는 충분한 열을 집단에서 발생하고 유지하게 되는 것이다. colony(떼, 무리)를 만드는 조류(鳥類)에서는 colony의 크기가 너무도 작아지면 보통 잘 번식하지 않는다. 분류학적으로 원시적인 문[생물분류의 체계 ; 계(界)－kingdom, 문(門)－division(식물에서), －phylum(동물에서), 강(綱)－class, 목(目)－order, 과(科)－family, 속(屬)－genus, 종(種)－species]에서도 나타나는 이와 같은 형의 **원시협동**(原始協同, protocooperation)은 사회 기구의 시초이고, 사회 기구는 동물계에서 각양 각색의 단계를 나타내고 또한 발전하고 있으며, 사람의 지적인 집단 행동에서 최고 단계에 이른다고 Allee는 지적한 것이다. **도시군집**(urban aggregation, urbanization)은 사람에 있어서 유익하다고 볼 수 있으나, 그것은 어느 점까지의 한도가 있는 것이다. 이와 같이 종내협동(種內協同, intraspecific cooperation)에서 상당한 이익을 받고 있는 개체군까지도 밀도 증가가 유해한 때가 오고 마는 것이다(인구의 도시집중 → 환경, 교통, 주택 문제 등의 발생).

5-2 개체군의 동태

1) 개체군 변화

일부 개체군 변화는 기간이 짧거나 주기적이어서 쉽게 설명할 수 있다. 메뚜기는 여름철에 번성하여 생식하고, 겨울철이 되면 토양에 그들의 수정난을 남겨둔 채 사라진다. 성체(成體)가 사라짐으로써 그들이 죽었다는 것을 쉽게 알 수 있다. 어떤 새들은 겨울에 더 살기 좋은 남부 지역으로 이주함으로써 북미 삼림에서 사라진다. 잘 알려져 있고 또 쉽게 예상할 수 있듯이 이들 메뚜기의 다음 세대와 철새들은 돌아오는 봄에 다시 나타날 것이다.

그러나 어떤 종류의 개체군 변화들은 쉽게 예상할 수 없고 이해하기도 힘들다. 만약 어떤 종이 점점 소멸되어 간다면 이는 전염병균이나 침입자인 또 다른 종이 번성한 결과라고도 생각할 수 있다. 이러한 변화들은 아주 정확히 관찰하게 되면 이 두 생물 사이에 어떤 일이 일어났는지 알 수 있게 된다. 이것은 거의 모든 종의 개체수가 어떤 조절이나 주기적인 영향하에 놓여 있기 때문이다.

2) 개체군의 동태와 생장양상

이상적인 수학 모델을 통하여 개체군 변화를 이해해 보도록 하자. 우선 단순한 하나의 개체군의 생장식을 생각해보면,

$$I = (b - d)\ N$$

의 관계가 성립되는데, 이 식에서 보듯이 한 개체군 내의 개체수 변화율(I)은 평균 출생률(b)에서 평균 사망률(d)을 빼고 여기에 개체군 내의 개체수(N)를 곱한 것과 같다.

이 식에 따르면, 개체군이 증가하기 위해서, 즉 I가 양의 수가 되기 위해서는 b값이 d값보다 커야 한다. 즉, 출생률이 사망률보다 높아야 한다. 사망률과 출생률이 같은 경우 I는 0이 되고, 평균 사망률(d)이 평균 출생률(b)보다 많으면 I는 음수가 된다. 따라서 b에서 d를 빼 보면 개체군 크기(N)에서 어떠한 변화가 일어났는지 알 수 있다. 이러한 b와 d의 차를 개체당 변화율 r 또는 실제증가율(realized rate of increase)이라고 한다. 때문에 개체당

변화율을 결정할 수 있는 식은 $r = b - d$ 이다. 이제 우리는 새로운 용어 r을 대입하여 I를 다시 정리할 수 있다. 결국 $I = rN$, 즉 개체수 변화율(I)은 개체당 변화율(r)에 개체군 크기(N)를 곱한 것이다.

개체군 증가와 감소의 내용(개체군의 생장곡선, growth curve)은 J형 곡선과 S형 곡선의 두 가지 단순 곡선으로 요약된다. J와 S문자는 개체군 생장 양상을 그렸을 때 선에 의해 나타난 방향을 표현한 것이다.

(1) 지수증가와 J형 곡선

만약 생식이 활발한 생물들이 이상적인 환경에 놓여 있다면, 즉 자원과 공간을 제한받지 않고 질병, 포식, 또는 이 이외에 다른 피해를 입을 위험이 없다고 하면, 그들은 그들의 최대의 생리 속도로 생식할 것이라고 예상할 수 있다. 이러한 이론적인 속도는 배우자 생성, 교미, 수정, 그리고 자손의 생존을 모두 최대로 한다는 것을 의미한다. 결국 생리적 최소 사망률과 함께 최대 출생률은 개체당 변화율 r값을 최대로 만드는데, 이것을 r_m으로 나타내고, 내인성 자연증가율(intrinsic rate of natural increase)이라 한다.

이 r_m하에서, 처음에는 단지 몇몇 개체들로 증가하기 때문에 느리게 증가한다(즉 2, 4, 8, 16,…). 이러한 수를 그래프에 그려 보면 처음에는 기울기가 완만하게 증가함을 볼 수 있다. 그러나 수가 계속 배가함에 따라, 곡선은 거의 수직에 가까울 만큼 급격하게 증가한다. 이러한 증가를 지수증가(exponential increase)라 부른다. 이것은 1, 2, 3,…으로 증가하는 직선증가 또는 등차증가(arithmetic increase)와는 다르다. 지수생장과 J형 곡선의 경우 개체당 변화율(r)이 최고에 도달할 수 있다(r이 양의 상수일 경우 항상 완만한 J형 지수생장곡선을 유지하지만, 순간 증가율은 각각 다를 수 있다).

지수생장을 가장 잘 나타내는 생물학적 예의 하나는 소수의 세균을 영양분이 풍부한 실험실 배지에서 배양했을 때 관찰된다. 이러한 이상적인 조건하에서 잘 알려진 대장균(*E. coli*)의 경우는 20분마다 분열하게 된다. 이러한 분열로 단 한 개의 세균이 24시간 후에는 2^{72}개의 자손들로 증가된다(여기서 지수는 24시간 동안의 세대수와 같다. 24 × 3세대). 그러나 대장균의 생장에 필요한 조건은 단순하기 때문에 급작스런 증가는 계속 유지되지 못한다. 24시간 동안의 중간 쯤에서 한정된 자원은 r_m을 더 이상 유지할 수 없으며 이어 생장이 감소된다. 대장균은 환경저항(environmental resistance ; 영양분 고갈, 노폐물 축적, 공간 부족 등)에 부딪히게 되어 증가율은 느려지기 시작한다.

(2) 환경저항과 개체군 절멸

흔히 환경저항이라 말하는 생장 저해 요인들은 여러 가지가 있으나 실험실에서 세균의 생장 실험을 했을 경우에, 환경저항으로는 영양분의 부족과 독성 물질의 축적 등을 들 수 있다. 이와 같은 생장 저해 요인들은 개체군의 증가를 제어하며 결국 짧은 기간 내에 개체군은 너 이상 생장하지 않게 될 것이다. 세균의 환경이 급속히 악화되고 영양이 고갈되면 개체들은 증식되는 것보다 훨씬 빠르게 죽게 되는데, 이와 같은 갑작스런 개체군의 수적인 감소를 **개체군 절멸**(population crash)이라 한다.

(3) 수용능력과 S형 곡선

개체군 절멸은 개체군이 환경의 수용능력을 초과했을 때 일어난다. **수용능력**(carrying capacity, K)이란 환경 자원에 의해 유지될 수 있는 한 종의 개체수로 간략하게 정의할 수 있다. 수용능력은 일정하게 고정된 것이 아니라 시간이 지남에 따라 급격하게 변화할 수 있다. 더우기 여러 가지 요인, 즉 나중에 설명할 **생물적**(biotic) 요인과 **비생물적**(abiotic) 요인들 모두에 의해 계속적으로 영향을 받는다. 박테리아 군체(群體)의 경우, 개체수가 환경의 수용능력을 훨씬 초과하는 경우도 있다.

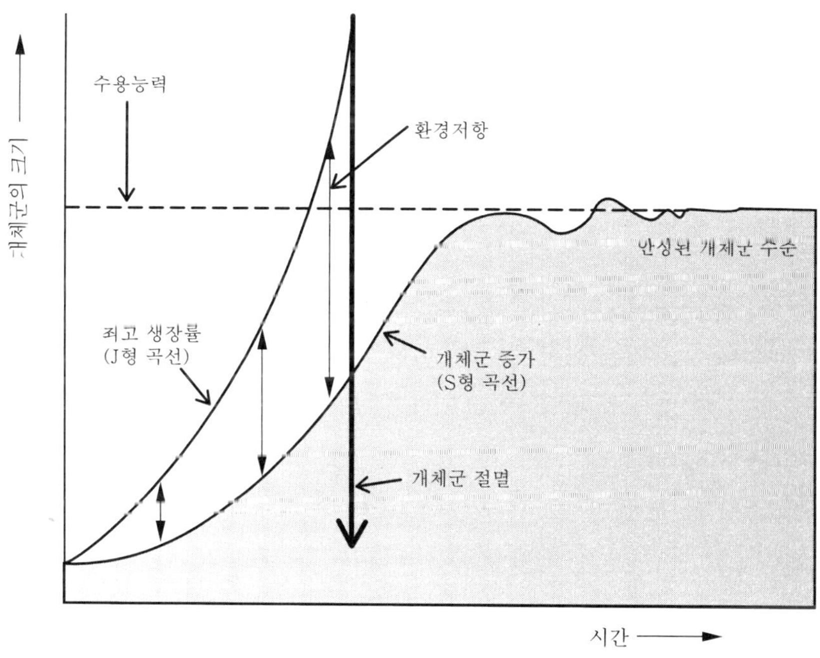

그림 5-2 개체군 생장의 동태

주어진 수용능력을 개선할 수 없는 박테리아 개체군의 절멸은 특별한 경우이다. 일반적으로 개체군을 유지하는 자원은 재생될 수 있다. 토끼 개체군을 유지하는 식물들은 재생될 수 있고, 올빼미 개체군에 의해 감소된 야생쥐 개체군은 올빼미가 새로운 먹이를 찾음으로써 다시 회복될 수 있으며, 호소의 식물성 플랑크톤(algae)은 다음 계절에 **전도현상(顚倒現象, turn-over, over-turn)**이 일어난다면 호소 밑바닥의 질산염과 인산염이 과다 공급되어 다시 대량 증식하게 될 것이다. 개체군 증식과 절멸은 여러 종의 경우를 통해서 알 수 있듯이 생명 현상의 하나이다.

개체군 절멸 현상은 자연 상태에서 흔히 나타나는 현상이기도 하지만 많은 종의 경우에는 이와는 다르게 격렬하지 않은 개체군 변화가 일어난다. 즉, 개체군이 수용능력에 접근함에 따라 생장이 느려진다. 거의 수직적으로 증가하는 J형 곡선의 기울기가 점점 줄어들고 완만한 S형 곡선을 형성하는데 개체군의 크기는 수용능력 근처를 오르락 내리락하는 조정을 거쳐 안정을 유지한다.

일부 S형 곡선은 수학의 로지스트 모형으로부터 유도되었다 하여 **로지스트형 생장곡선**(logistic growth curve)이라 부른다. 로지스트형 생장곡선은 출생률이 사망률을 초과하는 지수 곡선으로 시작하지만 그 후 어떤 점에서 가속이 중지되고 속도가 느려지기 시작한다. 감속이 진행되는 동안, 사망률은 증가하는 데 반하여 출생률은 점점 감소하기 시작한다. 결국에는 두 비율이 같아져서 S형 곡선은 결국 개체당 변화율(실제증가율) r 은 0이 된다. 따라서 개체군의 증가는 이 수준에서 정지하게 된다.

개체군의 생장식 $I = rN$ 에서 개체당 변화율(실제증가율) r 은 다음과 같이 **수용능력 K**로 나타낼 수 있다. 즉,

$$r = r_m \cdot \frac{K-N}{K}, \quad r_m : \text{최대 실제증가율}$$

개체군 생장은 보통 자연 상태에서 억제되고 N (개체군의 크기)이 K (수용능력)에 접근함에 따라 제한된다는 것을 보이기 위해, 이상적인 조건하에서 생장식의 개체당 변화율(실제증가율) r 대신에 윗 식을 대입하여 정리하면 다음과 같다. 즉,

$$I = r_m \left(\frac{K-N}{K}\right) N$$

개체군의 생장 초기에 N 값은 K에 비하여 아주 작아서 분자에게 K 로부터 N 을 뺀 값은 거의 영향을 미치지 않는다. 실제, 이 시기에 $(K-N)/K$ 의 값은 1에 접근하며 따라서 초기에는 빠른 지수생장을 한다. 그러나 개체군이 생장하고 N이 커짐에 따라 $(K-N)/K$

값이 1보다 작아지고 이 값에 의해 곱해진 r_mN은 작아진다. 실제로 N값이 K값에 도달함에 따라 분자는 0이 되고 이론적으로 더 이상 개체군 증가의 가능성이 없게 된다. 예를 들어, $K-N/K$에 0을 대입하여 곱하면 다음 식이 된다.

$$I = r_m \times 0 \times N = 0$$

실제로 개체군이 그들의 수용능력을 초과하고 이 때에 $(K-N)/K$는 음수가 되어 일시적으로 개체군이 감소된다.

개체군 생장은 이런 이론적인 식으로 기술하는 것보다 훨씬 복잡하며 K값 또한 지속된 환경 피해, 주기적인 계절의 변화, 자원 이용의 증감에 따라 변할 수 있다. 물론 K값은 다른 종의 영향에 의해서도 변할 수 있다(같은 면적과 조건의 초원일지라도 사자가 많은 지역에서 사슴에 대한 수용능력은 작아진다).

(4) 연령, 생존기간, 개체군

구성원의 연령이나 수명과 같은 여러 요인들이 개체군에 영향을 미친다. 특히, 우리는 다음과 같은 의문을 가질 수 있다. 한 개체군에서 생식 연령에 있는 개체들은 얼마나 되는가? 그들의 생존 기간은 얼마인가? 생식 기간을 마친 개체들의 비율은 얼마나 되나? 이러한 질문들은 모두 인구 생장의 미래를 예상하는 데 매우 중요한 요인들이다.

우리는 사망률이 개체군 생장 동태의 아주 중요한 부분이라는 것을 보았으나, 사망률에 관한 많은 정보들은 가지고 있지 못하다. 가장 큰 사망률을 보이는 연령 집단을 아는 것은 무엇보다도 중요하다. 많은 자연 개체군에서 사망은 어린 시기에 가장 흔히 일어나고 이 시기의 위험을 극복한 개체들은 살아 남을 가능성이 상당히 크다. 분명하게도 사망률은 개체군의 가장 늙은 연령층에서 다시 한 번 증가한다. 이러한 특징은 많은 종의 경우에서 볼 수 있으나 모두 그러한 것은 아니다. 예를 들면, 현대인들은 예전에 상당히 높았던 유년기 사망률(영아사망률 ; 0~1세 미만의 사망률)을 극복하고 생존 기간을 연장시키는 데 성공하였다.

생존곡선(survivorship curve)은 수직축에 생존 개체수(대수 눈금)를, 수평축에 생존 기간의 비를 도표화하여 나타낸다. 이러한 곡선에서 각 종(種)에 대한 몇 가지 흥미로운 사실을 알 수 있다. 예를 들어, 굴(oyster)과 인간을 비교하면 지나치게 오목한 곡선과 볼록한 곡선을 각각 볼 수 있다. 인간은 어린아이의 사망이 거의 없는 반면에 굴은 아주 높은 초기 사망률을 기록한다(우리가 곡선을 설명하기 위해 생활사에 관하여 어느 정도 알아야 하는데, 굴의 경우는 유생 시기에 생존하는데 불리한 환경에 흔히 놓인다. 새와 대부분의 포유류 그리고 일부 곤충과 마찬가지로 인간의 경우에 자손의 사망이 적은 이유는 부모의 보호때문이다). 그러나 곡선의 끝에서 볼 수 있는 것처럼 굴 개체군은 생존 개체가 아주 적어질 때까지 느리고 안정된 사망률을 유지한다. 그러나 인간은 늙었을 때 급격하게 사망한다.

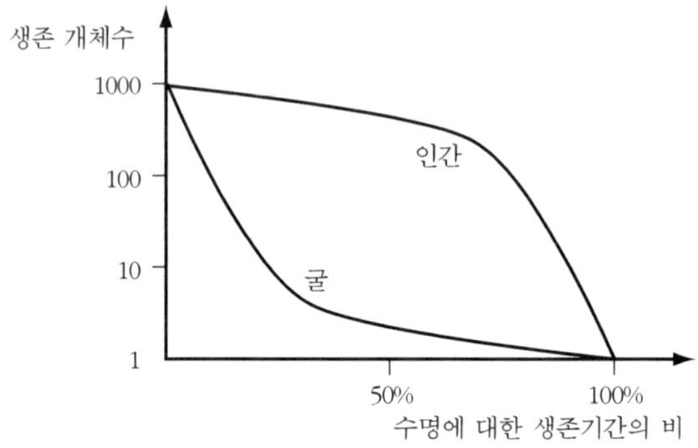

그림 5-3 생존 곡선

3) 생식 전략의 진화

지구에 현재와 같은 많은 생명체가 존재한다는 것은 이들 모두가 지금까지 성공적으로 생식해 왔음을 의미한다. 결국 우리는 현재 지구에 존재하는 생물들의 다양성을 조사함으로써 그들의 생식 방법 또한 다양하다는 사실을 발견할 수 있다.

그러나 중요한 것은 이러한 다양성 사이에서도 가장 효과적인, 즉 최대의 생식을 이끌어내는 공통적인 행동이 존재한다는 사실이다. 개체들이 최대로 생식한다는 것은 그들이 가능한 가장 많은 새끼(알)를 낳는다는 것을 의미하지는 않는다. 대신에 가능한 한 최대수의 자손이 번창할 수 있도록 가장 적당한 개체수를 낳는다는 것이 중요한 특징이다.

생물들은 심지어 같은 환경에서도 아주 다르게 반응하기 때문에 그들은 그들의 환경적인 문제에 대해 상이한 생식적 해결을 발전시켜 나간다. 어떤 종들은 적은 수로 여러 번에 걸쳐 배란을 하는 반면에 일부 종들은 단지 한 번에 많은 수를 배란하기도 한다.

(1) *r*-선택과 *K*-선택의 이론

개체군에 있어서 생식 행위의 진화에 관한 어려운 질문에 답하기 위하여 *r*-선택(*r*-전략, *r*-strategy)과 *K*-선택(*K*-전략, *K*-strategy) 이론을 도입해 보자(*K*와 *r*글자는 앞에서 기술된 개체군 통계학에서의 공식으로부터 따온 것으로 각각 수용능력과 개체당 변화율을 나타낸다).

이 모형에 따르면, *K*- 선택 종들은 개체군 생장곡선이 이상적인 S형과 매우 유사하다. 그들의 수는 수용능력 부근까지 도달하여 이 수용능력에 민감하게 반응한다. 이리하여 낮은 개체군 생장률(시간을 x축, 개체군의 크기를 y축으로 했을 때 graph의 기울기)을 가진다. *K*-선택 종들은 대부분 생존 기간이 길며 해마다 생식을 계속하고 성장 기간이 긴 포유류나 조류 같은 큰 동물이다.

이와 반대되는 성향을 띠는 것으로 *r*-선택 종들이 있는데, 이들은 증감이 심한 boom and bust type이라고 표현되기도 한다. 이들은 커다란 개체군 크기를 유지하기 위해 짧은 생존 기간을 갖는 경향이 있고, 크기가 작으며, 빨리 성숙하고 한 번에 막대한 수의 자손을 낳는다. 개체군은 갑자기 늘어나 수용능력을 넘어서 급등하며, 절멸 전에 주로 J형 생장곡선과 유사해진다. 중요한 것은 *r*과 *K*적응이 일반적 분류 체계(종, 속, 과, 목, 강, 문, 계)를 필연적으로 따르지는 않는다는 것이다. 어떤 곤충은 *r*-선택 종이라 생각되는데-확실히 메뚜기는 그렇다-벌은 같은 곤충이지만 *K*-선택 종으로 아주 훌륭한 예가 된다.

(2) *r*-선택 종인 곤충

인간에게는 불행한 일이지만 인간의 내장은 그 속에 살고 있는 촌충(寸蟲, tapeworm)에게는 훌륭한 환경이 된다. 쇠고기 촌충의 경우를 예로 들어 보자. 알은 인간의 배설물을 통해 밖으로 나온다. 그것들은 우선 살아 남아야 할 뿐 아니라 또한 송아지에 의해 먹혀야 한다. 이는 생존을 위해선 대단히 불리한 조건이다. 다행히 소에게 먹혀 체내에 들어가면 유충은 모양을 변화시키고 숙주의 장벽(intestinal wall)을 통해 이동하여 근육에 낭충으로 놓일 때까지 혈류를 통해 이동한다.

여기서 촌충은 자신을 보호하는 피막을 만들고 기다린다. 그리고 나서 이것은 덜 익은 쇠고기를 먹은 인간을 통해 이동하여 장에 부착하여 성숙할 때까지 성장하고 알을 낳는다.

그러나 이것은 오히려 단순한 생활사에 속하는 편으로 몇몇 장에 사는 기생충들은 숙주를 3가지나 가지며 이 숙주내에서 각각 다른 형태로 활동하는 경우도 있다.

이와 같은 열악한 환경 조건에서 살아 남아야만 하는 촌충은 결국 단지 소수만이 성숙한 촌충으로 발달한다. 그렇다면, 이와 같이 어려운 생활사를 통해 살아남기 위한 촌충의 작전은 무엇인가? 촌충은 자가수정할 수 있고(만약 또 다른 촌충이 존재한다면 타가수정할 것이다), 수천 개의 알을 낳을 수 있다. 촌충은 다른 *r*-선택 종들과 마찬가지로 그들의 전체 생활은 생식을 위해 쓰여지는 것같다. 그들은 단지 알을 낳기 위해 존재하는 것처럼 보여진다.

(3) *K*-선택 종

대표적인 *K*-선택 종으로 침팬지와 새를 들어보자. 침팬지는 안정된 환경에서 살기를 좋아하고 성장 기간이 길며, 완전히 성장한 후에만 생식한다. 침팬지 암컷은 성적으로 성숙하면 성적 요구를 하는 수컷과 교미한다. 그러나 일단 임신을 한 암컷은 몇 년 동안 다시 발정하지 않는다. 아프리카 탄자니아의 곰브 스트림(Gombe Stream)의 자연보호구에서 침팬지와 함께 40여년 이상을 보낸 '정글의 연인' 제인 구달(Jane Goodal) 박사는 Flo라는 암침팬지가 출산 후 5년 동안 발정하지 않았으며 이 기간 동안 Flo는 새끼를 정성껏 보살폈다고 보고하고 있다.

처음 몇 달 동안 Flo는 새끼를 여러 곳으로 옮겨 가면서 위험으로부터 정성들여 보호하였다. 그 후에도 새끼는 자신을 위한 초보적이고 간단한 약탈 행위만 허락되었을 뿐, 결코 어미가 경계하는 시계로부터 멀리 벗어나는 것이 허락되지 않았다. 새끼 침팬지가 점차 자신을 보호할 수 있는 능력을 갖게 됨에 따라 어미와 새끼의 관계가 점점 느슨해지고 어미는 다시 번식할 수 있으며 또 다른 새끼를 기를 수 있게 되었다. **결국 침팬지 사회에서 암컷의 생식 성공은 多産에 있지 않다(적게 낳아 죽이지 않고 잘 키운다).** 실제로 이들은 소수의 자손만을 낳아서 그들이 자력으로 살아갈 수 있을 때까지 매우 정성스럽게 키운다.

표 5-1 r-선택과 K-선택의 몇 가지 특징

	r-선택	*K*-선택
생존 양상	어릴 때 높은 사망률, 그 이후에는 높은 생존	특정 나이까지 낮은 사망률이거나 평생 동안에 걸쳐 사망률이 일정
종간 또는 종내 경쟁	다양하나 심하지 않다. (모기, 파리)	일반적으로 치열하다. (사자, 호랑이)
선택 경향	빠른 발달, 높은 개체군 증가율, 초기에 생식, 작은 체형. 한 번 생식	늦게 발달, 큰 경쟁력, 지연된 생식, 큰 체형, 반복된 생식
수명	보통 일 년 이하	보통 일 년 이상
선호 방향	생식	효율

(4) 인간의 생식 전략의 진화

궁극적으로 K－선택 종의 최종적인 예로서, 이제 우리는 인간 집단의 생식적 전략을 생각할 필요가 있다.

종의 생식 전략은 그 종 자신의 진화적 역사와 주위 환경에 대해 반응한 결과이다. 인간의 생식 성향을 결정할 것으로 생각되는 요인들에 대해 관찰해 보도록 하자. 건강한 여성은 30여년 이상(15～49세) 매년 1명의 자녀를 낳을 수 있다. 그렇다면 이것은 원래부터 인간이 생리적으로나 심리적으로 30명의 아이를 기를 수 있게 되어 있다는 것을 의미하는가? (Leontina Albina의 기록에 의하면, 62살의 어떤 아르헨티나 여인은 59명의 아이를 출산하였다) 아니면 인간의 생식 능력은 자식 대부분이 생존할 수 없는 혐악한 생활 환경에 적응하여 진화된 것인가? 즉, 여성의 다산 능력은 전통적으로 높은 유아 사망률과 관련되어 진화한 결과라 할 수 있을까?

오늘날은 어떤가? (표 5-2 참조) 오늘날 선진국에서의 신생아들은 대부분 첫번째 위험시기에서 별 문제없이 살아남는다. 사망률은 만 1세 이후에 감소하고 10대에서는 매우 낮다 [신생아사망률(4주 이내, 유전적 요인), 영아후기사망률(4주~1년 미만, 환경 · 보건적 요인), 영아사망률(0~1세 미만, 유전적, 환경 · 보건적 요인)]. 그리고 그 후에 점점 증가하다가 약 60세 이후에는 급격히 증가한다(그러나 가난한 저개발국에서는 이러한 생존곡선이 잘 적용되지 않는다).

표 5-2 인간의 평균 수명(추정)

인간군	평균수명	인간군	평균수명
네안데르탈인	29	로마 시대	32
구석기 시대 상기	32	미국 1900~1902	48
중석기 시대	32	미국 1950	70
신석기 시대	38	미국 1980	74
청동기 시대	38	미국 1989	75
그리스 시대	35	미국 1998	76

4) 개체군 조절 메커니즘

(1) 비생물적 개체군 조절(Abiotic Population Control)

계절에 따른 기후의 변화 뿐만 아니라 불규칙적이거나 이상 기후도 개체군의 수를 변화시킬 수 있다. 가뭄은 많은 종류의 식물과 동물을 죽인다. 상당수의 철새들은 봄철에 너무 일찍 북상하여 여전히 남아 있는 추위 때문에 죽는 경우가 있다. 이와 같이 생물학적 특성이 아닌 물리적 특성을 가진 조절 요소에 의한 개체군 조절을 **비생물적 개체군 조절**(abiotic population control)이라 한다.

개체군을 감소시키는 데 있어서 혹독한 기후와 같은 효과는 대개 **밀도 – 비의존 효과**(density-independent effect)이다(즉, 이것들의 효과는 단위 면적내의 개체수인 개체군 밀도에 영향을 받지 않는다). 혹독한 가뭄 동안 찌는 듯한 태양은 지상의 모든 식물을 죽일 수 있는 것이다.

DDT(살충제)로 흠뻑 젖은 지역에서는 많거나 적거나 간에 대부분의 곤충이 죽는다. 그들이 살아 남는데 중요한 것은 그들 개체의 저항성일 뿐, 이 때 그들의 수는 아무 의미가 없다. 그러므로, 이러한 원인에 의해 생기는 사망률은 개체군의 밀도에 의존하지 않는다.

그럼에도 불구하고 밀도에 따라 비생물 요소의 효과가 아주 달라지는 경우가 있다. 이것이 **밀도 – 의존효과**(density-dependent effect)이다. 예를 들어, 만약 서리가 내려서 곤충 개체군의 삶과 죽음이 그들 주위에 있는 피난처의 이용성에 달려 있다면, 이 때 개체군의 손실의 정도는 단위 면적당 개체군의 밀도와 이용 가능한 피난처의 수에 달려 있을 것이다(피난처의 수가 한정되어 있다면 개체수가 많은 경우 즉, 밀도가 큰 경우 많이 사멸할 것이고, 개체수가 적으면 즉, 밀도가 적으면 적게 사멸할 것이다).

(2) 생물적 개체군 조절(Biotic Population Control)

생물적 개체군 조절(biotic population control)은 생물의 작용이 개체군에 어떤 영향을 미치는 것을 말한다. 예를 들면, 흑사병(Pest, Plague, Black Death : *Pasteurella pestis*라는 그람 음성의 세균에 의한 질병으로, 중세 유럽 1억 인구 중 1/2 ~ 1/4을 죽게 하였음)을 일으키는 생물체는 상대 개체군(예 : 사람들)을 감소시킬 수 있다. 생물적 조절은 이 경우처럼 원인을 쉽게 알 수 있는 것도 있지만 개체군을 조절하는 대부분의 생물적 작용은 매우 미묘하여 얼핏 이해하기 어려운 것도 있다. 만약 자기 영토를 가진 텃새가 경쟁자를 먹이가 부족한 지역으로 몰아내면, 겨울이 왔을 때 영양이 부족한 이 경쟁자는 계절의 혹독함에 더욱더 압력을 받아 죽게 될 것이다. 이렇게 되면 경쟁자를 쫓아낸 텃새는 간접적으로 경쟁

개체군의 감소를 일으키게 되는 것이다.

무생물적 조절은 일반적으로 밀도-비의존적인 반면에, 생물적 조절은 밀도-의존적이다. 이것은 개체군 밀도가 증가함에 따라(자극) 자신에게 가해지는 압력이 증가하여(반응) 결국 개체군 밀도가 감소하게(자극을 감소시킴) 된다는 의미이다. 또한 밀도가 낮아짐에 따라 압력은 줄어들 것이고 다시 개체의 수는 증가하게 된다(이것은 전통적인 음성 되먹임 고리의 또 다른 예이다).

음성 되먹임 고리란 자극에 대한 반응이 결국, 자극을 감소시키는 결과를 가져오는 경우를 말한다(사슴떼 증가 → 사자의 증가 → 사슴떼 감소).

음성 되먹임 고리(negative feedback loop)

약 200년 전에 당시 영국 황실의 비서였던 블랙든(Charles Blagden)은 대단히 설득력이 강한 사람이었다. 그는 두 친구에게 온도가 126℃ 정도 되는 조그만 방에 함께 들어가자고 제안했는데, 물이 100℃에서 끓는다는 것을 알고 있던 그들로서는 당연히 꺼릴 수 밖에 없는 일이었다. 그러나 결국 블랙든의 설득에 굴복하여 그들은 조그만 개와 스테이크를 가지고 그 뜨거운 방으로 들어갔다. 45분 뒤 그 방에서 나왔을 때 그들은 건강한 상태였고 개도 괜찮았다. 단지 스테이크만 잘 익어 있었다.

그렇게 해서 블랙든은 생물체가 그들의 내부에서 일어나는 과정들을 조절함으로써 가혹한 환경에 적응해 나가는 능력이 있다는 것을 증명했다.

다른 예를 들어보자. 도시에 사는 젊은 여성이 지금 배낭을 메고 산을 오르고 있다고 하자.

뜨거운 방에 있던 개와 마찬가지로 그녀도 지금 헐떡거리면서 매우 힘들어 하고 있다. 그녀의 심장은 달음박질치고 머리는 어지럽고 위통을 느끼며 옆구리도 아프다. 숨을 고르게 하기 위해 여러 차례 쉬어야만 했고, 조금 쉰 후에야 호흡이 가라앉아 조금 편안한 상태로 다시 오를 수 있었다. 여름 내내 산에 있던 그녀의 친구는 1~2주만 견디면 고도에 익숙해질 것이라고 말했다. 정말 그 친구의 말은 맞았다. 다음날 벌써 그녀는 기분이 훨씬 좋아졌고, 그 이후 내내 자신이 고도가 높은 지역에 있다는 것조차 인식하지 못하고 지낼 수 있었다.

블랙든이나 등산하던 여자는 모두 생물체의 항상적 반응을 증명한 셈이다. 항상성(恒常性, homeostasis)이란 생명을 유지하는 데 필요한 생리적 조건을 일정하게 유지시키는 것을 말한다.

항상성은 넓게 정의될 수밖에 없다. 왜냐하면 실제로 항상성은 여러 기관계에서 일어나는 수많은 방법을 모두 포함하는 말이기 때문이다. 사실상 우리 몸은 신경계, 호흡계, 순환계, 면역계 등을 모두 총괄하는 항상적 메커니즘에 의해 기능한다. 그렇기 때문에 항상성은 아마 생물학에 있어서 가장 커다란 주제가 될 것이다.

항상적 반응은 보통 자율적이며 되먹임(feedback)에 의해 이루어진다. 되먹임은 과정상의 한 결과가 그 결과 이전, 혹은 이후의 과정에 영향을 주는 것을 말하며, 되먹임에는 음성과 양성 두 가지가 있다.

음성되먹임고리(negative feedback loop)는 궁극적으로 자극에 대한 반응이 결국 자극을 감소시키는 결과를 만들어 낸다(고온[자극] – 땀 흘림, 헐떡거림[반응] – 체온유지[자극감소]). 음성되먹임고리는 상황이 적절한 수준에 도달할 때까지 간간히 올라갔다 내려갔다 하면서 정교한 조절을 한다. 집에 있는 온도조절기도 이러한 음성되먹임 원리에 따라 작동하는 것이다.

집 안에서 일어나는 일을 한 번 생각해 보자. 아기는 배가 고프면 운다. 부모는 아기에게 음식을 먹인다. 아기는 더 이상 배가 고프지 않으므로 울음을 그친다. 아기의 입장에서 보면 자극은 배고픈 느낌이다. 반응은 우는 것이고 이것이 결국 배고픔을 멈추게 했다. 부모의 입장에서 보면 자극은 울음이며 반응은 아기에게 음식을 주는 것이고 그 결과로 울음을 멈추게 했다.

때때로 고리는 실패하기도 한다. 아기는 배가 고파서 우는 것이 아니라 기저귀로 인해 생긴 습진 때문에 아파서 우는 것일 수도 있다. 만일 부모가 아기에게 음식을 먹이려고 한다면 아기는 더욱 심하게 울 것이고, 부모는 더 많이 먹이려 할 것이며, 그러면 아기는 더욱 크게 울 것이다, 이러한 순환은 양성되먹임고리(positive feedback loop)를 구성하게 되며, 이 고리에서는 자극에 대한 반응이 결국 원래의 자극을 한층 더 증가시키는 방향으로 작용한다(아기울음 → 우유공급 → 아기울음 증가).

양성되먹임고리는 자연 상태에서는 그리 흔하지 않고 보통 질병과 관련되어 있다. 예를 들어, 고혈압은 동맥과 소동맥(arterioles)에 손상을 줄 수 있으며, 손상된 혈관벽은 지질, 흉터를 만드는 조직, 새로 자라나는 세포 등으로 뒤범벅이 되므로 혈관의 크기가 줄어들게 된다. 따라서 혈압은 한층 더 높아진다. 다른 예로써, 체중이 많이 나가는 사람들이 신체에 대한 열등감으로 우울해하는 현상을 들 수 있다. 그들은 그러한 우울한 상태를 잊으려고 먹는 일에 더욱 심취하는 경향이 있다.

앞에서 살펴본 생리적 계에서의 음성되먹임고리와 같은 원리에 의해서, 생태계 내에서도 개체군 밀도가 증가함에 따라 자신에게 가해지는 압력이 증가하여 결국 개체군 밀도가 감소하게 되며, 또한 밀도가 낮아짐에 따라 압력은 줄어들게 되어 다시 개체의 수는 증가하게 되는 것이다(사슴떼 증가 → 사자의 증가 →사슴떼 감소 → 사자의 감소 → 사슴떼 증가).

CHAPTER 6

개체군의 상호작용

6-1 서론

모든 생물은 각기 다른 생물의 영향을 받으면서 생활하고 있다. 각 생물은 마치 그가 사는 곳의 물리적 환경에 늘 대처해야 하는 것처럼 다른 생물과의 관계에서 생겨나는 문제점 및 기회에 맞추어 준비해야 한다. 다시 말하면, 생물학적 환경에 대비해 가면서 살아야 한다. 생물학적 환경의 어떤 부분의 영향은 극히 직접적이다. 적당히 먹고 살 풀이 없으면 소는 굶어 죽는다. 편모를 가진 원생동물의 일종(*Trichonympha*)이 흰개미의 소화관에 없으면, 흰개미는 섬유소에서 영양분을 얻을 수 없다.

생물학적 환경의 영향 중 또 다른 예는 덜 직접적인 경우이다. Darwin 시대의 영국의 한 박물학자는 영국의 위대성은 영국의 늙은 하녀에 의존한다는 극적인 표현을 했다. 이 말을 영국의 국력은 항해로부터 풍요를 벌어오는 해군의 건강에 의존하며, 해군의 건강은 좋은 쇠고기에 의존하며, 좋은 쇠고기는 자양분이 많은 클로버에 의존하며, 이러한 클로버의 번식은 벌에 의한 수분이 필요하며, 벌집은 들쥐의 먹이가 되고, 들쥐는 고양이가 잡아먹는데, 이러한 고양이는 늙은 하녀가 돌보아 준다. 이와 같은 생물 상호간의 관계는 직접·간접으로 생물집단 어디에서나 일어나고 있다.

종간에 일어나는 대부분의 상호작용은 먹이와 관계가 있다. 먹이, 포식, 피식회피에 대한 경쟁은 서로 다른 종의 생물들 상호간에 흔한 일이다. 두 가지의 서로 다른 종은 한 가지의 먹이를 놓고 서로 다투거나, 한 종이 다른 한 종을 포식하는 관계를 취하기도 한다. 그러나 두 가지 생물이 오랫동안 가까이 서로 함께 사는 수도 있다. 이와 같이 두 종이 함께 서로 밀접하게 연합해서 살아가는 일을 **공생**(共生, symbiosis)이라 한다. 이런 경우, 적어도 한 쪽은 이익을 보고 산다. 이 때, 그 외의 다른 한 쪽이 해를 입는 경우를 **기생**(寄生, parasitism), 다른 한 쪽은 전혀 영향을 받지 않는 경우를 **편리공생**(偏利共生, commensalism), 다른 한 쪽도 이익을 얻는 관계를 **상리공생**(相利共生, mutualism)이라 부른다. 이러한 생물개체군간의 여러 가지 상호관계를 이 장에서 다루기로 한다.

6-2 포식(捕食, predation)

타가영양생물은 다른 생물을 포식함으로써 먹이를 얻는다. 예외가 있지만 일반적으로 포식자들은 그들이 먹는 먹이보다 몸이 더 크다. **포식자(捕食者, predator)와 피식자(被食者, 먹이, prey)**와의 관계는 일시적이어서 그 먹이를 다 먹어치우는 시간까지 또는 먹이의 일부를 먹을 때까지이다. 포식자는 먹이가 동물일 때 항상 그것을 잡아서 거의 죽이는 반면에, 초식동물(예 ; 사슴, 토끼, 곤충)은 흔히 식물의 일부분만을 뜯어먹음으로써 녹색식물은 다시 돋아나고 또 뜯어먹힐 수 있게 된다.

먹이가 모든 동물의 삶에 있어서 수행하는 중요한 역할을 생각했을 때, 포식자가 포식의 효과를 증대시키거나(야간시력, 청각, 후각, 발톱, 부리), 피식자가 피식되는 위험을 최소화하려는 많은 적응현상에 대해 놀라서는 안된다. 여기에서는 후자의 경우로, 피식자가 피식되는 것을 피하기 위한 여러 가지 장치들을 살펴보기로 하자.

1) 위장(은폐색, 僞裝, 隱蔽色, camouflage, cryptic coloration)

많은 동물들이 주위환경에 자기의 몸을 파묻어 어울려 버림으로써 남의 눈에 띄지 않는 보호색(cryptic coloration)을 가지고 있다. 넙치(廣魚)는 한 장소에서 다른 곳으로 옮길 때, 그 지형에 어울리도록 그들의 모양을 얼른 바꿀 수 있다. 뇌조는 겨울에는 하얀 깃털로, 여름철에는 반점 있는 깃털로 위장하여 계절이 바뀌어도 남의 눈에 잘 안 띈다. 많은 곤충들은 훌륭한 위장술을 갖도록 진화해 왔다.

더러운 공기에 오염된 나무줄기에 붙어 사는 나방의 일종인 *Biston betularia*는 몸이 흑색으로 변해 버림으로써 죽은 나뭇가지처럼 보이게 한다. *Kallima*라는 나비의 날개는 나뭇잎같이 생겨서 날개를 접고 앉으면 잎의 중앙맥을 펼친 것처럼 검은 줄이 나타난다. 움직이지 않는 잔가지 나방의 유충(자벌레)은 새가 보더라도 못 알아보아서 쪼아 먹지 못할 만큼 잘 위장하고 있고, 가끔 곤충이 그것을 나뭇가지로 잘못 알고 거기에 알을 낳을 정도이다.

2) 방위(防衛, defense)

많은 동식물들은 그들의 포식자로부터 자신을 방위하는 적응력을 가지고 있다. 바늘두더쥐의 가시와 스컹크의 체취 분비선은 유명한 실례이다. 노래기는 건드리면 유독한 청산(青酸, HCN)을 분비한다. 여러 가지 곤충들은 특별한 분비선과 쏘는 장치를 가지고 있어서 갑자기 포식자를 만나면 85% 초산이나 40% 개미산 같은 특수물질을 쏘아댄다. 이러한 독성물질과 쏘는 가시는 식물에서도 흔히 볼 수 있는 방어수단이다.

동물 중에 어떤 것은 경계색(警戒色, warning coloration, aposematic coloration)을 가지고 있다. 왕나비(monarch butterfly)의 애벌레는 자기의 존재를 광고라도 하는 것같이 화려한 색깔을 띠고 있는데, 그가 그렇게 할 수 있는 여유는 늘 먹는 풀(예 ; milkweed)에서 얻은 독성 화학물질을 몸안에 저장하고 있기 때문이다. 이 물질은 척추동물에게 유독하며, 더구나 유충은 이 화학물질을 체내에 보유하고 있고, 성충은 외모가 불쾌감을 풍기도록 생겼다. 어치(blue jay)라는 새는 이 나비의 유충을 먹고 독성물질 때문에 고생을 해본 후에는 또다시 이 나비를 먹으려 하지 않는다. 분명히 이 나비는 새의 눈에 쉽게 띄도록 귀중한 적응이 이루어진 셈이다.

또한, 무당벌레(ladybug)는 주황색 바탕에 검은색 반점을 지니고 있어서 명도대비가 뛰어나 새들의 눈에 잘 띠게 하는 경계색을 가지고 있는데, 새에 물린 무당벌레는 암모니아 가스와 아주 쓴 맛의 물질을 방출하여 새로 하여금 삼키지 못하고 뱉도록 하며, 이렇게 한번 무당벌레에게 혼이 난 새는 두번 다시 무당벌레를 물지 않게 된다.

3) 의태(擬態, mimicry)

한 동물이 그의 포식자를 이겨낼 아무런 무기나 독성물질을 가지고 있지 않다면, 그 동물은 위험을 피하기 위하여 그 몸의 모양이나 빛깔 따위가 주위의 물체와 비슷하게 되는 일이 있다. 이러한 현상을 의태(mimicry)라고 한다. 줄나비는 몸 속에 아무런 독성물질이 없고 겉보기에 먹음직스럽게 생겼다(실제로 어느 곤충학자가 이것을 먹어 보았더니 마른 빵 같았다고 한다). 그런데 줄나비는 왕나비를 꼭 닮아서, 왕나비가 새에 포식되지 않는 장점을 이용할 수 있다(앞에서 살펴본 바 대로 왕나비를 잡아먹었던 새들은 왕나비가 함유한 독성물질 때문에 고생했던 기억을 가지고 있어서, 이 왕나비와 유사한 형태의 줄나비에 대해서도 먹을 수 없는 나비로 인식한다).

파리매(파리의 일종)는 잘 무장된 뒤영벌(벌의 일종) 같이 생겼고, 그로 인하여 포식자들한테 먹히지 않는다. 두꺼비가 뒤영벌을 덥석 물었다가 고통을 받아본 후에는 이 벌 뿐만 아니라 파리매도 그 모양이 닮았기 때문에 먹으려 들지 않는다. 파리매는 뒤영벌과 닮았으면서도 진화상으로 다른 종의 파리와 큰 차이가 없으며, 다른 파리처럼 날개는 1쌍 그대로 가지고 있다. 벌은 2쌍이다.

미국에서 가장 유독한 뱀은 독사의 일종으로 coral 뱀이라 부른다. 많은 독 없는 뱀들은 이 독사의 모양을 닮은 경계색을 나타낸다. 이와 같이 무독한 뱀이 독사를 닮은 이러한 모든 경우를 Batesian 의태(Batesian mimicry)라 한다. 이는 19세기에 이 방면에 관한 많은 연구를 한 박물학자 H. W. Bates의 이름을 따서 부르는 말이다.

어떤 동물은 다른 보기 흉한 동물을 닮고 있는데, 이러한 현상을 Mullerian 의태(이를 연구한 독일 동물학자 F. Muller의 이름을 딴 것)라고 한다(목도리 도마뱀). 아마 각 종류의 생물들은 우연히 자기 자신의 보호 수단을 획득했을 것이고, 어떤 것은 포식자 때문에 배웠을 것이다.

어떤 육식동물은 다른 포식자(대개 몸이 더 작은 동물)가 잡아 먹는 피식자의 흉내를 내는 계략을 갖고 있다. 그들은 이것을 미끼로 사용하여 먹이를 잡는다. 이러한 모양의 의태를 공격형 의태(攻擊型 擬態, aggressive mimicry)라 부른다. 개똥벌레(반딧불이) 어느 종의 암컷은 다른 종의 수컷을 유인해서 잡아먹는 경우가 있으며, 공격형 의태의 유명한 예로써 anglerfish(아귀)라는 큰 물고기는 앞쪽 등지느러미에 있던 가시가 변해서 된 작은 물고기처럼 생긴 구조물을 가지고 있는데, 이것을 미끼로 써서 흔들면 작은 물고기들이 그것을 먹으려고 모여들며, 이 때 anglerfish는 이들을 잡아먹는다.

4) 집단행동(集團行動, group behavior)

사회생활을 영위하는 생물들은 서로 협동함으로써 심한 포식위협을 덜게 된다. 초식성 유제류(有蹄類, 들소, 사향소 등의 발굽동물, ungulates, hooves)는 흔히 강한 놈은 바깥쪽으로, 약한 놈은 안쪽에 있도록 떼를 짓는다. 이러한 무리를 자세히 살펴보면 무리가 위험에 처할 때 경고하려고 지키고 있는 보초담당자가 있다. 어류 중에 빙어류(smelt)는 놀라면 물 속에 pheromone을 방출하여 같은 무리의 물고기들에게 경고해 준다. 꿀벌이 적을 쏠 때는 이소아밀아세테이트(isoamyl acetate)를 내서 공격에 가담하는 동료벌들을 흥분시킨다.

이들이 위험에 대처하는 길은 도주하거나 한 덩어리로 단단히 뭉치는 것인데, 포식자는 일반적으로 먹이를 하나씩 차례로 공격하지 않고 피식자가 모여 있는 가운데로 뛰어드는데, 그러는 동안에 피식자들은 웬만하면 달아나 버리고 어린 것, 노약자, 병든 것 등이 골라져서 포식자에게 먹히게 된다.

5) 회피반응(回避反應, escape responses)

포식자와 피식자간의 평형유지는 꽤 교묘한 일로서 얼마쯤 자동조절되고 있다. 피식자가 많이 불어나면 따라서 포식자도 많아진다. 그 다음에는 피식자의 개체군 밀도가 낮아지고 따라서 포식자의 숫자도 감소된다. 물론 피식자 개체군은 다른 방법으로 증가하고 또다시 포식자도 증가하면서 이런 일이 되풀이된다.

피식자가 완전히 멸절되지 않고 포식자와 피식자의 수가 서로 오르내리면서 자연의 평형을 이루고 있는 사실은 매우 중요한 일이다. 이러한 일이 일어나는 한 포식자는 곧 이러한 현상에 따라야 한다. 그렇지 않으려면 다른 종류의 먹이를 다시 골라서 포식해야만 된다. 그러나 이러한 상황은 매우 협소한 생태적 지위를 점유하고 있는 포식자에게는(즉, 다른 대지 피식자가 존재하지 않을 경우, 예로써 연못과 같이 한정된 서식처의 경우) 줄어든 피식자와 함께 공멸의 위기로 다가오게 된다.

이러한 위험을 잘 회피하고 있는 재미있는 예가 있다. 미국 동부 연못에는 조그만 물고기인 mosquito fish(*Gambusia*)가 많이 살고 있는데, 이들은 모기 유충을 먹는다. 또 *Gambusia*는 빠르고 대식가인 곤들매기한테 먹힌다.

먹이가 되는 *Garmbusia*가 물 표면에 있을 동안에는 곤들매기가 왜 못 잡는지는 아직 잘 알려져 있지 않지만, 곤들매기의 먹이가 완전히 절멸되지 않아야 그들도 존속할 수 있기 때문에 회피하는 것으로 보인다. 즉, 포식자 개체군은 피식자 개체군의 과잉 숫자만 잡아먹음으로써 두 개체군은 서로 안정 수준을 유지하고 살아갈 수가 있는 것이다.

6-3 기생(寄生, parasitism)

한 생물이 다른 생물(숙주, 宿主, host)의 몸에 붙어서 영양분을 빨아먹고 숙주(host)에게 손해를 끼치는 것을 기생(寄生, parasitism)이라 한다. 기생자(parasites)와 포식자(predators)와의 구별은 언제나 분명한 것만은 아니다. 진드기나 거머리는 피를 빨아 먹는 짧은 기간만 숙주의 몸에 붙는다. 어느 의미에서 기생은 몸이 작고 연약한 생물이 훨씬 더 크고 강한 생물에 달라 붙어서 영양분을 얻는 간단한 포식행동이다. 십이지장충의 경우는 숙주 몸에 장기간 붙어 살기 때문에 기생이라고 쉽게 알 수 있는 예이다.

이 지구상에 살고 있는 생물은 모두 그의 생애 중 일시적으로나마 다른 것에 의하여 기생당하지 않는 것은 아마 없을 것이다. 동물체에 기생하는 종류는 박테리아, 균류, 바이러스, 원생동물, 편충류(촌충, 디스토마), 선충류(회충, 십이지장충, 요충), 곤충류(벼룩, 이), 거미류(진드기) 등이 있고, 식물에 기생하는 생물로는 선충류(식물 뿌리에 기생하는 Nematoda), 균류, 박테리아, 바이러스 기타 식물들이 있다. 미생물의 기생자도 있다. 예컨대, 아메바에는 박테리아가, 박테리아에는 바이러스가 기생한다.

기생자는 두 가지 피해를 숙주에게 끼친다.

첫째는 숙주의 몸에 붙어서 피와 영양분을 빼앗는 경우로서 십이지장충, 기생성 아메바, 말라리아 원충 등에서 볼 수 있다.

말라리아 원충은 *Plasmodium* 속의 malaria(mal + aria = bad + air, 장기설, 瘴氣說, miasma theory, 학질 : 발열, 오한, 빈혈)를 일으키는 포자충강(Sporozoa)의 원생동물로서, 사람의 혈액내의 적혈구 속에 각각 암 · 수 배우자낭으로 존재하다가 흡혈하는 모기의 내장으로 흡입되어 암 · 수 배우자로 발달한 후, 접합자를 형성하고 내장벽으로 들어가 sporozoites로 발달한 후, 모기의 침샘에 모여 있다가 사람의 피부를 뚫을 때 혈액응고방지제와 함께 혈관으로 투입된다.

이들은 인간의 간세포와 임파구에 침입한 후 영양분을 섭취하며 분열하여 merozoites로 발달한 후, 새로운 간세포와 임파구로 침입하여 순환을 반복하고, 다시 적혈구내로 침입하여 분열, 발달하고 다시 새로운 적혈구에 침입하여 각각 암 · 수의 배우자낭으로 발달하여 굶주린 모기들에 의해 빨려갈 준비를 하게 된다.

둘째는 기생충이 내는 독성물질이 숙주를 더 해롭게 하는 경우가 있다. 이것은 숙주가 영양분이나 피를 빼앗기는 것보다 더 큰 손해를 입는 경우도 있다. 파상풍, 디프테리아, 성홍열이 그 예이다. 파상풍 독성물질은 중추신경계의 시냅스(synapse : 정보를 전달하는 일을 담당하는 고도로 특수화된 세포, 즉 신경세포인 neuron들이 신경계내에서 서로 정보를 나누는 특수한 장소) 전도를 방해한다. 디프테리아 독소는 세포의 단백질합성 기작에 해로운 영향을 준다.

예외는 있지만, 일반적으로 기생자가 숙주를 죽이지는 못한다. 숙주가 죽으면 기생자도 살아갈 수 없게 되기 때문이다. 잘 적응된 기생자는 숙주에게서 자기가 필요로 하는 영양분만 섭취한다. 포식자는 숙주의 원금을 먹고 사는 반면에 기생자는 숙주의 이자를 섭취한다고 말할 수 있다.

기생자와 숙주의 상호진화적 적응(co-evolutional adaptation)은 기생자는 숙주에게 피해를 덜 주는 방향으로, 또한 숙주는 기생자의 피해로부터 잘 견뎌내도록 진행되어 왔다. 호주에서 있었던 하나의 예를 들기로 한다.

1859년 유럽산 토끼를 경기용으로 호주에 사들여 왔다. 이 토끼는 포식자가 없는 이 대륙에서 폭발적으로 불어나, 양떼(역시 수입해 온 동물)와 다른 동물이 토끼와 먹을 풀을 놓고 심한 경쟁을 벌여왔다. 이후, 1950년에 브라질로부터 토끼를 사왔는데, 그 토끼는 점액종 바이러스(myxoma virus)를 보유하고 있었다. 굉장한 속도로 병은 전염되었고 수백만(아마 99.5% 이상)의 토끼가 죽었다. 그 결과로 풀밭은 다시 우거졌다. 양떼도 다시 불어났다. 그렇지만 토끼가 완전히 전멸되지는 않았다. 사실 병은 소규모로 계속 유행되고 있었지만, 토끼떼의 수는 1950년 이전 수의 약 20%로 불어날 수 있었다. 놀라운 일은 토끼가 점액종 병원체인 바이러스에 견디는 면역성이 생겼다는 점이다. 오늘날 그 곳에 사는 토끼는 1950년에 살던 토끼보다 바이러스에 훨씬 강하다. 어린 토끼에 바이러스를 접종시켜 실험해 보면 일반적으로 사망률이 그전보다 낮아졌다. 99.5%의 높은 사망률을 보인 유행병은 토끼에게 잠재적 저항력을 발현케 하여 진화토록 했다. 더욱 놀라운 일은 바이러스의 진화적 변화인데 1951년 최초 분리된 바이러스와 그 후에 분리된 바이러스를 면역성이 없는 야생토끼에 주입했을 때, 사망률은 후자의 경우가 훨씬 낮았다. 이는 시간이 흐름에 따라 바이러스도 숙주에 너무 심한 손해를 주지 않도록 진화했다는 증거가 된다[상호진화(相互進化), 공진화(共進化), co-evolution]. 즉, 바이러스의 독력(virulence)은 감소하고, 토끼의 면역력(immunity)은 증가하도록 공진화한 것이다.

6-4 편리공생(偏利共生, commensalism)

'Commensal'이라는 말의 어원은 '식탁을 함께하는'이라는 뜻이다. 하나의 생물이 다른 생물의 관심없는 먹이를 먹는 공생관계라고 늘 쓰여온 말이다. 빨판상어와 상어의 관계는 좋은 예이다. 빨판상어의 등지느러미는 상어의 몸에 딱 들어붙는 빨판으로 변해 버렸다. 상어는 빨판상어가 와서 붙어도 아무런 불편을 느끼지 않고 또 그를 잡아 먹으려 하지 않는다. 그러나 상어가 먹이를 먹을 때는 빨판상어는 상어가 먹다 놓친 부스러기를 주워 먹는다. 따개비의 어떤 종은 고래의 턱에서 공생한다. 심지어 고래몸에 붙어 살고 있는 따개비와 공생하는 따개비도 있다.

사람의 대장 안에 살고 있는 많은 박테리아는 편리공생자이다. 그들은 덜 소화된 음식물을 먹고 사니 우리들에게는 피해를 주지 않는다. 무균실에서 키운 동물의 장자 안에도 박테리아가 있지만 해롭지 않다. 무균동물(예 ; 생쥐)은 생활의 여러 가지가 비정상인데, 이들에게 몇 가지 미생물을 감염시키면 정상적으로 발육한다. 이런 때 이들 미생물과 숙주와의 관계는 분명히 얼마쯤은 상리공생적이다.

6-5 상리공생(相利共生, mutualism)

서로 다른 생물들끼리 서로 이익을 주고 받는 공생관계를 상리공생이라 한다. 조류(藻類, algae, phyto-plankton)는 가끔 타가영양생물의 체내에 산다. 섬모충류인 짚신벌레(*Paramecium bursaria*)의 세포 안에 단세포 조류가 들어 있다. 광합성을 할 수 있는 이 녹조류는 숙주인 짚신벌레에게 영양분(유기물)을 준다. 그리고 조류는 숙주로부터 이산화탄소를 얻고 또 충분한 햇볕이 있는 곳으로 옮겨지는 이익을 얻는다. 두 생물을 각기 따로 떼어서 배양할 수 있으나 그러면 짚신벌레에게 따로 먹이를 더 공급해야만 한다. 이들 두 생물을 다시 함께 놓으면 짚신벌레는 조류를 섭취하여 액포 속에 넣는다. 많은 다른 수생의 타가영양생물, 예컨대 어떤 해면류, 바다나리, 플라나리아, 조개 등은 그들의 세포 안에 조류가 들어 있다.

식물과 균류(fungi ; 곰팡이) 사이의 상리공생 관계는 대단히 흔하다. 균류가 식물의 2차근의 피층세포 속이나 피층세포들 사이에서 살아가는데, 이와 같은 균류와 뿌리의 연합을 균근(菌根, mycorrhiza)이라 한다. 균근류(mycorrhizal fungi)의 존재는 숙주식물로 하여금 토양으로부터 각종 무기염류의 흡수 효율을 증대시키는 것으로 알려졌으며, 또한 균근류는 항생물질(antibiotics)을 분비하여 병원성 균류와 세균이 그들의 숙주식물에 침입하지 못하도록 보호하며, 식물이 뿌리로 이동시킨 당분을 균근류가 이용하게 된다.

숲속에 있는 여러가지 버섯은 균근성 균류의 결실체(結實體, 또는 子實體, spore-forming body, fruiting body)로서 미식가들이 칭찬하는 송로버섯은 참나무 숲에서 흔히 발견되는데, 그 까닭은 균류가 참나무 뿌리에 균근을 형성하기 때문이다(송이버섯과 소나무 뿌리).

상리공생적 관계는 두 가지 종류의 생물들이 부분적으로 구조, 기능, 심지어 행동까지 서로 뒤얽힌 적응을 하고 있는 것이다. 어떤 개미 종류는 땅속에 있는 개미집에서 특수한 균류를 재배하는데, 균류는 개미가 나뭇잎을 지하로 옮겨다가 씹어서 만든 먹이 덩어리를 먹고 산다. 즉, 개미는 균류(곰팡이)를 이용해서 나뭇잎을 발효시켜 먹는다. 이러한 사실은 균류가 개미집에서 살 수 있도록 생리적으로 적응된 것이다. 또 개미의 행동은 확실히 상리공생적인 필요성에 맞추어 적응된 것이다. 심지어는 특별한 구조적 적응도 있다. 즉, 여왕개미의 머리에는 주머니가 하나 있고, 그 속에 균류를 넣어 가지고 딴 곳으로 이사갈 때 데리고 간다. 악어와 악어새와의 관계는 또 다른 상리공생의 예로서 훌륭한 행동적응을 보여준다.

1) 공생적 질소고정(symbiotic nitrogen fixation)

생물권에서 가장 경제적인 상리공생의 예는 *Rhizobium* 속의 토양세균(뿌리혹박테리아, root nodule bacteria)과 이들의 숙주인 콩과식물(legume ; 콩류, 자운영, 토끼풀, 알팔파, 아카시아)과의 관계에서 찾아볼 수 있다. 두 생물은 각기 따로 살아갈 수 있지만(이 때 콩과식물은 토양 속의 질산성 질소를 흡수하여 살아간다), 함께 성장을 하면 분명히 양쪽 모두에게 더 이롭다. 즉, 함께 성장할 때만 질소 고정을 할 수 있다. 오늘날 지구상에서 이루어지는 상당량의 질소고정이 뿌리혹박테리아와 콩과식물의 공생에 의하는데, 콩과식물은 뿌리혹박테리아에게 살아갈 터전과 영양분 및 질소고정을 위한 기구를 제공하고, 뿌리혹박테리아는 질소를 고정하여 콩과식물에게 제공하게 된다(※우리 선조들은 자운영이 핀 논에는 퇴비나 비료를 줄 필요가 없다고 하였는데 왜냐하면 그 논에는 콩과 식물인 자운영의 뿌리혹 속의 뿌리혹박테리아에 의해 질소고정작용($N_2 \rightarrow NH_3$)이 일어나 질소성분이 풍부하기 때문).

6-6 종간경쟁(種間競爭, interspecific competition)

생물의 생활장소(서식처, 棲息處, habitat)란 생물이 생활하고 있는 장소, 즉 그 생물을 발견할 수 있는 장소가 된다. 여기에는 그 크기에 따라 미소생활장소(microhabitat)와 거대생활장소(macrohabitat)로 나누며, 같은 거대생활장소에 존재하는 2가지의 종에 있어서도 미소생활장소가 다를 수 있다(육지식물 중 양지식물과 음지식물).

한편, 생태적 지위(生態的 地位, ecological niche)란 좀더 포괄적인 용어로서 그 생물이 점유하고 있는 ① 물리적인 공간(habitat) 뿐만 아니라 ② 군집 내에 있어서의 기능적인 역할(영양단계 등) 및 ③ 기후, 온도, pH, 토양 기타 생활조건이 되는 여러 가지 환경구배 중 그 생물이 차지하는 적정범위(위치)도 포함하는 개념이다. 위의 생태적 지위의 3가지 측면을 편의상 ① 공간적 니치(spatial niche) 또는 생활장소 니치(habitat niche) ② 영양 니치(trophic niche) 및 ③ 다차원적 니치(multidimensional niche) 또는 초용적 니치(hypervolume niche)라고 할 수 있다.

생물의 생태적 지위는 그의 서식처 안에서 이루어지나, 생태적 지위라는 말은 단순히 생물이 사는 집이라기 보다는 먹이망(food web) 안에서 한 생물이 차지하는 위치를 가리킨다. 그러나 먹이망 외에 적온범위, 습도, 염도 등도 중요한 요인이며, 같은 서식처에 사는 2종류의 생물이 각기 다른 지위를 차지한다면 함께 살 수 있다. 어떤 사람의 주소(서식처)를 안다면 그 사람을 찾을 수 있고, 그의 직업, 취미와 함께 그 지역 사회에서 다른 사람과의 관계 등 여러 가지를 더 안다면 그 사람이 어떤 인물인가를 더 자세히 알게 된다.

이와 비슷하게 한 생물의 생태적 지위는 그가 살고 있는 생태계 안에서 차지하는 모든 면에서의 위치 전부를 포함한다.

한 종의 생태적 지위에 영향을 미치는 각각의 인자는 그 수치(정도)가 변동하기 마련이며, 각각의 생물은 특정 범위의 온도, 습도, pH, 염도 등을 견디어 낼 수 있는데, 일반적으로 넓은 내성의 범위를 갖는 생물이 좁은 내성의 범위를 갖는 생물보다 더 넓게 분포한다.

한 개체군의 내성범위는 그것이 직면한 **종간 경쟁**(inter-specific competition)의 정도에 따라 달라질 수 있으며, 한 생물에 있어서 내성의 범위도 그 생물의 전체 생활사(life cycle)에 있어서 일관되는 것은 아니다. 예를 들면, 씨앗 상태로 심었을 경우는 발아해서 성장할 수 없는 지역에 묘목상태로 심으면 얼마든지 잘 성장하는 경우를 볼 수 있는 것이다.

여러 가지 동물들이 군집을 이루고 살면서 서로 생태적 지위가 겹치는 일은 있어도 두 종류가 똑같은 장소에서 정확하게 같은 생태적 지위를 갖지는 않는다. 만일 두 종이 똑같은 생태적 지위를 갖게 되면 하나가 우세하게 되어 결국 그만이 그 곳을 독점하고 만다.

이러한 **경쟁(적) 배타의 원리**(principle of competitive exclusion)가 항상 어디서나 적용되는 것은 아니다. 예컨대, 두 종의 곤충이 똑같은 생태적 지위를 갖고 있을지라도 다른 요인(날씨, 기생, 포식)이 너무 혹심하게 작용하여 둘 다 충분히 성장하지 못하는 경우도 있다. 그러나 같은 생태적 지위를 차지하는 것으로 보이는 두 종류의 서식처를 자세히 조사해 보면 약간씩 다른 것이 일반적이다.

먹이의 종간 경쟁의 격렬함을 덜어주는 어떤 유전적인 형질이 **자연선택**(自然選擇, natural selection, ※自然淘汰)에 의하여 개체군 자체 내에서 만들어지는 경향이 있는데, 이와 같이 생물은 먹이를 효율적으로 얻도록 적응되어 진화한다. 예로써 Darwin이 조사한 두 종의 방울새(*Camarhynchus pauper*와 *C. psittacula*) 사이의 심한 경쟁은 일정한 크기의 곡식을 서로 먹고자 해서 일어났는데, 이는 결과적으로 상당한 진화를 하게 했다. 그 결과 **형질 대치**(形質代置, character displacement)가 이루어져서 두 종간의 생태적 지위를 서로 달리함으로써(즉, 각각 부리의 형태와 길이를 달리함으로써) 공존하게 되었다(초식동물의 경우 새싹이나 작은 풀을 먹는 멧돼지나 하마, 중간 풀을 먹는 누우떼나 소떼, 높은 나무의 잎을 먹는 기린이나 코끼리).

식물도 역시 햇빛, 토양, 수분, 무기염류를 놓고 다른 식물과 항상 경쟁을 한다. 이러한 필요물에 대하여 종간 경쟁을 감소시키려는, 식물의 특수한 적응현상이 여러 가지 있다.

천근성(淺根性) 식물은 심근성(深根性) 식물과 땅 속에서 뿌리를 서로 달리 뻗으므로 공존할 수 있다. 사막에 사는 어느 식물은 독성물질을 흙에 방출함으로써 다른 식물에게 해를 준다. 착생식물과 덩굴식물은 그들이 붙어 사는 나무의 잎이 피기 전에 먼저 자신의 잎이 피어버림으로써 햇빛을 놓고 서로 경쟁할 때 유리한 입장에 선다.

경쟁관계에 있는 집단에 유독한 물질을 생성하는 생물은 경쟁적인 이점을 가질 수 있다.

한 생물 집단이 다른 집단을 저해할 수 있는 물질을 생성할 수 있을 때, 이 집단들 사이의 관계를 **편해**(偏害, amensalism)라 한다. 저해할 수 있는 물질을 생성하는 집단은 저해물질에 의해 아무런 영향을 받지 않거나 또는 다른 집단의 피해에 따른 반사 이득을 얻기도 한다.

항생작용(antibiosis)과 **상대독성**(allelopathy) 등이 화학물질 저해의 주된 작용이다.

항생작용의 예로는 대표적으로 곰팡이가 생산해낸 여러 가지 항생물질(antibiotics)이 수많은 종류의 세균을 사멸시키는 것을 들 수 있다.

상대독성의 예로서 *E.coli*는 반추동물(反芻動物, 되새김동물, ruminant)의 혹위(rumen)에서 생장할 수 없는데, 이것은 아마도 반추동물의 혹위에 존재하는 혐기성 종속영양미생물 군집이 생성하는 휘발성 지방산 때문인 것으로 추정된다. 사람의 피부에 기생하는 미생물이 생성하는 지방산은 다른 미생물이 피부에 서식하는 것을 방해한다. 피부에 서식하는 효모 집단은 다른 미생물 집단이 생성하는 지방산 때문에 낮은 수를 유지하고 있다.

또한 적조현상의 초기에 cyanobacteria(blue-green algae 남세균, 藍細菌, 남조류, 藍藻類)가 다른 algae보다 우점종을 이루는데, 이는 전자가 자가영양체적 성격(광합성 능력)뿐만 아니라 타가영양체적 특성(원핵세포로서 유기물을 먹이로 함)을 가지고 있기 때문이기도 하지만, 전자가 상대독성물질(allelopathic substances)을 방출하여 후자의 증식을 방해하기 때문이기도 하다.

한편, 한 지역에 얼마나 많은 종(種, species)들이 공존할 수 있는가? 각각의 지리적 지역은 그것이 부양할 수 있는 최대한의 종의 수(number of species)를 갖게 되는데, 일반적으로 한 지역이 다른 지역보다 10배 정도 크다면, 그 곳에는 2배나 많은 종류의 생물 종이 존재하는 것으로 알려져 있다. 생물 종 다양성에 영향을 미치는 인자들로는 ① 기후 ② 이용 가능한 서식처의 다양성 ③ 지역의 크기 등을 들 수 있으며, 오늘날에는 이외에도 매우 큰 영향을 미치는 인자로서 ④ 환경오염의 정도 등을 들 수 있다(환경오염의 심화로 인한 종 다양성의 감소).

CHAPTER 7

군집의 구성과 동태 및 발달

7-1 군집의 구성과 동태

군집(群集, community)이란 생물계 안에서 물리적 환경에 따라 상호작용하는 서로 다른 개체군들의 집합이다. 여기에서 중요한 것은 상호작용이다. 군집의 작용을 정확하게 정의하기는 어려우며 군집의 한계 또한 정확히 결정하기 어렵다. 실제로 생물계에 따라서 일부 군집은 다른 군집과 점차적으로 혼합될 수 있는데 이러한 군집을 개방군집(open community)이라 한다. 삼림 군집에서는 군집 경계에서 혼합된 군총이 형성되며 상이한 식생 형태가 함께 뒤섞여진 것을 볼 수 있다. 개방군집은 그들 사이에서 저장물이 비교적 자유롭게 움직임으로써 에너지 역학적으로 상호작용을 한다. 이에 반하여 폐쇄군집(closed community)은 뚜렷하게 한정된 경계를 갖는 군집이다. 그 예로 해안가와 접해 있는 가문비나무 삼림 군집을 들 수 있는데, 이런 곳에서는 소금물이 존재하는 경계에서부터 갑자기 삼림이 끝나게 된다. 동굴 역시 고립되어 있기 때문에 완전히 상이한 환경 범위에서 적응된 생물로 구성된 독특한 군집을 이루는 경향이 있다.

폐쇄군집들 사이에는 에너지 열역학적으로 상호작용이 거의 없은 것으로 추정된다. 그리나 실제로 에너지 역학의 관점에서 볼 때 서로 이웃하고 있는 군집 사이에서는 항상 어느 정도의 상호작용이 있기 때문에 완전하게 폐쇄된 군집은 없다고 볼 수 있다.

1) 군집구조에서 경쟁의 역할

경쟁의 상호작용은 군집 구조에 중요한 영향을 미치며, 일반적으로 한정된 자원에 대한 경쟁에서 우열을 결정하는 중요한 요인이 된다. 생태학자들은 경쟁 형태를 이용경쟁(exploitative competition)과 간섭경쟁(interference competition)으로 나눈다.

이용경쟁에서는 간단히 둘 또는 그 이상의 생물들이 제한된 자원을 이용하기 때문에 그 중

한쪽이 이익을 차지하면 다른 한쪽은 경쟁에서 짐으로써 피해를 입게된다. 이용 경쟁의 결과는 경쟁자 사이의 섭식 능력의 차이에 의해 결정된다. 자원이 불충분하기 때문에 더 효과적인 경쟁자에게 점점 더 우세해질 수 있는 결과를 갖게 한다(멧돼지의 코, 두더지의 앞발).

간섭경쟁은 필요한 자원에 다른 생물들의 접근을 제한하는 활동으로 이루어진다. 여기에서 개체들은 다른 생물의 활동으로 자원이 소비되는 것을 막을 수 있다. 사자가 하이에나들을 먹이로부터 멀리 쫓아 버리는 것 같은 호전적인 행동이 그 예이다. 또한 밀가루 벌레(flour-beetle)가 자신의 알과 번데기를 잡아 먹는 것, 식물들 사이에서 생성되는 독성화합물이 다른 개체의 생장이나 생존을 방해하는 것, 이리가 자기 먹이에 달려드는 다른 이리들을 멀리 떨어지도록 어깨로 밀어 젖히는 것도 그 예이다. 때에 따라 이와 같은 경쟁의 형태는 경쟁자를 완전히 죽게 할 수도 있다.

경쟁은 종내 그리고 종간의 두 가지 수준에서 존재한다. 종내 경쟁은 먹이와 같은 일상품뿐만 아니라 교미와 둥지장소와 같은 생식적 요인에도 존재한다. 일반적으로 종간 경쟁이 군집을 구성하는 데 더 뚜렷이 나타나며, 군집의 종 구성에 직접적인 영향을 미칠 수 있다.

이제 우리는 생물이 어떻게 생태적 지위를 형성하는지 알아보자.

생태적 지위(生態的 地位, ecological niche)란 자연 환경에서 생물학적, 생리학적, 행동학적 상호작용의 모든 면을 포함하는 생물들의 역할을 의미한다.

지위는 두 가지 방법으로 생각할 수 있다. 기본지위(fundamental niche)는 생물이 주위 환경과 상호작용할 수 있는 가능한 방법을 설명한다. 즉, 기본지위는 생물들이 경쟁과 같은 요인을 통해 억압되지 않을 때 이론적으로 할 수 있는 상호작용을 말한다. 실현지위(realized niche)는 현실적인 상황을 고려한 개념이다. 실현지위는 실제적으로 차지하게 되는 기본지위의 한 부분을 나타낸다. 경쟁이나 포식능력이 있는 생물들을 속박하는 여러 요인들 때문에 생물들은 기본지위의 일부분만을 차지한다.

생태적 지위는 각 종에 따라 달라서 매우 광범위하게 넓을 수도 있으나 매우 좁을 수도 있다. 예를 들어, 까마귀들은 여러 가지 복잡한 방법을 이용하여 주어진 환경과 상호작용한다. 때문에 까마귀들은 광범위한 생태적 지위를 갖는다. 반면, 소택지의 솔개(*Everglade kite*)는 거의 전적으로 담수산 달팽이만을 먹고 살기 때문에 아주 좁은 생태적 지위를 갖는다.

대부분이 미생물 또한 좁은 생태적 지위를 갖는다. 박테리아와 같은 분해자들은 매우 고정되고 좁은 한계내에서만 분해자 역할을 한다. 썩고 있는 다람쥐는 한 종류의 박테리아의 활동에 의해서만은 분해되지 않으며 수많은 미생물들의 상호작용에 의해 분해된다. 이들 미생물들은 노폐 생성물이나 다른 미생물에 의한 생성물을 이용한다. 분해 과정은 각 단계마다 독특한 미생물에 의해 이루어지기 때문에 복잡하다. 각각 독특한 역할을 하는 미생물들은 좁은 생태적 지위를 갖고 있다고 여겨진다.

$$NH_3 \xrightarrow{\textit{Nitrosomonas}} NO_2^- \xrightarrow{\textit{Nitrobacter}} NO_3^-$$

이제 그들의 생태적 지위가 일치됐을 때, 서로 다른 종들이 어떻게 상호작용하는가를 알아보자. 각기 다른 종들 사이에서 경쟁이 이루어질 경우, 순전히 육체적인 공격만을 유도하는 경쟁은 비교적 드물다. 그러나 이 종간 경쟁에서 보통 한 종은 은밀하게 억압되는데 실제로 이런 억압은 한 개체군을 완전히 없앨 정도로 심각하다. 이런 원리를 설명하는 고전적 실험이 러시아 생물학자 가우스(A. F. Gause)에 의해 실행되었다. 지금은 **가우스법칙**(Gause' s principle) 또는 **경쟁 배타의 법칙**(principle of competitive exclusion)이라고 알려진 이 원리에 따르면 두개의 종은 자원이 제한된 조건 아래서 무기한 같이 살지 못하고 또 같은 방식으로 환경과 상호작용할 수 없다.

예를 들어 짚신벌레(*Paramecium*) 속의 두 종은 각각 혼자서는 잘 자라지만 함께 자랐을 때 *P. aurelia*가 *P. caudatum*보다 잘 자란다는 사실을 알 수 있다. *P. aurelia*가 *P. caudatum*을 경쟁에서 압도하는 특징은 확실치 않으나 이 경쟁에서 우열은 확실히 존재한다. 결국, 두 원생생물의 생태적 지위는 분명하게 중복된다.

또 다른 예로, 좀개구리밥(duck-weed)의 두 종을 들 수 있다. 즉, *Lemna gibba*와 *Lemna polyrhiza*는 각각 다른 수조에서 분리하여 키웠을 때는 모두 잘 자란다. 그러나 한 수조에 같이 놓이게 되면 *L. polyrhiza*는 곧 죽어버린다. 왜냐하면 공기로 가득 찬 기낭을 가지고 있는 *L. gibba*가 물 위에 떠서 경쟁자에게 가는 빛을 차단해 버리기 때문이다. 다양한 조건하에서 실험이 이루어질 경우(적외선 조사시), *L. polyrhiza*도 경쟁에서 이기게 되는 상황이 발생할 수도 있다.

서로 다른 종들은 먹이가 풍부할 때는 같은 종류의 먹이에 의시하는 경우가 있다. 예를 들어 툰드라에서 사는 두 포식성 조류 속, 흰올빼미와 도둑갈매기는 모두 나그네쥐를 먹이로 하지만 단지 나그네쥐가 풍부할 때만 먹이를 공유한다. 흰올빼미와 도둑갈매기는 나그네쥐가 부족하게 되면 곧 다른 피식자로 먹이를 바꾼다. 그리고 이것도 잘 안 되면 아주 툰드라 지역을 떠나 버린다. 파나마산 하천 어류의 11종을 가지고 연구한 결과, 각 종은 먹이가 부족할 때인 건조기 동안에는 각각 특정한 먹이를 섭취하지만 우기에는 모두가 유사한 풍부한 먹이 자원을 이용한다.

이와 같은 관찰을 통하여 볼 때 야생에서는 경쟁으로 멸종하는 경우는 드물다. 그러나 경쟁은 서식처의 분할을 촉진시키고 각 종은 최적 서식처에서 살게 된다는 가설을 만든다.

이 점은 생태학자 맥아더(R. H. MacArthur)의 지적에 의한 고전적인 관찰에서 잘 설명된다. 즉, 다섯 종의 북미산 휘파람새는 모두 가문비나무를 은신처와 먹이 공급처로 이용하나, 실제적으로 동일한 생태적 지위를 차지하지는 않는다. 비록 어쩔 수 없이 일부 중복되기도 하지만 가문비나무의 상부, 중부, 하부 등 각기 다른 부분을 이용하는 등, 그들의 먹이와 둥지를 짓는 습성은 아주 다르기 때문에 격렬한 경쟁을 피할 수 있다.

2) 군집구조에서 텃세권의 역할과 우점계급

많은 종에서, 강하고 서로 파괴적인 종간 경쟁은 특별한 형태의 구조를 통해 제어되고 있다. 이와 같은 구조는 해당 개체들의 생존과 생식의 가능성을 증가시킨다.

이러한 구조의 하나가 텃세권(텃勢圈, territory, ※텃새 = 유조 = 留鳥 = stationary birds, residents ↔ 철새 = 후조 = 候鳥 = migratory birds, migrants)의 형성이다. 텃세권은 하나의 방어된 지역으로 정의할 수 있다. 텃세권은 일반적으로 일부 자원(식량이나 둥지자리, 배우자 같은)을 소유하며 이것들을 경쟁자로부터 보호한다. 그러나 만약 그 서식지가 광범위하고 다양하다면 특정 동물들은 다른 동물들에 비해 '보다 나은' 지역을 소유할 수도 있게된다.

당연히 이런 지역들 중 더 많은 먹이를 갖고 있는 서식지가 있다면 식량이 부족해졌을 때 이들 텃세권을 가지고 있는 개체들이 생존할 확률이 확실히 높아질 것이다.

조류의 경우, 수컷은 암컷을 유인하려는 목적으로 좋은 텃세권을 가져야 한다. 멋진 모습이 수컷이라 할지라도 좋지 못한 영토를 가지면 번식에 성공하지 못한다. 검은지빠귀(blackbird) 같은 조류에서 군집 구조에 영향을 주는 이러한 종류의 예를 볼 수 있다. 확실한 영토를 갖지 못하는 수컷들은 배우자를 찾아 번식하기가 어렵다.

텃세권의 크기는 생식 성공을 위해 결정적 역할을 한다. 영토가 너무 크면 방어하는데 필요한 에너지와 시간을 그만큼 더 많이 소비할 것이다. 또한 영토가 너무 작으면 자손을 키우기 위한 충분한 먹이 공급이 이루어질 수 없을 것이다. 따라서 조류들은 그들의 텃세권의 경계를 정할 때, 잠재적인 침입자의 수와 먹이 공급에 부합하여 결정한다고 알려져 있다. 따라서 텃세권은 풍년보다 흉년에는 더 커야 하며 침입자의 수가 증가하면 크기를 줄여야 한다. 그러므로 텃세권의 크기는 더 많은 먹이를 위한 더 큰 영토와, 침입을 덜 받기 위한 더 작은 영토의 유리함 사이의 균형 속에서 결정된다.

일부 종들의 군집 구조는 개체 인식에 근거한 상호작용에 의해 영향을 받을 수 있다. 이러한 종들은 그들의 세력에 따라서 관계되는 개체의 순위를 형성할 수 있다. 순위는 보통

싸우거나 활동하는 것처럼 사회적 상호작용을 통해 초기에 결정된다. 높은 순위에 있는 동물들이 다른 것들보다 먹이를 훨씬 수월하게 얻을 수 있다. 순위는 우점하는 개체를 만났을 때 동물이 이를 받아들임으로써 집단 내에서의 갈등을 줄이다. 먹이가 부족할 때에도, 높은 순위의 동물들은 살아 남기가 유리한데 이것은 서열이 낮은 하위의 동물이 먹이를 먼저 포기하기 때문이다. 이 경우, 하위 순위 동물들은 상위 순위 개체들과의 경쟁을 쉽게 포기해 버림으로써 약해지기보다 오히려 살아 남을 수 있는 기회를 크게 할 수도 있다.

3) 군집구조에서 질병과 기생의 역할

질병과 기생은 모두 군집 구조에 확실하게 영향을 미치는 요소이다. 감수성(感受性, sensitivity, susceptibilty ↔ 耐性, tolerance, resistance, 免疫性, immunity)이 예민한 개체들이 많이 밀집하여 몰려 있을수록 질병 전염의 기회는 더 많다(집단면역, herd immunity의 부족 때문에). 또한 더 많은 수의 개체가 밀집헤 있을수록 병원체 미생물의 유독한 변이체가 발생할 잠재력은 더욱 증가한다.

어떤 경우에는 질병이 포식과 함께 상호작용하여 결과적으로 개체군을 축소시킴으로써 군집 구조에도 영향을 미친다. 예를 들어 보자. 새끼 순록은 2주만 지나면 완전히 성숙한 이리 떼들보다 더 빨리 뛸 수 있다. 때문에 건강한 순록은 좀처럼 이리들의 먹이가 되지 않는다. 그러나 순록은 절름발이가 되는, 발굽이 썩는 병(hoof disease)에 걸리기 쉽다. 이 병에 걸린 절름발이 순록은 거의 이리의 먹이가 된다. 그런데 이주하는 순록을 보호하기 위해 이리를 제거(독살)하면 발굽이 썩는 병이 전염되어 결국 많은 수의 순록이 죽는다. 이렇게 되면 순록과 목초를 놓고 경쟁하는 다른 초식동물들은 개체군 번식에 가장 좋은 기회를 갖게 된다.

군집의 구조에 대한 기생충의 효과는 주로 기생충-숙주 결합(관계)의 기간에 의존하다. 일부 기생충은 숙주에서 오랜 기간 동안 살며 또한 생식까지 한다. 이러한 기생충은 최상의 생존을 위해 긴 숙주생활이 필수적이다. 때문에 숙주와의 관계를 계속 유지하기 위하여 숙주에 해를 주지 않도록 독성이 감소되어 있다. 약한 독성을 지닌 기생충은 생식하고 살아 남을 수 있지만 강한 독성을 가진 기생충들은 생식을 하기 전에 그들의 숙주를 죽일수 있으며, 숙주의 사망은 곧 기생충 자신의 죽음이다.

반대로 다른 기생충은 숙주 체내에서 생식하지 않고 단지 짧은 기간 동안에 숙주 몸안이나 몸에 붙어서 산다. 때문에 이러한 기생충의 생존과 생식을 위해 긴 숙주 생활이 필요하지 않다. 실제로 숙주의 많은 자원을 추출하고 이를 이용하여 빨리 성장하고 숙주를 빠져

나오는 기생충은 독성 물질을 많이 갖도록 진화되었다. 이 때 숙주가 죽기 전에 발달한 기생충은 이득만 본다. 적절한 예로 Mermithidae 과의 선충류가 있다. 어린 선충은 곤충 숙주의 체강에서 발생하며 그들이 성숙하기 전에 숙주 밖으로 구멍을 뚫고 나간다. 이러한 생활사는 특히 빠져 나가는 선충류의 수가 많을 경우 숙주에게 치명적이다. Mermithidae 선충은 경제적인 면에서 주목되는, 해충의 번식을 효과적으로 제어하는 비화학적이고 생물학적인 해충 구제 방법으로 이용된다(생물농약, 미생물농약, ※해충에 대한 *Bacillus thuringiensis* 세균).

4) 군집구조에서 포식의 역할

포식(predation)은 군집 구조를 결정하는 중요한 요인이다. 그것은 두 집단간의 자연선택에 중요한 요인으로서 작용하기 때문에 포식자(捕食者, predator)와 피식자(被食者, prey)의 수적, 질적인 면 모두에 영향을 미친다. 포식자는 피식자 개체군의 개체들을 제거함으로써 피식자의 수에 영향을 미치나, 보통 피식자 개체군을 절멸시키지는 않는다. 그 이유는 고전적인 로트카 – 볼테라설(Lotka-Volterra theory)을 예로 들어 설명할 수 있다.

모든 조건이 충족된 상태에서 피식자의 수는 일정하게 늘어가고 따라서 포식자를 위한 먹이는 더욱더 늘어나게 된다. 이에 따라 포식자의 수도 증가하기 시작하는데, 이 수는 성공적인 생식을 위하여 먹이를 에너지로 전환하는 데 소요되는 시간 때문에 급격하게 증가하지는 않는다. 이러한 포식자 개체군 증가에 걸리는 시간의 지연 때문에 일정한 기간 동안에는 피식자의 개체수 복구도 잘 진행될 것이다. 결국 포식자가 증가하기 시작하면 피식자에 대한 포식 압력도 증가한다. 피식자가 급속히 감소되기 시작하면서 포식자의 먹이가 줄고 기아나 이에 따른 번식의 실패 때문에 그들 자신의 수도 곧 줄게 된다. 이런 상황은 곧 피식자의 수적 증가를 시작할 수 있게 한다.

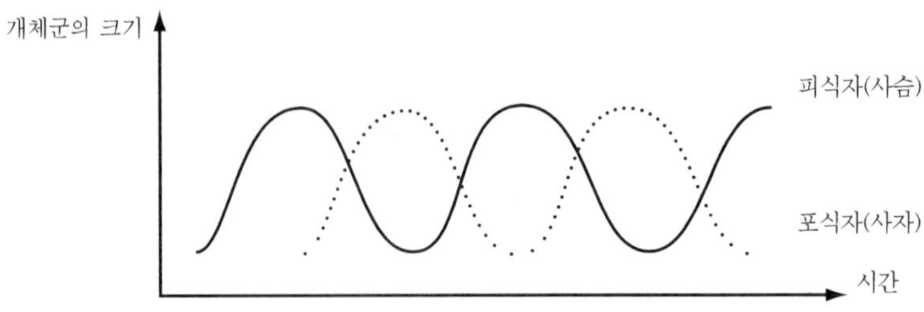

그림 7–1 로트카 – 볼테라설

조간대(潮間帶, intertidal zone, 밀물과 썰물 사이의 지역)에 서식하는 두 종의 따개비 사이의 경쟁에 대한 연구에서, 코넬(Connel)은 조간대 하부에서 *Balanus* 속이 *Chthamalus* 속을 제거한다는 것을 발견하였다. 그러나 빨리 자라고 커다란 *Balanus* 속을 선택적으로 잡아먹는 포식성 달팽이가 존재하는 곳에서는 두 종의 따개비 모두가 동시에 존재한다(hierarchy : 달팽이 → 따개비 B → 따개비 C).

비슷한 예로, 포식성 불가사리가 살고 있는 암반 조간대 지역에서는 따개비와 홍합의 많은 종들이 동시에 살아간다(hierarchy : 불가사리 → 홍합→ 따개비). 이 곳의 불가사리를 실험적으로 제거하자 종간 수준에서 경쟁이 증가되고 따개비와 홍합 종들의 수가 상당히 감소했다. 포식자가 제거되었을 때 다른 종의 소멸을 일으킬 수 있는 그 포식자의 종을 근원종(keystone species ; 여기에서는 달팽이나 불가사리)이라 하며, 이 근원종의 활동은 하나의 군집 내에서 종의 수를 간접적으로 증가시킬 수 있다.

한 지역에서 발견되는 종의 수에 대한 포식과 그 외 생물학적 그리고 물리적 교란의 중요성은 중간교란설(intermediate disturbance hypothesis)로 설명될 수 있다. 이 가설에 따르면, 교란이 약하면(달팽이 숫자가 적으면) 따개비 B와 C간의 경쟁이 심하고 결국 이에 따른 소멸의 결과로 단지 몇 종만이 생존하게 된다(따개비 B만 생존). 반대로 교란이 심하면(달팽이 숫자가 많으면) 일부 압력 내성이 강한 종만 존재하게 된다(따개비 B와 C 모두 사멸).

대부분의 종을 죽일 정도로 강하지 않으며, 우점종의 경쟁적 영향을 감소하기에 충분한 중간 수준의 교란에서만, 내성이 없는 종과(따개비 C) 내성을 지닌 종들(따개비 B) 또는 경쟁적으로 열등한 종(따개비 C)과 우수한 종(따개비 B)들이 모두 살아갈 수 있기 때문에 종의 수가 최대가 된다(생물종 다양성이 확보됨).

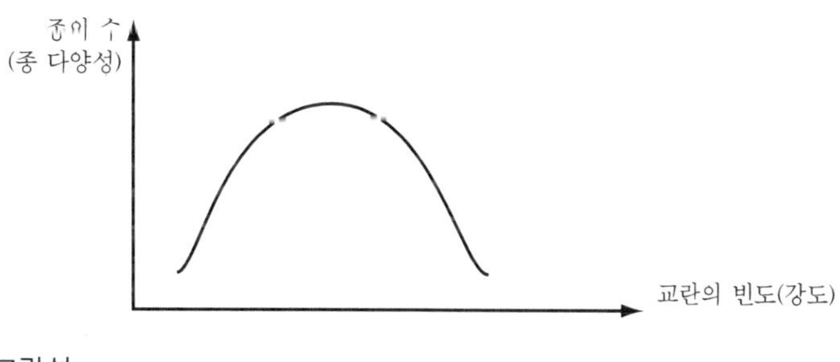

그림 7-2 중간교란설

7-2 군집의 발달- 생태적 천이

생물 군집에 대한 우리의 관찰 대부분은 그 구성 성분을 쉽게 이해하려고 일시적으로 정지된 상태에서 보는 정적인 것이다. 그러나 생물 군집 자체는 정상적으로 발달이 진행되고 있는 한 부분으로서 항상 변화한다. 생물 군집은 기후적, 지질학적 힘의 영향을 받을 뿐 아니라 군집내 생물들의 활동에도 반응하여 변한다. 이 경우에는, 서식자가 환경을 변화시킬 수도 있을 것이며 또한 피드백 고리를 형성하여 새로운 방식으로 군집에 영향을 미칠 수 있다(사슴 과다 → 사자 증가 → 사슴 감소).

시간에 따른 군집의 변화를 **생태적 천이(生態的 遷移, ecological succession)**라 한다. 생태적 천이가 생물 자체의 결과로 일어난 경우를 **자생천이(autogenic succession)**라고 하며, 외부의 힘 즉, 불이나 홍수와 같은 특히 명확하게 변하는 물리적인 힘에 영향을 받아 일어난 경우를 **타생천이(allogenic succession)**라 한다. 대부분의 경우, 천이는 자생적, 타생적 요인이 합쳐진 결과로 일어난다.

천이에 속한 연속되는 변화의 계열을 **천이계열(遷移系列, sere)**이라고 하며 각각은 각기 다른 **천이상(遷移相, 遷移系列段階, seral stage)**을 보여 준다. 타생천이는 자생천이보다도 그 변화를 예측하기 힘든데 예를 들면, 천이가 일어나는 동안 종의 질서있는 발달이 잡초와 같은 기대하지 않은 기회적인 종의 갑작스런 증가로 인해 흔히 방해를 받는다. 그러나 어떤 개체군이든 자기의 현 서식처를 다음 생물을 위해 쉽게 포기하지 않는다. 종들은 그들 자신의 현 배치에 집착하며 안전하게 유지하기를 원한다.

생태적 천이에는 **1차천이(primary succession)**와 **2차천이(secondary succession)**가 있다.

1차천이는 암반노두(岩盤露頭), 새로 형성된 삼각주, 사구(砂丘, sand dune : 사막, 해안 지역에서 강풍에 의해 형성된 모래언덕), 새로 생긴 화산섬, 그리고 용암류 등과 같은 이전에 군집이 존재하지 않은 곳에서 군집이 정착되는 것이다. **2차천이**는 이전 군집이 파괴된 곳에서 새로이 형성되는 군집의 정착이다. 야산이 되어 버린 버려진 농토나 개벌(皆伐 : 나무를 모조리 벰)된 삼림 군집이 그 예가 된다.

1) 1차천이

암반노두에 나타나는 것처럼 1차천이에서 천이계열은 이전에 그들 종이 서식하지 않던 장소에서 스스로 성공적으로 정착하고 생식할 수 있는 **개척자 생물**로부터 시작한다. 이들 생물들은 교란된 또는 살 수 없는 지역에서의 첫 정착을 위해 특수화되어 있다. **지의류***는 암반 노두에 침입하는 최초의 개척자로서 약산(acid)을 생성하며 매우 느리게 암반의 표면을 침식한다. 유기물과 모래입자들이 조그마한 틈에 쌓이면서 초본식물과 이끼류* 등의 식물이 살아갈 기회를 높여 주어 새로운 천이계열 단계가 시작된다. 이 때, 지의류와 이끼류는 다른 모든 생물에게 불리한 조건에서도 살아갈 수 있으며, 나지의 암반 표면에 정착하기 때문에 천이의 개척자라 불린다.

천이는 나지의 암석에서 시작하여 지의류와 이끼류 — 초본과 관목 — 밀집된 관목수림 — 소나무, 가문비나무, 사시나무 수림 — 전나무, 자작나무, 가문비나무 군집으로 끝난다. 즉, 개척하는 지의류와 이끼류는 토양을 생성하기 시작하고 더욱 안정하고 오래 사는 극상(極相, climax, 최종적으로 안정된 系) 삼림군집이 나타날 때까지 점차적으로 큰 식물들의 침입이 뒤따른다.

식물 뿌리는 암반의 갈라진 틈을 뚫고 들어가 상당한 팽압을 발휘하면서 암반의 틈을 점점 넓힌다. 이렇게 되면 어떤 곤충이나 분해자 개체군들이 정착하게 되며, 이때 지의류는 빛, 물, 무기원소에 대한 경쟁이 더 이상 불가능해져 이 식물에게 점유를 양보하게 된다.

이후 이러한 식물들은 점진적으로 토양을 만드는데 공헌하게 될 것이고 또한 이런 식물들은 빨리 자라는 관목, 그리고 교목으로 대치되고, 새로운 동물 개체군들이 여기에 살 수 있게 될 것이다.

벌거벗은 노두 위에서 처음 시작되는 천이의 경우(1차 천이) 천이계열은 흔히 수백 년 또는 그 이상 지속되는 매우 느린 과정으로 형성된다. 그러나 한 번 토양 형성이 시작되면 이 과정은 가속화될 수 있다. 다른 유형의 장소에서 시작되는 천이 또한 느리게 진척될 수 있다. 미시간 호수 연안의 사구로부터 극상 삼림 군집까지의 천이 즉, 사구 — 호숫가 초본식물과 사시나무 — 참나무, 호두나무, 소나무 삼림 — 극상의 너도밤나무, 단풍나무 삼림의 과정에는 약 천 년이 소요되었다고 추정되고 있다.

지의류(地衣類, lichens)와 이끼류(선류, 蘚類, mosses)

지의류는 자낭균(fungi의 일종) + 조류(algae) + 남세균(cyanobacteria = 남조류, blue green algae = 엽록소를 가지고 있는 photo-autotrophic bacteria)의 공생적 결합체로서, 조류와 남세균은 그들의 광합성 산물인 당류를 자낭균에 공급해주고, 자낭균은 이들에게 서식처 및 수분을 공급해준다. 주로 노지나 바위 등의 표면에서 잘 자라기 때문에 앙천피(仰天皮) 또는 석화(石花)라고도 한다(한약재로 사용).

이끼류는 세포벽과 엽록체를 가지고 있으나 물관부와 체관부가 없는 비관다발 식물로서 그 크기가 매우 작고 단순한 선태식물(蘚苔植物, bryophyte)의 하나로서, 이들은 관다발 식물이 좋아하지 않는 습기있는 장소(습지, 물속, 물표면)를 차지하게 되었다. 뿐만 아니라 많은 종류가 건조한 사막, 거센 바람에 노출된 산꼭대기의 바위, 추운 극지방에도 잘 적응하였다.

이끼류는 지의류와 함께 북극 툰드라 지대이 표면을 덮고 있어서 그 곳에 서식하는 동물(순록 ; reindeer)에 중요한 먹이가 되고 있으며, 현재까지 알려진 바에 의하면 지의류나 선태류가 정말 견디지 못하는 곳은 인간에 의해 형성된, 대기오염이 심한(특히 산성우) 지역이다(즉, 지의류나 선태류로 뒤덮인 청색, 녹색, 흑색의 바위가 백색으로 변함).

2) 2차천이

2차천이의 원리는 1차천이와 유사하나 천이계열은 더욱 빠른 속도로 일어난다. 이러한 현상은 토양이 이미 존재하기 때문이다. 불모의 농경지에서는 잡초, 풀, 관목, 묘목들이 흔히 먼저 정착한다. 기회적인 식물인 잡초는 교란되고 불안정한 군집에 재빨리 침입하여 빨리 자라지만(쑥밭) 교란되지 않은 안정된 곳에서는 정착하기 힘들다. 대부분의 경우 잡초는 멀리 떨어져 살던 외지 식물인데 예를 들면, 남부 캘리포니아에서 볼 수 있는 큰 공 모양의 회전초는 러시아 산야에 널리 퍼져 있는 식물이며, 야생 귀리와 겨자는 지중해 지역이 원산지이다.

2차천이가 진행됨에 따라, 초기 침입자들은 주의 군집으로부터 들어온 식물로 결국 바뀌게 된다. 소나무처럼 크고 빨리 자라는 나무는 햇빛을 차단하고 음지에 잘 견디는 관목들의 새로운 세대는 그 수관 아래에 나타난다. 결국, 일반적으로 주위 군집과 혼합된 상태로 존재한다. 이와 같은 간단한 추이는 군집에 따라 다르지만 100년 이상의 시간이 소요된다. 초원 군집의 2차천이는 더욱 빨라서 20～40년 정도 걸린다. 그러나 극심한 환경 변화와 파괴로 교란된 툰드라 지역 같은 곳에서의 2차천이는 수백 년이 필요하다.

3) 수생군집의 천이

수생군집 역시 천이가 일어난다. 호수와 연못에서의 천이는 하천을 통해 육지로부터 유입되는 영양염류(nutrients ; 식물성 플랑크톤에 영양물질로 작용하는 질소와 인 성분)의 자연적 증가에 의해 형성되는 자연적 부영양화(自然的 富營養化, natural eutrophication)의 결과로서 일어난다. 영양염류가 풍부하고 생산력이 높은 호수를 부영양 호수(eutrophic lake)라 하고 한정된 영양염류 공급과 생산력이 거의 없는 호수를 빈영양 호수(貧營養 湖水, oligotrophic lake)라 하며, 이들의 중간에 중영양 호수(mesotrophic lake)가 있다.

호수 발달 과정에서는 군집 생장에 따라 퇴적물이 증가하고 깊이가 감소한다. 연안에 꽉

들어차 있는 식물들은 점점 호수 안으로 들어가게 되고 물에 저항이 강한 연안 식물의 수가 증가하게 된다. 이러한 추세가 계속되면 호수는 결국에 가서 습지로 변할 것이고, 주위 군집으로부터 육상 식물의 침입이 일어나 마지막에는 호수의 흔적마저 사라져 버릴 것이다. 오래된 빈영양호의 대표적인 호수의 하나인 바이칼호마저 놀랍게도 부영양화의 흔적이 나타나기 시작하고 있는데, 여기에서의 영양염류의 증가는 자연적 방법으로 일어난 결과가 아니라 주변의 인간 집단으로부터 유래하고 있다.

호수에서 부영양화는 아주 점진적이고 느린 과정으로 일어나는데, 그 이유는 영양염류가 흔히 하천을 통해 다시 유출되며 바다 퇴적물에 깊게 묻혀 버리기 때문이다. 전형적인 식물 생장의 억제는 인산염과 질산염, 두 영양염류의 결핍으로 이루어진다(영양염류 = 제한인자). 그러나 최근에 이러한 영양염류는 사람들이 수계(水系, water system) 안으로 오물을 버리거나 대량으로 시비된 농장, 목장, 개벌된 삼림 지대로부터 유출됨으로써 인간에 의해 생기는 무기염류 유출 증가 형태를 이루기 때문에 이를 문화적 부영양화(cultural eutrophication)라 부른다. 문화적 부영양화는 특히 질산염의 양을 막대하게 증가시킨다. 더욱이, 최근 세탁물 합성세제로 인한 인산염의 증가는 자연 수계에 이미 가중되어 있는 인산염 축적에 추가되어 호수나 연못의 천이와 노화 과정을 더 빨리 진행시키고 있다(N, P → 화학비료, 축산분뇨, 인분뇨, 합성세제 등).

4) 천이를 추진하는 힘

천이의 경우, 한 종은 어떤 의미에선 뒤이어 오는 종들의 정착을 수월케 하는 역할을 한다고 볼 수 있다. 1차천이에서는 특히 그렇다. 이 원리를 촉진조절 모형(facilitation model)이라 한다. 예를 들면, 1차천이에서 개척자 식물들은 뒤이어 오는 식물들의 정착을 용이하게 한다. 그것들은 다음 천이 단계를 점유하는 종을 위해 서식처를 늘리는 방향으로 환경을 변화시킴으로써 이루어진다.

한때는 촉진 조절 모형이 모든 천이 계열 단계에서 일차적 힘이라고 생각했다. 그러나 현재는 촉진조절 모형이 아마도 1차천이에서만 유효하다고 본다. 예를 들어, 개척자 식물을 실험적으로 제거한 작은 구역에서 비개척자 식물들이 잘 자란다는 것을 알 수 있는데, 이 결과는 정착한 식물들이 실제적으로 다른 식물의 침입이나 생장을 촉진하기 보다는 방해한다는 사실을 암시한다. 결국 이 모형은 억제조절 모형(inhibition model)이라는 조절 기능을 형성한다.

억제조절 모형에 따르면 새로운 식물 종류는 정착식물이 죽거나 피해를 당한 이후에만 나타난다. 만약 정착식물이 건강하다면 새로운 종류의 식물의 발달이 억제 된다. 그러나 개척식물(먼저 정착한 식물)은 일반적으로 비개척식물(나중에 정착하는 식물)보다 생존기간이 짧고 더욱 자주 재배치 되기 때문에 억제에도 불구하고 천이는 진행 된다.

그러나 다른 군집에서 행해진 2차천이의 연구는 개척식물들이 어떤 경우 비개척식물을 돕지도 방해하지도 않는다고 제창되고 있다. 이러한 발견으로부터 **내성조절 모형**(tolerance model) 이론이 만들어졌다. 이 내성조절 모형에 따르면, 개척식물과 비개척식물 간의 생장률과 경쟁 능력 차이 때문에 천이가 일어난다. 즉, 개척자는 더욱 빨리 생장하고 천이 초기단계를 차지한다. 그러나 개척자는 또한 자원의 이용에는 덜 효과적이기 때문에 결국, 느린 생장을 하지만 아주 효과적으로 자원을 이용하는 비개척자에 의해 재배치 된다.

5) 극상군집

일반적인 천이 과정에서 군집은 그들이 사용하는 것보다 더욱 많은 유기물을 생산한다.

그러나 **극상군집**(**極相群集**, climax community)에서는 순생산과 이용이 평형 상태에 이른다.천이 초기에 생물과 환경 간의 교환율은 무기 영양염류가 주로 환경의 저장소에 저장되어 있기 때문에 느리다. 그러나 극상 단계에 도달함에 따라 생물과 분해되는 물질간의 교환 풀(pool)을 통해 많은 영양염류들이 직접적으로 순환된다. 군집이 극상 단계에 들어섬에 따라 생물 자신들은 더욱 다양해지는 경향이 있다. 동시에, 일부 생태학자들은 먹이 관계가 단순한 연쇄상 구조(food chain)에서 복잡한 먹이그물(food web)로 변한다고 믿는다. 또한 극상군집이 그들의 이전 단계보다 더욱 더 안정하여 외부 영향에 덜 민감하게 된다(home-ostasis의 유지).

6) 종의 풍부도 경향

만약 우리가 사막을 가로질러 걸어간다면 많은 종류의 생물들을 볼 수 없지만, 정글 바닥의 낙엽 사이를 살펴간다면 수많은 종들을 만나게 될 것이다. 이와 같이 어떤 지역은 종이 빈약하고(종의 밀도가 낮다) 어떤 지역은 종이 풍부하다(종의 밀도가 높다). 왜 어떤 지역은 다른 지역보다 살고 있는 종들이 많은가? 여기에서 **종의 풍부도**(다양성)에 대한 4가지 중요한 원리를 살펴보자.

① **종의 풍부도는 서식처의 복잡한 정도에 따라 증가한다.** 사막은 뜨겁고 건조할 뿐만 아니라 생태적으로 단순한 장소이기 때문에 종이 빈약하다. 또한 초원 역시 비교적 단순하고, 활엽수림이나 열대우림과 같이 복잡한 장소에 비하여 종의 수가 특별하게 많지 않다.

② 종의 풍부도는 지역의 규모에 따라 증가한다. 이것은 다른 모든 조건들이 같다고 가정할 때, 넓은 지역에 종이 많다는 뜻이다(면적이 10배 커지면, 종다양성은 2배로 증가). 어떤 연구자들은 상이한 크기의 섬을 대상으로 연구하여 이 사실을 증명하였다. 큰 지역에는 상이한 서식처의 수가 많이 존재한다는 것이고, 상이한 서식처는 보통 상이한 종에 의해 정착되기 때문에, 많은 서식처를 가진 지역은 많은 종을 갖게 된다. 조그마한 지역에서는 작은 수의 개체군을 유지하기 때문에, 종의 수도 빈약하고 더욱 소멸되기 쉽다.

③ 한 지역에서 종의 풍부도는 종의 지리적 근원지에 가까울수록 증가한다. 이 원리는 섬에 대한 연구로 입증되는데, 대륙으로부터 멀리 떨어진 섬은 적은 종수를 가지고 가까운 섬에는 많은 종수가 존재한다.

④ 종의 풍부도가 저위도에서 증가한다는 사실이다. 적도 근처 지역에서는 극지방보다 많은 종이 존재한다. 이것에 대한 한 가지 설명은 더욱 온화한 적도의 기후와 연중 겨울이 없어 다양한 종들이 긴 시간 동안 살 수 있고, 적도 생물의 복잡한 배열 속에 점차로 각각의 지위를 끼워 넣을 수 있기 때문이다.

환•경•생•태•학

CHAPTER 8

생태계의 분류

8-1 육상 생태계

지구의 표면은 각 지역마다 매우 다양해서 그 특성에 맞는 각기 다른 '생명체'를 유지해준다. 광대하고 뚜렷하며 쉽게 알아볼 수 있는 생물의 군총(群叢, association)을 **생물군계**(生物群系, biome)라고 한다. 좀더 정확하게 말하면, 생물군계는 독특한 기후 조건에 의해 형성된 지질학적 지역내에서의 식물과 동물의 특수한 배열이라고 할 수 있다. 생물군계는 보통 동물 군총보다는 식물 군총에 의해 구분되는데, 이는 식물 군총들은 아주 뚜렷이 구분될 뿐만 아니라, 그 식물상이 동물상을 결정하기 때문이다. 독특하고 고유한 식물 군총은 강수량(precipitation), 온도, 빛 등의 여러 기후 요인에 적응한 결과이다.

생물군계는 다시 **군집**(群集, community)으로 나뉜다. 군집이란 생물군계 내에서 동일한 집단을 형성하고 상호작용하면서 존재하는 서로 다른 개체군들의 집합이다. 생물군계의 경우와 마찬가지로 군집 역시 일반적으로 식물의 우점종에 따라서 구별된다. 한 생물군계 안에 여러개의 군집들이 존재할 수 있다. 만약 우리가 한 생물군계를 가로질러 걸어간다며, 일반적인 기후 조건은 같다고 할지라도 식물이나 동물의 집단들은 야간씩 변화한다는 사실을 알게 될 것이다.

생물군계는 장소를 따라 변하기 때문에 몇 가지 점차적인 **전이**(轉移, transition)를 볼 수 있다. 두 개의 군집이 서로 겹쳐 있는 지역을 **전이대**(轉移帶, transition zone)라고 하는데 이곳에선 양 군집에 속하는 종을 발견할 수 있다. 미국의 동부 해안과 애팔래치아(Apalachia) 산맥에서부터 서부 해안을 가로지르는 점차적인 전이가 좋은 예이다. 애팔래치아의 습한 삼림이 점차 사라지면서 선조한 참나무-히코리나무 삼림이 나타나고, 그 다음 거의 완전히 참나무로 구성된 삼림이 나타난다. 좀더 서쪽으로 가면 이 삼림이 사라지고 거대한 대초원이 나타난다. 예전에는 키 큰 목초가 자랐던 대초원에 강우량이 줄어들면서 키 작은 목초가 자라게 되었다. 이 대평원은 더 서쪽의 사막 지대와 연결되었고, 이는 다시 시에라네바다, 해안 산맥, 그리고 태평양 연안에 이른다. 침엽수림(coniferous forest)은 보통 해안의 산비탈 면에 흔하고, 조그만 초원(grassland)과 사막은 산맥들 사이에 끼여 있어서 생물군계의 경계가 그렇게 뚜렷한 것은 아니다. 전이대의 결정적인 요인은 강수량과 온도이다.

생물군계의 분포는 일반적으로 위도에 따라 다르고 그 양상은 남반구에서보다 북반구에서 더욱 뚜렷하다. 적도에서 북반구 쪽으로 열대우림(tropical rain forest), 사막, 초원, 온대 낙엽수림(temperate deciduous forest), 타이가(taiga, 침엽수림), 툰드라(tundra), 빙하 순으로 분포해 있다. 생물군계는 여러 가지 이유 때문에 위도에 따라 정확한 순서로 분포하지는 않는다. 지형(terrain, topography)이 그 이유 중의 하나이다. 예를 들어 산맥은 생물군계가 규칙적으로 분포하지 못하게 하고, 수증기의 이동을 차단함으로써 종종 사막을 형성시키기도 한다.

이 외에도 산 자체가 생물군계에 영향을 미친다. 이것은 고도가 높아짐에 따라 온도가 낮아짐으로써 생물군계의 분포가 달라지기 때문이다. 적도 지역에도 영구적인 얼음으로 덮인 높은 산이 있으며, 그 수직분포에 따라 일반적인 생물군계의 전이가 잘 나타난다. 이러한 고도에 따른 전이는 위도에 따른 전이와 유사하다.

고도에 따른 전이의 가장 좋은 예로는 중앙아프리카 동부에 있는 루웬조리(Ruwenzori) 산맥을 들 수 있다. 고도를 따라 열대우림에서부터 활엽상록수림, 낙엽수림, 침엽수림, 고산초원, 마지막으로 불모지와 눈덮인 정상이 나타난다. 이와 같이 생물의 분포 형태를 결정하는 요인은 매우 복잡하다.

생물군계에서 경계(line)를 나누는 것은 흔히 불분명하고 임의적이며 복잡하다. 그렇지만 현존하는 지구 생물군계의 특성을 우선 가장 건조한 생물군계부터 차례대로 살펴보자.

1) 사막(Desert)

(1) 사막 생태계

사막은 연간 강우량이 25cm 미만인 지역이다. 놀라운 일은 사막이 반드시 덥거나 또는 열대 지방에만 있지 않다는 사실이다. 가장 큰 사막인 사하라 사막은 생물군계 지도에서 볼 수 있듯이 아프리카 대륙의 거의 절반을 차지하고 있다. 또 오스트레일리아, 아시아, 북아메리카의 서부, 남아메리카 등에도 있다. 사막은 낮과 밤의 온도 차가 30℃에 이를 정도로 기온 차가 심한 지역이다. 이러한 현상은 사막의 공기나 토양에 열을 보유하여 완충작용을 하는 습기가 부족하기 때문에 생긴다. 사막의 실제적 지형은 대부분 계속되는 가뭄보다는 물에 의해 쉽게 영향을 받는다. 우기에 내리는 폭우는 홍수를 일으켜 사막의 표면을 개조시키기도 한다.

몇몇 지역을 제외하고 대부분의 사막에는 식물과 동물이 살고 있다. 사막은 건조 지역(xeric, '건조한' 의 그리스어)이기 때문에 사막에 적응된 식물들을 **건생식물**(xerophyte, xero-tolerant plant)이라 한다. 건생생물의 적응은 여러 가지 방법으로 이루어지지만 한 가지 공통적인 것은 물의 손실을 최대한 막는 것이다. 선인장(cactus), 가시관 솔(ocotillo), 넓은잎 유카(joshua tree), 크레오소트 덤불(creosote), 기시콩 나무(paloverde)와 같은 아메리카산 다년생 식물들은 비가올 때까지 적은 양의 물을 보유하고 오랜 기간 동안 살아갈 수 있도록 적응되어 있다. 진화를 통하여 선인장의 잎은 가시로 변해 물을 보존하게 되었다. 광합성은 주로 푸른 줄기에서 일어난다. 줄기는 두꺼운 큐티클층으로 덮여 있고 물은 내부 조직에 있는 큰 세포에 저장되어 있다. 선인장의 가시와 그 외 다수의 사막 식물의 가시는 증산에 의한 수분 손실을 막아내고, 동물들의 접근을 막아서 줄기 손상으로 일어나는 물의 손실을 막는다.

사막에 사는 다년생 식물들의 기공은 다른 식물들에 비해 수가 더 적고, 더 넓게 산재해 있다. 이것은 물을 보유하는 데에는 도움이 되지만, 이산화탄소 흡수와 광합성을 지연시켜 생장률을 상당히 느리게 만든다. 또한 어떤 다년생 식물들은 흙 속으로 스며드는 어떠한 물이든지 흡수할 수 있는 **심근계**(深根系, deep root system)와 매우 작고 가죽 비슷한 잎과, 장기간 동안 매우 느리게 생장(대사작용이 정지한 상태까지)할 수 있는 능력을 가지고 있다. 일부 사막 선인장과 그 외 다육질 식물들은 차고 다습한 밤에 가스교환을 한다.

사막의 일년생 식물들은 생존을 위해 이와 다른 전략을 가지고 있다. 봄철 우기가 끝나면 수많은 휴면 종자들이 발아한 후 재빨리 생장해서, 사막은 여러 종류의 작은 꽃들로 덮이게 된다. 이들의 성장 기간은 매우 짧다. 그러나 이들의 종자는 비가 내릴 때까지 높은 저항력을 가지면서 모래 속에 있다가, 비가 온 후에 다시 활발한 성장과 생식을 한다.

식물과 마찬가지로 동물도 험난한 사막에 적응해 왔다. 동물도 역시 해부저, 또는 생리적인 차원 뿐만 아니라, 행동적으로도 사막에 적응해왔다. 사막에는 다양한 절지동물, 딧새, 그리고 수많은 철새를 포함하여 여러 가지 동물들이 산다. 또한 파충류와 몇몇 포유류도 존재한다. 뜨거운 사막에서 이 모든 동물의 일차적인 문제는 한낮의 더위로부터 벗어나고 수분 손실을 피하는 것이다. 많은 사막의 동물들은 단순히 햇빛이 미치지 않은 곳에 머물고 밤에 활동함으로써 열을 피한다.

사막의 포유류로는 야행성의 유리함을 잘 이용할 줄 아는 설치류가 대표적이다. 이들은 급하게 숨을 쉬며 부피에 비해 표면적이 넓기 때문에 수분 손실이 빠르다. 따라서 대부분의 설치류는 격리된 깊은 굴에서 낮을 보내고, 단지 밤에만 먹이를 찾아 나선다. 설치류를 잡아 먹는 올빼미와 방울뱀 등의 포식자들은 설치류의 습성을 따라 자연히 서늘한 저녁이나 밤중에 활동을 한다.

다리가 길고 빨리 움직이는 도마뱀과 같은 몇몇 주행성 동물들은 역시 주행성인 매나 로드러너(roadrunner, 뻐꾸기와 비슷한 새)의 먹이가 된다. 비록 주행성 동물이라 할지라도 대부분의 활동은 아침과 저녁 시간에 한다.

사막에 사는 포유류나, 특히 양서류를 살펴보면 사막 동물들의 적응전략을 잘 이해할 수 있다. 사막 생활에 독특하게 적응한 캥거루쥐(kangaroo rat)와 가래발 두꺼비(spadefoot toad)를 예로 들어보자. 남부 캘리포니아 사막의 캥거루쥐(*Dipodomys deserti*)는 물을 따로 마시지 않는 점이 특이하다. 이 동물들은 먹이에 포함되어 있는 물과 대사과정에서 생성된 물(이 물은 세포호흡에서 노폐물로 생성됨)로 살아간다. 캥거루쥐는 물을 대단히 아끼는 구두쇠이다. 이 동물의 신장은 매우 농축된 오줌(urine)을 만드는데 (23%가 요소이고 7%가 염, 사람의 오줌은 6%가 요소이고 22%가 염이다) 그 양도 매우 적다. 또한 배설물 역시 건조하여 부스러지기 쉽다. 대부분의 수분 손실은 간단한 호흡을 통해 일어날 뿐이다. 이와 같이 특이한 생리적인 구조에도 불구하고 황혼성이나 야행성이 아니면 사막에서 생존할 수 없다. 캥거루쥐는 축축하고 아주 좁은 굴에서 낮을 보내고 서늘한 저녁에만 위험을 무릅쓰고 밖으로 나온다.

사막에는 양서류가 아주 희귀하지만 가래발두꺼비는 아메리카 사막에서 연중 살고 있다.

굴에 들어가 열과 건조를 피하고, 그 속에서 하면(夏眠 ; estivation, ※ 冬眠 : hibernation)을 취한 후 충분한 비가 왔을 때 다시 활동을 시작한다. 이러한 동물의 경우에는 시간이 매우 귀하다. 다른 두꺼비와 마찬가지로 물에서만 생식할 수 있기 때문에, 일시적으로 형성되는 연못에서 수놈은 아주 짧은 구혼 기간을 통해 즉시 짝을 찾아 교미하고, 수정된 알은 하루나 이틀 후에 부화한다. 어린 올챙이는 변태를 마치고 몇 주내에 성체(두꺼비)가 된다.

사막은 강인하게 보이지만 실제로는 아주 망가지기 쉬운 연약한 생물군계들 중의 하나이다. 사막은 다른 생물군계에 비해 소수의 종이 살고 있으며 근본적으로 단순한 장소이므로 항상 교란되기 쉽다. 때문에 인간이 사막에 미치는 영향은 상대적으로 크다고 하겠다.

사하라 남부 지역에서 일어난 최근의 사건은 이를 잘 말해주는데, 사하라 사막 주변 지대의 사람들은 몇 개의 깊은 우물에서 퍼올린 물로 그들 자신과 소 떼가 오랫동안 먹고 살았다. 최근에 가솔린 펌프가 도입되어 이 지역에 갑자기 물이 풍부해졌다. 그 결과 소 개체군이 폭팔적으로 증가하게 되었고 인구도 뒤따라 증가하였다. 그러나 최근에 닥친 가뭄으로 대부분의 소와 많은 사람들이 죽게 되기까지 소는 오랫동안 이 지역의 식생에 커다란 압력으로 작용해 왔다. 이러한 파괴적인 양상의 결과로 사하라 사막 자체는(약 860만 km^2) 거의 수 만 km^2가 확대되었다.

(2) 사막화(Desertification)

① 국제연합 환경계획기구(UNEP, United Nations Environment Programme)의 정의에 따르면 사막화란 "건조, 준건조, 습기부족 지역에서 기후변동 및 인간활동을 포함한 다양한 요인으로 인해 발생하는 토지 황폐화(Land Degradation) 현상"을 말하고, 사막화방지는 사막화지역에서 토지황폐화의 방지와 경감, 부분적으로 황폐화된 토지의 개선(Rehabilitation), 사막화된 토지의 복구(Reclamation)를 목표로 하는, 지속가능한 개발을 위한 토지종합계획의 활동 등을 의미한다.

② 사막화의 원인으로는 자연적인 원인과 인위적인 원인으로 구분할 수 있는데, 전자로는 바람과 물의 침식작용에 의하는 경우(wind and water erosion)와 대기 대순환의 변화로 인하여 저기압 지대가 고기압 지대로 변화하여 강수량이 줄어드는 경우(drought) 등을 들 수 있으며, 후자로는 산림의 남벌(deforestation)과 토양의 과다한 경작(soil exhaustion), 염분도가 높은 농업용수의 계속적인 공급(salinization of irrigated lands), 지하수의 고갈(groundwater depletion) 및 초본류에 대한 초식동물의 과다한 섭취(over grazing) 등을 들 수 있다.

북아프리카의 사헬지대(Sahel zone)는 아프리카 북부의 사하라 사막의 남쪽 가장자리 지역을 말하는데, 그 어원은 아랍어의 가장자리라는 뜻의 사헬이다. 원래는 초원지대였으나 화전, 방목, 기후변화 등으로 사막화가 진전되고 있다.

③ 사막화의 영향을 생각해볼 때, 사막화는 100개국 이상의 10억명 가까운 사람들의 생활과 생명을 위협하고 있는 심각한 환경문제이다(황사현상 등). 사실 사막화 과정은 많은 사람들이 생각하는 것처럼 사막의 단순한 확대가 아니다. 그것은 건조지의 토지약화(유실/침식)의 과정이고, 본래 안정적인 환경이 아닌 기후변화와 함께 토양침식, 과잉방목, 과잉재배, 부적절한 관개(灌漑, irrigation), 삼림 벌채 등을 통해 인간의 손에 의해 파괴되고 있는 것이다. 사막화는 다른 많은 생태계의 문제, 예를 들면 생물다양성의 감소와 담수 자원의 고갈 등을 야기한다. 따라서 사막화 방지를 위한 조속하고 강력한 대책이 취해지지 않는다면 환경문제의 소용돌이는 한층 더 크게 확대될 수 있다. 또 그것은 결과적으로 극단적인 빈곤의 원인으로 작용하게 될 것이다.

④ 사막화 방지 협약은 사막화 방지 프로그램의 지속적 이행과 지역적, 국제적 협력 증진을 그 골자로 하고 있다. 선진국은 피해국의 재원조달과 기술 지원의 의무가 있으며, 피해국은 사막화 방지 계획의 적극적 실천의 의무를 가진다. 이 협약에는 심각한 한발 또는 사막화의 영향을 받는 국가(특히 아프리카 국가)들에 대한 재정적, 기술적인 지원과 이를 위한 재정체계 수립 그리고 개도국의 사막화 대응능력을 향상시키기 위

해 1993년 5월부터 5차례에 걸친 국가간 협상위원회를 통해 사막화 방지 협약이 채택되어 현재 161개국이 가입하고 있으며, 우리 나라는 지난 1999년 8월 17일 159번째로 이 협약에 가입하였다. 이 협약은 사막화 피해 개도국에 대한 적절한 고려 및 이들 국가에의 사막화 방지를 위한 지식 및 기술 제공에 관한 내용을 담고 있다.

2) 초원(Grassland)

초원은 초본식물(grass)이 우점하고 있는 비교적 단순한 지역이다. 북반구의 초원은 방대한 평원으로서 존재하고, 여기에는 아시아의 스텝(steppe ; 스탭기후 하에서 러시아의 '검은 흙' chernozem이 발달)이나 북아메리카의 대초원(prairie ; 북미 Mississippi 강 연안의 대초원) 지역이 속한다. 초원과 사막은 여러 면에서 유사하며 실제 많은 초원들이 점차 사막으로 변해가고 있다. 이 두 지대의 중요한 기후 차이는 강수량이다. 물론 초원에는 사막보다 비가 많이 내려서 대략 연간 25~75cm 정도이며 계절적인 영향을 받는다.

남반구의 초원은 여러 가지 이름으로 알려져 있는데 남아메리카의 팜파스(pampas), 아프리카의 벨트(veldt)와 사바나(savanna)가 대표적이다(사바나의 경우 곳곳에 작은 숲이 있기 때문에 별도의 생물군계로 다룰 것임). 오스트레일리아에 있는 초원은 매우 광대해서 대륙의 절반 이상을 차지한다.

초원에서 우점하는 초본식물은 장소에 따라 매우 다양하다. 예를 들어 예전의 미국 대평원에서 미시시피강 서부에 사는 초본식물들은 30~60cm 이상 자라지 못하는 반면에 동부의 경우는 기록에 의하면 그 크기가 3m 정도나 되었다 한다. 이 차이는 주로 강우량에 의한 것이다. 초원 생물군계는 또한 불이나 초식동물의 활동에 의해 유지된다. 주로 번개에 의해 일어나는 거대한 불은 주기적으로 모든 자연적인 초원을 휩쓴다. 그러나 지하경(地下莖, rhizome, 뿌리줄기)과 넓게 뻗친 근계(root system)는 살아 남아서 비가 오면 다시 성장하기 시작한다. 불이나 초식동물이 없다면 낙엽수림(이 나무들은 흔히 불에 적응 되어 있지 않다)이 초원을 잠식해 버릴 것이다.

초원에서 비는 보통 계절 주기로 내리기 때문에, 식물들은 건기를 견디기 위한 생존 전략을 발달시켜 왔다. 저지대에서 근계는 지표 아래 3m 정도까지 뚫고 들어가기도 한다. 그리고 방대하며 넓게 퍼져 있다. 이렇게 많고 미세한 수염 뿌리는 표면적이 엄청나기 때문에 강수량이 적더라도 물을 빨리 흡수할 수 있다. 초본 식물들은 뿌리줄기, 즉 지하경(rhizome)을 만들어 잎이 모두 죽은 후에도 살아 남는다. 지상의 기는줄기(stolon) 뿐만 아니라 지하경도 서로 심하게 얽혀 있기 때문에, 목본식물의 생장을 효과적으로 저지한다. 이러한 매트 모양의 생장 때문에 농기구 개선에 의한 영농이 이루어지기 전까지만 해도 미 대평원에서 농업 활동에 의한 대지의 유실을 막을 수 있었다.

초원에 사는 식물은 태양에너지를 자신의 화학에너지로 아주 빨리 전환시킨다. 초원에는 지구상의 다른 생물군계보다 훨씬 많은 동물 개체군들이 살 수 있다. 특히 초원은 지구상의 수많은 대형 **발굽초식동물**(유제류, 有蹄類, ungulates, hooves)의 좋은 서식처이다. 미 대평원의 원래 초식동물이었던 들소(bison)와 가지뿔영양(pronghorn)은 소와 양으로 대치되었으나 아프리카 평원에는 아직도 야생영양(wild beest), 얼룩말(zebra) 등의 초식동물들이 존재한다. 이러한 토착 초식동물들은 초본식물들을 파괴하지 않고 재빨리 이동하면서 식물들을 뜯어 먹기 때문에 초본식물이 계속 자랄 수 있다.

그러나 방목하는 초식동물에 의해 과하게 뜯어 먹힌 초본식물은 다시 자랄 수 없게 됨으로써 초원은 심각한 피해를 입는다. 실제, 사하라 사막과 중동의 사막의 대부분은 과거에 가축을 과도하게 방목한 결과라고 생각되며 지금은 황폐한 중동도 과거에는 "젖과 꿀이 흐르는 땅(Canaan)" 이라 불렸다.

미국에서 야생생물이 보호되거나 양육되는 초원지대에서는 들소와 가지뿔영양이 대표적인 초식동물이다. 그러나 곤충들과 씨를 먹는 조류들 뿐만 아니라 산토끼, 설치류 및 들개와 같이 초본식물의 섭취를 삼가는 동물들도 많이 살고 있다.

이와 같은 초원의 초식동물은 먹이를 찾는 많은 수의 육식동물을 끌어들인다. 그러나 이 육식동물은 야생종 뿐만 아니라 가축도 잡아먹기 때문에 사람들은 이러한 포식자들(늑대, 아메리카 표범, 이리, 여우 등)을 수없이 잡아 죽이고 있다.

뱀이나 육식성 조류들은 좀더 넓은 범위에 걸쳐 존재한다. 이것들은 인간이 사육하는 동물을 잡아먹지는 않는다. 그러나 뉴질랜드에 있는 앵무새 즉, 케어(kea ; *Nestor notabilis*)는 예외이다. 이들은 숲에 있다가 갑자기 숲 밖으로 나와 양의 등을 급습하여 살은 찢고 신장 주변의 지방질을 먹어 치운다.

초원에 살고 있는 많은 동물종들은 다음에 나올 동물군과 유사한데 이것은 수렴진화, 즉 각기 다른 동물이 유사한 환경에 적응한 결과이다.

3) 열대사바나(Tropical Savanna)

열대사바나는 열대우림 지역의 경계에 존재하는 독특한 유형의 초원이다. 다른 초원과 달리 사바나에는 초원 중간중간에 나무 또는 작은 삼림이 산재해 있다. 그리고 다른 열대 삼림과는 달리 건조기가 길지만 연중 강우량은 100 ~ 150cm 정도이다. 건기 동안에 사바나에는 불이 일어난다. 해마다 찾아오는 큰 가뭄으로 초식동물들은 먹이를 찾아 대규모로 이동하게 된다.

가장 큰 열대사바나는 아프리카에 있지만 남아메리카나 오스트레일리아에도 존재한다.

아프리카 사바나의 경우에는 초본식물들이 주종을 이루고, 종려나무, 아카시아, 기형의 바오밥나무들도 많다. 그리고 낮익은 얼룩말, 기린, 영양 등의 발굽 동물들이 다른 생물군계보다 많다. 아프리카 사바나에는 사자와 치타와 같은 육식동물들도 있다. 그러나 초원에서와 같이 사바나의 자연적인 동물군은 이제 가축, 특히 소와 같은 초식동물로 대치되고 있다.

4) 열대우림(Tropical Rain Forest)

삼림은 전 세계에 흩어져 있지만 실제로 물 공급이 적당한 곳에만 존재한다. 열대우림은 지구상에서 강우량이 가장 많은 지역이다. 연중 비가 내리고 우기에는 조금 더 많이 내려 연평균 강우량은 250～450cm에 이른다. 삼림은 특히 저지대에서 더욱 현저하게 나타난다. 가장 큰 열대우림은 남아메리카 아마존 강 유역에 있고, 인도네시아 군도의 자연지역, 아프리카의 콩고 유역, 인도, 버마, 중앙아메리카, 필리핀 등지에서도 잘 발달되었다.

열대우림의 특징은 엄청나게 많은 나무들이 무성하게 자랄 수 있다는 것이다. 밑바닥은 어둡고 습하며, 공기는 시원하고 여러 가지 많은 냄새들로 가득 차 있다. 다른 생물군계와는 달리 한 종류의 식물이 숲을 우점하는 일은 거의 없어서 여러 다른 종들이 서로 이웃하고 있다. 높이가 30～45m에 이르는 큰 나무들은 상공에 크게 펼쳐진 **수관**(樹冠, canopy)을 형성한다. 좀더 작은 나무들은 큰 나무들 밑에서 **작은 수관**(subcanopy)을 형성한다.

나무들은 수많은 덩쿨들로 얽혀져 있고 여기에 **착생식물**(epiphyte)이 부착해 산다. 착생식물들은 햇빛을 받기 위한 경쟁에 참여하는 방법을 진화시켜 왔다. 때문에 이 식물들은 토양에 접촉하지 않고 수관에서 큰 나무의 줄기와 가지에 부착하여 살면서, 주위의 습한 공기에서 직접 수분을 흡수한다. 삼림 밑바닥에는 잎들이 많지 않으나 균류와 박테리아와 같은 분해자, 그리고 부식성 곤충들로 가득 차 있다. 이곳은 어둡고 따뜻하며 습하기 때문에 분해가 아주 빨리 일어난다.

열대우림의 밑바닥에는 잎들이 별로 없지만, 정글은 예외이다. 정글에는 땅 가까이에 식물들이 엉켜 자란다. 정글은 숲의 바닥에까지 빛이 도달할 수 있는 곳에 형성된다. 정글은 우림지역 곳곳에 산재해 있기도 하지만, 특히 강의 둔덕이나 급한 경사면을 따라, 그리고 개간지나 버려진 농장 같은 교란된 지역에 흔히 존재한다. 강의 둔덕을 따라서 생기는 삼림을 습윤정글(wet jungle)이라 부르는데 이런 곳에는 곤충과 파충류가 특히 많이 있다. 정글이 곧 열대우림이라는 생각은 강을 따라 여행하는 사람들의 기록에서부터 생겨났다. 그들은 배에서만 머물렀기 때문에 비교적 깨끗하게 높이 자란 나무를 보지 못했던 것이다.

열대우림 지역에는 다른 어떤 생물군계보다도 많은 동물들이 살고 있다. 곤충과 새 종류가 특히 많고 파충류, 포유류, 양서류도 흔하다. 많은 동물들이 나무 위에서 살고 여러 식물들에 의해 형성된 각기 다른 높이의 수관층을 따라 분포한다. 코스타리카(Costa Rica)의 우림지역에 대한 연구에서 생태학자들은 14종의 새는 바닥에서, 59종은 아래 수관에서, 69종은 위 수관에서 산다는 것을 발견했다. 더욱이 개구리, 도마뱀, 뱀과 더불어 포유동물의 약 2/3 정도가 나무 위에서 살고 있음도 발견했다.

계절적으로 형성되는 열대성 삼림은 실제로 열대 생물군계의 상당 부분을 차지한다. 다만 계절성을 띤다는 점에서 전형적인 열대우림과는 다르다. 이러한 예로는 동남 아시아의 몬순삼림을 들 수 있다. 대체로 그곳의 나무는 낙엽성이라서 건조한 계절에 잎이 떨어진다. 그러나 이 지역에 폭우가 내리면 이들 삼림은 열대우림의 특징을 띠게 된다. 미얀마산 티크(teak ; 낙엽 교목의 한 종) 같은 비싼 재목의 일부가 계절성 열대우림에서 자란다.

지금 세계의 열대우림은 급속히 사라져가고 있다. 열대우림의 마지막 지역인 브라질의 아마존강 유역에 있는 방대한 우림(적도가 지나가는 지구의 허파)까지도 지금은 벌목, 농경, 광물채굴 등에 의해 빠른 속도로 사라지고 있다. 그 결과는 당연히 생태계 파괴라는 대이변으로 이어질 것이다.

5) 지중해성 관목지대(Chaparral)

지중해성 관목삼림, 즉 차파렐(chaparral)의 특징은 작은 상록 관목(灌木 ↔ 喬木)과 나무들이 밀집해 산다는 것이다. 이 생물군계는 세계의 다른 삼림들과 비교하여 그리 크지 않으나 독특한 식물 군총들로 구성되어 있다. 예를 들어, 차파렐은 오로지 해안에만 분포하고 있어서, 북아메리카의 태평양 연안, 칠레 연안, 지중해, 아프리카의 최남단, 오스트레일리아의 남부 등지에서 볼 수 있다. 이 삼림은 해양성 기류, 적은 강우량, 그리고 여름철 가뭄이 긴 아열대(subtropical) 지방에서 생장할 수 있는 활엽상록수로 구성된다. 캘리포니아 해안의 차파렐은 고도에 따라 25~75cm 정도의 강우량을 보이는데 대부분은 겨울철 짧은 우기에 집중적으로 내린다. 이러한 계절성 비로 식물들은 일 년 중 대부분을 가뭄 속에서 산다.

따라서 차파렐에 적응된 식물과 동물은 사막에서 사는 생물과 유사한 생존 전략을 갖는다. 차파렐에 있는 식물들은 주로 키 작은 관목으로서, 난쟁이덩굴 그리고 다액질 줄기로 되어 있다. 일반적으로 잎은 작고 잎의 표피는 거칠고 왁스층으로 덮여 있다. 많은 식물은 우기 후에 휴면 상태에 들어가 건조한 여름철 내내 이 상태를 유지한다. 차파렐에는 곤충이 풍부한데, 삼림 바닥에 흩어진 나뭇잎에서 사는 투구벌레(beetle)도 그 중 하나이다. 또 사슴, 토끼, 살쾡이류, 설치류, 도마뱀, 뱀, 새와 같은 척추동물들도 살고 있다. 대표적인 텃새로는 굴뚝새(wrentit)와 토히새(towhee)가 있다. 그러나 대부분의 새들은 철새이다.

차파렐은 가뭄과 관련된 독특한 문제를 가지고 있다. 거의 주기적으로 발생하는 불이 그것인데, 이것을 피해 가는 차파렐은 거의 없으며 식물들은 이와 같은 격렬한 상황에도 잘 적응되어 있다. 이들 식물 중 일부는 타버린 그루터기 나무로부터 재빨리 싹이 트고, 다른 것들은 타버린 땅 위에다 불에 저항력이 있는 씨앗을 뿌린다. 생태학자들은 차파렐을 불에 의해 형성된 아극상(亞極相) 군집(fire subclimax community)이라고 기술한다. 이것은 차파렐이 결코 완전한 성숙에 도달하지 못하고 항상 회복 단계에 존재한다는 것을 의미한다. 차파렐의 밑바닥은 흔히 낙엽들로 두껍게 쌓여 있다. 건조하기 때문에 분해작용이 느리다. 따라서 이러한 잎들의 축적은 불이 크게 나도록 만든다.

6) 온대 낙엽수림(Temperate Deciduous Forest)

온대 낙엽수림은 계절에 의한 변화가 특징적이다. 봄에는 새로운 싹이 트고, 여름철에는 짙은 녹색의 잎으로 변하며, 가을에는 단풍이 들고, 겨울에는 낙엽이 진 앙상한 가지만 남는다. 이와 같이 아름다운 온대 낙엽수림은 미국 동부에서부터 캐나다 남동부까지 뻗어 있다. 또한 영국, 노르웨이 남부, 스웨덴에 이르는 중부 유럽과 북부 유럽에서도 존재하며, 중심부까지 길게 뻗어 있다. 그리고 동부 아시아의 중국동부, 한국, 일본 등지에서도 볼 수 있다. 남반구에서는 별로 뚜렷하지 않지만 브라질 해안, 동아프리카, 오스트레일리아 동해안, 뉴질랜드에서 볼 수 있다.

낙엽수림에서의 강수량은 연간 평균 100cm 이상이고 연중 고르게 내리는 편으로 다양한 나무가 살기에 충분하다. 전형적으로 떡갈나무, 단풍나무, 너도밤나무, 자작나무, 호두나무와 같은 큰 나무들이 수관을 이룬다. 미국의 경우 남부 낙엽수림에는 떡갈나무가 많은 데 반하여 북부에는 너도밤나무와 단풍나무가 우점한다. 과거 떡갈나무는 밤나무와 함께 장엄한 자태로 미국 어디에서든지 볼 수 있었다. 그러나 세기가 바뀔 무렵 중국에서 우연히 들어온 나무껍질곰팡이균(bark fungus ; *Endothia parasitica*)에 의해 거의 파괴되어 버렸다.

온대 낙엽수림에서는 적당한 수준의 빛이 삼림 밑바닥까지 들어와서 어린 나무, 관목, 여러 일년생 식물들의 성장을 촉진시킨다. 일년생 식물들은 이른 봄이나 늦겨울에 자라기 시작해서 아주 빨리 씨앗을 만든다. 그리고 가을 서리가 내리면 죽어서 낙엽으로 쌓이게 된다. 특히 더운 여름철에는 이 낙엽뭉치와 부식물질에 많은 부식동물과 분해자가 산다. 삼림 밑바닥은 마치 크고 부드러운 스펀지처럼 빗물을 빨아들여 삼림의 생장에 유익케한다.

여러 종류의 동물들이 낙엽수림에서 살고 있다. 사람들이 큰 포유동물들을 대부분 죽여 없애 버리기 전까지만 해도 사슴, 여우, 곰, 늑대, 퓨마의 보금자리였나. 그러나 오늘날에는 토끼, 다람쥐, 너구리, 주머니쥐, 설치류가 대표적인 포유동물들이다. 가장 큰 육식동물로는 인간을 비롯하여 올빼미, 매, 흑곰, 스라소니, 오소리 등이다.

낙엽수림의 가을은 아주 아름답지만 겨울이 다가오고 있다는 것을 의미한다. 엽병(葉柄, 잎꼭지)의 떨켜층이 떨어지려 하고 푸른 엽록소가 사라짐에 따라 삼림지대의 풍경은 울긋불긋하게 변한다. 그러나 이런 상태는 곧 끝나게 된다. 점차 낮이 짧아지고 빛이 약해짐에 따라 나뭇잎들이 변하게 되고 동물들도 겨울이 다가온다는 것을 알게 된다. 어떤 새들은 떠나며, 어떤 것은 깃털색이 변하고 영토를 포기하기도 한다. 포유동물들은 아주 비대하게 자라서 굴을 찾아 잠을 자거나 동면(冬眠, hibernation)한다. 일부의 생물들은 어쩔수 없이 추위에 맞서게 되며, 이 중 일부는 혹독한 겨울동안 살아 남지 못하게 된다.

낙엽수림에서 자라는 나무들은 강하고 유연한 세포벽을 갖게 된다. 때문에 대부분의 나무는 목재나 종이를 만들기 위해 벌채되어 왔다. 낙엽수림은 또한 사람이 그 장소에 다른 나무를 심기 때문에 파괴되고 있다. 미국 남동부 지역에는 원래 견목수림(hardwood)이 자랐으나, 현재에는 빨리 자라고 좀더 시장성이 좋은 소나무로 대체되었다.

7) 타이가(Taiga)와 침엽수림(Coniferous Forest)

타이가는 거의 북반구에서만 나타난다. 이것은 북아메리카나 유럽의 습한 한대 지방에 위치하며, 우점종은 가문비나무와 전나무이다. 타이가는 북쪽 지역을 가로질러 거대한 삼림을 형성하지만 보다 남쪽에 위치한 산맥의 높은 고도에서도 발견된다. 타이가는 다른 생물군계와 뚜렷하게 다르다. 이 지역은 겨울이 길고 추우며 생장 기간인 여름은 짧다. 지역이 광대해서 습지, 또는 소택지(沼澤地, muskeg)가 많이 존재한다. 이들 습지에는 보통 가문비나무가 주종을 이루나, 키 작은 관목, 이끼, 초본식물 등이 땅 위를 넓고 있다. 가장 북쪽에 있는 타이가는 겨울에 하루 6~8시간 정도의 햇빛을 받는데 비해 여름에는 19시간 이나 햇빛을 받는다.

타이가에서 우점하는 식물들은 침엽수이지만 가끔씩 미류나무(poplar), 오리나무(alder), 버드나무(willow), 자작나무(birch) 군집들도 볼 수 있다. 침엽수의 잎은 표면이 매끄럽고

치밀한 바늘 모양인데, 이것은 타이가의 건조한 기후에 대해 잘 적응된 것이다. 이러한 적응 때문에 침엽수는 겨울에 잎을 떨어뜨리지 않고도 버틸 수 있는데 이런 나무들을 상록수라고 한다. 타이가의 물은 대부분이 얼음의 형태로 존재하여 잎들이 수분을 잘 이용할 수 없다. 따라서 잎은 물을 보전하도록 적응되어 있다(이 점은 사막의 식물과 유사하다).

침엽수림에는 작은 관목들이 거의 없다. 왜냐하면 땅에 떨어진 부드러운 침엽잎들이 토양을 산성화시켜 다른 식물에 해를 주기 때문이다. 결국 침엽수는 다른 식물과의 경쟁 수준을 줄일 수 있다.

타이가는 큰 사슴(moose)과 사슴(deer)과 같은 큰 초식동물의 보금자리이다. 그리고 회색곰과 흑곰에겐 이곳이 최후의 안전 지대이다. 스라소니(lynx), 오소리(wolverine), 늑대들도 아직 살고 있다. 토끼, 호저(porcupine), 산토끼 등의 설치류도 풍부하고 곤충은 낙엽수림보다 적으나 여름철 소택지에는 파리와 모기가 들끓는다.

타이가는 아니지만 또 다른 거대한 침엽수림이 있다. 온대 침엽수림은 북반구 도처에 존재한다. 예를 들면, 미국 워싱턴 주 서부에 있는 올림픽 삼림(Olympic forest)은 서쪽으로 경사져 있고 빙하의 봉우리 근처에 있는 연간 500cm의 강우량을 보이는 순수한 온대우림이다. 이곳에서 가문비나무(Sitka spruce)는 캘리포니아의 세쿼이아(Sequoia, redwood) 만큼이나 크게 자란다. 이 서부 삼림들은 오리건과 캘리포니아에 있는 캐스캐이드(Cascade) 산맥까지 이어진다.

아마도 가장 아름다운 침엽수림은 캘리포니아 연안의 세쿼이아일 것이다. 이 삼림에 요구되는 방대한 양의 물은 비뿐 아니라 해안의 안개에 의해서도 충족된다. 시에라네바다산맥의 서쪽 사면에서 웅장한 세쿼이아 숲을 볼 수 있다. 이 위엄있고 화려한 나무들은 세계에서 가장 오래된 나무들이다. 그리고, 미국의 남동부 연안에 방대한 소나무 숲이 형성되어 있다.

침엽수림은 목재 산업에 의해 끊임없이 파괴되고 있다. 최근에 논쟁이 되고 있는 것은 개벌(皆伐, clear-cutting)이라는 조림 방법이다. 이 방법은 그 이전의 조림처럼 선택적으로 조림하는 게 아니라, 땅 위에 있는 모든 나무들을 베어 버린 후 막대한 비용을 들여서 재조림하는 것이다.

이것은 여러 가지 문제들을 발생시킨다. 다양하고 회복력이 있는 식물들로 구성되어 있던 혼합 삼림을 인위적으로 개발된 한 종의 나무로 대체하면, 매우 빨리 자라 재빨리 재수확할 수 있다는 이점이 있다. 또한 일부 침엽수들은 조직 배양 기술의 발달을 통해 흔하게 증식되고 있기 때문에, 실제 일부 삼림은 완전히 한 종만으로 구성되어 있다. 문제는 어떤 계(系, system)가 유전적으로 동일할 때 생기는 위험이다. 이러한 계에는 유전적 변이가 없기 때문에 돌연변이된 곰팡이, 박테리아, 바이러스의 예상치 않은 침입으로 방대한 삼림이 파괴되어 버릴 수 있다.

많은 연구들이 삼림 개발로 인한 또 다른 위험을 보고하고 있다. 우리가 쉽게 생각할 수 있듯이, 개발 후에 비가 내리면 물의 유출이 급격히 증가하게 된다. 이것이 생태학자들이 말하는 영양소의 이탈(nutrient flush) 현상이다. 이 경우 무기염류의 유실량은 정상적인 삼림에 비해 3～20배 더 많다. 이 때 가장 문제가 되는 것은 식물에게 필수 원소인 질소의 과다 손실이다.

8) 툰드라(Tundra)

툰드라는 대륙의 최북단에 위치한 생물군계이며 이끼, 지의류, 왜소한 초본식물, 관목이 조밀하게 사는 북극 평원의 특징을 보여준다. 고산초지 몇 군데를 제외하고 남반구에는 툰드라가 존재하지 않는다. 툰드라는 알라스카 반도의 위쪽에서 베링(Bering) 해까지 펼쳐있는 북극 빙하 지대와 북쪽 타이가 사이에서 좁은 띠 모양으로 위치한다.

툰드라 지역에는 거목과 교목이 없다. 연강수량이 15cm도 채 못되며, 이 강수량의 대부분도 눈으로 내린다. 때문에 모든 것이 얼어 버리는 긴 겨울 동안은 결국 건조 지역이 되고 만다. 그러나 짧은 여름 동안에는 건조하지 않다. 봄과 여름이 오면, 토양의 아래층은 그대로 영구동토(perma-frost)로 남아 있으나 표층은 해동된다. 표층이 해동되면 이 지역은 사막과 같은 다른 건조 지역에 비해 특이한 조건이 만들어진다. 물이 밑으로 스며들 수 없기 때문에 여기저기에 웅덩이가 형성되며, 이 때문에 툰드라의 평원은 거대한 소택지로 변한다.

툰드라는 다른 생물군계에 비해 태양에너지를 적게 받는다. 툰드라는 극지방에 가까이 있기 때문에, 태양 광선이 대기권을 사선으로 통과하여 상당한 양의 태양에너지를 손실한 후에야 이곳에 도달한다. 이러한 태양 광선의 부족은 성장이 일어나는 계절에 심각한 영향을 미친다. 6～8주 가량의 짧은 여름 동안에 식물들은 광합성을 해서 나머지 기간을 견디기 위한 영양분을 저장해야만 한다. 또한 이 짧은 계절내에 생식을 끝내야만 한다. 그러므로 모든 것을 성공적으로 이루려면, 성장하는 데 많은 에너지를 쓸 수 없게 된다. 따라서 툰드라의 식물들은 키가 작다. 특히 고도가 높은 지역에서는 거센 바람이 불기 때문에 식물들이 높이 자랄 수 없다. 키가 큰 식물은 뽑혀 죽거나 잘려 나간다.

영구동토 때문에 툰드라의 식물들은 뿌리를 깊게 내릴 수 없다. 그래서 뿌리는 얕게 퍼지게 되며, 인접한 식물의 뿌리와 엉켜서 연속된 매트(엉킨 것)를 형성한다. 습한 여름철에는 경사가 급한 곳이 쉽게 교란되는데, 그곳의 식물은 흔히 뿌리째 떨어져 나가 맨땅이 노출된다. 툰드라에는 극히 제한된 식물만이 살 수 있기 때문에 한 번 훼손된 툰드라의 회복은 아주 느릴 수밖에 없다.

지의류(lichen)와 이끼류(moss)는 툰드라에 흔하고, 버드나무와 자작나무도 또한 살고 있다. 그러나 이들은 거의 인지할 수 없는 정도로 작아서 남쪽에 사는 동종의 식물들과는 매우 다르다. 이 식물들은 지의류, 이끼류, 포아풀(grass), 골풀(rush), 사초(sedge), 그 외 일년생 식물들과 함께 자라 여름철에는 땅 위를 완전히 덮어 버린다.

툰드라에 사는 동물은 우리가 생각하고 있는 것처럼 그렇게 희귀한 편은 아니다. 에너지를 받아 저장하는 독립영양생물들이 있는 곳이면, 그것들을 먹어 치울 수 있는 종속영양생물들도 항상 존재한다. 일 년 내내 툰드라에 서식하는 동물로는 북아메리카의 북미산 순록(caribou)과 사향소(musk ox), 유럽과 아시아의 순록(reindeer)과 같은 대형 초식동물들이 있다. 여기서 볼 수 있는 또 다른 초식동물은 뇌조(ptarmigan)와 토끼(hare) 그리고 이 지역에 항상 사는 전설적인 나그네쥐(lemming)이다. 나그네쥐 개체군은 그 계절이 생산자들이 살기에 얼마나 좋은가를 나타내는 명확한 지표가 된다. 조건이 좋은 해에는 나그네쥐 개체군이 급격히 증가한다.

다시 말해, 나그네쥐들은 북극 여우, 호저, 올빼미, 북극 늑대 등의 수많은 포식자의 증식 여부를 결정한다. 또한 철새인 도둑갈매기(jaeger)는 이 조그마한 설치류들을 잡아 먹기 위해 상당히 먼 거리를 여행해 온다. 이 새의 증식뿐만 아니라 툰드라에 머무르는 기간도 나그네쥐의 수에 달려 있다. 따라서 나그네쥐가 적은 해에는 이 철새들도 일찍 떠나 버린다. 그렇지만 이 지역에서 영구히 사는 동물들은 다른 먹이를 찾아야 한다.

다수의 물새와 연안 새들 또한 툰드라로 이동한다. 그들은 봄에 도착하자마자 교미하고 짧은 여름철이 지나가기 전에 새끼들을 기른다. 그런데 어째서 이렇고 무섭고 위험한 곳에서 번식하기 위해 먼 거리를 여행하는 것일까? 그 이유는 낮이 길기 때문에 먹이를 먹을 수 있는 시간이 길고, 먹이에 대한 경쟁이 덜하기 때문일 것이다. 만약 가혹한 겨울을 맞이한다면 이에 따른 다른 경쟁자의 수도 줄어들게 된다.

툰드라에서 무척추동물은 매우 제한된 반면에 파리나 모기류는 아주 풍부한다. 이 곤충의 성체는 단지 한 계절 동안만 살기 때문에 여름이 끝날 때까지 생식하기 위해 필사적으로 경쟁한다. 이 곤충의 미성숙 개체는 고도의 저항성을 가지고 긴 견울 동안에 동면 상태로 지낸다.

툰드라에는 겨울이 일찍 다가와 시간이 급격히 짧아짐에 따라 이주성 동물들은 사라진다.

예를 들어, 북미산 순록은 겨울철 먹이가 더욱 풍부한 울창한 타이가로 떠난다. 이동하지 않는 동물들은 각 동물 특유의 전략을 이용하여 살아 남을 준비를 한다. 뇌조는 먹이를 구하기 위해 눈더미 속에 터널을 파서 주기적으로 빠져 나오는 반면, 나그네쥐들은 먹이를 쌓아둔 굴에 들어가 산다. 대형 초식동물들과 포식동물들은 동면을 하지 않기 때문에 이끼류, 지의류, 그 외 것들을 먹기 위해 바람이 휘몰아치는 메마른 광야를 배회한다.

사람의 경우 스칸디나비아와 핀란드의 북부에서 살고 있는 일부 라플란드(Lapland) 사람들을 제외하고는 툰드라에서 살지 않는다. 강인한 에스키모인들조차도 북극의 해안을 더 선호한다. 따라서 인간들은 세상에서 가장 약한 이 생태계에 별 영향을 미치지 못해왔다. 이것을 다행한 일이다. 왜냐하면 이곳의 먹이사슬을 단순하고 효율적이라서 사람의 간섭으로 인해 단 하나의 포식자나 생산자가 갑작스럽게 사라지기라도 한다면 큰 재난이 될 수 있기 때문이다. 피해를 입은 툰드라 군집은 회복이 느리고 비용도 많이 든다. 단 하나의 4륜차가 100년 전에 이 대지 위를 지나면서 남긴 바퀴 자국이 아직도 뚜렷이 남아 있다. 그러나 우리는 지금 이 지역에서 기름과 다른 광물들을 채광함으로써 이 허약한 생태계를 더욱 더 파괴시키고 있다.

툰드라의 북쪽 지방(또는 고도가 높은 다른 지역)은 남극의 모습과 같이 메마르고 바위가 많다. 식물은 희박하고 간헐적으로 존재한다. 건조한 바람이 부는 이 평원은 해안의 부빙과 빙하까지 뻗어 있다. 그러나 대조적으로 이 해양 환경에는 생물이 아주 풍부한다. 물론 계속적인 석유 탐사로 이 풍부한 극지대의 해양 환경에도 위협이 가해지고 있다.

8-2 담수생태계

지구상의 수권은 일반적으로 생물군계로 나누어지지 않는다. 그러나 생태적으로 보아 모든 생태계가 갖는 특징을 모두 가졌다는 점에서 육상계와 유사하다. 생물이 육지로 올라와서 살 수 있도록 진화할 때까지 약 30억 년 동안 모든 생물은 물의 영향을 받고 살아왔으며 현재도 그렇다.

1) 강과 하천

하구(河口, 기수역, 汽水域 ; 담수와 해수가 혼합되는 지역, estuary)는 강, 하천 등이 바다와 만나는 지점으로서 여러 가지의 생물 종들이 존재하게 된다. 강과 하천의 상류는 일반적으로 좁고 가파르며, 흔히 샘에서 기원하고 높은 고도에 형성되기 때문에 수온이 아주 낮다. 상류의 물은 점차 주변의 물과 혼합되며 산소의 함량도 증가한다. 이러한 수역의 군집들은 송어

(온도가 낮고 산소가 풍부한 물을 필요로 하는 종) 등의 비교적 적은 수로 구성되어 있으며, 몇몇 무척추동물들은 암반 둑에 강력히 달라 붙어 있는 조류와 이끼류들 사이에서 산다.

계속 하류쪽으로 내려오면 하천 바닥(riverbed)이 편평해지고 강의 폭의 넓어짐에 따라 흐름이 느려진다. 이곳에서 물은 많은 부유물질을 운반하여 경우에 따라서는 더욱 탁하게 된다. 따라서 최상부에만 빛이 투과하여 극히 제한된 표층 수역에서 조류나 남조류가 번성하게 된다. 이곳에서 사는 물고기들은 산소를 덜 필요로 한다. 따라서 메기, 잉어, 농어와 같이 느리고 덜 활동적이며 깊은 곳에서 사는 종들이 서식한다. 강이 넓어지고 물의 속도가 더 느려짐에 따라, 강의 상부에서부터 모아진 부유물질들이 가라앉아 영양이 풍부한 퇴적물을 형성한다(강 하류의 삼각주, 三角洲 ; delta 발달). 그러므로 비교적 크고 복잡한 군집들이 유지될 수 있다.

2) 호수와 연못

물이 강과 하천을 따라 이동하다가, 호수(훨씬 작은 규모는 연못)라고 불리는 정체된 곳에 머무르기도 한다.

호수(lake)와 연못(pond)은 크기뿐 아니라 보통 깊이도 다르다. 연못은 흔히 얕아서 생물이 살아가기에는 불리한 서식지가 될 수도 있다. 수심이 얕다는 사실은 빛이 연못 전체를 투과하게 되어 바닥에 사는 식물뿐 아니라 조류와 남조류의 생장을 촉진하게 된다는 것을 의미한다. 따라서 생물들이 왕성한 광합성 작용으로 인한 빠른 증식은 결국에는 연못 전체를 완전히 메워 버릴 수 있다. 더 직접적으로는 심한 건조기에 연못이 완전히 말라 버릴 수도 있다.

호수는 더 크며, 지구의 다른 주요 지형과 지질학적 기원을 비교했을 때 상당히 최근에 형성된 것들이다. 대부분이 마지막 빙하(10,000～12,000년 전)가 물러감으로써 생겨났고, 주로 북쪽 또는 고산 지대에 존재한다. 또한 오리건에 있는 유명한 크레이터(crater) 호수의 경우처럼 육지의 점차적인 융기를 통하여 생성된 것도 있다. 세계에서 가장 깊은 호수는 다른 호수보다 훨씬 오래 전인 중생대에 형성된 것으로 1750m 깊이의 바이칼(Baikal) 호수이다.

빛이 도달할 수 있는 깊이에서, 광합성이 조류와 남조류의 생장을 촉진하고 부유 물질이 강과 하천을 통해 떠내려옴에 따라, 호수의 물이 탁하게 될 수 있다. 만약 이 부유물질이 재빨리 가라앉는다면 호수는 어느 정도 맑게 유지될 수 있다. 그러나 호수에 유입되는 물과 함께 떠내려온 비료에 의해서도 탁도가 급격히 증가할 수 있다.

호수에는 동물성 플랑크톤을 먹는 작은 물고기와 수생곤충과 같은 것으로 구성된 복잡한 군집이 생길 수 있다. 호수 밑바닥에서는 비교적 큰 물고기가 곤충과 작은 물고기를 잡아 먹고 산다. 그리고 호수 기슭 근처에는 불도마뱀(salamander), 뱀, 개구리, 두꺼비, 새 등이 산다. 너구리(raccoon)와 주머니쥐(opossum)들은 호수의 습한 변두리에서 잠자리(dragonfly), 실잠자리(damselfly), 날도래(caddis fly) 등과 같은 다양한 포식성 곤충과 섞여 먹이를 찾아 돌아다닌다.

3) 호수의 조건과 생물

담수 군집을 연구하는 생물학자, 즉 육수학자(陸水學者, limnologist)들은 호수를 자체의 물리적 특징과 각각 생물의 독특한 분포에 따라 연안대(沿岸帶, littoral zone), 준조광대(準照光帶, limnetic zone), 심연대(深淵帶, prorundal zone)의 수역으로 나눈다.

연안대는 기슭, 그리고 빛이 호수 바닥까지 미치는 인접한 수역을 포함한다. 연안대의 생산자는 퍽 다양하여 자유로이 부유하는 식물, 뿌리를 박고 물 속에서 자라는 식물, 뿌리를 두고 물의 표층까지 나와 공기에 노출되는 식물 등이 있다. 해양의 생산자처럼 담수의 생산자에는 식물이외에 광합성을 하는 수많은 세균과 식물성 플랑크톤(조류)이 포함된다. 연안대의 소비자는 원생동물, 달팽이, 홍합, 수생곤충, 곤충의 유생들이 속한다. 초식성인 도롱뇽(salamander)과 개구리, 육식성인 어류와 거북이는 수많은 새와 함께 연안대 주변에서 산다.

해양의 투광대와 유사한 준조광대는 광선이 효과적으로 투과되는 깊이까지 이르는 수역으로 정의된다. 실제적인 깊이는 탁도에 따라 상당한 차이를 보이지만 보통 준조광대의 끝은 호흡률과 광합성률이 같다. 준조광대에서 사는 생산자는 거의 모두가 미세하기 때문에 확실하게 말할 수 없다. 그들 중에는 유글레나(*Euglena*)와 볼복스(*Volvox*)처럼 편모가 있는 조류와 함께 연안대에서 볼 수 있는 많은 식물성 플랑크톤이 이에 속한다. 북반구 호수의 준조광대에서 식물성 플랑크톤 개체군은 그들의 생산성이 연안대 식물의 생산성을 초과하는 계절적인 대발생을 일으킨다(algal blooming ; 水華現象). 이 대발생은 영양염류(질소, 인), 빛, 적당한 온도와 밀접하게 관련되며 흔히 과다한 질소화합물 때문에 물이 부영양화되어 일어나는 질소고정 남조류의 대발생에 뒤이어 발생한다. 이때 동물성 플랑크톤은 단지 몇 개의 종으로 큰 개체군을 형성한다. 윤충류, 요각류, 지각류 같은 미소한 갑각류들이 주로 나타난다. 이 개체군들은 생산자의 수에 따라 증감한다. 가장 높은 소비 단계는 주로 어류들로 구성되는데, 플랑크톤을 섭식하는 청어와 육식성인 농어, 창꼬치 등이 있다. 준조광대의 먹이그물은 일반적으로 단순하고 직접적이다.

심연대는 빛이 효과적으로 투과할 수 없는 곳이며 이곳부터는 호흡이 광합성을 초과한다. 탁도는 깊은 호수의 수역 분포에 중요한 요인이 된다. 심연대의 바닥은 주로 진흙 퇴적물이 많으며 여기에서는 생산자의 영양단계가 없고 생물은 주로 호수 생태계의 분해자인 박테리아와 균류로 제한되며 일부 입자성 유기물들을 먹고 사는 대합조개나 지렁이, 그리고 곤충의 유생들이 있을 뿐이다. 심연대에서 사는 거의 모든 종들은 매우 낮은 산소 농도에서도 살아갈 수 있도록 적응되어 있다. 이 수역에 사는 생물들의 수는 적으나 이들의 활동은 매우 중요하다. 그들은 박테리아와 함께 부식동물로서 위에서 떨어지는 사체들을 질산염, 인산염, 황산염 등의 무기영양염으로 전환한다. 그러나 호수에서 이러한 영양 염류는 해양 환경에서 물의 수직 이동에 따라 이동하는 것처럼, 호수 수역의 수직 이동에 의하여 그 분포가 결정된다.

4) 온도의 전도와 호수의 생산성

1,450m 깊이를 가진 열대 아프리카의 탕가니카(Tanganyika) 호수의 깊은 물에는 호기성 생물이 거의 살지 않는데 반하여, 그보다 300m나 더 깊은 온대의 바이칼(Baikal) 호수에는 동물이 살고 있다. 이 두 호수의 이 같은 차이는 산소의 이용률 때문인데, 이는 계절적 온도 변화에 의해 일어나는 호수 심층수 순환, 즉 **온도의 전도현상**(溫度의 顚倒現象, thermal overturn)의 결과이다. 그 같은 변화는 기후가 극단적으로 나타나는 온대지역에선 훨씬 중요하다. 온도의 전도현상은 호수의 깊은 곳에 용존산소를 공급하고 표층으로 영양 염류를 가져온다. 계절적인 전도가 없을 때 호수 바닥은 혐기적 환경이 되고 그에 따라 생물도 크게 제한될 수밖에 없다.

탕가니카 호수와 또 다른 열대 호수들에서 호수의 전도를 방해하는 조건은 온대지역의 여름철 조건과 유사하다. 둘 다 상층수와 저층수 사이에 온도기울기가 있다. 가볍고 따뜻한 상층수는 바람의 운동에 의해서 잘 혼합되나 그들은 무겁고 차가운 하층수와는 혼합할 수 없다. 여름에 온대지역의 많은 호수들은 깊이에 따라 3가지 독특한 온도층을 형성한다. 이와 같이 여름에 호수내에서 상층수와 하층수간에 전도현상이 일어나지 않고, 층을 이루는 현상을 **성층현상**(成層現象, stratification)이라 한다. 즉, 따뜻한 상층부는 **표수층**(表水層, epilimnion, 24～23℃)이라 하고, 더 낮은 차가운 부분을 **심수층**(深水層, hypolimnion, 8～4 ℃)이라 한다. 이 두 층 사이 중간 부분에 가파른 **수온약층**(水溫躍層, thermocline ; 깊이의 증가에 따라 온도가 급격하게 떨어지는 곳, 23～8℃)을 나타내는 **중수층**(中水層, metalimnion)이 있다.

수심에 따른 물의 밀도변화는 온도와는 반대로, 표수층에서는 낮게 유지되다가 수온약층에서 급격히 증가한 후, 심수층에서 고밀도로 유지된다.

한편, **호흡률**(異化作用, catabolism, dissimilation)과 **광합성률**(同化作用, anabolism, assimilation)이 같게 되는, **빛의 유효투과 경계면**(**광보상수준**, light compensation level)은 수온약층이나 바로 위층에 존재한다.

따라서, 수중 **용존산소량**(dissolved oxygen, DO)은 공기와 접해 있고, 광합성에 의해 발생된 산소가 많이 존재하는 표수층에서 가장 높고, 빛이 도달되지 않으며 유기물이 많아서 **타가영양세균**(heterotrophic bacteria)에 의한 DO의 소모가 많은 수온약층에서 급격히 감소하여 심수층에서는 소량의 DO만이 존재하게 되다.

또한, 표수층에서는 자외선(UV)의 영향으로 타가영양세균의 순자가 적게 유지되다가, 수온약층에서는 표수보다는 무겁고 심수보다는 가벼운 각종 유기물과 부유고형물질이 많이 존재하기 때문에 이를 먹이로 하는 타가영양세균이 급격히 증가하여 peak를 형성하고, 심수에 이를수록 감소한 수, **저니**(底泥, sediment)에서는 이곳에 존재하는 각종 영양염류 및 생물사체를 먹이로 하여 다시 급격히 증가하는 것을 볼 수 있다.

온대지방 호수의 경우 온도의 전도는 가을과 봄에 일어나는데, 표층수의 온도가 변화하여 그들의 밀도에 크게 영향을 미치기 때문이다. 물은 상온으로부터 온도가 낮아질수록 밀도가 증가하여 4℃에서 최대 밀도가 된다. 반대로 0℃에서는 가장 적은 밀도를 이루어 가장 가벼운 상태가 된다. 결국 가을에 찬바람에 의해 온도가 낮아짐에 따라 호수 표층의 밀도는 아래층의 밀도를 넘어설 때까지 냉각된다. 무거운 층은 밑으로 가라앉고 가벼운 바닥의 물이 위로 올라온다. 가라앉은 표층수는 바닥까지 표층의 풍부한 산소를 운반하고, 용승하는 저층수는 상층부까지 영양염류가 풍부한 바닥 퇴적물을 운반한다. 이것을 **가을전도**(fall overturn)라고 한다(찬바람에 의해, 4～8℃). 그러나 겨울이 되면 표면수가 얼어 버려 이와 같은 물의 전도현상은 일어나지 않는다(결빙, 0～1～2℃, **성층현상**, stratification).

전도현상은 봄에 다시 일어난다. 얼음이 녹고 표층수가 따뜻해지기 시작하며, 물의 온도가 4℃에 이를 때 최대 밀도가 된다. 그러면 표층수가 다시 바닥에 가라앉고 이런 과정을 통해 물의 전도가 일어난다. 이것을 **봄전도**(spring overturn)라고 한다(따뜻한 바람에 의해, 4～2℃). 그리고 다시 산소와 영양염류의 재분배가 일어난다. 또한 여름에는 다시 한번 **성층현상**이 일어난다(20～15～10℃).

모든 군집들이 주변 기후에 의해 형성되는 것같이 기후도 호수 군집들에게 독특한 방법으로 영향을 끼치는 것을 알 수 있다. 산소가 육상 군집에게 있어서 생명체들에게 제한요소가 되는 경우는 드물다. 그러나 호수 군집에서는 산소의 존재가 군집 존재에 중요한 요소로 작용한다.

5) 호수의 수질개선을 위한 생태기술

호수수질은 유역의 모든 인위적 및 자연적 행위의 결과로서 나타남과 동시에 호수 자체는 또 하나의 생태시스템을 구성하는 요소이다. 따라서 호수의 수질관리를 위해서는 유역내 물리적인 처리시설의 확충과 더불어 자연의 물질순환시스템을 이용하는 생태기술 즉, 생태시스템에 존재하는 물질순환체계를 이용함으로써, 비용경제적이고 환경에 대한 위해가 적은 방법으로 수질과 수량관리가 가능하다. 이와같은 생태기술을 유역과 호수의 환경특성에 적합하게 개발하여 적용할 경우 호수 수질개선에 큰 도움을 줄 수 있다.

다음은 호수의 정화를 위해 이용가능한 생태기술들이다.

(1) 습지 이용

호수나 저수지에 수반되는 습지는 직접 또는 간접적으로 수질과 수량에 관련된 여러 가지 기능을 가지고 있다. 습지는 물을 보유하고, 과다한 오염물을 감소시키는 역할을 하며, 유역으로부터 유입되는 각종 중금속 등 오염물질을 농축하고, 영양물질인 질소와 인의 부하를 감소시키는 완충지로서의 역할을 한다. 특히 습지는 활발한 탈질산화 지역이며, 고도의 생물다양성을 가지고 있는 다양한 수중 동·식물의 산란 및 성장 지역이다. 이와같이 수질과 수량면에서 큰 기능을 하는 습지는 자연적인 습지와 인공적으로 조성한 습지로 분류될 수 있다.

(2) 인위적 간섭배제

호수의 상류지역과 하천인근 지역은 수질에 가장 큰 영향을 끼치는 지역으로서 생태적 기법의 도입시 최우선을 두어야 하며, 생태기술중 가장 우수한 기술인 자연상태로의 보존 즉, 불간섭상태가 최적의 대안이다. 특히 호수상류지역 습지는 수리학적으로 완충지역의 역할을 담당하고 각종 오염물을 포촉-정화하여 다시 유용한 환경자원으로 재생산하기 때문에 최대한 보존하여야 하며 인위적 간섭을 최소화 하여야 한다.

(3) 예비댐의 건설

체류시간이 대부분 100일을 상회하고 있는 우리나라 주요 다목적댐들의 경우, 인의 호수내부 축적율은 상당히 높게 된다. 이처럼 높은 인의 축적율을 저감하기 위한 생태공학적 기법의 하나로 오염조절용 예비댐(pre-impoundments)의 건설을 들 수 있다. 오염조절용 예비댐은 호수의 유입부에 건설함으로써 인의 부하감소에 기여할 수 있고 이 예비댐내에서 퇴적물처리, 인의 침전제거 및 습지를 이용한 다양한 생태기술의 적용을 통해 호수의 부영양화를 억제할 수 있다.

(4) 효율적인 먹이망 시스템의 구축

생태계에 존재하는 먹이사슬을 이용한 자연적이고 내부적인 기법에 의해 호수의 영양상태를 조절하는 방법이다. 호수에서는 영양물 → 식물성 플랑크톤 → 동물성 플랑크톤 → 초식성 물고기 → 육식성 물고기의 먹이연쇄가 이룩된다. 먹이연쇄를 이용하는 방법에는

첫 번째로는 동물성 플랑크톤에 대한 물고기의 섭취율을 낮게 유지하여 동물성 플랑크톤의 수를 늘리고 이 동물성 플랑크톤이 식물성 플랑크톤의 수를 조절할 수 있도록 하는 방법이 있고,

두 번째로는 호수내에 초식성 물고기만을 대량 서식시켜 식물성 플랑크톤을 직접 섭취하게 하는 방법이 있다. 이 방법들의 장점은 비용이 저렴하고 자연적이며, 화학물질을 첨가하지 않고, 기계적 장비도 필요하지 않다는 것이다. 또한 어부의 요구와 수질에 대한 요구를 조화시켜 합리적으로 운영할 수 있다. 단점은 물고기 개체수를 지속적으로 조절해야 하는 것과 호수 생태계를 인위적으로 조절함에 따른 생태계의 혼란이 있을 수 있다는 것이다.

(5) 인위적 성층파괴

압축공기를 산기관을 통해 호수 하층부(hypolimnion)로 주입함으로써 성층을 제거하고 하층부의 산소공급을 원활히 하여 퇴적물로부터 용출되는 인과 철 및 망간을 감소시킴으로써 저서생태계를 건강하게 유지하는 방법이다. 저층의 물을 표면수와 혼합하는 과정에서 상층부(epilimnion)의 물에 인의 농도가 증가하여 조류가 성장하는 등과 같은 문제가 발생할 수 있다.

8-3 해양생태계

지구 표면의 약 3/4은 물로 덮여 있고 그중 대부분은 염을 포함한다. 해양 환경에는 수많은 종류의 군집이 존재한다. 해양 환경은 대륙 가까이에 있는 비교적 얕은 지역, 즉 연해구(沿海區, neritic province)와 대양의 심해수, 즉 대양구(oceanic province)로 크게 구분한다. 또 빛이 투과하는 투광대(euphotic zone)와 영구적으로 어두운 무광대(aphotic zone)로 나눌 수도 있다.

1) 대양구(Oceanic Province)

대양구는 원양(pelagic)생물의 서식지이다. 그러나 이들 대부분은 빛이 투과될 수 있는 투광대에서만 산다. 혼탁도에 따라 달라지지만, 빛의 일부인 단파장(푸른색)의 경우는 300m까지 투과되기도 하지만, 거의 모든 파장은 수심 100m 위에서 흡수된다. 부유성 입자를 지닌(영양염이 풍부한) 해수는 녹색, 갈색, 붉은색인 반면에 대양수는 이러한 부유성입자들이 거의 없어 아주 푸르다. 매우 혼탁한 해수의 경우 빛이 겨우 10m 정도밖에 투과하지 못할 수도 있다.

아마도 해양의 가장 덜 알려진 부분은 깊이가 3001～1,000m에 이르는 심해 지역(abyssal region)일 것이다. 유명한 마리아나 해구(Marianas Trench)는 수심이 1만 680m이다(에베레스트 산 높이 보다 더 깊다).

이곳은 어둡고 압력이 굉장하며 마비될 정도로 춥다. 그러나 이 무시무시한 심해 지역에도 독특한 저생(底生, 저서, 底棲, benthic, bottom-dwelling) 부식동물들이 아주 많이 존재한다. 심해저용 카메라로 잡힌 이들 동물들은 원시먹장어, 여러 종류의 어류, 갑각류, 연체류, 극피동물, 상어들이다. 해양학자들과 해양생물학자들은 생산자 개체군들이 이 깊이에서는 살수 없기 때문에 무광대의 저생 생물들은 해저에 가라앉는 원양생물이 잔류물을 먹고 산다고 생각했다. 그러나 최근에 와서 생물학자들은 해저의 갈라진 틈과 구멍에 특이한 군집들이 존재하고 이 군집에는 생산자 개체군이 포함되어 있다는 것을 발견하였다. 이 생산자들은 광독립영양생물(photoautotroph)이 아니라 화학독립영양생물(chemoautotroph)이라는 것은 분명하다.

심해저에는 해저 어류와 같은 지구상에서 가장 특이한 생물의 일부가 살고 있다. 그들은 보통 작고 거무스름하며, 예리한 시력, 이가 있는 큰 입을 가지고 있다(그것들은 어떤 종류의 먹이라도 다룰 수 있어야 한다). 이러한 포식자들은 종종 그들 상호간에 신호를 보내기 위해서나 피식자를 유인하기 위해 빛을 내기도 한다. 이러한 종들은 눈 바로 아래에 특수화된 발광성 박테리아를 가지고 있다(symbiosis의 형성).

2) 연해구(Neritic Province)

대륙은 연해 수역에서 일정치 않은 형태와 구조를 가진 **대륙붕(大陸棚, continental shelf ; 해변에 붙어있는 수심 약 200m까지의 지형으로 경사가 완만하고 어장이 발달됨)**의 가장 자리에 접해 있다. 대륙붕은 대륙에 접한 얕은 수역으로 하강한 대륙의 끝 부분으로 간주된다. 연해구는 대륙붕의 경사가 급해지는 대륙사면에서 끝나고, 그곳부터는 수심이 급격히 증가한다.

많은 대륙붕에서 빛은 해저까지 통과한다. 그리고 이곳에서는 파도, 바람, 조수에 의해서 해수가 잘 혼합되어 계속적으로 영양분이 떠 있게 되고, 그래서 많은 유영성(swimming) 해양생물과 저생성 해양생물이 살고 있다. 해저에 널리 붙어 사는 대형 갈조류와 여러 가지의 해추들은 많은 물고기들의 은신처가 된다. 그럼 이제 연해구에서의 생물 구성과 에너지의 흐름에 관해 간단히 알아보기로 하자.

바다는 대양의 표면 근처에서 떠다니는 **플랑크톤(plankton)**이라 하는 작은 생물들의 거주지이다. 이중 광합성을 하는 종들을 **식물성 플랑크톤(phytoplankton)**이라 한다. 여기에는 주로 규조류(diatom)와 쌍편모조류(dinoflagellate) 등의 원생조류가 포함되는데, 이들 모두는 극히 작은 크기의 생물이다. 또한 편모가 있는 **미소 플랑크톤(nanoplankton)**도 이에 포함된다. 해조류(해초)와 식물성 플랑크톤은 해양의 일차생산자이다. 따라서 에너지는 이 종들을 통해서 해양 생태계로 돌아간다. 지구 광합성의 80～90%가 해양 생물체에 의해서 이루어지는 것으로 추정되고 있다. 따라서, 해양의 먹이사슬은 작은 식물성 플랑크톤이 태양에너지를 받은 후 자신의 미약한 몸체내에서 에너지를 함유한 화합물을 만드는 것에서 시작된다. 이 작은 조류들은 그들보다 약간 더 큰 **동물성 플랑크톤(zooplankton)**에게 먹힌다. 작은 물고기에서부터 가장 큰 수염고래에 이르기까지 다양한 동물들이 모든 종류의 플랑크톤을 먹고산다.

해양 환경 중에서 좀더 생산적인 지역은 **용승(湧昇, upwelling)**이 일어나는 낮은 수온의 연해 수역이다. 용승은 영양소를 가진 차가운 심해의 물이 수면으로 올라오는 현상이다.

용승은 계절적 현상으로, 연인풍이 바다쪽으로 또는 연안과 평행하게 부는 곳에서 일어난다. 이 바람은 표층수를 외양 쪽으로 이동시키는데, 그러면서 이 자리에 심층수가 올라오게 된다. 이렇게 뒤섞이면서 영양소가 위로 올라온다. 해양 먹이사슬의 기초를 제공하는 광합성 생물에 이용된다. 페루 연안의 광대한 멸치어장은 이런 용승현상에 의해 형성된 것이다.

이와 같은 여러 가지 이유 때문에 생물이 가장 풍부한 해양군집은 연해구에서 나타난다. 그러나 불행하게도, 지금 세계의 연안 어장은 회생이 불가능할 정도로 남획되고 있다. 물고기의 증가가 포획되는 양의 증가를 따라가지 못할 때, 어장은 고갈될 것이다. 오늘날의 어업 기술은 매우 정교해져서, 지금은 거의 찾아보기 어려운 종까지도 무차별하게 포획되고 있다.

3) 해안군집

해안군집들은 매우 다양하며 해안을 따라 존재하는 육지를 포함하는 연안대(沿岸帶, littoral zone)와 밀물과 썰물 사이의 지역인 조간대(潮間帶, intertidal zone) 등이 있다. 해안의 군집에는 모래사장, 암반해안, 만, 하구(河口, estuary), 조수(潮水)벌밭이 포함된다. 이러한 지역들은 다양한 생물들로 가득 차 있다는 공통적 특징을 갖는다. 연안대에 존재하는 생물은 빛, 은신처(해초, 바위), 강으로부터 바다로 흘러들어오는 영양염류를 이용하여 풍부하게 될 수 있다.

각 지역에는 이곳에서만 사는 독특한 식물 및 동물 군집이 존재한다. 예를 들어 암반에 붙어 살거나 그 속에 굴을 파서 살도록 적응된 군집이 있다. 이들의 가장 큰 문제는 거대한 힘의 파도에 떠내려가지 않도록 하는 것이다. 이러한 장소란 거의 저항할 수 없을 정도로 거센 썰물과 파도가 있는 곳이다. 다른 연안대 서식 생물과 마찬가지로 해안의 암반에 사는 동물은 썰물시 고립된 채 남겨지는 또 하나의 문제점을 가지고 있기 때문에, 간헐적인 밀물 썰물의 주기에 각자 적응해야만 한다.

암반 조수 웅덩이를 자세히 관찰하여 보면, 아주 다양한 생물들이 서식하는 것을 보고 놀란다. 거기에는 해초와 거머리말류, 식물성 플랑크톤 등과 같은 식물과 조류들이 살고, 거의 모든 동물문(Phyla)이 나타난다. 서식동물은 가느다란 편충, 해면동물, 이끼벌레, 연체동물, 극피동물, 갑각류, 피낭류, 작은 어류 등이다. 이러한 종들은 더욱 적합한 착생을 통하여 조수의 썰물에 따른 주기적인 바람과 태양에 노출되는 데에 적응되어 있다.

해양 환경에서 생산력이 가장 큰 곳은 하구(estuary)와 암초이다. 하구는 강이 바다로 흘러 들어가는 길목이다. 여기에는 해수 소택지와 벌밭이 있다. 이곳들은 흔히 눈에 거슬리고 냄새가 코를 찌르며 걸어다니기 힘든 곳으로 흔히 법으로 보호되어 있지 않은 지역이다. 강이 바다와 만나는 곳인 이곳은 해수에 존재하는 많은 먹이사슬이 시작되기 때문에 생태학적으로 퍽 중요한 곳인 데도 불구하고 보호되어 있지 않다. 강물은 육지로부터 영양소를 휩쓸어 오고, 조수는 이러한 영양염류가 퇴적된 토양을 계속적으로 덮치고 노출시켜 풍부한 영양소들을 혼합시켜 놓는다.

많은 해양생물들 특히, 연체동물, 절지동물 어류의 여러 종들이 이곳에서 산란을 한다. 이곳에서 사는 종들은 염분, 습도, 온도의 극심한 변화에 적응할 수 있어야 한다. 하구는 생물의 서식 밀도가 높기 때문에, 양서류, 파충류, 포유류가 먹이를 구하는 중요한 장소가 된다. 불행하게도 소위 개발론자들이 하구 지역을 거대한 육지로 개발하려고 시도해 왔으나 많은 문제점들을 내포하고 있다.

하구는 조석과 강물 유입의 변화로 인해 끊임없이 염도가 변하기 때문에 해양생물에게는 삼투조절이라는 특별한 문제가 필요한 수역이다. 하구는 주로 침적토와 벌의 퇴적물로 구성되어 있고, 썰물시에 빠지는 바닷물이 벌밭을 형성한다. 벌밭에서 사는 동물들은 보통 태양으로 인한 건조를 피하기 위해 굴을 파고 그 속으로 들어감으로써 이와 같은 격렬한 변화 속에서도 생존할 수 있나. 벌밭에는 다모류, 대합조개, 가리비, 해삼과 같은 연체동물, 게와 같은 절지동물의 갑각류 등이 살고 있다. 이용할 수 있는 풍부한 먹이 때문에 수많은 연안 새들이 썰물시에 벌밭을 찾아온다.

하구는 또한 심각한 오염 지역이고 인간에 의해 심하게 변해 왔다. 강이 산업폐기물과 오수를 버리는 장소로 사용되는 한, 이 문제는 지속될 것이 틀림없다. 만과 하구는 풍부한 영양염의 근원지이고 해양동물들이 생식을 하는 매우 중요한 장소들이다. 그러므로 현재의 환경 오염은 수많은 해양생물의 새끼들을 위험에 빠뜨리고 있는 것이다. 우리나라 해안에서 해마다 적조현상이 발생하여 곤욕을 치르는 것도 이와 무관하지 않다.

해양생물이 가장 풍부한 서식처 중의 또 다른 하나인 산호초(珊瑚礁, coral reef)는 해수 온도가 20℃ 이상 유지되는 열대지방에서만 볼 수 있다. 산호는 탄산칼슘($CaCO_3$)으로 된 두꺼운 외골격을 가지고 있고 거대한 군체를 이루고 사는 강장동물이다. 해가 지남에 따라 외골격이 자라고 군체들의 새로운 구성원들은 오래된 것의 꼭대기에서 자란다. 남태평양에 흔히 있는 산호환초(coral atoll)는 산호가 물에 잠긴 화산들의 꼭대기에서 자란 것이고, 반면에 부초(barrier reef)는 해안 가까이에서 산호가 해안선에 평행하게 형성되어 있는 것이다. 이것들 중에서 가장 크고 볼만한 것은 오스트레일리아 퀸스랜드의 동해안을 따라 1,920km까지 뻗쳐 있는 대보초(Great Barrier Reef)이다.

불규칙한 생장으로 인해 산호초는 해양동물들의 자연 은신처가 되고, 따라서 복잡한 먹이연쇄가 이곳에 형성된다. 먹이사슬이 복잡한 이유는 수많은 생물이 살고, 은신처도 엄청나기 때문이다. 산호초는 보통 낙지와 같은 연체동물 뿐만 아니라 해면동물, 외피를 형성하는 조류, 이끼벌레들의 좋은 피신처이기도 하다. 또한 어류가 풍부하며, 상어도 나타난다.

8-4 한국의 생태계

자연환경은 대기, 물, 토양 등 무기환경과 동물, 식물 등의 생물로 구성되고, 이들은 기능면에서 서로 끊임없이 물질순환을 이루어 조화와 균형을 유지해 가는데 이를 자연생태계라 한다.

그러나 자연생태계는 최근들어 인구의 증가와 도시집중, 산업시설의 확충, 각종 개발행위 등으로 인해 그 균형과 질서가 흔들리게 되었고, 산성비에 의한 산림 및 호소생태계의 파괴, 탄산가스 증가 등에 의한 기후의 변화, 프레온 가스 등에 의한 오존층 파괴 등으로 위협받고 있어, 야생 동·식물의 생존은 물론 인류의 생존마저 위협하는 단계에 이르게 되었다.

자연생태계는 일단 파괴되면 복원이 거의 불가능하며, 복원이 된다하더라도 오랜 시간이 소요되고 많은 경제적 부담이 따르기 때문에 사전에 그 대책을 수립하여 보전하는 것이 바람직하다.

더구나 우리나라와 같이 국토가 협소한 상태에서 인구밀도가 높고 자연자원이 빈약한 나라일수록 자연환경보전의 중요성이 더 한층 강조된다.

1) 자연생태계 현황

우리나라는 유라시아대륙의 북동부에 위치하여 지리적으로 한냉건조한 겨울과 고온다습한 여름을 지닌 전형적인 대륙성기후 지역이다.

연평균기온은 남부지방이 12～15℃이고, 중부지방이 10～12℃이며, 북부지방은 5～10℃로서 남북의 기온차는 약 10℃에 이른다. 연강수량은 1,274mm로서 연중 강수량의 60% 이상이 여름(6～8월)에 집중되며, 강수량 또한 편향적인 분포를 보이고 있다.

또한 산지가 전국토의 70% 이상을 차지하는 산악국이며, 추가령지구대를 중심으로 남쪽은 총면적의 약 66%가 산지이다. 산지는 북쪽과 동쪽이 높고 서쪽과 남쪽이 낮으며, 동해쪽은 급사면을 이루고 서남해쪽은 완사면을 이룬다.

하천은 서해 및 남해쪽으로 큰 하천이 완만하게 흐르는데 반하여 동해로 유입되는 하천은 길이가 짧고, 급류가 많다.

우리나라의 자연생태계는 집약적인 인간활동에 의한 교란으로 생태계의 구조가 매우 불안정하며, 특히 개발로 인한 국토의 생태적 단편화 및 생물다양성의 단순화가 가속화되고 있는 실정이다.

우리나라 자연식생은 다양하다. 북부지방은 아고산침엽수림이 발달해 있고, 북부와 중부의 일부지역에서는 침·활엽 혼합림이 많으며, 우리나라 자연산림의 식생을 대표하는 낙엽활엽수림은 중부지역의 대표적인 식생이다.

또한 남부지방과 동·서해안지방은 상록활엽수림으로 구성되어 있으며, 화강암과 화강편마암이 노출된 산비탈 계곡부에는 서어나무림이, 최남단지역 및 남부 도서지역은 난온대 상록수림이 발달해 있다.

서식하는 생물상은 다양한 편이며 척추동물과 현화식물(종자식물)을 제외하고는 잘 알려져 있지 않다. 현재까지 조사·기재된 동물은 18,029종이고, 식물은 8,271여 분류군이며, 척추동물의 경우는 1,440종으로 어류가 905종, 양서류·파충류 41종, 조류가 394종, 포유동물이 100종이며 곤충은 11,853종이다. 그외에 균류가 1,625종, 원생생물이 736종, 원핵생물이 1,167종이다.

2) 자연환경보전 대책

자연환경보전을 위한 기본원칙은 자연환경을 인위적인 훼손과 오염으로부터 보호하고, 국토의 이용·관리와 조화 및 균형을 유지하고, 야생 동·식물 및 그 서식지 보호로 생물종의 멸종방지 및 수려한 자연경관, 우수 생태계, 문화·학술·자연 자원의 보호와 도시지역의 녹지 면적을 최대한 확보하는 것이다.

기본방침은 자연생태계보전을 위한 기반구축, 보전에 기반을 둔 개발관행의 정착으로 성장의 지속가능성 유지, 자연녹지의 효율적 보호 및 자연경관 보호체제 확립, 생물다양성 유지를 위한 야생 동·식물 보호활동 강화, 국제협력증진, 민간단체 육성등 보전을 위한 지원활동 강화 등이다.

그 수립배경은 전국자연환경보전계획은 경제성장과 국토개발로 인한 자연환경의 훼손과 생태계 파괴로부터 우리의 자연을 보호해 나가기 위하여 사전방지 차원에서 환경부가 관계 중앙행정기관의장 및 시·도지사와 협의를 거쳐 수립하는 것으로, 이 계획은 자연환경보전법 제7조의 규정에 의해 매5년마다 수립하도록 되어 있다.

그 주요 내용은

첫째, 자연환경보전의 기본방향을 보전과 개발의 조화, 자연생태계의 다양성과 균형을 유지하는데 두어 현 세대와 후손을 위한 건강한 자연환경을 확보하고 지속적인 경제발전과 조화를 유지하도록 하며, 여러 부처에서 분산 관리하고 있는 자연환경보전 업무를 능률적으로 수행하기 위하여 환경부 주관하에 관계부처가 참여하는 자연환경보전 업무추진협의체를 구성하여 공조체제의 구축

둘째, 전국자연환경조사를 실시하여 전국토를 체계적으로 관리할 수 있도록 함.

셋째, 야생 동·식물종의 불법포획·채취 단속 및 불법 유통체계의 단절, 보호대상 동·식물지정확대 등을 통한 야생 동·식물 보호활동의 강화

넷째, 산림자원의 효율적인 관리를 위하여 산지이용체계를 개선하며 식생이 우수한 지역을 녹지보전지역으로 지정·관리토록 하고, 도시지역의 녹지를 확충하는 방안을 강구하며, 공단지역에 차단녹지, 환경보전림을 조성하는 등 잃어버린 녹지공간을 회복시키도록 노력함으로써 국민의 자연에 대한 욕구를 충족하도록 하고, 자연공원의 이용에 있어서도 보전과 개발의 조화를 도모하고 자연생태계우수지역에 대한 모니터링을 실시하는 등 우수한 자연경관을 보호하는 체계의 확립

다섯째, 최근 국제적인 관심사로 대두되고 있는 '생물다양성의 보전 및 지속가능한 이용'을 증진하기 위한 생물다양성 보전대책의 수립

여섯째, 민간단체의 활동을 활성화하기 위하여 민간단체가 자연환경 보전보호활동에 적극나설 수 있도록 법적, 제도적 지원방안을 강구하고, 자연생태계와 관련된 전문인력을 확보하는 등 자연환경보전을 위한 다양한 추진계획의 확립 등이다.

인구증가, 산업발전, 각종 개발사업 등으로 인해 날로 훼손되고 있는 자연생태계를 적정하게 보호하기 위하여 자연환경 우수지역에 대한 정밀조사를 실시하고 그 결과에 따라 자연환경보전법 제18조의 규정에 의한 생태계보전지역으로 지정·관리하고 있다.

지금까지 지정된 생태계보전지역은 낙동강하구 철새도래지, 지리산 심원계곡 일대의 극상원시림, 강원도 대암산의 고층습원, 경남 창녕의 우포늪으로 총 면적이 64.01km^2(해면 34.21km^2 포함)이다. 앞으로도 지속적으로 생태계보전지역을 확대하여 지정관리해 나갈 예정이다.

3) 야생 동·식물 보호 대책(CITES 협약)

최근들어 산업화·도시화에 따른 각종 개발사업과 무분별한 자연자원에 대한 이용·훼손으로 말미암아 많은 야생 동·식물이 그 서식처를 잃거나 생존의 위협을 당하고 있는 실정이다. 예를들면 개구리, 뱀 등은 약용 또는 보신용으로 남획되고 있고, 야생난 등 일부 식물은 일반시민의 취미생활과 관련하여 마구 채집되어 판매되고 있다. 이로 인해 일부 생물종이 급격히 감소하는 등 생태계 균형마저도 위협받고 있는 실정이다.

한편 우리나라의 야생 동·식물 보호관리는 각기 개별법에 따라 천연기념물은 문화재보호법에 의거 문화재관리국에서, 조류와 포유류 동물에 관하여는 조수보호 및 수렵에 관한 법

률에 의거 산림청에서, 어류는 수산업법 및 내수면보호법에 의거 해양수산부 및 시·도에서, 파충류, 양서류, 곤충류, 식물류 등에 관하여는 자연환경보전법에 의거 환경부에서 보호·관리하고 있다.

자연생태계의 균형유지와 그 종이 멸종위기에 처하는 것을 방지하기 위하여 194종을 멸종위기 야생 동·식물, 보호 야생 동·식물로 지정하여 이들의 포획과 채취 등을 금지하고 있다. 살아있는 외국생물종이 자연적 또는 인위적으로 도입되어 국내 생태계의 균형유지에 위해를 가져올 우려가 있는 황소개구리, 블루길, 배스에 대하여는 자연환경보전법 제39조 규정에 의거 생태계 위해 외래 동·식물로 지정하여 그 수입을 엄격히 규제하고 있다.

야생 동·식물의 보호를 위한 국제협약으로는 "멸종 위기에 처한 야생 동식물의 국제 거래에 관한 협약"(CITES, Convention on International Trade in Endangered Species of Wild Fauna and Flora)가 있으며, 이는 국제적 멸종위기종을 국제상거래로부터 보호하기 위한 것으로, 동 협약의 부속서에 열거된 야생 동·식물(가공품 포함)을 수출·입하고자 할 때에는 관리당국이 발급한 증명서를 제출해야 통관이 가능하다. 현재 동 협약의 가입국은 143개국으로서 우리나라도 1993년 7월 동 협약사무국에 가입서를 기탁하여 1996년 10월 발효됨에 따라 야생 동·식물 보호를 위한 국제적인 활동에 적극 동참하고 있다.

이에 따라 모든 종류의 곰과 웅담, 사향노루와 사향(麝香, 궁노루, 서제막급(噬臍莫及, 後悔莫甚, spilt milk)을 의약품의 용도로 수입하기 위해서는 수출국과 우리나라 환경 및 보건 당국의 허가서를 갖춰야 하며, 또한 약사법에 따라 정부의 허가를 받아야만 웅담을 이용한 의약품을 제조, 판매할 수 있다.

또한 CITES 협약은 물곰, 말레이곰, 안경곰, 느림보곰, 반달가슴곰, 히말리야큰곰 등 6종에 대해서는 상업적 거래를 일절 금지시키고 있다.

한편, 우리나라에 들어온 외래종의 동·식물로서 키가 3m 높이까지 자라 다른 식물의 성장을 막는 단풍잎 돼지풀, 습지 수초를 갉아먹고 댐 벽면을 파고 드는 뉴트리아, 흉합과 흡사하게 생긴 진주담치, 해조류 생활티까지 점령한 주걱 따개비, 소나무숲을 말라죽게 만드는 소나무 재선충 등이 우리의 생태계를 파괴하고 있는 것으로 나타나자 환경부는 1999년 1월 기존의 황소개구리와 블루길, 큰입 배스 등 3종의 양서류와 물고기에 이어 돼지풀과 단풍잎 돼지풀을 '생태계 위해 외래생물'로 지정했다.

경기 북부에서 흔히 찾아볼 수 있는 단풍잎 돼지풀은 주택의 처마밑에까지 무성하게 자라 주변에는 쑥 등 다른 식물을 찾아볼 수 없게 만든다. 이들 2종의 신종 위해 외래식물은 북미산 1년생으로, 생명력이 뛰어나며 꽃가루는 호흡기 질환까지 유발한다.

1970년대에 식용으로 들여온 남미 원산의 뉴트리아는 전국적으로 하천 생태계를 따라 확산된 상태이다. 몸 길이 50~60cm, 몸무게 10kg으로 「큰 쥐」 모양인 이 설치류는 하천 습지를 초토화하며 하천 둑에 구멍을 내 장마철 피해를 유발한다.

또 우리가 홍합으로 알고 먹는 조개류의 바다생물은 대부분 20년전 대서양에서 수출선박에 붙어 들어온 것으로 추정되는 진주담치이다. 길이가 70mm 안팎인 진주담치는 특이한 분비물 때문에 서식처 부근에서 갯지렁이 같은 토착생물을 찾아볼 수 없다. 그리고 하구언 바위에 붙은 1cm 크기의 주걱따개비는 수만개씩 생활군을 형성하면서 다른 조개류는 물론 해조류까지도 밀어내고 있다.

이밖에도 「큰 이끼벌레」로 이름 붙은 북미산 태형(苔型)동물은 국내 호수에서 번식하며 가두리양식장 그물에 끼여 어민들을 성가시게 하거나 도수로를 막아버리는 골칫덩이가 되고 있다.

또한 「소나무 에이즈」라는 별칭을 갖고 있는 재선충(材線蟲)은 일본의 소나무를 거의 전멸시켰으며, 중국에서도 무려 1백20억평의 소나무숲을 말라죽게 만들었다. 우리나라에서는 1988년 부산 동래구 금정산에서 발견된 이래 차츰 서식처를 넓혀가고 있다. 환경부의 1996년 일제조사에서 공장주변 등 환경이 열악한 지역에서는 전체 식물의 36.1%가 외래 귀화식물이었으며, 기존의 통념과는 달리 황소개구리가 어린 뱀을 잡아먹는 생태계 교란 현상이 나타나기도 하였으며, 팔당호의 경우 전체 개체수 중 무려 85.3%를 큰입 배스, 블루길 등 외래어종이 차지하고 있는 것으로 나타났었다.

외래종이 국내에 도입되고 정착되는 과정 및 국제적인 흐름을 분석할 때, 외래종의 위해성 저감을 위해 우리나라 환경 정책에 다음 사항들이 반영되어야 할 것이다.

첫째, 위해 외래종의 목록 확대 및 검역 등을 통한 위해 외래종의 국내 도입을 방지할 수 있는 수단이 마련되어야 한다. 이를 통해 위해 외래종의 의도적 또는 비의도적인 도입을 사전에 방지할 수 있다.

둘째, 이미 우리나라에 도입되어 정착단계 또는 정착된 위해 외래종의 위해성을 방지 또는 저감하기 위한 정책 추진이다. 이를 위해서는 환경에 정착된 또는 정착단계에 있는 위해 외래종의 종류 및 분포가 조사되어야 한다.

셋째, 외래종의 국내 도입 및 조절, 박멸 등을 결정하는 수단인 외래종의 위해성 평가 및 경제성 분석방법이 도출되어야 한다.

넷째, 훼손된 자연생태계 복원 사업의 추진이다. 외래종의 정착율을 증가시키는 주요 원인은 자연지역의 무분별한 개발에 따른 자연생태계의 훼손과 환경오염이다. 따라서 외래종의 생태계 정착을 근본적으로 저감하기 위하여 자연 보전지역내의 도로, 수로, 건축물을 자연 친화형으로 변경하고, 이미 훼손된 자연생태계는 토착 생물종을 이용한 자연 서식처 복원 사업이 추진되어야 한다.

다섯째, 위해한 외래종을 효율적으로 처리하기 위한 기술개발사업의 추진이다. 외래종의 확인과 검측기술, 위해 외래종을 선택적으로 방제할 수 있는 생물 · 물리 · 화학적 방제 기술, 위해성 평가 및 관리기술 등이 개발되어야 한다.

여섯째, 지구의 기후 변화에 따른 외래종 분포 및 생태적인 변화에 대한 대책 마련이다. 기후 변화에 따른 토착생물과 외래종 등의 생태군 변화 등 생물다양성에 미치는 영향 연구는 향후 외래종을 관리하기 위한 초석이 될 것이다.

일곱째, 외래종에 연계된 정부기구의 협력체계 활성화 및 정부와 민간기구의 상호 협력체계의 마련이다. 외래종 문제는 어느 한 부처의 독자적인 역할로서 해결될 수 있는 문제가 아니다. 환경부, 농림부, 보건복지부, 과기부, 산업자원부 등 정부의 여러 부처의 협력체계가 활성화되어야 하고, 또한 중앙정부 및 지자체간의 역할이 적절하게 분담되고 조화 되어야 한다.

여덟째, 국가의 정책이 효율적으로 수행되기 위한 외래종 관리 계획과 프로그램을 마련하고 이들을 추진할 수 있는 재원이 조달되어야 하며, 관련법의 제정 또는 정비가 필요하다.

4) 습지 보전 대책(Ramsar 협약)

습지협약으로 불리우는 Ramsar 협약은 원래 "국제적으로 중요한 습지 특히, 물새 서식처에 관한 협약"(Convention on Wet lands of International Importance especially as a Waterfowl Habitat)으로 1971년 2월 2일 이란 Ramsar에서 채택하여 1975년 12월 12일 발효되었다.

현재 미국, 캐나다, 영국, 독일, 중국, 일본 등이 가입하였으며 우리나라는 1997년 3월 28일 가입서를 기탁함으로써 101번째 람사협약가입국이 되었다. 사무국(IUCN : 세계자연보호연맹)은 스위스 Gland에 위치하고 있으며, 그 성격은 물새의 서식지가 되는 습지를 보호하기 위한 국제협약이다.

Ramsar 협약에 따라 지정된 세계의 습지는 868개소(총 5,558만ha)이며, 이 협약에서 정의한 습지라 함은 자연적, 인공적, 영구적, 임시적 또는 정체된 물, 흐르는 물, 담수, 기수, 염수를 불문하고 소택지, 늪, 토탄지 및 수역을 말하며, 간조시에 수심이 6m가 넘지않는 해역 그리고 개펄, 호수, 하천, 양식장, 해안, 산호초도 포함된다.

협약가입의 전제 요건으로서 1개 이상의 습지를 람사협약상의 습지로 등록하여야 하며(※우리나라에서는 강원도 양구군 대암산 용늪과 경남 창녕군 우포늪, 전남 신안군 장도습지, 보성 벌교갯벌, 순천만 갯벌 등이 등록됨), 가입국은 습지목록에 포함되어 있는 습지의 보전 및 적정한 이용을 위한 계획을 수립 · 시행하여야 하고, 람사습지목록 포함여부에 관계없이 습지보호를 위해 자연보호구를 설치하고 습지와 물새의 보전 감시를 위한 조치를 실시하여야 한다.

우리나라에서는 기후적 · 수문학적 특성상 양호한 습지가 연안 및 내륙에 다수 분포하고 있다. 우리나라의 서해안은 세계 5대 갯벌 중의 하나로 세계에서 보기 드문 우수한 갯벌을 보유하고 있다. 습지는 각종 어패류, 동 · 식물 등이 서식하고 있는 생물종다양성의 보고이며, 오염물질정화, 홍수조절 등 환경적으로나 사회 · 경제적으로 매우 가치있는 자연자산이다. 그러나 습지에 대한 국민의 인식부족으로 습지를 단순히 버려진 땅으로 파악하여 국토의 확장과 식량자급을 위한 농지확보를 명분으로 하여 대규모로 매립되어 왔다. 요즈음은 다행히도 환경단체의 노력과 국민여론에 힘입어 천혜의 자연자원으로서 습지의 생태적 중요성과 그 보전의 필요성이 재인식되어가고 있다.

환경부에서도 생태계의 보고인 습지를 최대한 보전한다는 기본방침아래 개발사업에 대한 부처간 사전협의나 환경영향평가시 습지매립에 대하여는 사업시행 보류, 사업규모축소 등 보다 적극적인 내용으로 관련부처와 협의 · 협조해 나가고 있다. 앞으로 전국자연환경조사시 연차적으로 전국의 해안습지에 대한 생물다양성, 자연성, 지형경관, 서식생물종, 경제적 생산가치액 등을 평가한 후 이를 등급화(예시 : 1～5등급)하여 평가작업 실시, 공유수면매립 등 연안개발사업의 환경성검토 협의 등 습지보전대책의 기초자료로 활용해야 할 것이다.

또한 습지의 자연성이 뛰어나고, 생물다양성이 풍부한 지역, 국제보호 및 멸종위기조류 도래지 · 서식지 등 습지생태계 우수지역을 생태계 보전지역으로 지정관리하고, 습지생태계 보전과 지역발전을 동시에 달성하기 위해 습지에 자연학습관을 설치하거나, 습지의 생태공원화 계획을 추진하고, 또한 각종 개발사업으로 훼손된 정족산 무제치늪, 대암산 용늪 등 중요습지의 복원사업도 실시해야 할 것이다.

국내에서도 습지에 대한 관심이 부각되면서 적극적인 습지 보호 활동에 나서고 있다. 이미 출범한 내셔널 트러스트(National Trust ; 국민신탁)운동은 시민들의 자발적인 기증이나 모금을 통해 보존가치가 높은 자연이나 문화 · 역사 유적지의 토지 등을 매입해 유적을 보존하고자 하는 것으로 자생능력이 뛰어난 습지를 포함, 그 밖의 후보지를 선정하여 국토를 보존하자는 취지를 담고 있다.

1991년 이후 추진되어 온 서해안 새만금 간척사업은 농경, 산업 등을 위하여 33km의 방조제 공사를 통해 40,100ha의 지역을 간척하려는 목표를 두고 있다. 이 지역은 만경강과 동진강이 서해와 만나는 지역으로, 최근에는 주요 철새 도래지 중의 하나로 지정되었으며, 현재는 환경오염물질의 유입을 막기 위해 인근 유역의 환경오염 방지지설의 최대한 확충과, 그에 보조를 맞춘 점진적, 단계적 사업 진행을 확정해 놓은 상태이다.

이 밖에도 한반도 남서지역의 해남은 국제적으로도 중요한 지역으로 원자력 발전소 건설로 위협을 받았던 지역이며, 현재는 람사에 등록되어 있다.

특히, 우리나라의 DMZ(비무장지대) 내의 습지지역은 새로운 이슈로 부각되고 있으며 파주에서 철원과 고성, 설악산과 금강산을 잇는 국제적인 생물권 보전벨트와 서해안 습지에서 나진 선봉과 두만강 하류 습지로 형성되는 동북아 습지벨트는 람사 등 국제적인 관심으로 보호 활동 등이 주목되는 지역이다.

조사결과에 따르면 새만금, 금강하구, 낙동강하구, 아산 · 남양 · 순천만, 강화도 등 전국 62개 습지가 국내는 물론 국제적으로도 주요한 물새 서식처로 확인됐으며, 이들 습지 가운데 46개 지역이 해안습지이며, 이 중 32개 지역이 개펄로 국제적인 가치를 가지고 있는 것으로 나타났다. 특히 새만금과 아산만 지역 등 서남해안 개펄은 도요 · 물떼새의 가장 중요한 서식처로 밝혀졌다.

5) 대도시 생태계의 변화

대기의 환경기준은 오염현황과 인체에 미치는 영향 등을 감안해 설정된다. 따라서 대기의 오염수준이 기준치보다 낮을 경우, 사람은 '생물학적 약자'가 아니라면 건강상의 이상 징후를 피부로 느끼지 못한다.

그러나 먹이사슬 구조상 가장 윗자리에 위치한 인간과 달리, 동식물계에서는 서울의 현재 대기오염 수준만으로도 이미 엄청난 생태계 변화가 일어나고 있다.

서울시내와 근교의 동식물 가운데 개체수가 줄거나 멸종 위기에 몰린 생물들이 급격히 늘고 있는 것. 반면 오염된 공기가 호재로 작용해 생장이 활발해지거나 개체수가 느는 생물들도 있다. 한마디로 대기오염이 생태계의 균형을 깨고 있는 것이다.

주말마다 북한산, 관악산, 청계산 등 서울 인근의 산을 찾는 등산객들이 수십만명에 이르지만 산마다 낙엽이 수북한 이유를 아는 사람은 드물다. 혹시 낙엽을 땔감으로 긁어가던 과거와 달리 정부의 '입산금지' 조치 이후 낙엽이 고스란히 쌓였기 때문이라고 생각할 수도 있으나 그것은 사실이 아니다.

그렇다면 진짜 이유는 뭘까. 바로 낙엽을 분해하는 미생물이 산성비로 인해 격감했기 때문이다. 낙엽을 부식시키는 분해자는 사이토파가(*Cytophaga*)와 바실러스(*Bacillus*) 등의 미생물이고, 이들이 가장 좋아하는 토양은 pH7 가량이 중성 토양. 그러나 서울시내 토양의 산도는 pH 4.09 ~ 4.91 의 강산성이다.

서울의 오염된 대기가 산성비의 원인이 되어 토양의 산성화 → 미생물 감소 → 낙엽부식 지연 → 식물생장 부진이라는 악순환을 낳고 있는 것이다.

이같은 식물의 생태 변화는 한 두가지가 아니다. 남산 등 서울 근교 산의 나무에는 이끼가 거의 살지 않는다. 토양의 산성화와 열섬현상에 의해 이끼가 자라기 힘들어졌기 때문이다. 서울 남산과 오대산의 신갈나무군집에서 이끼 피복율을 비교한 결과 오대산에서 20% 이상의 이끼가 자라는 교목(喬木)이 71.3%나 됐으나 남산에는 그런 나무가 단 한 그루도 없는 것으로 나타났다. 즉, 남산의 신갈나무는 대부분 이끼가 5% 이하에 불과하거나 아예 없었으며, 개체수가 출거나 멸종위기에 몰린 식물도 많았는데, 특정 소나무 군락에서 소나무 개체수를 비교한 결과, 최근 5년 사이에 개체수가 절반 수준으로 감소하였으며, 조사구역에서 아예 사라진 식물도 4종이나 되는 것으로 나타났다.

교목(길이 10m 이상의 나무) 가운데 밑동에서 싹이 나와 있는 게 전체의 68.8%, 오대산(7%)의 10배에 가깝다. 이 나무 밑동의 싹은 나무가 스스로 살아남기 힘들다고 판단할 때 종족보존 차원에서 나오는 것이다.

이에 반해 산성토양에 강한 외래종 가중나무는 5년 전에 비하여 18.3% 늘었고, 귀화식물인 서양등골나물이 자라는 지역도 같은 기간에 15.4%에서 20.4%로 증가한 것으로 확인됐는데, 이는 최근 서울의 대기가 악화되면서 교목을 중심으로 식물개체수가 급격히 줄고 있으며, 이같은 현상이 계속될 경우 나무는 사라지고 풀만 무성한 '초원생태현상'이 초래될 수도 있음을 의미한다.

곤충과 조류의 생태변화도 심각한데, 곤충의 경우 식생이 단순해지면서 말벌과 매미 등 공해에 강한 일부를 제외하고는 개체수가 급격히 주는 등 생태계가 불안정해지고 있으며, 비둘기를 제외한 거의 모든 조류도 서울 시내에서 점차 밀려나고 있다.

곤충 가운데 가장 많이 줄어든 것은 나비류로서 왕은점 표범나비와 넓은띠 녹색부전나비, 쌍꼬리 부전나비 등은 이미 서울시내에서 찾아보기 힘들며, 딱정벌레나 넓적사슴벌레도 크게 줄었다.

서울시에 따르면 1979년만 해도 459개종에 달하던 곤충(진딧물, 하루살이류 등은 제외)이 1998년엔 215종으로 53.2%나 줄었으며 현재는 200종 이하로 줄었다.

이런 현상을 가장 먼저 감지한 곳은 초등학교인데, 1990년대 초부터 여름방학 숙제에서 '곤충채집'이 사라지기 시작하더니 지금은 거의 찾아볼 수가 없다.

이에 반해 매미와 말벌은 개체수가 갑자기 늘어나는 '대발생(Outbreaking)' 현상을 보여 대조적인데, 이는 열섬현상으로 겨울철 기온이 상승, 땅속에서 얼어 죽는 애벌레가 크게 준데다 대기오염으로 천적마저 줄었기 때문이며, 말벌은 상대적으로 행동반경이 크다는 점이 개체수 증가로 이어졌기 때문이다.

이렇게 먹이사슬의 하부구조를 이루는 대부분의 곤충이 격감하다보니 개구리, 뱀 등이 격감하고, 곡식류를 먹이로 삼는 비둘기, 참새 등을 제외한 까치, 제비 등 거의 모든 새들이 도시 외곽으로 밀려났으며, 솔개, 매, 황조롱이 등의 맹금류는 아예 구경조차 할 수 없게 됐는데, 이는 우리가 체감하지 못하는 사이에 먹이사슬의 하부단계인 동식물의 생태계 교란이 결국 인간 생태의 위기를 가져올 수 있다는 것을 예고하는 것이다.

제 3 부

인간과 생태계

9 인구

10 자원

11 인간활동과 환경오염

12 지구생태계 보전을 위한 노력

CHAPTER 9

인구

9-1 인구의 변천

인구 역사의 대부분을 차지하는 300 ~ 400만년 동안 인구는 아주 안정된 상태에 있었다.

그러나 지난 100만년 동안에 인구는 세 번의 중요한 급증 현상을 겪었다. 급격한 인구의 증가 이전에 동부 아프리카 초원에는 약 12만 5000명 정도의 방랑하는 인류의 선조가 살았는데 이들은 환경에 별 영향을 주지 않았다고 생각된다. 초기 인류의 사냥꾼들이나 채집자들은 오늘날 초식동물이나 육식동물이 받는 영향과 유사한 여러 가지 요인들에 강하게 종속되었다. 유아 사망률이 높았으나 재빨리 보충되었으며, 평균 수명이 30년 정도인 것은 유아의 높은 사망률 때문이라고 추정하고 있다. 그러나 그 이후에 인구는 갑자기 증가하기 시작하였다.

1) 첫 번째 인구 급증

인구의 첫 번째 급증은 약 100만년 전에 시작되었는데, 그 원인은 아마도 수렵, 어로, 수확 등에 효율적인 도구가 점차적으로 개발되었기 때문일 것이다. 이 도구를 이용해서 더 효과적인 사냥이 가능하였으며 주위 환경에 있는 자원을 더욱 쉽게 이용할 수 있게 되었다. 게다가 인간의 방랑벽이 그들 스스로를 모든 대륙에 퍼져나가 정착하게 하였을 것이다. 결국 약 1만년 전에 지구는 사냥과 채집하는 약 500만 명의 인간들을 먹여 살렸으며, 이들 인간은 여전히 주변 환경에 별 영향을 주지 못했다.

2) 두 번째 인구 급증

약 1만년 전에 두 번째 인구 급증이 상당히 크게 일어났다(제1의 물결, ※물결이론 참조).

농업과 동물 사육이 발달함에 따라 특정 지역에 인구 밀도가 증가하였다. 식량을 구하기 위해 숲속을 배회할 필요성이 줄어들었다. 그래서 정착이 더욱 필요했으며 농사와 목축업이 시작되었다(채취농에서 정착농으로). 여분의 식량을 저장함에 따라 겨울과 가뭄은 인간에게 그토록 많은 희생을 더 이상 강요할 수 없게 되었다.

식량 공급의 양이 증가함에 따라, 인간의 사망률, 특히 유아기의 사망률이 낮아질 수 있었다. 또한 영양 상태가 좋아졌기 때문에 출생률도 훨씬 증가하게 되었으며, 대규모의 가족 집단은 벌판을 경작하는 데 있어서 더욱 많은 일손들을 제공해 주기 때문에 출산이 권장되었다. 그러나 기후가 나쁘다거나 곤충 또는 다른 초식동물(그들의 수는 새로운 먹이 공급과 밀접하게 관계가 있다)이 침입했을 경우 식량 확보 문제는 종종 생활에 위협이 되었다.

농업 초기의 전례 없는 인구 증가는 그것의 초기 상승률로 계속되지 않고 더 느리게 상승하여 안정되게 정착되었다. 농경의 시작에서 서기 원년 사이에 인구는 500만에서 1억 3300만으로 증가하였다. 1650년에는 5억 정도에 이르렀다.

국지적 수준에서 여러 번에 걸친 질병, 기근, 전쟁의 영향으로 많은 사람이 죽게 되어 인구 증가에 많은 방해가 있었음을 역사를 통해 알 수 있다. 질병으로 인한 심각한 인구 감소의 예는 14세기에 일어났는데, 1억 유럽 인구의 1/2～1/4이 흑사병으로 죽었다(the great plague, black death, pest). 발진티푸스, 독감, 매독 등의 질병들은 중세기의 비위생적이고 밀집된 마을 구조 때문으로 엄청난 희생을 인간에게 가져다 주었다.

흥미롭게도 이 정도의 수적인 감소는 오늘날 인구 증가의 관점에서 보면 별것 아니다. 예를 들면, 오늘날 인구 증가율은 지난 500년 동안 일어났던 모든 전쟁에서 죽은 수를 약 6개월이면 다시 보충할 수 있고, 14세기 흑사병으로 감소한 수는 1년 안에 보충할 수 있다.

Alvin Toffler와 Wave Theory

※ Alvin Toffler(1928～)

미국 미래학자. 뉴욕 출생. 1949년 뉴욕대학을 졸업한 뒤 중서부 공업지대에서 용접공으로 일하면서 노동조합 관계의 잡지에 뛰어난 글 솜씨를 보임으로써 유명한 저널리스트가 되었다. 처음에는 백악관 담당 정치·노동문제 기자였으나 비즈니스 문제에서 활동의 터전을 넓혀 59～61년 〈미래(未來)〉 지의 부편집자로 일하였다. 〈문화의 소비자(1964)〉 에서 날카로운 통찰력이 주목되었으며, 〈미래의 충격, Future Shock, (1970)〉 으로 그의 위치를 확고하게 다졌다.

대표작 〈제3의 물결, The Third Wave, (1980)〉 은 고도 정보화사회에 대한 시나리오로 돌출적인 사회현상을 신문잡지식으로 다루어, 그 저류(底流)가 되는 사회의 변혁 방향을 교묘하고도 날카롭게 지적하였다. 이 책에서 처음으로 재택근무 · 전자정보화 가정 등의 새로운 단어가 나타났다.

※ Wave Theory

Alvin Toffler의 물결이론은 인간의 역사에서 시작한다. 제1의 물결(농업혁명 : Agricultural Revolution)은 약 1만년 전에 인간이 지구에 살기 시작한 이래 한 여자가 씨를 땅에 뿌리고 길러 농경시대가 시작되었다. 이로부터 사람들은 유목이나 방랑의 생활에서 마을을 만들고 나름대로의 문화를 형성한 것이다. 이 때의 부란 바로 토지(Land) 그 자체였다.

제2의 물결은 이로부터 기계 혁명이 일어나고 산업혁명(Industrial Revolution)이 18세기에 일어나 사람들은 농장에서 벗어나 도시로 이동하고 공장에서 일을 하기 시작한다. 이는 바로 세계 2차 대전을 발생케 하였고 원자폭탄을 만들게 하였다. 이 때의 부란 토지(Land), 노동(Labor)과 자본(Capital)으로 General Motors는 이 3가지의 자원으로 부를 움켜쥐었다.

제3의 물결(정보혁명 : Information or Knowledge Revolution)이란 기계가 아닌 사람의 마음속에 기초를 둔 이론인데 우리는 이 것을 정보(Information) 또는 지식(Knowledge) 시대라 일컫는다. 이는 정보기술에 의하여 추진되고 있는데 보다 자유롭고 보다 개인적인 사회적인 요구를 기대하고 있는 것이다.

제4의 물결(생명공학혁명 : Bio-engineering Revolution ; Human genome project, 생명체의 복제, 질병의 획기적 치료 등)

※ Power Shift

Alvin Toffler는 그의 저서 "Power Shift : Knowledge, Wealth, and Violence at the Edge to the 21st Century, Mass Market Paperback, 1991"에서 권력은 자본과 무력으로부터 지식으로 이동하고 있다고 예견하고 있다(Power Shift From Money or Political/Military Might To Knowledge).

여기에서 그는 권력의 3가지 원칙을 폭력(Violence, 정치적/군사적 힘, Political/Military Might) · 부(Wealth) · 지식(Knowledge)으로 규정, 폭력을 저품질 권력, 부를 중품질 권력, 지식을 고품질 권력으로 자리매김 하였다. 21세기 전세계적 권력 투쟁에서 핵심 문제는 지식의 장악이며 지식이야말로 진정한 권력의 수단이 될 것이라고 보았다.

3) 세 번째 인구 급증

세 번째 인구 급증은 흑사병이 약화된 후인 17세기 중엽 유럽에서 시작되었다. 몇 가지 사실로 세번째 인구 급증을 설명할 수 있다. 우선, 유럽의 다수 인구가 행운(Sp. ; El Dorado, 아마존 강변에 있다고 상상한 황금의 나라)과 미개척 자원이 있는 곳을 따라 신대륙으로 확장되었다. 더욱 중요한 사실은 파스퇴르(Louis Pasteur) 등이 증명한 질병 유발에 대한 원인 병균 발견(germ theory)으로 인해 여러 무서운 질병들의 예방과 퇴치 방법들이 빠르게 발달했다. 19세기에 이르러 공중 위생 시설 개선 계획이 시작되었고, 백신(Vaccine)이 개발되었으며, 식량 저장과 수송 기술의 발전이 식량 공급을 크게 증가시켰다. 1750년과 1850년 사이에 유럽 인구는 배로 늘었고, 신대륙의 인구는 5배 증가하였다.

또한 세계의 다른 지역에서도 인구 급증이 일어났다. 그 당시 세계에서 가장 인구가 많았던 중국의 경우, 농업에 의한 수확량이 증가하였으며 1644년 명왕조가 망할 때까지 긴 기간 동안의 정치적 안정으로 인구의 증가가 더욱 심해졌다. 그러나 인도는 혼란과 주기적 기근으로 평온한 날이 거의 없었다. 1770년에 기록상 최악의 기근으로 300만의 인도인이 죽었다. 아프리카 인구는 유럽 의학의 도입으로 사망률이 감소되기 시작한 때인 약 1850년 이전까지는 안정적인 상태였을 것으로 생각된다. 그러나 최근 에티오피아의 가뭄과 기근은 우리가 아직도 이런 위험에서 벗어나지 못했다는 사실을 되새기게 한다. 또한 우리는 지금 AIDS의 위협에 직면해 있기도 하다.

세 번째 인구 급증은 현재까지 계속되고 있고 산업, 농업, 공중 보건 등에서 일어난 여러 가지의 혁신으로 더욱 증폭되고 있다. 이러한 혁신은 선진국에서 시작되어 인구가 극도로 많은 개발도상 지역으로 급속히 전파되었다. 많은 나라들에서 기근은 살충제나 화학비료를 사용하여 식량 수확을 높임으로써 거의 사라졌다. 그리고 잠재적 전염병은 백신, 항생제, 살충제에 의해 억제되었다.

여기서 다시 한 번 인구가 농경 초기의 약 500만에서 1650년까지 약 5억으로 증가하였고, 1850년에 와서는 10억에 달했다는 사실을 명기할 필요가 있다. 200년이라는 놀랄 만한 배가 기간(doubling time)은 시작에 불과했다. 1850년과 1930년의 80년 사이에 다시 배가되어 20억이 되었고, 그 다음 1975년까지 45년만에 배가 되어 세계 인구는 40억에 이르게 되었다. 이어 1987년에 50억, 1999년 10월에 60억에 도달했으며, 2013년에 70억, 2028년에 80억명에 도달할 것으로 추정되고 있다.

4) 현재의 인구동태

놀랍게도 세계 인구 증가율은 1970년대 말부터 느려졌고, 이러한 추세는 현재에도 계속되고 있다. 연간 증가율이 점점 떨어지고 있고 배가 기간은 늘어났다. 이 자료는 인구 제한을 위한 우리의 시도가 약간의 진전을 보았다는 것을 말해 준다. 이러한 진전의 원인은 사회적 역할에 대한 여성들의 태도 변화, 가족 규모의 변화, 산아 제한 방법의 발달, 낙태의 자유 등이라고 할 수 있다.

인구 증가율 둔화에 대한 자료는 안심과 심지어는 낙관주의까지도 불러일으켰다. 그렇지만 이러한 둔화는 미국, 일본, 서유럽, 러시아 등과 같은 선진국에서 주로 일어난 것으로 밝혀졌다. 반면에 대부분의 저개발국가나 개발도상국가에서는 인구 조절이 거의 되지 않고 있다. 이들 지역(중국은 제외)의 연간 증가율은 여전히 매우 높고(평균 2.4%) 배가 기간도 짧은 편이다.

UN의 정의에 의해, 총인구 중에 65세 이상의 인구가 차지하는 비율이 7% 이상인 사회를 **고령화사회[高齡化社會, Aging Society]**라고 하고, 그 비율이 14% 이상인 사회를 **고령사회(Aged Society)**라고 하며, 그 비율이 20% 이상인 사회를 **후기고령사회(poat-aged society)** 혹은 **초고령사회**라고 한다.

한국의 인구 고령화(高齡化) 속도는 세계에서 가장 빠른 것으로 나타났는데, 2000년에 이미 65세 이상 고령인구 비율이 7.2%로 '고령화 사회'로 접어들었고, 19년 뒤인 2019년에는 14.4%로 높아져 '고령사회'가 될 것이고, 다시 7년 뒤인 2026년에는 23.1%로 '초(超)고령사회'가 될 것으로 전망하고 있다. 따라서 노년층 인구가 상대적으로 큰 비중을 차지하고 젊은 세대의 비중이 줄어들면서 자연스런 사회유지 기능에 장애가 생기고, 가장 우선적으로 노인에 대한 부양이 사회적 문제로 떠오르게 되었다(노인문제의 대두).

인구의 고령화 요인은 출생률의 저하와 사망률의 저하에 있다. 장수(長壽)는 인간의 소망이기도 하거니와, 평균수명이 긴 나라가 선진국이고 평화롭고 안정된 사회를 의미하지만, 반면에 고령에 따르는 질병·빈곤·고독·무직업 등에 대응하는 사회경제적 대책이 고령화 사회의 당면 과제라고 할 수 있다(사궁[四窮] = 환과고독[鰥寡孤獨] ; 늙어 아내 없는 홀아비[鰥], 늙어 남편 없는 과부[寡], 어리고 부모 없는 고아[孤], 늙어 자식 없는 사람[獨]).

0세, 즉 그해 태어난 아이가 누릴 수 있는 **평균여명(平均餘命)**을 **평균수명(平均壽命)**이라 하고, 그 속에서 질병이나 장애 없이 살 수 있는 생애기간을 **건강수명(健康壽命, 9988 1234)**이라고 한다.

어떤 지역에서의 평균수명과 건강수명의 차는 질 높은 삶을 향유하며 능동적으로 사는 것이 불가능한 **생애손실(수명손실)기간**을 의미한다. 이러한 수명손실기간을 최소화하면 개개인의 삶의 질을 향상시켜 인간으로서의 존엄성을 유지할 수 있게 할 뿐만 아니라, 가족과 국가의 경제적 사회적 손실을 최소화할 수 있다.

한국인의 최근 평균수명 급증 현상은 대단히 놀랍다. 1960년에 52.4세, 1975년에 63.8세, 1985년에 68.4세, 1995년에 73.5세, 2008년에는 80.1세에 이르렀고, 2020년에는 82세가 넘을 것으로 예측된다. 이미 한국은 국제 수준의 장수국가로 전환하고 있는 것이다.

그러나 현재로서는 평균수명을 다 채운다고 했을 때, 후반부 10년은 질병이나 각종 부상

등으로 제대로 된 삶을 살지 못하는 것이 현실이다.

사람이 살아가는 마지막 순간까지 건강한 삶을 유지하기 위해서는 개인의 노력이 절실하다. 그러나 현실적으로 이러한 노력을 경주할 수 있는 것은 생활에 여유가 있는 집단에 제한될 수밖에 없다. 따라서 국민 모두의 삶의 질을 향상하고 건강을 유지하기 위해서는 지역사회와 국가가 적극 나서야 한다. 고령화의 현실을 직시하고 문제점을 파악해 국민의 삶에 직접적으로 확실한 영향을 줄 수 있는 방안을 개발해서 실행에 옮겨야 할 것이다.

생명표와 기대여명 및 건강수명

생명표(Life-Table)란 현재의 사망 수준이 그대로 지속된다는 가정 하에서, 각각의 출생 집단이 나이가 많아지면서 연령별로 몇 세까지 살 수 있는가를 정리한 표이다. 다시 말해서, 주어진 사망력의 유형과 수준이 그대로 적용된다는 가정 하에, 어떤 연령층의 인구가 평균적으로 더 살 수 있는 기간, 연령별 사망확률, 특정 연령의 사람이 다른 연령까지 생존할 수 있는 확률 등을 보여주는 것이다.

생명표는 통계청 사회통계국 인구분석과에서 작성하며 조사주기 및 기간은 2년인데, 이의 작성은 주민등록연앙(7월 1일 기준)인구, 추계인구, 호적법에 의거 사망신고된 자료 등을 기초로, 자료의 불완전한 부분(지연신고, 영아사망 미신고 등)을 보정하고, 연령별 사망률을 산출한 후, 함수관계에 의해 연령별 사망확률, 연령별 정지인구, 총생존년수, 기대여명(평균수명)등을 산출한다.

생명표는 인구추계 등 인구분석 뿐만 아니라, 보건 · 의료정책수립 및 국가간 경제, 사회, 보건수준에 대한 비교자료, 인명피해관련 보상비, 보험료율 및 퇴직보험금(연금) 비율 산정 등의 기초자료로 이용된다.

각 세별로 작성한 생명표는 완전생명표(Complete Life-Table), 5세 계급별로 작성한 생명표는 간이생명표(Abridged Life-Table)라 한다.

기대여명(Life Expectancy)이란 어느 연령에 도달한 사람이 그 이후 몇 년 동안이나 생존할 수 있는가를 계산한 평균생존년수를 말한다. 특히 출생시(0세)의 기대여명을 평균수명이라고 일컫는다. 이는 사망과 밀접한 관계가 있으며 잔여평균수명을 예측하고 있는 지표이다.

건강수명(Disability Adjusted Life Expectancy, DALE)이란 세계보건기구(WHO)가 종래 발표하던 '평균수명'에 '수명의 질'이라고 할 수 있는 건강상태를 반영한 것으로, 평균수명에서 병이나 부상 등의 '평균장애기간'을 뺀 수명이다.

질병의 경중에 따라 건강이 좋지 않았던 햇수를 산출, 이를 전체 평균수명에서 뺀 것으로 사망시까지 순수하게 건강한 삶을 살았던 기간을 말한다.

단순히 얼마나 오래 살았느냐가 아니라 실제로 활동을 하며 건강하게 산 기간이 어느 정도인지를 나타내는 지표로 선진국에서는 평균수명보다 중요한 지표로 인용된다.

9-2 인구증가의 영향

인구는 흔히 모든 환경문제의 근원이라고 불린다. 개개 인간은 하루에 약 2000 ~ 3000 kcal의 식량을 필요로 하고, 이 식량은 자연생태계의 희생으로 어디에선가 자라서 수확되어야 하는 사실을 피할 수 없다. 이외에도 각 개인은 최소한의 생활공간을 필요로 하며 그 자신의 배설물을 발생시켜 이들이 환경에 또 다른 영향을 준다.

또한 소득이 증가함에 따라 한 사람이 환경에 미치는 영향은 더욱 증가한다. 소득이 높아 감에 따라 사람들은 농업생산물 이외에 상당량의 육류를 먹음으로써 적정량 이상의 칼로리를 섭취한다. 또한 생활공간은 실제주거 이외에 위락 측면에서 더욱 늘어나고 있다.

우리가 필요로 하는 모든 물질의 소비는 채굴, 제조, 에너지생산 등을 배경으로 하며 이것은 결국 상당량의 오염을 발생시킨다. 그러므로 충분히 인식하든 안하든 간에 각 개인은 환경문제의 발생에 관여하고 있으며 그 정도는 풍요와 비례한다.

따라서 인구가 증가하면 할수록 특히 부유층 인구가 증가하면 할수록 우리는 환경문제가 가속화되는 것을 예측할 수 있다. 현재 인구와 풍요는 모두 다 높은 비율로 증가하고 있다.

1) 생태계에서의 인간의 위치

인간도 다른 생물들과 마찬가지로 생태계의 한 구성원이며, 생태계에서 생활 터전과 물질을 얻어 생활하고 있다. 인구 밀도가 낮고 어로나 수렵 생활을 하던 원시 시대 때만 해도 인간은 생태계에서 단순한 소비자의 위치에 있었을 뿐이었다. 그러나 오늘날 인간은 뛰어난 두뇌를 이용하여 생태계의 지배자가 되었으며, 자연을 개발하고 이용하여 생태계의 평형을 파괴하는 상태에까지 이르고 있다.

2) 인간 활동과 생태계의 파괴

농경에 의한 생태계의 단순화 – 인류가 식량과 목재를 얻기 위해서 경작하고 조림할 때, 여러 생물종들로 구성되었던 원래의 생태계는 파괴되고, 인위적으로 보호되는 몇 종의 식물만이 새로운 군락을 형성하게 된다.

이와 같은 종 구성의 단순화는 그 곳의 먹이망을 단절시켜 원래의 생태계의 기능을 유지할 수 없게 한다. 또한 해충이 발생했을 때 그 것을 잡아먹는 천적이 없어서 이들이 대량 발생하여 큰 피해를 입는 경우도 있다.

환경 오염과 생태계의 파괴 – 근래 공업의 발달은 농경 생활에 비교할 수 없을 만큼 크게 생태계의 파괴를 가져왔다. 각 생산 공장이나 교통 기관에서 발생하는 각종 오염 물질은 생태계로 흘러들어가 직접적으로 그 곳의 동식물들을 죽이기도 하고, 간접적으로도 그 곳의 물질 순환을 변모시켜 생태계를 파괴하고 있다. 그리고 인구의 증가와 공업화는 주거 지역과 공장 부지를 확대시켜 광대한 지면을 나지화시키고 있다.

3) 방아쇠 효과(trigger effect)

평형이 유지되고 있는 생태계에서 어떤 작은 요인에 변화가 일어나면 그 영향이 연쇄적으로 확대되어 생태계 전체에 큰 변화를 초래하는 경우가 있다. 이런 현상을 **방아쇠 효과**라고 하며, 인간에 의해서 이러한 방아쇠 효과가 나타나 생태계가 파괴된 예가 많다.

미국 애리조나주의 카이바브 고원에 사슴과 그것을 잡아먹는 퓨마, 늑대 등이 살고 있었다. 그런데 1907년부터 사슴을 보호할 목적으로 사람이 퓨마와 늑대를 포살하였다. 그 결과, 사슴의 개체수는 급속히 증가하였지만 이에 따라 고원의 풀이 부족해서 1918년부터는 그곳이 황폐화하기 시작하였으며, 그 후 더욱 황폐하여 1924년부터 그 이듬해 봄까지 무려 절반 이상의 사슴이 굶어 죽는 사태가 일어났다. 이것은 인위적인 힘을 가해 생태계를 파괴시킨 한 예이다.

9-3 인구 증가의 전망과 지구의 수용능력

인구 규모가 얼마나 커질 수 있을까 하는 기본적 질문은 지구가 부양할 수 있는 정도 즉, 지구의 인간 **수용능력**(human carrying capacity)에 전적으로 달려 있다고 할 수 있다. 모든 생물은 오랫동안 수용능력의 한도를 넘어서게 된다면 심각한 해를 입을 수밖에 없다. 이와 같은 해는 환경의 수용능력을 더욱 더 적게 할 것이고, 개체군을 절멸 단계에 놓이게 할 것이다.

지구의 인간 수용능력에 대한 의견들은 아주 분분하다. 어떤 개체군 생물학자들은 인간은 현재 인간의 수용 한계를 이미 훨씬 넘어선 위험한 상태라고 주장한다. 반면에 낙관주의자들은 인구가 500억까지 증가하여도 큰 문제 없이 여전히 살아갈 수 있을 것이라고 믿는다.

최근 더 중도적인 전문가들은 인구가 80억에서 150억까지는 일시적으로 유지될 수 있다고 제안한다. 이들은 이 수준에서부터 숫자가 점점 줄어들어 결국 안정된 수준에 이를 수 있을 것으로 예측한다. 만약 우리가 인구 제한에 실패하여 이 수를 초과했을 경우에는 인구의 점진적인 감소가 아닌 사망률의 급격한 증가가 있을 것이라고 예상한다. 이러한 상태는 인구의 50 ~ 80 %를 죽일 수 있을 것이다. 어떤 인구학자들은 이것이 아마도 인구를 안정화시킬 수 있는 유일한 방법이라고 믿는다. 그리고 인간의 죽음은 기근, 전쟁, 질병, 생태계의 파괴 같은 것들이 혼합되어 일어나는 현상일 것이라고 주장한다. 전쟁을 제외한 나머지는 보통 밀도에 의존해서 일어나는 현상들이다.

안정된 세계 인구를 묘사하는 시나리오는 틀림없는 이상론에 불과하나, 이 문제가 결코 불가능하기만 한 것으로 간주되어서도 안 된다. 어떤 인구 전문가들은 많은 선진국에서 느린 인구 증가가 현재 바람직한 수준에 도달하였고 다른 나라에서도 몇 십 년 안에 그렇게 될 것으로 단언한다. 가족 계획과 산아 제한을 이용하는 추세가 증가하고 있고 개발도상국에서 이를 북돋울 노력이 지속될 것으로 기대한다. 최적 상황에서 세계의 인구는 약 50년 내에 어느 정도 안정 상태에 도달할 것으로 보인다.

9-4 농업생산과 인구부양능력

농업생산, 즉 식량생산과 이의 인구부양능력은 여러가지 인자에 의해 좌우된다. 가장 일반적인 몇가지 인자들을 살펴보면 아래와 같다.

1) 사용가능한 토지

기본적으로 농업생산은 작물을 기를 수 있는 경지면적에 달려있다. 흔히 세상에는 농사를 지을 수 있는 아직 사용하지 않은 땅이 있다고 하지만 사실은 좋은 농경지 토양은 이미 경작을 하고 있다. 경작을 할 수 있는 추가 토지는 관개가 필요한 건조지역, 배수가 필요한 습지, 비탈지역, 많은 양의 비료와 다른 대책이 필요한 척박한 지역들이다. 이러한 지역의 개발과 유지관리에는, 실질적으로 식량이 필요한 국가가 감당하기 어려운 비싼 비용이 소요된다. 또한 대규모의 땅이 염분화, 사막화, 침식 등으로 유실되고 있으며 도시화로 잠식되고 있다.

2) 농업용수

토지의 이용성과 가장 관련되는 것은 물의 이용가능성이다. 지구 전체 평지 땅의 약 20%가 사막이다. 그러므로 농경지의 부족은 대개 부적절한 물 때문이다. 물이 풍부한 지역에서 물이 부족한 지역으로 물을 공급하는 많은 사업이 건설 중에 있고 앞으로도 계속 계획되겠지만 그 건설과 유지비용이 엄청나고 생태학적 영향도 심각하다. 또한 지하수가 재충전되는 것보다 더 빨리 소모됨으로써 무한정으로 물을 공급할 수 없는 많은 지역을 발견할 수 있다.

3) 기후

어떤 사람들은 기후가 미래의 식량생산을 상당히 감축시킬 것이라고 추정하고 있다. 한편 미국 아이오와 주립대학교의 루이스 톰슨은 앞으로 매년 일어나는 기후 변동은 현재의 변동 보다 더 커질 것이라고 지적하였다. 때때로 기후가 나쁜 해가 확실히 있고 그것은 식량생산의 제한인자가 될 것이라는 것을 명심하여야 한다. 만일 인구가 기후 좋은 해에 얻어지는 식량생산에 의존할 만큼까지 증가한다면 나쁜 해에 가서는 어쩔 수 없이 감소되어질 것이다.

4) 신품종의 발견 및 개발

한정된 토지에서 단위면적당 생산량을 증가시킴으로써 총생산량은 증대될 수 있는데 이는 농작물과 동물의 새로운 변종의 육종과 선발에 의해서 진행되었다. 가장 놀라운 것은 2개 이상의 종간의 교잡으로 인한 잡종의 생산이다. 이들은 양친이 가지고 있는 장점과 그들 자신의 잡종강세를 더한 것이다. 과거에 식물의 병은 상당한 작물의 손실을 초래하였으나 근래의 모든 농작물들은 박테리아와 진균류병에 저항력을 갖도록 선발 육종되었다. 온대지방에서 작물의 상당부분이 일찍 내린 서리로 감소되고 있지만 작물의 성장을 빠르게 하여 서리가 내리기 전에 수확할 수 있는 변종(조생종)을 개발함으로써 서리의 위험성은 상당히 감소되었다. 현재 진행되고 있는 육종부분은 영양물질 다량함유작물 개발, 광합성률의 증대, 질소고정능력 증대, 해충저항성 증대 등이다.

식물과 동물육종에 가장 많이 응용된 것은 농업생산을 위한 신품종의 개발과 발견 분야이다. 지구에 서식하는 전체 식물과 동물 중에 수 종만이 농업용으로 주로 쓰이고 있다. 전통적인 품종보다 생산성과 영양가치 측면에서 더 월등한 수 많은 식물과 동물종을 간과하고 있는 것이다.

5) 식량자원의 질병 및 손실

육종가들은 내병성의 식물과 동물을 개발하지만 박테리아, 바이러스, 진균류 등 모든 생물체들도 진화한다. 번식과정에서 병원생물의 새로운 변종이 갑자기 나타나서 어떤 식물과 동물의 저항을 극복할 수 있게 된다. 광활한 땅에 유전적으로도 같은 특징을 갖는 한 작물을 대량 재배하는 경우 어느 병원생물이 이들의 저항성을 극복한다면 전체 작물을 통털어 파괴시켜 버릴 수 있다.

식량생산과 취급의 모든 부분에서 병해충의 피해를 받기 쉽다. 어린 작물은 특히 질병과 그리고 해충과 토양 선충으로부터 손상을 받기 쉽다. 거의 성숙된 작물은 새나 쥐 등에 의해 피해를 입는다. 수확 후 저장, 수송중에도 식량은 곰팡이, 박테리아 또는 설치류, 곤충 등에 의하여 썩거나 유실될 수 있다. 잡초는 빛과 영양물질과 물에 있어 작물과 경쟁한다.

전체적으로 세계 작물생산의 약 30 %가 사람보다는 다른 소비자 또는 분해생물에 의하여 빼앗긴다. 고도기술을 가진 선진 국가는 그 피해가 적은데 저개발국에서는 그 피해가 크다. 만일 이러한 손실을 막을 수 있다면 토지, 비료, 물을 더이상 이용하지 아니하고 17억명의 사람들에게 식량을 공급할 수 있는 양을 확보하는 것이다.

6) 바다식량의 개발 및 양식

바다식량은 대부분 물고기와 기타 동물로 단백질의 풍부한 공급원이다. 해양으로부터 총 어획량은 연간 7천만톤으로, 골고루 분배된다면 10억명 이상의 주민들을 위한 최소한의 단백질 필요량이다.

현재 수많은 세계의 주요 어장들이 과다포획으로 시달리고 있다는 증거가 늘어나고 있다. 바다로부터의 식량생산은 오염에 매우 약하다. 그리고 이러한 오염문제는 개선되기보다는 악화되어지기 쉽다. 바다밑에서 채굴하는 원유가 늘어나고 거대한 유조선으로 바다를 가로질러 운반됨에 따라 대규모의 원유 유출가능성이 늘어나고 있다(oil spill). 과거에 화학폐기물과 하수를 바다에 마구 버린 악영향과 연안지역의 개발사업 등으로 인하여 해양생물종의 산란지가 파괴되어지고 있다.

7) 비료

적절한 온도와 수분이 있으면 비료는 작물생산에 가장 보편적인 제한인자가 된다. 수확작물이 토양으로부터 영양물질을 빼앗아가므로 생산성을 유지하기 위해서는 영양물질이 토양에 다시 보충되어야 한다. 콩과작물이 아닌 경우 가장 많은 양이 보충되어질 영양물질은 질소이다. 거의 전세계의 질소비료는 수소와 질소를 합성하여 암모니아를 생산하는 방법으로 제조된다.

그러므로 에너지비용이 증대하면 그에 따라 비료가격이 증가한다. 이것이 수많은 저개발국의 농부들이 비료를 많이 사용치 못하도록 하는 요인이며 작물수확량도 줄어든다. 에너지공급의 불확실성은 비료공급에 대한 가까운 장래를 불확실하게 한다. 장기적으로 볼 때 화석에너지 공급이 흔들리면 농부들이 감당할 수 있는 가격으로 비료를 생산한다는 것은 비관적이다.

반면에, 일부 국가에서는 화학비료의 과다 사용으로 토양의 산성화와 하천, 호소 및 인근 해역의 부영양화 등의 문제점들이 야기되고 있다.

결론적으로 어떤 사람들은 이러한 모든 변수들을 가장 낙관적 관점에서 보고 지구는 적어도 150억명의 인구를 부양할 수 있다고 예측하고 있다. 또 다른 사람들은 이들 변수들을 매우 비관적으로 보고 어떤 한 작물의 병해충과 수 년간 연속적으로 나쁜 날씨가 계속되면 대규모의 기근(대규모의 기근이란 일 년간 인구증가와 맞먹는 약 1억명 인구의 굶주림을 말한다)을 초래할 것이라고 보고있다. 더구나 수년간 보아왔던 토양 황폐화와 환경악화를 인용하면서 세계인구는 이미 지구의 수용능력을 초과하였으며, 과다 소비가 진행되고 있다고 주장한다.

9-5 인간의 생활수준과 인구부양능력

불행히도 식량생산량을 기초로 하여 부양능력을 논하고 보면 가장 중요한 점을 간과해 버린다. 즉 인간은 식량공급 이상으로 어느 정도의 생활의 질 혹은 생활수준을 향유할 가치가 있다는 것이다. 사실 단순히 식량이라는 차원에서가 아니라 높은 생활수준을 위한 자원까지 인간의 부양능력에 고려한다면 지구의 잠재수용력은 형편없이 떨어질 것이다.

이것은 다음의 비유로 설명된다. 각각 세계인구의 5%씩을 대표하는 20명의 사람들이 들어가 있는 방안의 탁자 위에 놓인 파이 한 덩이를 지구자원이라 생각해보자.

미국과 그리고 몇개의 고도산업국가를 대표하는 3명이 탁자 앞으로 가서 그들 몫으로 파이 반쪽을 가져가 버리면 나머지 반은 17명 몫으로 남는다. 그러나 그것도 남은 사람들이 골고루 나눌 수는 없다. 중진국의 대표자 11명이 나머지 반의 대부분을 가져간다. 그리고 아주 작은 부분인 약 2%만이 영세 국가를 대표하는 6명에게 남겨져 있게 된다. 각각의 사람들이 미국인이 차지한 것 만큼 골고루 가지려면 4개의 파이가 더 필요하다. 이것이 실제자원이라면 아프리카, 아시아 그리고 라틴아메리카 사람들의 생활수준을 미국과 같이 올려주려면 전세계의 자연자원 생산량을 4배 증대시켜야 하는 것이다.

어떤 사람들은 높은 생활수준으로 사람들을 부양할 수 있는 지구의 능력은 아마 5억명쯤 될 것이고 이는 현재 살고 있는 부유층 6억 5천만명보다 상당히 낮다고 주장한다. 그러나 소비를 줄임으로써 부양력은 늘어날 수 있다. 이것이 우리의 지구생태계를 유지시키기 위해 우리가 소비를 줄여야 한다고 강조하는 기본 이유이다. 소비량을 줄일수록 지구의 수용능력은 점점 늘어난다. 그러나 어느 점에 가면 소비를 줄이면 어쩔 수 없이 더 낮은 생활수준으로 바뀌게 된다. 그 한계까지 이러한 방향으로 추구하는 것은 지구상에 가장 많은 사람들을 부양하기 위하여 극빈에 이르게 하는 것인데 이러한 극한 상황은 비합리적이다.

환•경•생•태•학

CHAPTER 10

자원

10-1 자원의 고갈

자원(resource)이라 함은 생명과 생활을 유지하기 위하여 필요하거나 또는 사용되는 물질을 말한다. 예를 들면 숨을 쉬는 공기, 마실 수 있는 물, 그 위에서 생활하고 걷고 작물을 재배할 수 있는 토지 : 식량, 목제품, 어류 등과 미학적, 위락적 이익을 주는 동식물 : 철, 알루미늄, 구리, 기타 금속을 위한 광석 : 에너지를 위한 기름, 천연가스, 석탄 등이 모두 자원이다. 그리고 쓰레기 처리가 최종처분이든 재생이든 간에 모든 다른 분야에 상당한 영향을 주므로 쓰레기도 또 다른 자원의 범주에 넣어 검토하고자 한다.

위와 같이 인간이 사용하고 접촉하는 것 중 자원이 아닌 것은 아무 것도 없다. 따라서 인류의 자원에 대한 수요는 끊임없이 증가하고 있다. 이러한 원인은 인구의 증가 뿐아니라 생활수준의 향상에 기인한다. 소득이 증가하면 인간은 더 많이 구입하여 사용하거나 소비하려 하기때문에 당연히 자원의 수요는 증가하기 마련이다. 근래에 들어와 미국의 에너지 소비는 연평균 5%씩 증가하고 있었으나 같은 기간내 인구증가율은 연평균 1%에 지나지 않았다. 따라서 에너지 소비 증가의 1/5은 인구 증가로 인한 것이고 4/5는 생활수준의 향상에 의한 것으로 볼 수 있다. 또 다른 예를 들면 전 세계 인구의 5%를 차지하고 있는 미국이 전 세계 소비량의 30%를 이용하고 있다. 다시 말하면 미국인의 평균 자원소비량은 미국을 제외한 전 세계인의 자원소비량의 8배나 되고 있다. 전 세계의 인구증가율은 최근 2%이므로 현 생활을 영위하기 위해서는 자원소비량도 최소한 2% 증가가 필요하다.

그러나 개발도상국은 선진국의 높은 생활 수준을 따라가려고 노력할 것이며 선진국은 높은 풍요를 계속 구가하려고 할 것이므로 자원 수요는 급속도로 증가할 것이다. 여기서 우리는 확실한 의문이 생긴다. 즉, 지구자원은 급속도로 증가하는 자원 수요를 얼마나 오랫동안 지탱할 수 있을까? 그 답변은 아직 완전한 합의를 보지 못하여 두 가지 주장, 즉 낙관론과 비관론으로 구분되어 있다.

역사의 흐름에서 보는 바와 같이 과학 기술의 발달은 자원의 범위와 그 양을 확대시켜 가고 있다고 주장하는 부류가 있는 반면에, 다른 부류의 사람들은 낙관적인 주장에 반박하여, 과거와 같이 기술 진보로 인한 자원량의 증가 추세가 미래에도 가능할 것이라는 보장이 없고 또한 자원은 계속 사용되고 있으나 지구는 한정된 자원을 가진 유한한 구(sphere)이므로 그 한계는 있을 것이라고 주장하고 있다. 이렇게 상반된 주장은 지금까지 계속되고 있다.

10-2 자원의 종류

자원은 세 가지로 분류할 수 있는데 재생가능 자원, 회수할 수 있는 재생불능 자원 및 회수할 수 없는 재생불능 자원 등으로 구분된다. 물질보전의 법칙에 따라 어떠한 자원도 무에서부터 창출될 수 없으므로 모든 물질은 어디선가 와서 어디론가 가야 한다. 따라서 어느 물질이 무한하게 유지될 수 있는 한가지 방법은 그의 재회수와 재이용 뿐이다.

1) 재생가능 자원

재생가능 자원은 상대적으로 신속하게 자연 순환을 통하여 보충되는 것들이다. 예를 들면 공기중의 산소는 광합성작용을 통하여 보충되고, 용수는 물의 순환(hydrologic cycle, water cycle)을 통하여 보충되며 식품, 섬유, 목재 등 모든 생물학적 산물은 성장과 번식이라는 자연순환을 통하여 보충된다.

2) 회수할 수 있는 재생불능 자원

회수할 수 있는 재생불능 자원은 지각에 있는 모든 비에너지 광물자원을 말한다. 철, 구리, 알미늄, 수은 및 기타 광물, 인광석, 카리 등 비료자원과 석면, 진흙, 돌비늘 등 자연 그대로 사용될 수 있는 자원 등이 그 예가 된다. 지각에는 광물이 고르게 분포된 것이 아니라 수 백만 년 동안 일어난 지구화학적 순환으로 인하여 특정지역에 특정광물이 상대적으로 많이 매장되어 있다. 이러한 물질은 한 번 채굴되면 보충되지 아니하거나 또는 인간의 존재기간에 비하여 보충되기에는 상당히 오랜 기간이 필요한 것이다. 그러나 이론적으로는 이러한 물질을 사용한 후에 다시 수집하고 재회수하는 것은 가능하다.

3) 회수할 수 없는 재생불능 자원

회수할 수 없는 재생불능 자원은 우리가 사용하는 에너지의 90%를 공급하는 화석연료인 석탄, 석유, 천연가스와 핵발전에 이용되는 우라늄 등이 있다. 화석연료는 수백만 년간 생물지구화학적 순환에 의해 축적된 유기물질로부터 조성되었다. 소비나 분해되지 아니한 유기물은 축적되어지고 서서히 지각 내부의 침적층 밑에 묻혀졌다. 그리하여 수백만 년 동안 압력과 열에 의하여 고립된 유기물질은 오늘날의 화석연료로 변환되었다. 화석연료가 타면서 방출되는 에너지는 지구로부터 외계로 저급의 열이 되어 방출된다. 따라서 화석연료 또는 우라늄이 에너지로 사용되면 이들은 영원히 사라져 버리는 것이다.

상기의 세 가지 종류의 자원들은 서로 독립적인 관계가 아니다. 예를 들면, 재생가능 자원인 농작물 생산은 재생불가능 자원인 인산이나 기타 비료성분에 크게 의존된다. 또한 그것은 작물을 생산하고 운반하는데 이용되는 농기구의 생산원료인 철, 구리, 기타 광물들에 의존되어진다. 더구나 에너지는 농기계를 생산하고 이용하기 위해서 또는 비료나 농약을 만들거나 식품을 가공하기 위하여 꼭 필요하다. 그리고 먹이사슬을 완성시키기 위하여 모든 농부들과 광산인부, 장비 생산자 그리고 농업생산에 종사하는 자, 기타 모든 사람들은 그들의 생명을 유지하기 위하여 식품과 물을 필요로 한다.

따라서 자원들은 자원망으로써 서로 밀접하게 의존하고 있다. 이러한 점에서 보면 어느 한 부분의 부족은 전체 자원 시스템에 잠재적으로 영향을 줄 수가 있다. 그러므로 현재와 미래의 자원 이용가능성을 연구하고 부족될 수 있는 자원의 경우 그 대안을 찾는 것이 매우 중요하다. 본 장에서는 여러 가지 자원들의 이용가능성과 공급에 영향을 주는 몇가지 중요 인자를 살펴보고 그 결과를 통하여 미래에 우리가 취해야할 행동 혹은 조정 역할을 찾아 보기로 하자.

10-3 자원의 한계

1) 재생가능 자원의 한계

이론적으로는 재생가능한 자원은 영원히 지속될 수 있으므로 무진장하게 있는 자원으로 간주되고 있다. 그러나 오늘날 우리는 재생불능 자원을 잃는 것보다 재생가능 자원을 잃어버리고 있는 매우 위험스런 상태하에 있다. 이는 모든 재생가능 자원은 그들을 재생시키는 자연체계의 능력에 의하여 크게 제약을 받기 때문이다. 예를 들면, 지하수는 물이 땅속으로 계속 스며들어가는 정도만큼 재생될 수 있다. 많은 지역에서는 지하수가 재생되는 속도보다 더 빠르게 퍼내짐으로써 점점 고갈되어 가고 있다. 더욱 중요한 것은 재생체계 그 자체가 파괴되고 있는 것이다.

좋은 토양은 다만 그것이 침식으로부터 보호되는 경우와 적당량의 유기물질이 공급되는 경우에만 재생되어 진다. 척박하고 침식되는 토양은 그 자체가 재생될 수 없고 오히려 서서히 나빠지게 된다. 생물종은 번식 개체가 유지되는 한 재생자원으로 유지될 수 있으나 많은 생물종은 멸종되어져서 우리는 영원히 그 자원을 잃어버렸거나 또는 많은 다른 생물종이 멸종의 위기에 처해있다. 그리고 재생가능 자원은 직접 사용에 의해서가 아니라 다른 방법에 의하여 쓸모없게 되거나 파괴되어 버린다. 공기나 물 자원은 오염에 의하여 질이 악화되거나 완전히 쓸모 없는 것이 되기도 한다. 야생종은 서식처와 번식장소의 파괴, 변경 혹은 오염으로 인하여 감소될 수도 있다. 어류와 기타 수생생물들은 저습지대의 산란장소가 준설되거나 매립됨으로써 혹은 강이나 연안지역이 오염됨으로써 감소될 수 있다.

요약하여 보면 재생가능 자원은 우리가 그 자체로 재생될 수 있는 능력 범위내에서 사용하고 오염이나 파괴로부터 재생체계가 방해받지 않는 범위에서만 재생될 수 있다는 것이다.

2) 재생불능 자원의 한계

재생불능 자원은 지각에 매장되어 있는 상업적으로 가치가 있는 물질들로 구성된다. 이들은 광석, 즉 철, 구리, 알미늄 등 금속으로 제련될 수 있는 물질과 자연 그대로 사용할 수 있는 석면, 운모, 진흙 그리고 화석연료 등으로 나눌 수 있다. 위와 같은 물질들이 지각에서 생성되는 지질학적 과정은 극히 느리기 때문에, 일어난다 하여도 이로 인해 생성되는 물질은 필연적으로 정적일 것이다.

비관론자들은 지구는 유한한 구(球)이며 인류는 유한한 곳에서 그 매장량의 고갈없이 계속적으로 광물들을 채굴할 수는 없을 것이라는 명백할 사실을 지적하고 있다. 그러나 낙관론자들은 비관론자들의 논리를 인정하지만, 지구는 매우 거대한 구이고 거의 광물질로 구성되었음을 지적하고 따라서 인류는 그들의 발밑 땅덩어리에서까지 채광하여야 하는 고갈 상태까지 가지는 아니할 것이며, 만일 고갈된다 하여도 폐기물질들은 어디론가 버려질 것이고 이것이 다시 새로운 공급원이 될 것이라고 주장하고 있다. 그러므로 낙관론자들에게는 실제적인 측면에서 자원이 다 소모되어 고갈될 위험 가능성이 없다는 것이다. 이들 양자의 견해는 어느 정도는 옳고 또 어느 정도는 틀리다고 할 수 있다.

10-4 자원의 한계 내에서의 생존방안

자원의 한계를 인식하고 과다성장을 억제하며 그 한계내에서 우리 자신이 살아갈 수 있도록 적응시키는 것이 인류문명이 지속적으로 전진할 수 있는 유일한 방법이다.

최근 적정한 기술이라는 단어가 이러한 사상을 표현하기 위하여 사용되고 있다. 적정한 기술은 제한된 자원을 최소한 사용하고 최소의 환경 악영향 아래 기본적인 인간욕구를 충족시키기 위한 기구와 체제를 개발하는 것이다.

1) 경제적 수단을 통한 자원의 절약

만일 주어진 목표를 달성하기 위한 대안이 몇가지 있다면 일반적으로 최소비용의 것을 선택하는 것이 자연적인 경제원리이다. 그래서 간접적인 경제적 수단, 즉 세금, 보조금, 통제 등을 통한 인위적인 가격 조정을 통하여 여러 대안들의 상대적 비용을 변경시키면 일반 국민들이 그에 따르게 될 것이다.

우리는 고의로 또는 부지불식간에 과다성장을 선호하는 많은 경제정책을 추진하여 왔고 지금도 계속 하고 있다. 우리는 그러한 정책을 자원보전을 선호하는 정책으로 변경시켜야 할 것이다.

자원의 절약이 반드시 자원의 소비를 줄이자는 것은 아니다. 인류의 문명을 계속 발전시키기 위해서는 현재와 같은 자원소비가 계속될 전망이며, 발전을 멈추지 않는 한 에너지 자원의 소비는 결코 줄어들지 않을 것이다. 따라서 자원의 개발이나 소비과정에서 불필요하게 발생하는 낭비를 최소화하여 자원을 효율적으로 이용하고 (※ 열병합 발전 ; 화력발전 후 폐열을 지역의 난방용 증기로 공급)사용된 자원을 재활용(recycling)하도록 경제적 수단을 강구해야 할 것이다('자원의 절약과 재활용 촉진에 관한 법률').

2) 자원부족의 해결을 위한 직접적 방법들

과다성장을 억제하기 위하여 간접적인 경제적 수단을 응용하는 것 외에 여러 가지 직접적 방법들이 극심한 자원 부족을 해결하기 위해 취해질 수 있다.

(1) 미이용 자원의 활용

① 저품위 자원의 개발

에너지자원이 개발 가능한지의 여부는 경제성에 의해 결정되는데, 똑같은 자원이라도 경제적, 기술적, 사회적, 정치적 환경 등의 요인에 의해 개발되기도 하고 그대로 방치되기도 한다(현재 우리나라의 매장된 상태의 석탄). 이와 같이 미개발되어 방치된 자원이나 미이용 자원은 그 개발을 막는 요인을 제거할 경우 개발 대상이 될 수 있다. 이러한 요인들은 대부분 에너지 자원의 채취, 처리 및 기타 과학기술의 진보에 의해 제거될 수 있다. 이는 지금까지 문명의 발달과정에서 나타난 인류의 자원개발과 활용의 예에서 쉽게 알 수 있다.

② 해저자원의 개발

대륙붕에는 석탄, 석유, 천연가스 등의 미개발자원이 상당히 많은데, 석유의 경우 현재 산유량의 약 20% 정도가 해저유전에서 생산되고 있다. 그리고 바닷물 속에는 많은 금속염이 녹아 있으며 바다 밑의 지표 및 지하에도 많은 지하자원이 있으므로, 바다로부터 여러 가지 광물자원을 채취할 수 있다. 이러한 해저자원의 채취가 지상채굴보다 대부분 비경제적이지만, 에너지 자원의 채취는 상당히 경제성이 있다.

③ 핵에너지 자원

경수로(light water reactor)는 우라늄 235가 핵분열하여 튀어나오는 고속중성자의 속도를 감속시키기 위한, 즉 연쇄반응의 속도를 제어하기 위한 감속제 및 이때 발생되는 고온의 열을 냉각시키기 위한 냉각제로서, ${}^{2}_{1}H_2O$ 혹은 ${}^{3}_{1}H_2O$와 같은 중수(重水, 중수로)가 아닌, ${}^{1}_{1}H_2O$ 즉 보통의 물인 경수(輕水, 경수로)를 사용하는 원자로로서, 냉각제 사용방법의 차이에 따라 2가지 형이 있는데, 하나는 비등수형으로 노심에서 비등하고 있는 수증기를 그대로 발전용 터빈으로 보내는 방식이고, 다른 하나는 가압수형으로 노심의 물에 175기압의 고압을 가해 비등을 방지한 고온수를 증기발생기로 보낸 다음, 그곳에서 2차 냉각수를 비등시켜서 증기를 만들어 터빈을 돌린다. 세계 원자로의 80%가 경수로이며 이중 70%가 가압수형이다.

현재의 원자로는 발전용 연료로 U^{235}를 사용하고 있는데 실제 자연에서 발견되는 우라늄광은 대부분인 U^{238}로 99.3%를 차지하며 U^{235}는 0.7% 정도만이 존재한다. 따라서 한정된 우라늄이 매장량을 고려할 때 지금과 같은 속도로 원자력 발전소의 건설이 계속된다면 멀지않아 우라늄의 고갈을 맞게 될 것이다.

고속증식로는 이와같은 문제의 해결을 위해 U^{238}을 연료로 사용하며, 쓸모가 없어 버려지던 U^{238}을 이용할 경우 현재의 부존량으로도 6천년 이상 사용이 가능할 것으로 예측되고 있다.

고속 증식로에서는 연료로 U_{92}^{238}과 Pu_{94}^{239}의 혼합물을 사용하는데 먼저 Pu가 핵분열을 일으켜 중성자를 생성하면 중성자 1개는 다른 Pu과 충돌하여 연쇄반응을 일으키고, 또 다른 중성자는 U_{92}^{238}에 흡수되어 Pu_{94}^{239}를 생성함으로써 연료가되는 Pu의 생성과 핵분열을 동시에 일어나도록 한다.

한편 핵에너지는 환경오염과 관련해서 아직도 많은 문제점을 내포하고 있어서(① 사고 등에 의한 방사능 오염문제, ② 방사성 폐기물 처리 및 관리문제, ③ 온배수(溫排水)에 의한 수중 생태계 파괴의 문제 등등), 대체자원으로서의 적합성에는 의문점이 많이 존재한다.

(2) 대체에너지의 개발

자원의 유한성을 고려할 때 에너지 자원을 확보하는 가장 적극적인 방법으로는 대체에너지의 개발이 필연석이다. 대체에너지로는 태양에너지, 지열, 풍력, 조력 등과 같은 자연에너지와 핵융합에너지가 있는데, 경제적 기술적으로 실용화되기 까지는 많은 어려움이 따르지만 무한정한 에너지원으로서 뿐만 아니라 무공해 에너지원으로서 장래성이 매우 밝다.

① 태양에너지

태양은 수소의 핵융합반응에 의해 열과 빛에너지를 발산하는데, 지구가 태양으로부터 받아들이는 방사에너지를 석유로 환산하면 매년 약 140조ton, 또는 8.7×10^{20}kcal에 이르는데, 이는 인류가 소비하는 총 에너지의 2만 배에 해당한다.

태양에너지는 두 가지 장점이 있다. 첫째는 그 에너지가 최소한 수십억 년 이상 계속해서 공급될 수 있다는 점이고, 둘째는 화석연료나 원자력에 비해 환경오염의 염려가 전혀 없다는 전이다. 그러나 태양에너지는 에너지의 밀도가 낮고 낮과 밤, 기후 및 계절의 변화에 크게 영향을 받는 단점이 있으므로, 효과적으로 에너지를 모으고 저장하는 장치가 필요하다. 태양열 집적장치를 이용하여 난방이나 냉각장치의 동력원으로 사용하거나 태양열전지를 이용하여 태양에너지를 전기에너지로 변환시켜 각종 목적에 사용할 수 있는데, 아직까지 광범위하게 실용화되지는 못하고 있다.

② 지열

지구 표면에서 지구 중심부로 가까이 갈 때, 매 30m마다 온도가 약 1℃ 상승하며, 지구의 중심부는 약 5,000℃ 정도라고 추측된다. 지구 내부의 높은 온도는 K^{40}, U^{235}, U^{238}, Th^{232} 등의 방사성원소가 붕괴되면서 방출되는 에너지가 그 원인이다.

지표상에서 지구 내부로부터 방출되는 열량을 측정해 보면 국지적으로 또는 띠 모양으로 주변의 열량보다 높은 곳이 있다. 이러한 **열점**(hot spot)이 있는 곳에는 화산이 발달하므로, 지표로부터 열점이 존재하는 곳으로 굴착해서 지질구조 내에 저장된 지하열수의 고압 수증기와 고열을 이용하여 전기에너지로 전환시킬 수가 있다. 실제로 오래전에 이태리에 세워진 지열발전소는 아직도 약 400 megawatt 용량의 발전을 하고 있다. 이러한 지열을 이용할 때 몇 가지 고려해야 할 점이 있는데,

첫째, 열수와 증기가 분출될 때 황화합물 등의 유해가스로 인한 대기오염과 열폐수에 의한 수질오염이 염려된다.

둘째, 열수의 과다한 채취로 지반이 약화되고,

셋째, 열수 속의 광물질과 부식성 물질에 의해 발전소의 터빈이 쉽게 부식될 수 있고,

넷째, 주로 활화산 주변에 발전소가 위치할 경우, 예상하지 못한 화산활동으로 인한 피해의 위험성이 있다.

③ 풍력

풍력은 오래 전부터 널리 이용되었는데, 풍차가 그 좋은 예로서 바람의 운동에너지를 프로펠라를 통한 기계적 에너지로 변환시킨 다음 전기에너지로 바꿀 수 있다. 풍력은 두 차례에 걸친 석유파동으로 관심을 끌기 시작하였다. 풍력발전소 1기가 발전할 수 있는 전력은 최대 3,200kW 정도이다.

풍력을 이용하기 위해서는 가용 풍력에 대한 충분한 검토, 발전소와 수용자(가정 및 공장)사이의 경제적인 송전 방안, 풍향과 풍속의 자료 수집 등이 미리 고려되어야 한다. 풍력의 단점은 미리 예측하기 어렵고 어떤 때는 며칠씩 이용할 수 없다는 것이다. 따라서 태양에너지의 경우와 마찬가지로 바람이 불 때 생성된 에너지를 효율적으로 저장했다가 필요할 때 쓸 수 있도록 하는 방법이 연구되고 있다. 우리나라에서는 벽지와 도서지방에서 소규모의 풍력발전소를 이용하여 전기를 자체 공급하고 있는 정도이다.

④ 조력(潮力)

밀물과 썰물의 차이가 큰 해안에 댐을 건설하여 터빈을 돌리거나 일정한 방향으로 흘러가는 해류나 파도를 이용하여 전기를 얻을 수 있는데, 이에 대해서는 상당한 연구가 이루어졌을 뿐만 아니라, 일부는 실용화 단계에 접어들었다. 현재 프랑스, 북미, 러시아 등지에서는 실제로 조력을 이용하는 발전소가 성공적으로 가동되고 있으며, 우리나라도 서해안은 간만의 차이가 심하므로 조력발전에 적당한 조건을 갖추고 있다. 조력발전에서는 발전설비가 해수에 의해 부식되는 것을 방지하는데 주의를 기울여야 한다.

⑤ 쓰레기를 이용한 에너지

최근 쓰레기 문제가 심각한 환경파괴와 환경오염 문제로 대두되고 있다. 쓰레기를 매립하면 토양과 지하수를 오염시키고 해충이 번성하며, 소각은 대기오염을 일으키므로 환경을 파괴할 뿐만 아니라 인간의 건강까지도 위협한다.

도시하수의 퇴적물, 제지공장과 유지공장의 폐기물, 가축의 분뇨 등은 탄소를 함유하고 있는 유기물이 대부분이다. 이러한 폐기물을 열회수 방식의 소각 이외에 화학적, 생물학적으로 처리하면 메탄가스와 같은 연료를 얻을 수 있다. 이와 같이 쓰레기에 포함된 자원을 재활용하고 에너지화하면(RDF ; Refuse Derived Fuel, MTS ; Methanogenic Treatment System, LFG ; Land Fill Gas) 폐기물의 발생량을 줄이고 에너지자원의 소비를 줄일 수 있으므로, 환경문제와 에너지문제를 동시에 해결할 수 있다. 그러기 위해서는 각 가정과 산업체에서 쓰레기의 분리수거에 협조해야 하고, 분류된 쓰레기를 적절하게 처리하는 기술이 개발되어야 한다.

⑥ 핵융합에너지

질량수가 작은 원자들이 결합하게 되면, 예를 들어 중수소원자 두 개가 결합하여 헬륨을 만들 때 일어나는 ${}_1H^2 + {}_1H^2 = {}_2He^4$와 같은 과정에서는 다량의 에너지가 방출되는데, 이것이 핵융합에너지(nuclear fusion energy)의 근원이다. 공포의 핵무기로 인정되는 수소폭탄은 바로 이러한 수소원자의 핵융합반응에서 나오는 다량의 에너지를 순간적으로 방출시키는 것이다. 태양의 내부에는 많은 수소가 농축되어 있어서, 높은 온도에서 네 개의 수소원자가 융합하여 한 개의 헬륨원자를 만드는 핵융합반응이 일어나므로 막대한 에너지가 발생한다.

천연의 물 속에 함유된 수소의 약 0.016%는 중수소이므로 핵융합반응에 필요한 무한정한 에너지 자원이 될 수 있다. 핵융합에너지의 장점은 첫째, 원료로 사용되는 수소나 중수소가 물 속에 다량 존재하여 원료 걱정이 없다는 점이고, 둘째, 에너지의 생성과정에서 폐기물이 발생하지 않아서 환경오염에 대한 염려가 전혀 없다는 것이다.

그러나 핵융합에너지를 실용적으로 이용하기 위해서는 해결해야 할 문제들이 많다. 중성자와 양성자, 양성자와 양성자 등을 융합반응이 일어날 수 있도록 가깝게 접근시키려면 원자핵끼리의 정전기적 반발력을 이겨내야 하는데, 이를 위해서는 섭씨 천만도 이상의 고온이 필요하기 때문에 핵융합을 열핵반응이라고도 한다. 따라서 이렇게 높은 온도를 얻어야 하고, 또 그런 높은 온도에서 견딜 수 있는 소재를 개발해야 하는 문제들이 우선 해결되어야 한다. 그러나 현재의 과학기술 수준으로는 이러한 문제들이 완전히 해결되지 않아서 핵융합에너지의 실용적인 이용은 아직도 실현되고 있지 않다.

(3) 자원의 불필요한 사용금지

좋은 예는 용기에 대한 부과금제도로써 이는 음료가 재생불능 용기에 포장되어 유통되는 것을 억제하기 위한 것이다. 주석캔은 재이용할 수 없으므로 이러한 부과금은 그러한 종류의 용기의 사용을 감소시켜서 그것을 제조하는데 필요한 에너지와 금속을 절약하는 효과를 가져올 것이다.

(4) 재활용(recycling) 체제의 정립

근래 재활용에 대한 연구와 개발이 촉진되어지고 있는데, 가장 필요한 것은 폐기물을 노천 투기나 매립하여 처분하기 보다는 재활용시설을 설치하도록 지방 정부에 여론을 환기시키는 것과 그러한 시설 건설에 필요한 자금 확보수단으로 공채발행 또는 다른 방법들을 주민들이 기꺼이 찬성하는 것이다. 그러한 것은 단기적으로는 매우 비용이 많이 들어가는 것이지만 장기적인 면에서는 보다 경제적인 것이다. 또한 시민들은 재활용된 제품을 기꺼이 받아들이고 사용하여야 한다. 재활용은 그 생산제품에 대한 판로가 없으면 의미가 없어지기 때문이다.

(5) 제품 내구연한의 연장

어떤 제품이 오래오래 사용될수록 그 제품의 생산은 덜 필요할 것이다. 이는 자원뿐 아니라 에너지의 명백한 절약이며 환경오염 감소방법이다. 그런데 이러한 주장은 누가 같은 제품을 오래 쓰려 하겠느냐 라는 비판을 자주 받게된다. 이 비판에 대한 대답으로서 시장에서 가장 최신의 물건을 가지려는 우리의 욕망이 진실한 우리의 욕구를 얼마나 충족시켰는가 그리고 최신의 것을 원하도록 우리를 세뇌시키는 광고(마케팅 기법 중 계획적 진부화, 計劃的 陳腐化, Planned Obsolescence ; 자동차 등의 face lifting 등)에 많은 돈을 소비하면서 우리의 욕구를 얼마나 충족시켰느냐고 질문할 필요가 있다. 오랫동안 같은 기계나 제품을 사용하는 것이 반드시 기술개발을 방해하는 것은 아니다.

생산제품이 어느 부품단위로 설계되고 제조되는 경우에는, 효능이 증진된 부분을 전제품의 교체없이도 갈아 끼울 수 있다. 예를 들면, 대부분의 카메라는 렌즈를 갈아 끼울 수 있도록 되어 있다. 따라서 새롭게 개량된 렌즈는 전체 카메라를 교체하지 않고도 사용될 수 있다. 자동차류도 그 설계, 유통, 수리 등 체제가 잘 되어 있으면 기술증진된 엔진, 전동장치 혹은 다른 부품들을 나머지 전체를 바꾸지 아니하고 바꾸어 달 수 있을 것이다.

그러나 우리 경제는 현재 그와 거의 반대 모델을 이루고 있다. 새로운 기술 개발로 특별히 설계된 신제품을 얻고자 하는 경우에는 전체를 새로 바꾸어야 하도록 하고 있다.

또한 유통체계도 개량된 부품을 쉽게 구입하기가 어렵게 하고 있다. 따라서 소비자들은 전체를 새로 갈도록 강요당하고 있으며, 제품의 수리에 대해서도 같은 얘기가 될 수 있다. 고장난 부분이 전체 가치의 1%보다 적은 경우라 하더라도 "유니트"설계와 유통구조는 수리를 의도적으로 불가능하도록 하고 있다. 그리하여 우리의 현재 생산유통구소는 불필요한 자원사용과 그로부터 오는 오염과 폐기물을 추가로 발생시키고 있다.

결론적으로 우리의 경제구조는 생산과 폐기를 강조하고 있어 엄청난 자원사용을 초래한다. 자원의 한계와 폐기물처리, 오염문제 등의 측면에서 볼 때, 고장부품의 수리를 권장하는 것이 필요하다. 위에서 명시한 것 외에도 너나 할것 없이 우리의 소비습관을 고침으로써 그러한 변화를 유도할 수 있을 것이다.

3) 인구 증가 속도의 억제

자원의 한계 내에서 인류의 생존에 영향을 미치는 최종적인 인자는 인구이다. 각각의 사람들이 평균적으로 점점 더 적은 양을 갖지 않고는 점점 더 많은 사람들에게 유한의 자원을 공급할 수 있는 방법이 없다. 따라서 위에서 살펴본 자원의 절약을 위한 경제적 수단 및 자원부족의 해결을 위한 직접적 방법들 외에 인구 증가 속도를 억제하려는 노력이 요구된다.

결론적으로 재생가능 자원과 재생불능 자원은 모두 명확히 한계가 있고 그것은 멀지 않은 장래에 자원 사용을 분명히 제한할 것이다. 그렇다고 그러한 제한이 반드시 인류문명의 종말을 초래하지는 않을 것이다. 우리가 도전할 의지가 있다면 우리의 삶을 한계자원에 적응되도록 하고 그럼으로써 우리와 후세들은 과학기술의 계속적인 혁신과 함께 밝은 미래를 보장받을 수 있는 여러 방법들을 모색할 수 있을 것이다.

CHAPTER 11

인간활동과 환경오염

11-1 환경오염문제의 발생

농경사회의 자연관에서 인간은 자연을 숭배하고, 자신들이 제어할 수 없는 신성한 것으로 여겼다. 자신들이 죽인 동물의 영혼에 사죄하였으며 기후를 주관하는 신에게 제사를 지내곤 하였다. 중세에 들어와서 자연에 대한 지식이 증대됨에 따라 자연에 대한 경외심이 점점 사라지게 되어 인간은 자연과 별개이며 자연보다 우월한 존재라는 인식이 싹트게 되었다. 과학의 발달을 통해 인간이 자연현상을 더 깊이 이해하게 됨에 따라 자연과 인간의 관계가 더욱 약화되었다고 볼 수 있다.

농경사회는 산업혁명을 통해 산업사회로 전환되었다. 영국에서는 1760년에, 미국에서는 이보다 약간 늦은 1800년대 초기에 시작된 산업혁명은 사회구조와 경제구조에 일대 변혁을 초래하였다. 소규모로 운영되던 가내수공업의 생산체제가 기계에 의한 대량생산체제로 바뀌었고, 인력이나 가축의 힘에 의존하던 것이 기계의 노동, 특히 석탄에 의한 증기기관의 힘에 의존하는 체제로 바뀌었다. 그 결과 전반적으로 에너지 수요가 급증하게 되었으며, 대량생산된 물품을 각 지역으로 운반할 수송체계의 필요성이 대두되었다. 농업분야에서는 화학비료의 사용량이 증가하고 품종개량과 농업의 기계화를 통해 단위면적당 생산량이 증가되었다. 또한 의학의 발달이나 새로운 의약품이 개발을 통해 수명이 길어지고 사망률이 감소되어 인구가 증가될 수 있는 여건이 조성되었다.

산업사회가 환경에 미치는 영향은 과거 어느 때보다도 컸다. 인구증가, 농경과 생산체제의 변화, 도시의 확장과 그에 따른 인구의 도시집중 등은 자원의 요구량을 급격히 증대시키는 결과를 낳았고, 그 결과 극심한 환경파괴가 초래되었다. 각종 오염의 확산, 경작지 확대로 인한 야생동물 서식처의 잠식, 토양의 생산력 감소, 공장이나 광산의 폐기물 급증과 수질오염, 도시쓰레기의 증가, 인력을 기계가 대치함으로써 생겨나는 실업문제 등 사회적·경제적인 문제가 야기되었다. 인간이 자연을 보는 눈도 달라지게 되어 농경사회에서의 자연숭배사상은 산업사회에서는 점차 퇴색되어 자연을 착취하고 정복할 대상으로 보는 경향이 팽배하게 되었다. 따라서 자연과 인간의 유대관계는 더욱 약화되었다.

1, 2차 세계대전 이후 전 세계의 물질생산량은 급증하여 1960년대와 1970년대에는 절정에 달했다. 물질생산량이 극대를 이루는 사회를 고도산업사회라고 하는데, 고도산업사회는 식량과 에너지소비 그리고 쓰레기 생산이 최대라는 특징을 가지고 있다. 이러한 사회에서는 물질생산을 위해 더 많은 에너지가 필요하며 노동집약적인 경제체제가 기술과 자본집약적인 경제체제로 변화된다. 따라서 종래에 고용하던 인력을 에너지와 기계로 대치하게 된다.

고도산업사회에서는 석탄, 석유로부터 플라스틱, 나일론, 폴리에스터와 같은 합성물질(合成物質, synthetic material ≒ artificial material, 人造物質)을 많이 생산한다. 이들은 대부분 생물학적으로 분해가 어렵기 때문에 환경에 유입될 경우 잔류기간이 매우 길다. 생물에게 해로운 영향을 줄 수 있는 합성물질은 심각한 환경문제를 야기시키는데, 그 대표적인 경우로 DDT를 들 수 있다. 또 하나의 문제는 이러한 합성물질이 대부분 재사용 불가능한 자원(화석연료, fossil fuel ; 석탄, 석유)을 이용하여 만들어진다는 점이다.

농업분야에서도 화석연료를 사용하는 기계의 의존도가 증가하여 종래의 노동집약식 농업에서 탈피하고 있다. 전 세계적으로 농업인구의 비율이 감소되고 있으며, 농촌에서 일자리를 잃은 사람들이 도시로 이주하여 새로운 사회문제를 야기시키고 있다. 20세기의 고도산업사회는 인구문제를 더욱 심각하게 만들었고, 재사용이 불가능한 자원에 대한 의존도를 증가시켜 자원의 부족을 초래하였으며, 쓰레기 발생의 증가, 합성물질 생산의 증가, 화학오염물질 발생의 증가를 통해 대기, 수질, 토양을 오염시켰으며, 기계의존적인 사고방식과 물질주의의 팽배로 인간정신의 타락을 초래하였다고 볼 수 있다.

11-2 인구, 자원 및 환경오염의 상호작용

1) 인구의 자원에 대한 영향

인구의 크기는 부분적으로 자원의 수요를 결정하며, 자원의 획득방법과 사용량을 결정한다. 한 국가의 사회, 경제, 기술의 발달수준은 자원의 획득과 사용방법뿐만이 아니고 자원의 수요에 영향을 준다.

2) 인구의 환경오염에 대한 영향

인구는 자원의 획득과 사용을 통해 환경오염을 유발시킨다. 즉, 더 많은 인구는 더 많은 자원을 획득하기 위해 더 많은 자연자원을 훼손하고, 더 많은 자원을 사용함으로써 필연적으로 더 많은 환경오염을 유발시킨다.

3) 자원의 인구에 대한 영향

(1) 양의 효과

새로운 자원의 개발과 사용은 사회적, 경제적 그리고 기술적인 발전을 가져올 뿐만 아니라 인구의 크기, 증가율, 분포 등을 증가시킬 수 있다. 자원은 인간으로 하여금 새로운 장소로 이주하도록 하며, 전에는 이용이 불가능했던 자원을 이용할 수 있도록 해준다.

(2) 음의 효과

자원의 고갈은 사회적, 경제적, 기술적인 발전 뿐만이 아니라 인구증가나 크기, 분포를 제한한다. 자원의 오용으로 인한 자원의 파괴(수질오염이나 대기오염)는 이론상으로는 인구를 줄일 수 있고 경우에 따라서는 인류를 멸망시킬 수도 있다.

4) 자원의 환경오염에 대한 영향

자원의 배분량과 사용방법은 오염에 영향을 줄 수 있다. 일반적으로 더 많은 자원이 배분되고 사용되면 더 많은 오염이 유발된다. 자원의 고갈은 오염을 줄일 수 있다.

5) 환경오염의 인구에 대한 영향

환경오염은 인구의 증가율, 크기, 분포 그리고 사회적, 경제적, 기술상의 발전을 제한할 수 있다. 환경 오염은 질병과 사망을 증가시켜 사회적 혹은 경제적인 손실을 준다. 이 밖에 심미적인 영향을 주며, 사회 전반적인 변화를 초래할 수 있다.

6) 환경오염의 자원에 대한 영향

오염물질의 환경으로의 방출은 자원으로서의 대기, 수질, 토양 등의 질을 떨어뜨려 그 효용가치를 삭감시킨다. 이러한 환경오염을 줄이기 위해 마련된 새로운 법률은 자원의 수요, 공급, 획득 그리고 사용방법 등을 변화시킬 수 있다.

11-3 환경오염문제를 발생시키는 인간활동

1) 경제 성장

(1) 자연 환경의 파괴

자연 환경은 인류 사회에 필요한 각종 원료 자원을 공급하고, 산업 및 생활폐기물과 폐수가 처분되는 장소를 제공하며, 인류의 생존에 적정한 환경 조건을 제공한다.

산업화가 이루어지기 전에는 산업 구조가 1차 산업이 중심이었기 때문에 폐수와 폐기물이 발생하더라도 자연 환경의 자정능력(自淨能力, self-purification capacity)으로 정화되었다. 그러나, 산업혁명 이후 2, 3차산업 중심의 산업 구조 형성과 고도의 경제성장은 인류의 생활 수준을 향상시킨 반면에, 자원의 수요 급증과 자원고갈을 초래하고 자정능력을 넘는 대기오염물질과 폐수 및 폐기물을 배출하여 오염을 가속화시키고 있다.

이로 말미암아 온실효과를 일으키는 이산화탄소량의 증가, 오존층의 파괴, 대기오염과 산성비, 산업·주택 용지의 확장과 토양유실 및 토질저하 등으로 경지면적의 감소, 열대수림의 파괴, 수 십만 종의 생물의 멸종 등 자연 환경의 파괴가 진전되고 있다.

(2) 자원의 소비

금속 자원은 건물·교량·수송차량·선박·통신시설·고속도로·철도·기계류 등을 만들고, 에너지는 이들을 움직여 나가고 있기 때문에, 현대 산업 사회는 금속 및 에너지자원 위에 세워진 것이라고 해도 지나친 말은 아닐 것이다. 물질과 에너지는 생산에 필요한 궁극적 자원으로 인류의 복지에 기여하지만, 환경 오염과 환경 파괴를 일으켜 인류를 위협하는 오염원이기도 하다.

한편, 에너지의 소비가 급격히 증가되고 있기 때문에 환경 오염의 문제와 함께 자원 고갈의 위험도 심각하다. 지금과 같은 추세라면 천연가스는 2020년, 석유는 2050년, 석탄은 2500년 경에 고갈될 것이라고 한다.

(3) 과학기술의 발달

과학기술의 발달이 산업과 생산성향상에 엄청난 효과를 가져왔음은 누구도 부인할 수 없을 것이다. 그러나, 과학기술의 발달은 환경오염의 가속화와 질적 악화를 동시에 가져왔다. 예를 들면 (1) 염화불화탄소(Chloro-Fluoro-Carbon, CFC, Freon gas)의 개발이 냉매, 분사제, 소화제(消火劑) 등에 엄청난 혁신을 가져왔지만 오존층파괴라는 예측치 못한 결과를 초래하여 현재는 사용이 금지되었고, (2) 노킹 방지제로 사용된 납이 첨가된 휘발유(leaded gasoline as the anti-knocking material)는 사용 후 대기 및 혈액 중의 납(납중독에 의한 장기손상, 환경호르몬으로 작용) 농도의 증가를 초래하였으며, 이후 무연(無鉛, unleaded)휘발유로 대체되었으며, (3) 합성세제 중에 연수제(軟水劑 ; builder)로 첨가된 인산염은 사용 후 하천, 바다로 유입되어 부영양화의 원인물질로 작용하여, 현재는 거의 첨가되지 않는다(무린세제[無燐洗劑]의 사용).

과학기술은 이제 산업생산기술의 개발에 대한 관심과 함께 그들로 인해 야기되는 환경오염의 저감기술 개발에도 관심을 기울여야 할 것이다. 과학기술에 의한 환경오염을 해결하는 것도 과학기술, 좀더 구체적으로 표현하면 환경기술인 것이다.

2) 인구 성장

오염 발생은 인구, 경제수준, 기술 등의 영향을 받고 있다. 특히 인구 요인은 환경 오염이 심화되어 가는 과정에서 결정적인 역할을 하게 한다. 그 이유는 전체 인구의 증가가 전체 환경오염 배출량을 증가시키기도 하지만, 인구 수의 변화가 1인당 소비에 변화를 일으킬 수 있고, 소비되는 재화와 용역의 단위당 환경 파손을 변화시킬 수도 있기 때문이다. 일례로 인구 증가에 따라 식량증산을 위해 화학 비료와 살충제를 많이 사용하게 된다.

이와 같이, 인구 요인은 오염발생에 결정적인 역할을 하고 있으며 인구요인이 기술의 변화나 풍요로움과 다른 요인들과 동시에 작용할 때 환경 오염은 훨씬 더 악화될 것이다.

3) 도시화

도시화(urbanization)는 도시 인구의 증가 혹은 도시적 생활 양식을 향유하는 인구의 증가 또는 그러한 지역의 확대로 파악할 수 있다. 따라서 도시화의 진행은 산업화 혹은 공업화와 밀접한 연관을 가진다. 산업의 발달 즉, 공업의 발달은 많은 노동력을 필요로 하고 이에 따라 많은 인구가 좁은 지역에 집중하기 때문이다.

선진국의 경우에는 산업 혁명을 계기로 200여년 전부터 도시화가 진행되어 왔으며, 많은 개발도상국가의 경우에는 2차대전 이후 근대화와 함께 도시화가 급속히 이루어지고 있다.

도시는 많은 인구가 좁은 지역안에서 밀집하여 거주하는 공간이다. 도시화는 거주 공간 확보를 위한 녹지 공간의 잠식, 대기오염, 수질오염, 토양오염 등 환경의 파괴와 교통, 주택, 상하수도, 폐기물처리 등의 문제를 일으킨다.

4) 지역개발

댐, 도로, 항만, 공업단지, 농어촌 개발, 골프장 건설 등 지역개발로 인한 환경오염문제는 그 개발의 종류와 특성, 규모에 따라 차이가 있다. 하나의 공통점이 있다면 모든 개발은 환경오염을 야기한다고 해도 무방할 것이다. 대기오염, 수질오염, 폐기물 발생 및 토양오염 등에 의한 생태계 파괴가 그것이다(동강 댐 문제, 새만금 간척사업 문제 등).

11-4 기후변화와 생태계

1) 기후변화의 원인과 대책

최근 세계는 도처에서 발생하는 기상이변과 그로 인한 각종 재앙으로 심한 몸살을 앓고 있다. 지구의 허파라고 불리는 아마존강 유역과 인도네시아 열대우림의 산불과 연무현상, 동유럽의 홍수와 멕시코의 한파 등 자연재해가 지구촌 곳곳에서 기승을 부리고 있으며, 혹서, 가뭄, 홍수 등 기상이변이 속출하여 세계 각국이 엄청난 인명피해와 경제적 손실을 입고 있다. 이러한 기상이변의 주요 원인으로 최근 급격히 증가하고 있는 화석연료의 사용에 의한 지구환경 파괴와 지구온난화가 주목을 받고 있다.

세계적으로 이상기후를 유발시키는 엘니뇨(El Nino)는 남미 해안으로부터 중태평양에 이르는 동태평양 적도지역 넓은 범위에서 해수면 온도가 지속적으로 높아지는 현상을 말한다. 엘니뇨(El Nino)의 어원은 스페인어로 남자아이를 뜻하는데, 이 현상이 페루 연안에서 크리스마스 때 쯤 자주 나타나 '아기예수'를 의미하기도 한다. 엘니뇨는 원래 계절적으로 매년 12월경 페루 연안에 찾아오는 난류를 일컬었으며, 바나나와 코코넛의 수확기와 더불어 난류를 따라 찾아오는 많은 고기떼로 풍요로움을 하늘에 감사하는 뜻으로 페루어민들이 크리스마스와 연관시켜 엘니뇨라 불렀다. 한편 남미 페루 연안에서는 수 년에 한번씩 높은 해수면 온도가 1년 이상 지속되며, 플랑크톤의 감소에 의해 어획고가 급격히 감소하고 남미 서해안 일대에 호우가 빈발하는 등 이상기상에 의한 피해까지 함께 나타나는데, 이러한 이상 고수온 현상도 남미 연안의 국지적인 현상의 일종으로 생각되어 함께 엘니뇨라고 불렀다.

1950년대 이후 해양 및 대기의 관측망이 늘어나면서 이 지속적인 고수온현상이 남미 연안의 국지적인 현상이 아니고 태평양 적도 지역의 날짜 변경선 부근까지 미치는 대규모 현상으로 남미 연안에 나타나는 현상은 그 일부에 지나지 않음이 밝혀지게 되었다. 엘니뇨 현상은 어획량 감소와 홍수의 발생 등 페루에 사회적·경제적으로 타격을 주었을뿐 아니라 전지구에 걸쳐 대기순환 및 기후에 영향을 미쳐 열대지역과 중·고위도지역까지 포함하는 세계 각지의 날씨에 중대한 영향을 주고 있음을 알게된 것이다. 엘니뇨는 이제 국지적인 페루 연안의 난류보다는 적도 동태평양에서 발생하는 대규모 고수온 현상의 의미로 널리 사용된다.

정상 상태에서의 열대지역 태평양 해수면 온도와 수위는 서태평양이 동태평양보다 높지만 엘니뇨 발달에 따라 무역풍이 약해지면 서태평양 적도 지역의 수온과 수위는 낮아진다. 만약 무역풍이 평년보다 강해지면 엘니뇨와 반대로 서태평양의 해수면 온도와 수위가 상승하고 적도 동태평양에서는 강한 무역풍의 영향으로 찬 해수의 용승현상이 강해져 이상 저수온 현상이 나타난다. 이러한 적도 동태평양의 이상 저수온 현상에 대해서 미국의 해양학자 Philander가 엘니뇨와 반대되는 현상이라 하여 '라니냐(La Nina)'라 부를 것을 제안했다. 역시 스페인어로 여자아이를 의미한다.

선진국들은 21세기에 해결해야 할 가장 심각한 문제로 엘니뇨와 기후변화 문제를 다루게 되었고, 그 원인을 주로 화석연료 사용과 각종 온실가스의 무절제한 배출로 규정하고 있으며 지구와 인류의 생존을 위해 전세계적인 차원의 국제협약을 추진해 오고 있다.

최근 기후변화 문제는 사회, 경제 및 정치적인 관심사로 등장하고 있다. 당장 발등에 떨어진 경제적인 불이익과 그 위협에서 벗어나는 것도 시급한 문제이지만 다음 세대들에게 안전하고 건강한 지구를 물려주길 바란다면 지구환경을 보존하자는 세계적인 노력에 동참해야 할 것이다.

2) 기후변화가 생태계에 미치는 영향

엘니뇨에 의한 기상이변은 지구에서 삶을 영위하는 모든 생물체에게 영향을 미쳐 결국에는 생태계 전체의 질서가 깨지게 된다.

생태계를 구성하는 모든 생물은 천 만 년 넘게 그 지역의 환경에 적응되어 왔으므로 평균기온이 2℃ 정도만 달라져도 생존률이 달라져 개체수가 크게 증가하거나 감소하게 된다. 그런데 근년에는 엘니뇨 현상으로 월평균 기온이 2～4℃ 정도 상승하여 모든 생물들이 일찍 그리고 많이 발생하여 생태계 질서를 흔들어 놓았다. 이러한 생태계 질서교란으로 우리 인간들도 다양한 피해를 직·간접적으로 받게 된다.

3) 기후변화협약의 영향

1992년 6월의 리우정상회의에서 기후변화협약이 제기된 이래 5년 반의 협상과정을 거쳐 1997년 12월 교토의정서가 체결되었다. 선진국과 동구권 국가를 중심으로 지구온난화를 유발하는 온실가스를 1990년 배출 수준에서 2012년에는 5.2%까지 감축하자는 국제적 합의를 이루어낸 것이다. 인류가 불을 사용한 이래 한 번도 감축의 역사가 없던 이산화탄소 등 온실가스에 대한 국제적 관리 체제가 등장한 획기적인 사건이 아닐 수 없다.

이산화탄소가 국제경제질서에 가장 중요한 요소의 하나로 등장하게 되었으며 이산화탄소의 관리 없이는 경제성장도 기초적인 에너지 이용도 제약을 받을 수밖에 없게 되었다. 문제는 현재의 의무감축 대상국에서 빠진 나라들도 자유로울 수 없다는 점이다. 계속되는 후속협상은 개발도상국의 참여를 제외하면 의미가 없기 때문이다.

우리의 위치나 국내적인 에너지 소비여건을 감안하면 우리의 입장은 지극히 취약한 상태인 것이 사실이다. 국제적인 이산화탄소 감축 움직임, 쿼터 달성을 위한 배출권 거래제는 투자 및 교역에 있어 이산화탄소가 중심에 서 있음을 의미한다.

국내 기업들의 해외 투자시에도 이산화탄소 배출권 확보가 중요한 의사 결정 요소로 대두하게 될 것이고 건설 설비자체의 이산화탄소 절감 능력이 해외 수주에 중요한 역할을 수행하게 될 것이다.

산업의 모든 부문에 저탄소 배출형설비, 기술이 확산될 것이므로 이런 분야의 기술 및 산업 부문에의 성장에 정부와 산업계 공동의 노력이 요구된다. 기후변화협약에 대한 국가적 정책체계를 수립하고 산업, 민생, 수송, 국민의 라이프 스타일 변화(서머타임제, No Car Day, Cool Biz – Warm Biz 운동 등) 등 거의 전분야에서 이산화탄소 절감을 위한 세부 실천 계획이 요구된다.

11-5 바람직한 개발 방향

현대사회에서 경제적 이득을 위해서는 환경문제를 소홀히 하고 개발에만 열중하는 측면이 없지 않았다. 그러나 분명한 것은 이러한 현대산업사회가 오래 지속되지 못한다는 점이다.

인간사회가 앞으로 몇 천 년 또는 몇 만 년 지속되기 위해서는 모든 인류가 이에 맞는 생활방식을 배워야 한다. 첫째, 인구를 조절할 수 있는 방법을 알아야 하고, 둘째, 유해한 쓰레기를 적게 생산하는 기술을 개발하여야 하며, 셋째, 재사용이 가능한 자원을 이용하는 방법을 개발하여야 한다. 이와 같이 1990년대에 들면서 도입된 '환경적으로 건전한, 지속가능한 개발'(Environmentally Sound and Sustainable Development, ESSD) 개념에 기초한 사회를 지속가능한 사회(Sustainable Society)라고 하며, 이러한 사회를 개발하는 것이 환경과학을 연구하는 과학자나, 환경정책을 결정하는 정책입안자들의 궁극적인 목표라고 할 수 있다.

11-6 생태주의와 환경주의

현대인들은 환경파괴의 후유증을 심각하게 느끼고 있다. 또한 환경회복을 위한 시민과 정부의 노력과 관심도 이전에 비해 배가되었다. 국제사회에서도 많은 환경기구와 환경 레짐(regime)이 창설되었고, '환경보전'이 인류의 보편가치로 통용되는 상황이다. 이러한 실천적 노력과 함께 다양한 환경이론도 등장하였다. 이에 따라 환경 문제를 가장 큰 연구 대상으로 삼는 환경정치학이 정치학은 물론 사회과학의 유력한 한 부분으로 대두하고 있다.

환경정치학은 그 근본적 지향점에 따라 크게 '생태주의'와 '환경주의'로 대별할 수 있다. 생태주의는 합리주의, 시장자본주의, 기술공학, 산업주의 등 근대성의 핵심 요소들을 환경파괴의 근본원인으로 보고 이를 비판적으로 극복하려는 입장을 취한다.

이와 반대로 환경주의는 합리주의, 인본주의, 민주주의, 시장주의와 산업주의 등 근대성의 기본 요소들을 견지한다. 이들의 환경회복 방안은 기술·산업구조와 권위주의적 경제구조를 더욱 합리화, 시장화하고 정치와 사회를 근본적으로 민주화, 인간화하는 것과 병행하여 환경정책을 강화하는 것이다.

생태주의 조류 안에서는 산업기술의 배척을 핵심 이념으로 삼는 오토 울리히, 앤드류 돕슨 등의 '반(反)근대적 생태주의'와, 시장 자본주의의 철폐에 초점을 맞추는 오코너, 엘마르 알트파터 등의 '급진적 생태주의'가 뒤섞여 있다.

환경주의 안에는 기술공학적 환경보존 정책을 기본으로 삼는 '보수적 환경주의'와, 경제와 사회의 합리적·민주적 혁신과 진보를 기반으로 생산적 자연보전을 추구하는 '진보적 환경주의'가 대립한다.

생태주의는 초창기 환경운동과 녹색당 안에서 우세했던 반면, 환경주의는 좌우 기성정당과 정부 부문에서 선호되었다. 지식기반 사회로의 패러다임 전환과 함께 정보기술 및 지식산업이 낡은 기술 및 '굴뚝산업'에 비해 훨씬 더 환경친화적임이 밝혀진 오늘날은 생태주의가 점차 퇴색하고 유엔, 녹색당을 포함한 정당·정부·학자들의 관점은 환경주의로 수렴하고 있다. 이와 함께 시민·기업·정부간의 대립과 투쟁보다 이들 간의 긴장된 협력이 환경문제의 해결에 더 효과적이라는 새로운 인식이 나라 안팎에서 점차 뚜렷해지고 있다.

국제정치 차원에서도 투쟁보다 협력이 증대하고 있다. 공업화를 앞서 이룩한 선진국이 지구 환경의 파괴에 더 큰 책임을 짊어지고 있는 반면, 환경파괴가 초래하는 사회·경제적 영향에서는 오히려 선진국이 상대적으로 유리하고 개도국이 불리하다. 그러나 국제사회는 '환경제국주의'로 지적되는 이러한 불평등 구조에 대한 대응에서 과거처럼 집단적 대항, 무장투쟁 등 대결노선을 걷기보다 '역사적 책임' 개념을 수용하여 녹색재정의 부담 및 환경의무 이행을 정의롭게 차등화하는 국제적 합의를 이루어냈다.

'환경 정의' 이념은 환경외교의 기본전제이며 이에 입각하여 무수한 국제환경기구와 환경레짐이 형성되었다. '환경레짐'은 다자간(多者間) 조약(Round)으로 형성된 국제법적 규범체계를 가리킨다(기후변화협약, 바젤협약 등등). 대표적인 환경기구로는 리우회의를 주도한 유엔환경개발회의(UNCED)와 유엔환경계획(UNEP), 유엔지속개발위원회(CSD), 지구환경기금(GEF)이 있다.

한편, 에코 테러리즘(Eco-terrorism)은 개발로 지구환경이 파괴되는 것에 반대하는 급진적인 환경단체나 동물보호 단체들이 방화·파괴·협박 등 과격한 행위를 보이는 경향을 말하며, 에코 아나키즘(Eco-anarchism)은 환경친화적 공동체주의를 의미하는데, 에콜로지(Ecology)와 아나키즘(Anarchism)의 합성어이다. 아나키즘의 시각으로 에콜로지 문제를 해결하자는 의미다.

환•경•생•태•학

CHAPTER 12

지구생태계 보전을 위한 노력

12-1 가이아 가설과 그 한계

원래 물리학자로서 교육을 받은 James Lovelock은 전자포착탐지기(Electron Capture Detector ; 분석기기의 하나인 Gas Chromatograph의 Detector들 중의 하나인 ECD)라 불리는 분석기술을 개발했다. 그것은 극도로 적은 양(미량)의 화학물질을 탐지할 수 있는 화학자들의 능력을 크게 향상시켰다. 이 기술로써 남극의 펭귄에서부터 미국 어머니의 모유에 이르기까지 전 지구상의 모든 생물체에 살충제와 기타 강한 독성 잔류물질들이 존재한다는 사실을 발견해 낼 수 있었다(DDT 등).

그러한 개발은 도처에 존재하는 인간이 만든 독성 화합물질들의 장기적 악영향들에 대한 Rachel Carson 여사(美 해양생물학자)의 우려를 정당화시키는데 필요한 근거를 제공했다. 그리하여 인간의 과다한 농약살포 등 환경오염에 의한 생태계 파괴를 최초로 고발한 Rachel Carson 여사의 영향력 있는 책, 침묵의 봄(Silent Spring, 1962)이 나오도록 고무시켰다.

또한 James Lovelock은 그리이스 신화에 나오는 대지의 여신(지구의 여신)인 가이아(Gaia→Ge, Geo→Geology, Geography, Geometry, Pan-gaea[범대지, 초대륙])라는 고대의 개념과, 생물은 외부의 물리적, 화학적 조건들에 수동적으로만 적응하는 것이 아니라, 이러한 조건들을 바꾸고 조절하기 위해서 능동적으로 행동한다는 일반적인 이론을 논리적이고 과학적인 방법으로 검정하는 데 헌신했다.

주지하다시피 서양문명의 두 기둥은 그리스 · 로마 문화의 중심사상인 인간을 중심으로 생각하는 Hellenism과 고대 이스라엘의 종교에 근원을 둔 유일신 사상인 Hebraism이라고 할 수 있다. 특히, 전자에서 그리스 · 로마의 신은 인간과 같은 모습을 하고 있으며, 인간과 교류가 잦은 형태로 묘사되는데, 이에 따라 James Lovelock은 인간이 스스로 조절할 수 있는 능력을 갖고 있는 생명체인 것처럼 지구의 여신 Gaia를 하나의 생명체로 보았고, 따라서 오늘날 우리가 살고 있는 거대한 지구도 스스로의 조절능력을 갖고 있는 하나의 생명체로

본 것이다.

즉, 1979년 Lovelock은 읽을 만한 가치가 있는 작은 책, 가이아 : 지구생물에 대한 새로운 시각(Gaia, a New Look at Life on Earth)을 발간했다. Lovelock은 가이아 가설(Gaia hypothesis)에서 생물권은 화학적, 물리적 환경을 조절함으로써 우리의 행성을 건강하게 유지하는 능력을 가진 자체조절적인 실체임을 주장하였다. 달리 말하면 지구는 상호작용하는 수많은 기능과 피이드백 과정들을 갖는 초생태계 내지는 거대한 생명체이며, 이러한 기능과 피이드백들은 극단적인 온도변화를 완화시키며, 대기와 대양의 화학적인 조성을 비교적 일정하게 유지한다고 주장했다.

즉, 지구라는 거대한 생명체에 의해 지구 스스로 범지구적 항상성(global homeostasis)이 유지된다고 주장했다(예를 들어, 지구온도가 과열 상승되면 흰 꽃이 만발하여 지구온도가 감소되고, 지구온도가 극도로 하강하면 검은 꽃이 만발하여 지구온도를 상승시킴으로써 범지구적 항상성이 유지된다는 Gaia의 가설).

이와 같은 가이아 가설에서, 생태계 혹은 생물권이 자동제어 체계(cybernetic system)로서 기능을 발휘한다는 데 대해서 많은 과학자들은 회의적이다. 지구로 충돌해 들어오는 혜성, 거대한 화산폭발, 빙하와 같은 대이변의 사건들이 때때로 일어난다는 사실은 범지구적 항상성(global homeostasis)에 대한 의문을 불러 일으킨다.

이에 대해, 이들 지질학적 우주학적 격변 과정에서 일어난 생물종들의 손실에도 불구하고 생명은 유지되었을 뿐만 아니라, 계속해서 다양하게 되었으며 스스로를 위하여 유리한 조건들을 회복하는데 주요한 역할을 했다고 반론한다.

그러나 지나간 시대에 생물권이 회복한 탄력 안정성을 보여 준다는 이유만으로 현재의 생물부양계의 탄력성에 대해 안심할 수는 없다. 하나의 생물종으로서 인간은 핵전쟁이나 대양의 독성화, 환경오염과 같은 인간이 만든 파국에서 살아남지 못하게 될지도 모른다.

결론적으로, 지구상의 생물 종 다양성(biospecies diversity)이 확보되지 않는한 가이아의 가설은 문자 그대로 가설로 끝나고 말 것이다(지구온도가 극도로 하강하여 검은 꽃이 만발하여 지구온도를 상승시키려면, 지구온도가 과열 상승되어 흰꽃이 만발했을 때도 검은 꽃이 멸종되지 않고 여전히 살아있어야만 한다). 이러한 생물 종 다양성(Bio-species diversity)을 담보해내기 위해서는 날로 심화되고 있는 환경오염문제의 해결을 위한 범지구적, 국제적 노력이 필요하다고 할 수 있다.

Rachel Carson의 「Silent Spring」(1962)의 제1장

미국 중부지역에 모든 생물들이 주위의 환경과 조화를 이루며 살아가는 한 마을이 있었습니다. 마을은 비옥한 농장에 둘러싸여 있었는데, 그 농장은 곡식이 자라는 기름진 벌판과 과일나무가 자라는 언덕으로 이루어져 있었습니다. 봄에는 푸른 벌판 위로 흰 꽃구름이 떠 있고, 가을에는 참나무와 단풍나무, 자작나무들이 푸른 소나무를 배경으로 해서 울긋불긋한 색깔로 물들곤 했습니다.

안개가 희미하게 드리우는 가을 아침이면 언덕 위에서는 여우의 울음소리가 들렸고, 사슴이 조용히 벌판을 가로질러 뛰어가곤 했습니다. 길가에는 월계수와 가막살나무, 오리나무, 푸른 이끼와 들꽃들이 나그네의 눈을 즐겁게 했습니다.

겨울철에도 그곳은 아름다웠습니다. 수많은 새들이 눈 속에서 고개를 내밀고 있는 풀씨와 나무열매들을 먹기 위해서 날아왔습니다. 마을의 주변은 새들이 살기에 아주 좋은 곳이었습니다. 철새들이 이동하는 봄과 가을에는 많은 사람들이 새를 보기 위해 먼 곳으로부터 왔습니다.

계곡으로부터 흘러내리는 맑고 시원한 물이 고여있는 깊은 웅덩이에는 송어들이 떼지어 놀곤 했습니다. 그래서 최초의 이주민들이 이곳에 와서 집을 짓고, 우물을 파고, 가축우리를 지으며 평화로운 생활을 한 지 오랜 세월이 흘렀습니다.

그런데 이상한 기운이 이곳에 스며들어 모든 것이 변하기 시작했습니다. 이름 모를 어떤 사악한 기운이 마을을 뒤덮었습니다. 괴질로 인해 닭들이 무더기로 죽어갔고, 소와 양들도 병에 걸려 죽었습니다.

곳곳에 죽음의 그림자가 드리워졌습니다. 가족들의 질병에 대해 이야기하는 농부들이 날로 늘어갔습니다. 마을의 의사들은 환자들 사이에 퍼져있는 알 수 없는 새로운 질병에 대해 크게 당황하기 시작했습니다. 이 환자들 중에 몇몇은 이유도 없이 갑작스럽게 죽었습니다. 어른들 뿐만 아니라 활기있게 뛰놀던 어린 아이들까지도 갑자기 병에 걸려 수 시간 이내에 죽어가곤 했습니다.

이상한 정적이 그곳에 감돌았습니다. 그처럼 많았던 새들도 모두 사라져 버렸습니다. 많은 사람들이 이러한 사태에 대해 당황하고 동요하기 시작했습니다. 새들에게 모이를 주던 뒤뜰도 황폐해졌습니다. 어쩌다 발견되는 몇마리 안되는 새들은 빈사상태로 몸을 심하게 떨었고 날지도 못했습니다.

생명의 소리가 없는 침묵의 봄이었습니다. 한 때 떠오르는 해와 함께 들려왔던 종달새, 개똥지바퀴, 비둘기, 어치, 굴뚝새 등 수많은 새들의 지저귐은 더 이상 들려오지 않았습니다. 오직 무거운 침묵만이 벌판과 숲, 소택지들을 짓누르고 있었습니다.

농장의 닭들은 알을 낳았지만 병아리를 부화시키지 못했습니다. 농부들은 몇 마리 안되는 새끼를 낳은 어미 돼지와, 며칠 안돼서 이유도 없이 죽어버리는 새끼 돼지들에 대해 걱정을 했습니다. 사과나무들도 꽃을 피우기는 했지만, 꽃들 사이에서 날아다니는 벌이 없었기 때문에 수정도 되지 않았고, 그래서 열매도 열리지 않았습니다.

한 때 그처럼 아름답던 길가에는 불에 그을린 것처럼 검은 갈색으로 시들어버린 채소들이 줄지어 있을 뿐이었습니다. 이곳 역시 모든 생명체들이 파괴되어 침묵만이 자리하고 있었습니다. 시냇물도 생명력을 잃었습니다. 시냇물에 살고 있던 물고기들이 모두 죽어버렸기 때문에 낚시꾼들도 더 이상 그곳에 오지 않았습니다.

지붕의 기와 사이와 처마 아래 홈통에는 흰색의 과립형 가루가 몇 무더기씩 보였습니다. 그 가루들은 수 주일전에 지붕과 잔디밭, 벌판, 시냇물 곳곳에 눈처럼 뿌려진 가루였습니다. 이 마을을 이처럼 황폐화시켜 새로운 생명의 탄생이 없는 침묵의 땅으로 만든 것은 마술도 아니고 적의 침입도 아니었습니다. 그것은 그곳에 있는 사람들 스스로가 만든 재앙이었습니다.

이 마을은 실제로 존재하는 마을이 아니다. 그러나 이와 같은 마을은 미국이나 그밖의 세계 곳곳에서 수 천, 수 만개씩 생겨날 것이다.

그러나 이 모든 재앙들 중의 하나는 어떤 곳에서나 발견될 것이다. 그리고 실제로 많은 마을들이 이미 이러한 재앙들 중의 몇몇 가지로 인해 고통받고 있다. 희미한 재앙의 그림자가 우리 인간들이 알지 못하는 사이에 인간들을 덮쳐오고 있으며, 이러한 상상 속의 비극은 우리 인간들이 명확히 인식할 수 있는 비극이 되어 조만간 그 모습을 드러낼 것이다.

'지구에 침묵의 봄은 이미 시작된 것이 아닐까?' 이 책은 이러한 질문에 대해 이야기하기 위해 만들어진 책이다.

12-2 경제활동과 환경규제

1) 국제 환경문제

우리는 보통 국제 환경문제라고 하면 지구온난화와 오존층파괴 및 환경호르몬 등 범지구적 환경오염(3대 지구 환경문제), 그리고 이를 둘러싼 복잡한 국제 관계만을 연상하기 쉽지만, 자세히 보면 국제 환경문제에도 성격을 달리하는 몇 가지 유형이 있다. 따라서 문제의 성격이 다르다면 이를 다루는 접근방법도 달라져야 할 것이다.

환경문제가 국제적으로 비화되는 양태를 유형별로 정리해 보면 대략 3가지가 있다.

첫 번째 유형은 환경오염물질이 국경을 넘어 다른 나라로 운반 · 확산되어 발생하는 것으로서, 환경오염물질이 국경을 넘어 다른 나라로 운반 · 확산되는 경로에는 바람, 물 등 자연적인 힘에 의한 것(※ 황사현상)과 사람에 의한 것(유해폐기물의 국가간 이동 등)이 있다.

두 번째 유형은 범지구적 공유자원에 대하여 많은 사람들이 국경을 초월해서 지대한 관심을 가지기 때문에 발생하는 문제들이다. 이것은 오염물질이 국경을 넘기 때문에 발생하는 문제가 아니라, 사람들의 환경에 대한 관심이 국경을 넘어서기 때문에 발생하는 국제

환경문제라고 할 수도 있다. 공해(公海)나 남극과 같이 어떤 특정 국가에 속하지 않은 공간에 있는 해양 수산자원 보호에 대한 세계 여러 나라 국민들의 지대한 관심이 그 대표적인 예가 될 것이다(GPI ; Greenpeace International, 네덜란드의 수도 암스테르담에 본부).

이 두 번째 유형의 문제들 중에서도 최근 국제적 문제는 놀라울 만큼 많은 사람들, 특히 선진국의 많은 사람들이 자기 나라 환경자원뿐만 아니라 남의 나라 환경 또는 환경자원에까지 지대한 관심을 가지기 때문에 발생하는 국제 문제들이다. 예를 들면, 다른 나라 사람들이 국경을 초월해서 브라질의 아마존 열대림 보호를 브라질 정부에 요구하거나, 아프리카에 있는 나라의 코뿔소나 인도의 호랑이 보호에 대해서 해당 국가에 압력을 넣기도 한다(CITES 협약).

세 번째 유형은 개별국가의 환경규제나 환경정책의 상품 및 자본의 국제적 이동과정을 거쳐서 다른 나라에 영향을 미침으로써 발생하는 것이다. 이러한 문제의 발단은 나라마다 환경목표 및 환경기준이 다르며, 환경오염이나 환경파괴를 규제하는 정도가 다르다는 점에 있다(WTO와 New Round, 특히 Green Round).

황사(黃砂) 현상

황사는 중국 · 몽골 사막지대(타클라마칸사막, 고비사막)와 중국 황하(黃河) 중류 황토지대에서 발생해 건기의 편서풍을 타고 우리나라로 날아오는 먼지덩어리여서 그 대책을 세운다는 것이 여간 어려운게 아니다. 근본해결책은 사막과 황토지대를 녹화하는 것이지만 쉽지가 않고 설사 가능하다 하더라도 장구한 세월을 필요로 한다. 최근 중국내륙 서북지역의 사막화현상이 매년 가속화함에 따라 우리나라가 황사로 뒤덮이는 횟수와 잔류기간도 증가하는 경향을 보이고 있다.

그뿐이 아니다. 예전에는 황사가 주로 미세한 먼지(철, 알루미늄, 규소 등 황토성분으로 0.2~20마이크론)로 구성돼 있어 인체나 가축, 농작물에 입히는 피해가 그다지 심각하지 않았다. 그러나 중국이 공업화에 박차를 가하면서(黑猫白猫論, 즉 등소평 이후 실용주의 노선) 요즘에는 중금속류를 포함한 각종 오염물질이 황사에 섞여 날아오고 있고, 그 오염도가 갈수록 심해지고 있다. 환경부에 따르면 황사가 극심했던 해의 서울지역 먼지의 성분을 분석한 결과 카드뮴 농도가 0.0014㎍/m^2로 예년에 비해 4.7배나 됐다. 철 성분과 망간도 각각 4.4배, 4배였고, 광주지역에서는 납과 카드뮴 오염도가 무려 18.5배, 18배나 악화한 것으로 나타났다. 공포의 구제역(口蹄疫)도 황사바람을 타고 이동하는 바이러스에 의해 전염되는 것으로 알려져 축산농가에 비상령이 내려진 경우도 있었다.

황사 기간 중 흡입하는 먼지의 양은 평상시의 3배에 이르며, 금속성분의 양도 종류에 따라 2~10배쯤 많아진다고 한다. 따라서 황사가 심할 때에는 기관지염이나 천식환자, 눈이 약한 사람들(알레르기성 결막염)과 피부병(가려움증, 따가움증, 발진, 발열, 부종, 피부염, 피부알레르기) 환자들은 주의해야 한다.

당장에는 국민 각자의 노력으로 황사피해를 줄이는 방법밖에 없지만, 하루빨리 국가적 차원의 중·장기 대책을 세워 대응해야 할 것이다. 중국과의 긴밀한 협력을 통해 황사 발생지역의 녹화사업을 서두르고, 황사가 중국 동부지방을 거쳐 한반도로 이동하는 과정에서 공단과 도시의 각종 오염물질이 섞이지 않도록 공해규제를 강화하는 것이 그것이다. 같은 피해국인 일본과 국제환경단체와 공조해 대책을 세우고 추진하면 더 효과적일 것이다.

한편 현재 기상청이 주관하는 황사특보제의 내용은 아래와 같다.

종 류	발령 조건	행동 요령
황사정보	미세먼지 1시간 평균농도 300 $\mu g/m^3$ 이상	노약자 어린이 호흡기환자 실외활동 자제
황사주의보	미세먼지 1시간 평균농도 500 $\mu g/m^3$ 이상	노약자 어린이 호흡기환자 실외활동 금지
황사경보	미세먼지 1시간 평균농도 1000 $\mu g/m^3$ 이상	유치원 초등학교의 실외활동 금지 및 수업단축 휴업 등 권고

2) 지속가능한 개발과 환경친화적 산업

(1) ESSD의 개념

환경오염 문제가 논의될 때면 당연하게 제기되는 논쟁거리의 하나가 경제성장과 환경보전과의 관계에 관한 것이다.

경제성장의 척도는 보통 국민총생산(GNP)으로 측정되기 때문에 상당히 측정가능한 가시적 목표이나, 환경보전의 척도는 어떤 구체적인 지표로 측정하기 어렵기 때문에 그 성과를 측정하기가 매우 힘들다. 따라서 과연 어떻게, 어느 정도가 되어야 경제성장과 환경보전을 조화시키는 것인지도 불명확하다.

1972년 발표된 로마클럽[✣]의 「성장의 한계(limits to growth)」라는 보고서에 의하면, 현재의 추세대로 인구증가, 공업화, 식량생산, 자연훼손이 계속될 경우 2050년 경에는 지구의 물리적인 능력은 한계에 이를 것임을 경고하고, 지구성장의 한계를 극복하기 위해서는 인류의 꾸준한 노력이 필요한데 특히, 지속가능한 개발은 바로 꾸준한 자연보전과 환경오염 방지에 대한 뒷받침이 수반될 때 가능함을 강조하고 있다.

한편, 같은 해인 1972년 6월 5일 스웨덴의 수도 스톡홀름에서 전세계 113개국 대표가 참석한 가운데 「하나뿐인 지구」를 모토로 '유엔인간환경회의'가 개최되었는데, 이 회의는 환경문제를 토의하기 위한 인류역사상 최초의 국제적 수준의 회의였다는 점에서 큰 의의가 있으며, 이미 환경오염이 심각한 수준에 이르렀던 선진국뿐만 아니라 개발도상국의 정부 및 국민들의 환경에 대한 인식을 높이는 데도 크게 기여하였다.

'유엔인간환경회의'의 결과로, 전세계 인류에게 환경의 보전과 향상에 대한 공동의식과 일반원칙을 천명한 「유엔인간환경선언」의 채택과, UN 산하에 환경관계 국제기구인 「유엔환경계획기구(UNEP, United Nations Environmental Programme)」가 설립되었고, 매년 6월 5일이 「세계환경의 날」로 지정되기에 이르렀다.

1992년 리우데자네이로에서 개최되었던 유엔환경개발회의의 지구환경선언이 천명한 환경정책 목표는 '환경적으로 건전하고 지속가능한 개발(Environmentally Sound and Sustainable Development : ESSD)'이다. 이 ESSD를 줄여서 간단히 '지속가능개발' 이라고도 부른다. 이 지속가능개발의 개념은 앞으로 범지구적 환경문제에 대한 국제적 공동 대응의 규범이 될 「의제(Agenda) 21」(구체적으로 실천, 이행해야 할 과제들) 전체에 흐르고 있는 원칙이다.

그러나 사실 지속가능개발이라는 말 자체도 매우 애매해서 많은 논란의 여지를 남기고 있다. 이 개념을 처음 정립한 것으로 알려진 환경 및 개발에 관한 세계위원회(World Commission on Brundtland Report)는 지속가능개발을 '미래 세대가 그들의 필요를 충족시킬 능력을 저해하지 않으면서 현 세대의 필요를 충족시키는 것'이라고 정의하고 있다(빌려쓰는 지구).

이렇게 정의된 지속가능개발의 개념은 '개발과 환경을 통합'하며, 경제성장 목표와 환경보전 목표의 동시 달성이 가능함을 인정하는 것이다. 그러나 구체적으로 어떻게 개발과 환경을 통합하는 것인지는 분명치 않다.

그래서 1992년 유엔환경개발회의에서는 지역별, 국가별, 그리고 국제적 차원에서 의제(Agenda) 21의 이행 사항을 검토하고 유엔환경개발회의에 대한 효과적 후속조치를 보장하기 위해서 지속가능개발위원회(Commission on Sustainable Development : CSD)를 설립하였다. 이어 1993년 CSD 1차 회의는 1997년까지 범세계적인 지속가능개발의 조건과 전략을 마련하는 데 합의하였다.

위에서 지속가능개발의 개념이 '미래세대가 그들의 필요를 충족시킬 능력을 저해하지 않으면서 현 세대의 필요를 충족시키는 것' 이라고 말했는데, 이 개념은 우리가 사용하다가 후손에게 잘 물려주어야 할 환경과 자연자원을 범주 내에서 사용하며, 아울러 우리의 미래 세대도 최소한 우리 세대만큼 잘 살 수 있도록 보장해 주도록 우리에게 주어진 환경을 이용하고 자연자원을 이용하는 것을 의미한다.

브란트랜드보고서가 정의하는 지속가능개발 개념은 경제와 환경을 포괄하는 넓은 의미의 지속가능개발이다.

(2) Green-GNP

GNP(Gross National Product, 국민총생산)란 국민경제가 1년동안 생산한 최종생산물(재화, 서비스)을 시장가격으로 평가한 총액을 말하는데, 지속가능개발의 개념은 이제까지 세계 각 나라가 경제정책 지표로 삼아온 GNP의 수정 내지는 새로운 지표의 개발을 강력하게 요구하고 있다.

그래서 최근에는 소위 그린(Green) GNP에 대한 논의가 부쩍 높아지고 있다. 경제성장을 주로 포함하는 일반적인 GNP가 많은 문제점을 내포한 지표라는 것은 이미 잘 알려져 있으므로, 깨끗한 환경의 질을 포함하는 또 다른 의미의 GNP가 강조되는 것이다.

지속가능성이란 요건에 의하면 GNP는 문제가 있다. GNP 생산과정에서 각종 도구나 기계, 건물 등 소위 고정자본(Fixed Capital)이 소모되는데, 이 소모분을 별도로 계산해서 GNP에서 뺀 나머지가 국민순생산(Net National Product : NNP)이다.

그러나 문제는 우리 인류가 가진 자산이라는 것이 고정자본이 전부가 아니라는 것이다. 석탄, 석유, 철 등 각종 지하자원들과 각종 동식물도 우리의 귀중한 자산이며, 좀 더 범위를 넓혀 보면 공기, 물, 경관 등 우리를 둘러싼 자연환경 자체도 우리 인류의 자산이다.

GNP를 생산하는 과정에서 이런 여러 종류의 자산들이 소모되고 오염되는데, 그 정도가 이제 우리 인류의 생존을 위협할 지경이라고 많은 사람들이 걱정하고 있다. 그럼에도 불구하고 인간의 생산활동에 따른 자연자원의 고갈이나 환경오염으로 인한 우리 자산의 감소는 국민생산이나 국민소득의 계산에는 고려되지 않고 있다. 그러므로 자연자원의 고갈이나 환경오염을 고려하지 않는 인류의 생산활동이나 소비활동은 인류의 자산을 소모하는 행위에 불과하다는 지적도 있다.

이런 점을 고려하여 GNP가 갖고 있는 환경적 측면의 문제점을 개선하려는 새로운 경제지표들이 최근 많이 개발되고 있는데 이들을 Green-GNP 또는 녹색 GNP라고 한다. 즉, GNP에서 자연자원의 고갈과 환경오염으로 인한 손실분(환경비용)을 뺀 것을 의미한다.

한편 GDP(Gross Domestic Product, 국내총생산)란 1년 동안 국가 내에서 발생한 경제활동 중에서 새롭게 만들어진 부가가치(노동과 자본에서 창출된 가치)의 통합을 말하는데, 이 GDP에서 환경비용을 뺀 것을 Green-GDP(녹색 GDP)라 하며 지속가능지수의 한 요소이다.

(3) 환경친화적 산업

환경관련 기술개발의 수많은 사례들을 살펴보면, 기업들이 실현한 환경보전 효과의 대부분은 환경개선 그 자체보다는, 회사의 이윤을 올리기 위한 부단한 노력의 일환으로 원가절감을 위해서 생산공정을 재정비하고 자원을 절약하며 기술을 개발하는 과정에서 얻은 부산물로서의 환경개선이다.

모범적인 환경보전 기업들은 이런 종류의 환경개선을 통해서 기업이윤도 높이고 환경도 보전하는 일석이조의 성과를 올린 셈이다. 앞으로 지속가능개발의 취지에 부응해서 기업이 필히 추구해야 할 환경개선은 바로 이러한 종류의 환경개선일 것이며 이러한 기업으로 구성된 산업이 바로 환경친화적 산업이다.

지속적인 환경개선을 도모하는 한편 환경과 무역을 연계시키려는 국제적인 움직임에 따른 대응체계를 구축하기 위해 정부는 지난 1995년 환경친화기업 지정제도를 도입하였다.

기업이 환경규제치 준수에 그치는 기존의 대응방식에서 탈피, 자율적으로 사업활동의 전과정에 걸친 환경영향을 평가하고 구체적인 환경목표를 설정하여 지속적으로 환경개선을 도모하는 적극적인 경영방식이 환경친화기업제도의 정의이다.

3) 무역 규제에 의한 환경보전

1980년대 중반 이후 지구환경보전에 대한 국제적 관심이 고조되면서 국제적 구속력을 갖춘 새로운 국제 환경협약들이 조인되고 있다. 문제는 이들 협약들 중 일부는 협약의 실효성을 확보하기 위하여 가입국의 노력은 물론이거니와 비가입국에 대해서는 이 협정을 근거로 무역규제를 요구하고 더 나아가서 산업정책의 전반적 수정까지도 요구하고 있다는 점이다. 이와 같이 환경보전을 위한 각종 규제조치들이 무역규제로까지 발전됨에 따라 이제 환경문제는 단순한 환경보전 차원을 넘어 산업활동과 수출경쟁에 직·간접적으로 영향을 미칠 것이 예상된다(Green Round).

선진국들이 환경규제를 강화하면서 무역과 연계시키려고 노력하는 데에는 지구환경보전이라는 명분도 있지만 세계 경제의 주도권을 계속 유지하려는 의도도 적지않게 내재되어 있다. 이런 측면에서 개도국들의 반발이 거센 것도 사실이다.

그러나 지금까지 대부분의 우리 기업들은 경제성장 우선정책에 의해서 환경요소를 소홀히 취급하였고 환경설비 투자 및 환경기술의 개발에 크게 관심을 갖지 않았던 것이 사실이다. 더구나 OECD(경제협력개발기구)에 가입한 이후에 우리 기업들은 뒤쫓아 오고 있는 새로운 개도국들과의 경쟁에서, 지금 선진국이 우리에게 요구하듯이 환경문제를 새로운 개도국들에게 요구해야만 될 입장에 놓이게 될 것이다.

한편 세계무역기구(WTO) 체제 하에서는 환경문제를 논의하기 위한 「무역과 환경위원회」를 1994년 4월에 발족시켰으며, 지구환경보전을 위해 제품 자체뿐만 아니라 제품의 '생산공정 및 방법(Process and Production Methods : PPMs)'까지 규제하려는 움직임이 있다. 특히, 산업공정 중에서 국제적으로 오염공정으로 인식되고 있는 것부터 규제하기 때문에 각 기업들은 이에 대비하여야 할 것이다.

4) 국제환경경영표준화

국제표준화기구(International Organization for Standardization, ISO)는 국제규격의 제도를 통하여 물자 및 서비스의 무역을 쉽게 할 것을 목적으로 1947년 발족한 비정부 기구이다.

이 기구가 최근 자주 거론되고 있는 이유는 새로운 환경경영체제 구축안 마련을 위한 ISO 제 207 기술전문위원회(ISO/TC 207)의 활동에 의해 만들어지고 있는 국제환경경영표준화(ISO-14000)에 국제적 관심도가 크기 때문이다.

지구의 환경문제가 점점 심각해지고 있기 때문에 더이상 환경보전에 대한 대처 없이는 산업의 지속적인 발전이 있을수 없다. 따라서 이제는 기업이 제품을 개발하고, 제조, 판매할 때는 시장성, 품질, 비용뿐만 아니라 환경에 대한 배려도 포함하여 생각해야 한다.

환경관리에 대한 국제규격의 필요성이 제기된 것은 이러한 사고방식의 전환과 함께 정부의 법적규제만으로는 한계가 있다는 인식에서 출발한다. ISO가 환경에 대해 일련의 규격을 제정하고 발간하였는데 이것이 ISO 14000시리즈이다. 이 규격시리즈에서 다루고 있는 EMS(Environmental Management System: 환경경영체제)는 「기업이나 단체가 환경에 대한 부하를 경감할 수 있는 활동을 계속해서 유지할 수 있는 체제」로 규정된다. 또한 WTO(세계무역기구)의 협정에 의해 ISO 규격 등이 존재시 가맹국의 국내규격으로 제정할 것을 의무화하고 있다. 한국에서는 이에 따라 1997년 10월에 KS A/ISO 14001을 제정한 바 있다(ISO 14000시리즈의 규격화가 진전됨에 따라 국내 규격화도 진행 중임).

5) 환경경영의 주요과제

(1) 종합품질경영과 환경경영

환경을 기업경영의 주요과제로 고려하는 기업은 그들의 생산공정이나 제품뿐만 아니라 조직도 환경이라는 요소를 감안해 바꾸어 나가야 한다. 이러한 변화를 효율적으로 추진하기 위해서는 조직체계의 효율성이 절대적으로 필요하기 때문이다. 1980년대부터 많은 기업들이 품질경영의 장점을 인식하고 새로운 각도에서 조직체계를 개편해 왔으며, 이러한 변화는 종합품질경영(Total Quality Management : TQM)으로 발전되었다.

TQM은 궁극적으로 무결점(zero-defects)을 지향하게 되며, 이를 위해 결점의 발생을 근원적으로 방지할 수 있는 경영시스템을 갖추어야 한다는 것이다. 이러한 무결점 지향의 종합품질(total quality)개념을 환경경영에 도입하여 기업활동이 환경에 미치는 부정적 효과를 근원적으로 제거해야 한다는 것이 곧 TQM과 환경경영의 접목이라 할 수 있다. 이러한 각도에서 품질관리와 환경경영의 관계를 간단히 비교해 보면, 품질 및 환경문제에 대한 대응은 조기에 이루어지는 것이 가장 경제적인 것이며, 일단 발생된 결점의 처방은 항상 많은 비용을 수반하게 된다는 점을 인식할 필요가 있다.

(2) 전과정 평가(Life Cycle Assessment, LCA)

LCA(즉, 요람에서 무덤까지의 평가, cradle-to-grave assessment)란 제품이나 생산공정이 환경에 미치는 영향을 그 출발(cradle)부터 최종소멸(grave)에 이르기까지 종합하여 비교, 분석하는 기법으로서, 그 결과를 바탕으로 실제 사용가능한 대안 가운데서 가장 환경에 바람직한 방법으로 의사결정을 하도록 유도하는 일련의 과정을 말한다. 따라서 LCA는 네 가지 단계에 걸쳐 진행될 수 있는데, 첫째는 목적 및 범위의 설정단계로 당해 LCA를 어떤 목적으로 사용할 것인가와 LCA의 범위를 설정하는 과정, 둘째는 목록분석단계로서 제품의 각 단계에서 발생되는 에너지나 자원의 사용량 및 환경부하의 배출량 등의 규모를 측정하는 과정, 셋째는 영향평가단계로서 측정된 사용량 및 배출량이 환경과 사회에 미치는 영향을 산정하는 과정이며, 넷째는 개선평가단계로서 제품의 환경에 미치는 영향을 개선시키는 대응책의 수립 및 실행단계로서 영향평가에서 밝혀진 문제점을 구체적으로 개선하기 위한 시책을 검토하여 그 효과를 정량화하는 것이다. 시책은 기술적인 개선 뿐만 아니라 제품의 라벨링, 제도의 개선 혹은 세제나 자금원조 등 재정적인 대책도 있다.

LCA는 실제 정부나 기업, 그리고 비정부단체(non-governmental organizations : NGOs) 등에서 다양하게 활용될 수 있다. 정부차원에서 볼 때 LCA는 환경마크(Green mark, E-mark from Ecology or Environment) 제도나 부담금 제도(합성수지, 껌, 1회용 기저귀 등)의 제정, 실시에 절대적으로 필요한 분석기법이라 할 수 있으며, 기업의 입장에서는 환경실적의 제고를 위한 노력의 실마리를 찾아내는데 가장 필수적인 기법이라 할 수 있다. 한편, 비정부단체들은 그들이 대상으로 하는 각종 활동의 객관성과 과학적 근거를 제시하는 방면으로 LCA가 사용될 수 있다. 이러한 LCA의 용도는 환경의 중요성과 함께 날로 다양해지는 추세에 있어, 환경경영학의 주요 연구과제가 되고 있으며, 실제 적용상의 한계를 극복하기 위해 많은 노력이 전개되고 있다.

(3) 청정기술(Clean Technology)

기업의 생산활동이 환경에 미치는 부정적 영향을 최소화하는 방향으로의 기술개발이 절실히 요청되며, 이러한 기술을 통칭하여 환경기술(environmental technology)이라 할 수 있으며, 이에는 환경에 부정적인 요소를 근원적으로 미리 제거해 나가는데 필요한 기술, 즉 청정기술(새로운 공정의 도입에 의한 환경오염물질 발생량 저감)과 제조공정에서 사후적으로 발생되는 환경오염물질은 깨끗이 처리하는데 사용되는 사후처리기술(end-of-pipe technology)이 있다.

6) 환경오염의 규제

(1) 외부효과와 환경세

'외부효과' (external effect)란 어떤 사람이 한 일 덕분에 한 푼의 대가나 보상도 없이 경제적 이익이나 손해를 보는 현상을 말한다. 예를 들어, 사과밭 옆에 벌통을 차린 양봉업자 덕에 대가없이 과수원 주인은 벌에 의해 꽃가루의 수분(受粉, pollination)이 잘되는 이득을 보거나(양의 외부효과), 자동차 배기가스 탓에 보행자가 나쁜 공기를 마시는 손해를 보게 되는 등의 경우가 이에 해당된다(음의 외부효과).

경제학은 이에 대해 이론적 해결책을 갖고 있다. 자동차를 많이 타는 만큼 환경세(環境稅, environmental taxes)를 부과해 공기오염에 대한 책임을 물리는 것이다. 이는 영국의 경제학자 피구(Pigou, Arthur Cecil)가 처음 제시해 피구세(Pigouvian tax)라고도 불리는 방식이다.

환경세란 환경오염행위에 부과되는 조세를 말하며, 어떤 행위로 인해 직접적으로 발생된 환경오염 피해를 근거로 징수하는 조세를 뜻한다. 환경오염 문제에 대하여 정부가 대처할 수 있는 정책수단의 유형으로는 직접개입, 간접개입, 직접규제, 시장에 맡기는 방법, 환경교육 및 홍보 등을 들 수 있는데, 이 가운데 환경세는 간접개입에 해당한다. 정부가 환경오염 행위를 직접 간섭할 것이 아니라 경제적인 유인 원리를 통해서 간접적으로 생산자나 소비자의 행태에 영향을 주어 환경오염을 통제하는 것이 더 바람직하다는 취지를 살리는 방법이다.

환경세에 대한 최초의 국제적인 논의는 OECD의 조사를 계기로 이루어졌는데, 1990~1991년의 자료에 근거하여 여러 형태의 명시적·묵시적 부담금과 조세들의 현황을 파악하여 1993년에 발표하였다. 소비세와 부가가치세를 포함하여 에너지와 자동차에 대한 수많은 조세들이 조사되었는데, 이 조사에서는 핀란드 · 네덜란드 · 노르웨이 · 스웨덴 4개 OECD 회원국에서 이행된 탄소세(炭素稅)가 다루어졌다.

탄소세란 지구의 온난화 방지를 위해 이산화탄소를 배출하는 석유, 석탄 등 각종 화석에너지 사용량에 따라 부과하는 세금으로, 그 효과는 2가지로 분류할 수 있는데, 첫째는 이산화탄소를 많이 함유하는 화석연료의 가격을 전반적으로 인상시킴으로써 화석연료 이용을 억제하는 것이고, 둘째는 대체에너지 개발을 촉진해 간접적으로 이산화탄소의 배출량을 억제하는 것이다.

그밖에 건전지, 플라스틱 쇼핑백, 일회용기 음료수, 살충제, 타이어, 프레온, 할론에 대해 부과하는 조세가 포함되었다. 또한 소득세제도 내의 일부 환경과 관련된 규정들과 함께 수질오염부과금, 폐기물 처리 및 관리 부과금, 소음공해에 대한 조세와 부과금 등도 보고되었다.

국내에는 현재 지방세 중에 대기오염 분야의 교통세가 있고 아직 조세법 내에 환경세법은 제정되이 있지 않다. 대신 부담금, 보조금, 환경친화기업 지정 등 각종 경제적 수단을 시행하고 있다. 특히 환경 분야에 대한 정부의 투자재원은 1995년부터 시행된 환경개선특별회계에 따라 환경개선부담금, 배출부과금, 폐기물예치금 · 부담금, 수질개선부담금 등 각종 부담금을 동 회계에 통합하여 조달하고 있으며, 일부는 정부의 일반회계 재원에서 충당하고 있다. 여기에는 오염자 부담의 원칙(Polluters Pay Principle : 3Ps)이나 생산자 부담의 원칙 등과 같은 일반원칙이 적용되고 있다.

(2) 직접규제방법

환경오염에 대한 규제입법은 오염규제의 목적달성을 위하여 여러가지 방법과 수단을 택하게 되며, 초기단계의 환경행정은 오염물질에 대한 직접적인 규제방식에 의존하게 된다. 직접규제방법은 오염물질을 배출하는 시설이 설치제한과 함께 설치된 시설에 대하여는 일정한 규제기준을 정하여 두고 정한 규제기준의 달성여부를 점검하고 행정명령 등 벌칙을 적용함으로서 소기의 목적을 달성하게 된다.

환경기준(Environmental Quality Standard)이란 일반적으로 그 지역 환경에 요구되는 일정한 조건을 전제로 이를 위하여 유지될 것이 요청되는 기준이라 할 수 있다. 환경기준은 직접규제를 위한 규제기준이라기 보다는 어느 범주내의 지역에 대한 목표기준이다.

배출기준(Emission Standard)이라 함은 배출시설에서 배출되는 환경오염의 요인이 되는 오염물질의 최대허용량 혹은 최대허용농도를 말하며 이를 배출허용기준이라고도 한다. 이 배출기준은 오염규제 입법상의 강제조치의 한계가 되며 배출부과금의 기준이 된다는 점에서 매우 중요한 의미를 지니고 있다.

환경입법에서 환경기준을 규제기준으로서 규정짓지 않는 한 그 법적 성격은 행정지침 또는 목표로서의 성격을 가지는데 반하여, 배출허용기준은 언제나 법적 구속력을 가진 규제기준으로서의 성격을 가진다.

일반적으로 환경기준은 배출기준보다도 더 엄격하다. 즉, 수치로서의 기준치가 더 낮게 설정된다. 예로서, 환경정책기본법상의 하천 1급수의 수질 **환경기준**은 BOD 1ppm 이하지만, 수질환경보전법상의 하수종말처리장의 방류수 **배출기준**은 BOD 20ppm 이하이다.

배출기준을 설정함에 있어 배출구에서의 배출물질의 농도를 그 기준으로 하여 이를 정하는 것이 가장 보편적이다. 오늘날 세계적으로 가장 널리 이용되고 있는 규제방식은 ppm 혹은 mg/L의 **농도규제**방식이다.

그러나 이와 같은 농도규제방식은 오염원의 수와 규모가 증대됨에 따라 많은 오염물질이 환경속에 축적된다는 사실과 관련하여 재검토하지 않으면 아니된다. 배출기준에 의한 규제가 완전히 이행되더라도 전체적인 오염물질량의 증가는 방지하기가 어렵고 오염물질 배출시설의 수가 증가하게 되면 개별배출시설에서 배출기준을 준수한다 하더라도 환경기준의 달성이 어려운 경우가 발생하게 된다. 여기에서 총량의 규제문제가 대두되게 된다.

총량규제라 함은 각 지역의 대기나 하천, 항만 등의 자연정화작용, 기상, 지형 등을 조사하고 그 오염 한도량을 산출하여 이를 기초로 그 지역에 있는 공장, 사업장 등에 대하여 유해물질의 배출량을 할당하는 방식이다. 이 방식이 적용되면 각 배출시설의 1일 배출절대량이 정하여지기 때문에 각 배출시설로서는 이를 충족할 수 있는 오염방지 시설을 설치하든가 조업단축을 하든가 혹은 배출시설을 이전하든가 하여야 하므로 축적오염의 방지에 큰 역할을 기대할 수 있고, 나아가 건전한 환경을 보전할 수 있게 되는 것이다. 그러나 실제로 총량규제의 실행은 기술적 · 재정적 · 정책적인 이유 때문에 그 채택은 많은 어려움을 안고 있다.

(3) 간접규제방법

환경오염물질 배출에 대한 규제로서, 경제적인 유인책을 **통하여 간접적으로 환경기준을 달성하고자 하는 방법이 간접규제방법**인데, 우리나라는 물론 주요 국가들의 환경규제는 직접규제방법에서 **경제적 유인책(Incentive 제도)**을 사용한 간섭규제방법으로 점차 전환되고 있다.

부담금제도는 오염 원인행위에 대하여 지불하는 조세성격으로 오염억제 효과와 재분배효과를 가지고 있다. 지금까지 환경규제는 주로 생산활동과 관련하여 배출되는 오염물질의 현장 단속에 집중되어 왔다. 반면 일상 생활 과정에서 국민 개개인이 배출하는 생활하수, 가정연료, 생활쓰레기(합성수지, 껌, 1회용 기저귀 등 ※ 부담금은 되돌려 주지 않음), 자동차 공해 등에 대한 적극적인 대책이 필요하다.

배출부과금제도는 사업자가 배출허용기준치를 초과하여 오염물질을 배출하는데 대하여 금전적으로 부과하는 일종의 부담금이다. 오염물질 배출에 대하여 금전적으로 부과시키므로서 사업자 스스로 오염물질의 적정처리를 유도하는 간접적인 규제제도이다.

제품부담금제도는 환경오염을 유발하는 제품자체에 부담금을 부과하는 제도로서, 폐합성수지제품의 제조업자에게 연간 제품생산량을 토대로 제품부과금이 부과되고 있으며, 이렇게 징수된 금액은 한국환경자원공사를 통하여 농·어촌 지역의 폐합성수지 수집비용 등으로 사용되고 있다.

예치금제도의 기본성격은 원인자부담의 원칙(3Ps : Polluters Pay Principle)에 따라서 유해물질을 함유하거나 다량으로 폐기물이 발생되는 제품의 경우 그 폐기물의 회수, 처리, 사용을 제품의 제조, 수입업자에게 부담시키는 경제적 유인책으로서 기업이 자율적으로 폐기물 발생량을 줄이도록 유도하고, 이미 발생된 폐기물을 효율적으로 회수, 처리하기 위한 것이다.

예치금 대상품목은 건전지, 타이어, 윤활유, 가전제품, 종이팩 등 7개분야의 17종에 이르고 있으며, 이러한 폐기물 예치금은 제품을 제조하거나 판매, 수입하는 사업자로부터 징수하여 폐기물관리기금으로 납입하게 되며, 사업자가 회수, 처리했을 경우는 예치금을 되돌려 주지만, 사업자가 회수, 처리하지 않는 부문에 대해서는 남은 예치금을 이용하여 해당 폐기물을 재활용, 회수, 처리하게 된다.

오염배출권 거래제도는 오염물을 배출할 수 있는 권리를 거래하는 시장을 형성, 민간부문이 자율적으로 환경오염문제를 해결하도록 만들기 위해 도입된 제도이다.

오염배출권 거래제도는 각 개별업체별로 배출하여야할 오염물질의 총량을 할당하고 할당된 범위내에서 업체간 시장경제원리를 동원하여 자유롭게 배출권을 거래하도록 함으로써 환경기준의 달성, 도모와 함께 민간업체가 자율적으로 환경개선에 기여하도록 하는 것이다. 이 제도의 도입을 위해서는 총량규제의 실시가 전제되어야 하고 오염물 배출에 대한 기초자료가 확보되어야 하며, 영향권별 배출총량의 설정이 전제되어야 할 것이고, 업체의 의식수준향상과 함께 지도·단속기관의 자동모니터링 등 부수적인 사항들이 완비되어야 할 것이다.

환경마크제도(환경 labeling제도)란 상품에 대한 일종의 품질인증제도로서 "특정상품이 동일 목적의 다른 제품에 비해 환경에 긍정적인 영향을 줌"을 환경마크로서 인정·표시해 주는 제도이다. 환경마크제도는 녹색마크(Green mark), 이마크(E-mark) 또는 환경라벨링(E-labeling)제도라고도 하고 있으며, 이마크에서 영문자 E는 "환경"을 의미하는 "Environment" 또는 "Ecology"의 약자이다.

7) 환경영향평가제도

(1) 의의 및 목적

환경은 일단 한 번 파괴되면 그 원상회복이 거의 불가능하고, 또한 복구에 막대한 비용이 소요되어 궁극적으로는 경제활동을 제약하게 되므로 환경문제에 효율적으로 대처하기 위해서는 환경오염에 대한 사전예방의 노력이 매우 중요하다.

환경영향평가(Environmental Impact Assessment)제도는 이러한 환경오염 사전예방제도로 각종 사업계획을 수립 · 시행함에 있어서 당해 사업의 경제성, 기술성 뿐만 아니라 환경적 요인도 종합적으로 비교 · 검토하여 최적의 사업계획안을 모색하는 과정으로서, 환경적으로 건전하고 지속가능한 개발이 되도록 함으로써 쾌적한 환경을 유지 · 조성함을 그 목적으로 한다.

(2) 대상사업

개발사업은 크던 작던 일단 시행하게 되면 환경에 악영향을 미치게 되므로 절대적 환경보전을 위한다면 모든 개발사업이 평가대상이 되어야 할 것이다. 그러나 평가에 소요되는 시간 및 비용 등을 고려할 때 타 법령에 의하여 환경성이 검토되는 등 그 실익이 크지 않은 경우에는 평가대상에서 제외하는 것이 바람직한 바, 일반적인 평가대상사업의 선정기준은 다음과 같다. 즉,

첫째, 골프장 건설 등 사업특성상 자연환경 · 생태계를 훼손할 우려가 큰 사업
둘째, 자연공원 집단시설지구 등 환경적으로 민감한 지역에서 시행되는 사업
셋째, 매립사업 · 댐건설 등 환경영향이 장기적 · 복합적으로 발생하여 쉽게 예측이 곤란한 사업
넷째, 택지 · 공단조성 등 대기오염 · 수질오염 · 토양오염 등 복합적 환경오염이 발생될 것으로 우려되는 사업

현행 환경영향평가법에 의한 평가대상사업은 국가, 자치단체 등 공공기관 및 민간사업자가 시행하는 다음의 17개 분야, 63개 세부사업으로 구성된다. 즉, 도시개발, 산업입지, 에너지개발, 항만건설, 도로건설, 수자원개발, 철도(도시철도), 공항건설, 하천개발, 매립 · 개간, 관광단지, 체육시설, 산지개발, 특정지역개발, 환경기초시설, 국방군사시설, 토석채취 등이다.

(3) 평가서의 작성, 협의 및 관리

현재 환경영향평가서는 사업계획을 수립 · 시행하는 사업자가 작성하는데, 사업자는 우선 환경영향평가 대상지역 주민의 의견을 수렴하기 위하여 평가서 초안을 작성하여 이를 공고(1개 이상의 중앙일간신문 및 지방일간신문) 및 공람(50일 이내 30일 이상)하고, 설명회 또는 공청회를 개최하고, 수렴된 주민의견을 평가서 작성시 반영(비반영시는 사유 기재)하도록 하고 있다.

한편 평가서 작성은 23개 평가항목에 대한 다종다양한 전문성을 필요로 하므로 사업자는 평가서 또는 평가서 초안을 작성함에 있어 환경영향평가의 실시를 환경부장관이 지정 · 고시하는 평가대행자로 하여금 대행하게 할 수 있다.

사업자가 작성한 평가서는 사업승인기관에 제출되고 다시 사업승인기관에 의하여 환경부(또는 지방환경관서)에 협의 요청되는데, 환경부는 평가서를 협의함에 있어서 한국환경정책 · 평가연구원 등의 검토의견을 들어 필요시 수정 · 보완 등의 조치를 한 결과(협의내용)를 사업승인기관에 통보한다.

환경영향평가의 실효성 확보를 위하여서는 협의내용의 충실한 이행이 이루어져야 하므로 사업자는 협의내용을 성실히 이행하여야 하며, 이를 위한 협의내용 관리대장 비치, 협의내용 관리책임자 지정, 사후 환경영향조사 등의 의무들 뿐만 아니라, 환경영향평가 협의내용으로 확정된 오염물질의 배출농도에 관한 협의기준을 위반하는 때에는 협의기준 초과부담금이 부과된다.

한편 협의내용의 충실한 이행을 확보하기 위하여 사업승인기관은 사업장 현지조사 등을 통하여 공사중지 명령 등 필요한 조치를 강구하여야 하며, 지방환경관서는 사업자나 사업승인기관에 공사중지명령 등 필요한 조치를 요청할 수 있다.

12-3 지구생태계 보전을 위한 국제 협약

1) 오존층 보호를 위한 국제 협약

(1) 비엔나 협약(Vienna Convention)

1976년 유엔환경계획기구는 오존층의 파괴가 전지구적인 시급한 환경문제라고 확인하였으며, 1977년에는 이에 관한 전문가회의를 소집하였고 오존층에 관한 협력위원회

(Coordination Committee on Ozone Layer)를 발족시켰다. 그리고 1981년 유엔환경 계획기구는 오존층의 보호를 위한 국제협약을 체결하기 위한 실무단을 구성하였으며, 이 실무단은 1983년 협약의 초안을 마련하였다. 1985년 비엔나에서 오존층의 보호를 위한 회의가 개최되었는데 마지막날에 "오존층 보호를 위한 비엔나 협약"(The Vienna Convention for the Protection of the Ozone Layer)이 채택되었다.

그러나 비엔나협약은 선언적으로서 골격적 협약에 그쳤으며 구속력있는 실제적인 규제내용을 담지는 못하였다. 따라서 실제로 오존층 파괴물질(염화불화탄소)을 규제하기 위한 구체적인 대책수립이 필요하게 되었다.

(2) 몬트리올 의정서(Montreol Protocol)

비엔나협약이 남긴 문제를 다루기 위하여 1986년 제네바에서 그리고 1987년에는 비엔나에서 제1차 및 제2차 의정서 협상회의가 개최되었으며, 이에 따라 오존층 파괴물질에 대한 규제적 통제전략의 윤곽이 잡혀져 갔다. 1987년 세번째의 회의가 몬트리올에서 개최되었는데 그 마지막날에 "오존층을 파괴시키는 물질에 대한 몬트리올 의정서"(Montreol Protocol on Substances that Deplete the Ozone Layer)가 채택되었다. 몬트리올 의정서는 필요한 비준을 획득하여 1989년 1월부터 발효가 되었다.

그 주요내용으로 첫째는 규제조치이다. 규제조치는 오존층 파괴에 심각한 영향을 끼치는 물질을 보여주는데, 대표적인 것이 프레온 가스로 알려진 염화불화탄소(CFC)이다. 여러 종류의 염화불화탄소를 점점 줄여나가고 있으며, 개도국은 1998～2000년 평균 생산, 소비량 또는 1인당 생산, 소비량 0.2kg 중 낮은 수치 기준으로 2007년 85%, 2010년까지 100%를 삭감하도록 했다.

할론(halon ; 프레온 가스에 함유된 염소 대신에, 같은 halogen족 원소인 Br이 함유된 消火劑用 가스)의 경우는 1986년 생산, 소비량을 기준으로 1994년부터 100% 삭감하도록 하고 있다. 그밖에 사염화탄소, 메틸클로로포름, 수소염화불화탄소, 메틸브로마이드에 대한 규제 내용을 열거하고 있다. 우리나라는 1994년 10월 제6차 당사국총회시 상기 규정의 적용을 받아 염화불화탄소의 경우 2010년 1월부터 소비금지 등 개도국 규제 기준을 적용받고 있다.

둘째는 비가입국에 대한 통상(무역)제재이다. 과거의 환경협약은 비가입국에 대한 하등의 구속력있는 제재가 없었기 때문에 가입국가만 경제적 불이익을 받는 모순이 있었으며, 특히 지구적 차원의 환경협약은 대다수의 국가가 참여하지 않으면 그 의미가 실종될 것이다. 비가입국가에 대한 통상제재가 몬트리올 의정서에서 처음으로 채택되었다.

셋째는 1990년부터 최소한 4년에 한번씩 과학적, 환경적, 기술적 및 경제적 정보에 입각하여 규제수단을 재평가(Assessment and review of control measure)하도록 한 것이다.

(3) 런던회의(London Revisions to the Montreol Protocol)

1990년 런던에서 열린 몬트리올 의정서의 제2차 가입국 회의에서 몬트리올 의정서의 내용을 보완, 개정하는 런던회의가 개최되었다. 이 수정은 20개국의 비준, 동의를 얻어서 1992년 1월부터 발효되었다.

첫째, 몬트리올 의정서에 의하여 규정된 대상물질의 감축시기를 앞당긴 것이다. 즉, 1995년까지 50%를 감축하고 1997년까지 85%를 감축하며 2000년까지 완전 생산금지하기로 하였다. 할론도 1995년까지 50% 감축하고 2000년까지 완전 생산금지하기로 하였다. 그리고 메틸크로로포름 등을 새로이 대상물질로하여 단계적으로 감축시키도록 하였다.

둘째, 이와 같이 감축을 낭초 계획보다 앞당김에 따라 개발도상국의 부담을 덜어 줄 필요가 있게 되었다. 즉 기술이전과 재정지원에 관한 조항이 개도국에 우호적으로 개정되었나. 가입국들은 공정하고 우호적인 조건으로 개도국에 기술을 이전하기 위하여 모든 실용적인 조치를 취해야 하며, 세계은행의 관장하에 특별 기금을 설치하여 규제의 이행에 드는 경비를 지원할 수 있도록 하였다.

2) 기후변화협약과 교토의정서

(1) 기후변화협약(氣候變化協約)

정식명칭은 '기후변화에 관한 유엔 기본협약(United Nations Framework Convention on Climate Change)'으로, '92년 5월 9일 미국 뉴욕에서 체결되어 '94년 3월 21일 발효(156개국 가입)되었고, 그 목적은 이산화탄소를 비롯한 온실가스의 방출을 제한하여 지구온난화를 방지하기 위함이며, 규제대상 물질로는 탄산가스 · 메탄가스 · 프레온가스 등이 대표적 예이다. 협약내용에는 기본원칙, 온실가스 규제문제, 재정지원 및 기술이전문제, 특수상황에 처한 국가에 대한 고려 등이 포함되어 있다.

(2) 리우 환경회의

'92년 6월 3-14일까지 브라질 리우데자네이루에서 각국 대표들과 민간단체들이 지구환경보전을 위해 실시한 회의로서, 정부 대표가 중심이 된 유엔환경회의(UNCED:일명 Earth Summit)와 각국 민간단체가 중심이 된 지구환경회의(Global Forum '92)가 함께 개최되었다.

유엔환경회의는 리우선언 · 의제 21(Agenda 21) · 기후변화협약 · 생물다양성협약 · 산림원칙 등을 채택하였고, 지구환경회의는 지구헌장 · 세계민간단체협약 등을 채택하였다.

이 중에서 리우선언은, 1972년 1월 16일 스웨덴 스톡홀름에서 채택된 인간환경에 관한 국제연합인간선언을 재천명하고, 새로운 국가 사이 협력수준의 창출을 통해 동반자적 관계를 마련하여 전인류의 이익을 도모하고, 지구환경과 개발 체제의 통합성을 보존하기 위해 27개 원칙을 채택하였다. 이것은 지속가능한 개발과 환경보전에 있어서 국제적인 협력관계를 이상으로 하고 있다.

또한 의제 21은 지구환경보전과 지속가능한 성장을 위한 행동계획을 담은 일종의 지침서이다. 주요 내용은 전문, 지속가능한 성장을 위한 사회 · 경제적 과제, 자원의 보존과 관리, 주요 단체들의 역할강화, 집행을 위한 수단 등 크게 다섯 부문 총 40장으로 이루어져 있다. 이 중에서 Section II의 제 28장은 지구환경보전을 위한 지방정부 역할의 중요성을 강조하였다(Local Agenda 21).

(3) 교토의정서

선진국과 개도국이 '97년 12월 일본 교토에서 기후변화협약 제3차 당사국 총회를 개최한데 붙여진 이름이다. 경제개발협력기구(OECD)회원국을 포함한 38개국이 2012년까지 이산화탄소 등 온실가스를 1990년 기준의 5.2%까지 감축토록 의무화했는데 그 핵심내용은 다음과 같다.

- 38개 선진국은 2008년부터 2012년까지 온실가스 배출을 1990년보다 평균 5.2% 줄일것
- 개도국은 2013년부터 2017년까지 감축(한국은 개도국에 포함)
- 온실가스란 이산화탄소(CO_2), 아산화질소(N_2O), 메탄(CH_4), 불화탄소(PFCs), 수소불화탄소(HFCs), 불화유황(SF_6) 등 6종류
- 온실가스 배출권의 국가간 거래 허용

(4) 진행상황

교토의정서는 규제대상 온실가스를 확정짓고, 3차의 기간으로 나누어 온실가스 저감목표를 설정하도록 하였으며, 부속서I국가들은 1차기간인 2008년부터 2012년까지 '90년 배출량 대비 평균 5.2% 감축할 것을 합의하였고, 각국은 국가별 여건에 맞게 미국 7%, 일본 6%, 유럽연합 8% 등 차별적 목표를 부여받았다.

온실가스 감축량을 상품처럼 사고 팔 수 있게 한 교토메커니즘을 도입하였으며, 우리나

라는 38개 감축의무 부담국에는 포함되어 있지 않지만 세계 11위의 CO_2 배출국이며, '90년도 온실가스 배출량을 100으로 볼 때 2010년에 EU는 92, 미국은 93, 일본은 94, 한국은 240을 배출하게 된다.

교토의정서 발효의 열쇠를 쥔 미국 의회가 개도국의 참여 없이는 의정서의 비준이 어렵다고 결정한 바 있으며, 선진국의 감축의무 달성에는 비용이 들고, 국가차원의 부담은 점차 산업별, 기업별로 구체화, 개별화 될 것이다. 따라서 의무를 부담하는 38개국 기업과 기타 국가의 기업간 경쟁력에 관한 문제가 대두되고 있다.

기후변화협약은 환경협약으로 출발하였으나 사실상 경제협약이며, CO_2 저감을 유도할 수 있는 비관세 장벽이 점차 강화될 것이며, 1단계로 자동차, 가전기기 등 에너지사용 기기에 대한 최저효율 또는 목표효율제가 일반화되어 기준미달 기기에 대한 수입금지 또는 벌칙금(penalty)수준의 관세가 부과될 것이다.

2단계로 상품의 제조단계에서의 CO_2 발생량을 명기하는 환경마크제도 또는 CO_2 등급제가 도입되어 녹색소비운동(Green Consuming Program)과 연계될 것이며 상품의 제조, 유통, 사용, 폐기 등 전과정(life cycle) 동안의 에너지 사용 및 온실가스 배출량에 대한 평가가 일반화될 것이다(LCA). 따라서 궁극적으로는 에너지와 환경에 투자한 기업이 경쟁력을 가지게 된다.

2007년 현재 미국의 부시 행정부는 교토의정서에 대해 소극적인 태도를 나타내어 자국내에서는 물론 EU 및 여러 국가들로부터 강력한 반발을 사고 있다. 이에 반해 영국에서는 제품 생산과정에서의 탄소 배출량을 표기하도록 하는 '탄소 발자국 운동(Carbon Footprint Movement)'이 민간단체 주도로 벌어지고 있다.

(5) 산림육성에 의한 온실가스 감축의무의 대비

기후변화협약과 교토의정서 발효에 따라 적극적인 숲가꾸기와 해외조림 등을 통하여 탄소흡수원(CO_2 sink ; 바다, 호수, 늪, 습지, 숲 등)을 확충하여 온실가스 감축의무에 대비할 수 있다(※ 탄소발생원, CO_2 source ; 석탄, 석유 등의 연소, 산불, 분해, 부패, 호흡 등).

나무는 탄소동화작용을 통해 온실가스인 이산화탄소를 흡수하여 줄기, 가지, 뿌리 등에 유기물 형태로 저장하면서 자라게 된다. 다시 말하면 나무가 자랐다는 것은 그만큼 대기중의 온실가스를 흡수했다는 이야기다.

우리가 일상적으로 에너지를 사용하면서 온실가스를 배출하는 것과는 반대의 경우인 셈이다. 그래서 숲을 온실가스 흡수원이라고 한다.

그러나 온실가스를 흡수하는 모든 숲에 탄소배출권을 인정하는 것은 아니다. 교토의정서에서는 목재 생산, 깨끗한 물 공급, 휴양 공간 및 경관제공 등 숲이 가진 다양한 기능을 향상시키기 위해 사람이 적극적으로 가꾸어준 숲에서 흡수한 온실가스만 탄소배출권으로 인정해 주고 있다.

가꾸지 않고 방치한 숲은 인정을 하지 않는다는 것이다. 이러한 측면에서 최근 정부 및 민간에서 추진하는 숲가꾸기 사업은 탄소배출권을 얻기 위해서도 더욱 확대되어야 할 것이다.

또 한 가지는 도시 내 자투리 땅, 버려진 농지 등에 새로 나무를 심을 경우에는 동일한 면적에서도 더 많은 탄소배출권을 인정하고 있다. 다른 한편으로는 산불도 탄소배출권과 밀접한 관계가 있다. 즉, 산불은 두 가지 측면에서 탄소배출권에 손해를 입힌다.

하나는 온실가스를 흡수, 저장하는 공장 자체가 없어진다는 것이다.

또 다른 하나는 그 공장인 나무가 타면서 엄청난 온실가스가 일시에 대기 중에 배출된다는 것이다. 따라서 산불은 지구온난화 방지 및 탄소배출권 확보 측면에서도 절대적으로 막아야 한다.

그리고 산림을 파괴하는 산지전용의 경우는 지상의 나무에 저장되어 있는 탄소 뿐만 아니라 토양 내에 있던 탄소까지도 배출되게 된다.

3) 생물다양성협약(Convention on Biological Diversity)

생물다양성협약의 채택배경은 1600년대 이후 멸종속도는 그 이전 과거 화석으로 확인된 멸종 속도보다 50～100배 빨라지는 등 생물다양성에 대한 감소위기의 확산과 생태계 안정의 기반, 식량 및 의약품 등 인류복지의 문제로 인해 생물다양성의 가치에 관한 인식 확대및 개도국들이 유전자원의 이용으로부터 획득하는 선진국들의 이익을 자원 제공국과 공평히 배분할 것을 주장함을 배경으로 해서 태어난 협약으로서, 그 의의는 생물자원에 대한 생물종 보유국의 주권적 권리와, 동 생물종에 대한 이용국의 접근권을 함께 규정함으로써, 향후 생물종의 보유, 이용과 관련한 국제적인 권리·의무관계의 모태가 되었다는 점에서 찾을 수 있다.

본 협약은 1992년 6월 브라질 리우회의 유엔환경개발회의(UNCED)에서 158개국이 서명하였고(우리나라 포함), 1993년 12월 협약이 발효되어, 1994년 10월 우리나라도 이에 가입하였으며 1998년 현재 171개국이 가입하고 있다.

생물다양성 협약의 목표는 첫째, 인간의 경제개발활동에 의하여 생물종의 다양성이 현저하게 감소함으로써 자원의 손실 및 생태계의 불안정이 야기되는 상황에 대처, 천연 서식지의 보호 등을 통해 생물종의 다양성을 보전하고 둘째, 생물자원의 지속가능한 이용을 확보하며 셋째, 유전자원의 이용으로부터 파생되는 혜택을 유전자원 제공국가와 사용국가간 공평하게 배분하는 것을 목표로 한다. 생물다양성협약은 열대림의 파괴와 급속히 멸종되어가는 생물의 다양성을 보존하기 위하여 선진국은 물론 개도국이 노력하여야 한다는 것을 주요내용으로 하고 있으며, 열대림 · 산림개발의 제한, 공해상에서의 어획량 및 어로방식 규제문제, 유전자의 산업적 이용에 대한 지적 소유권의 인정문제 등을 주요내용으로 하고 있다.

개도국들은 열대림 등 자신들의 영토내에 풍부하게 부존된 생물다양성을 자신들의 자원으로 간주, 현재까지 선진국들이 무제한적으로 사용하였던 유전자원들에 대한 배타적 독점권을 주장하면서 열대림의 보존으로 인한 경제적 보상을 주장하고 있으며, 선진국들은 유전공학기술 및 신물질에 대한 독점적 지적 소유권을 주장하고 있다.

이 협약이 더욱 구체화되어 본격적인 규제가 시작될 경우 국내산업에 미치는 영향으로는 수산물가공업 비용 상승, 주택 · 공장 · 골프장 등 개발사업의 규제, 선진국의 유전공학기술도입에 따른 비용 증가 문제가 우려된다. 여기에 대한 대책으로는 유전공학기술의 지속적인 개발과 함께 각종 개발사업에서 항상 환경을 고려하는 등 환경영향평가 제도의 철저한 이행과 현행 제도의 부분적 보완이 필요할 것으로 판단된다.

4) 유해폐기물 관련 협약

1973년 창설된 UN산하의 환경관계 국제기구인 유엔환경계획기구(UNEP, United Nations Environment Programme)의 이사회는 유해폐기물의 국가간 이동에 관한 협약을 준비하기 위한 법률 및 전문가그룹을 구성하였다. 이러한 그룹의 준비와 수차에 걸친 정부간 회의를 거쳐서 1989년 3월 스위스 바젤에서 UNEP의 주관으로 열린 회의에서 116개국의 대표가 참가한 가운데 채택된 것이 "유해폐기물의 국가간 이동과 처리의 규제에 관한 바젤협약(The Basel Convention on the Control of Transboundary Movements of Hazardous Wastes and Their Disposal)" 이다.

유해폐기물 또는 기타 폐기물의 생성이 불가피한 경우에는 이러한 폐기물은 생성된 장소에서 가장 가까운 장소에서 처리되어야 하며, 처리의 장소가 어느 곳이든 간에 환경적으로 건전한 관리가 보장되어야 한다는 원칙을 제시하고 있으며, 유해폐기물과 기타 폐기물을 수출하려는 국가는 수입하려는 국가가 해당폐기물을 환경적으로 건전한 방법으로 처리할 수 없다고 생각되는 경우에는 수출을 허용하지 않아야 한다. 또한 어느 국가이든 자국내에서 환경적으로 건전한 방법으로 처리할 수 없다고 생각하는 유해폐기물 및 기타 폐기물의 수입을 금지하여야 한다고 명시하고 있다.

바젤협약에 가입하지 않는 국가에 대한 유해폐기물의 수출 및 이러한 국가로부터의 유해폐기물의 수입은 금지하고 있고 체약국은 다른 체약국 또는 비체약국과 다자간, 쌍무간 또는 지역적인 협정을 체결할 수 있다고 정하고 있으며, 유해폐기물 수출 · 입시 경유국 및 수입국에 사전통보를 의무화하고 있다.

5) 산성우 관련 협약

산성우는 관련 국가간의 문제로서 유럽·북미 뿐만 아니라, 동북아시아 지역에서는 한국, 북한, 러시아, 중국, 일본간의 대기오염물질의 배출실태, 장거리 이동, 산성우 실태와 피해 파악이 현안문제이다. 동북아시아 지역은 인구가 많고 산업활동이 활발하여 대기오염물질의 배출량이 많고 산성우가 관측되는 지역이어서 앞으로 국가간의 분쟁이 발생할 소지가 있어 대책이 시급한 실정이다.

(1) 대기오염물질의 장거리이동에 관한 협약

산성우에 의한 피해 및 대기오염에 의한 피해를 줄이기 위해 1979년 11월 스위스 제네바에서 유엔 유럽경제위원회(United Nations Economic Commission for Europe) 주관으로 대기오염물질의 장거리 이동에 대한 협약(Convention on Long-Range Transboundary Air Pollution : 1983년 발효)이 제정되었다. 이 협약에는 유럽국가들과 북미 대륙국가들만이 가입하여 지역 협약의 범위를 벗어나지 못하였다.

(2) 헬싱키 의정서

대기오염물질 장거리이동에 관한 협약의 세부적인 규제조치를 위하여 1984년 3월 캐나다에서 산성우에 관한 캐나다 유럽관련 장관회의를 개최하고, 산성우의 원인물질인 **황산화물**(SO_X)의 배출량을 1993년까지 1980년의 30% 수준으로 삭감할 것을 합의하였다. 소위 「30% 클럽」이 탄생하였다.

이어, 1985년 7월 핀란드의 수도 헬싱키에서 SO_x 30% 삭감을 주요내용으로 하는 헬싱키 의정서(Helsinki Protocol)가 채택되었다.

(3) 소피아 의정서

1989년 불가리아의 소피아에서 산성우 문제와 관련 **질소산화물**(NO_X)을 줄이자는 소피아 의정서(Sofia Protocol)가 채택되었다. 휘발성 유기화합물(Volatile Organic Compounds ; VOC)에 대한 의정서를 준비 중이며, 앞으로 중금속의 감축에 대한 의정서도 제정할 예정이다.

6) 리우환경회의

1972년 스웨덴 스톡홀름회의가 있은지 20년만에 1992년 6월 브라질 리우데자네로에서 환경과 개발에 관한 유엔회의(UNCED, Earth Summit)가 개최되었다. 178개국 대표가 참가하였으며 우리나라도 국무총리와 환경처장관을 포함한 정부대표와 비정부대표단을 파견한 바 있다. 리우회의에서는 1972년 스톡홀름회의 이후의 지구환경 문제에 대한 심각성을 논의하고 21세기를 향한 지구인의 행동강령인 『리우선언』, 『의제 21』의 채택과 함께 기후변화협약, 생물다양성 협약 등이 채택되었다.

(1) 리우선언

리우선언은 국제사회가 환경과 개발의 조화를 추구하는데 필요한 정치적이고, 철학적인 기본지침이라 할 수 있으며, 20년 전 스톡홀름에서 『인간환경선언』에 이은 지구환경보전을 위한 지구인 기본원칙을 정하였다는데 그 의의가 크다고 본다. 전문과 27개 기본원칙으로 구성되어 있고, 지구환경보전을 위한 지구인 전체의 기본선언이라는 측면에서 뜻하는 바 크며, 환경적으로 건전하고 지속가능한 개발(Environmentally Sound and Sustainable Development, ESSD)을 지향하는 선언적 규범이다.

(2) 의제 21(Agenda 21)

의제(Agenda)란 '토의할 과제, 해야 할 일' 이란 뜻을 가진 단어로 의제 21이란 "21세기의 지속가능한 개발을 위해 전 인류가 논의하고 실천해야 할 과제"를 뜻한다.

21세기 지구환경보전을 위한 행동계획으로 리우선언이 모법이라면 의제 21은 그 시행령에 해당된다고 할 수 있다. 의제 21은 전문(Preamble)과 4개부(Section)로 구성되어 있으며, 사회경제적 문제를 다룬 제1부, 자원의 보존관리를 다룬 제2부, 주요 그룹의 역할을 다룬 제3부, 이행방안을 다룬 제4부로 되어 있으며, 전체적으로는 38개 의제로 되어 있다.

의제 21은 향후 국가간의 협약 등에 기본원칙이 될 것이라는 측면에서 그 의의가 크고, 민간 공해방지기술을 포함한 민간기술의 강제적 이전(Compulsory Licensing) 조항이 포함되어 있어서 의제 21의 채택으로 선진국으로부터 기술이전 및 전수가 보다 용이할 것으로 판단된다.

의제 21은 지속가능한 개발을 위해 인류에게 임무를 부여하고 있다. 에너지와 원자재의 사용 및 오염물질과 폐기물의 배출을 줄이고 파괴되기 쉬운 생태계를 보호하며 빈곤한 자, 혜택받지 못한 자의 요구와 권리에 특별한 역점을 두면서, 남반구와 북반구간, 국가간 그리고 각 국가내의 사회 계층들간에 부와 기회와 책임이 더욱 공정하게 공유될 수 있어야 한다고 한다.

지방의제 21(Local Agenda 21)이란 이러한 과제를 지역적 차원에서 구현해나가기 위한 계획으로서, 지속가능한 지역공동체의 발전을 위하여 지방정부가 그 지역의 주요단체와의 협의 하에 작성한 구제적인 행동계획(Action Plan)을 의미한다. 의제 21의 성공적인 이행은 지방의제 21의 성공적 정착에서부터 시작된다.

제 4 부

환경오염과 생태계

13 대기오염과 생태계

14 수질오염과 생태계

15 폐기물과 생태계

16 살생물제와 환경호르몬 및 토양오염

CHAPTER 13

대기오염과 생태계

우리가 살아있는 한 하루에 약 20,000L의 공기를 흡입해야만 한다. 매 호흡마다 대기의 99%를 차지하는 질소와 산소 외에도 여러 가지의 가스상, 액상, 고체상 물질이 흡입된다. 이들 화학물질 중 일부는 자연계로부터 오지만 대부분은 승용차, 트럭, 발전소, 공장, 담배 등 인간의 활동으로부터 발생한다. 비록 미량이라 할지라도 대기오염물질로 알려진 이들 화학물질에 계속적으로 폭로된다면 인간의 각 조직, 식물, 동물, 건물, 금속 기타 물질에 손상을 가져올 수 있다.

13-1 대기오염물질 및 실내공기오염물질의 형태와 근원

1) 대기권

지구를 둘러싸고 있는 대기권(大氣圈, atmosphere)은 대류권(對流圈, troposphere, 0 ~ 12km, 온도의 감소), 성층권(成層圈, stratosphere, 12 ~ 50km, 온도의 상승), 중간권(中間圈, mesosphere, 50 ~ 100km, 온도의 감소) 및 열권(熱圈, thermosphere, 100km 이상, 온도의 상승) 등으로 나눌 수 있는데, 공기의 약 95%는 지표면으로부터 10km 까지의 대류권에 존재하며, 수분과 오염물질 등을 제외한 청정공기의 78%(v/v)는 질소가, 21%는 산소가 차지하고 있으며 나머지 1%는 소량의 아르곤 가스나 이산화탄소(0.03%) 등이 차지하고 있다. 일반적으로 공기는 수증기를 극지방에서 0.01%, 열대지방에서 5% 등 다양한 정도로 함유하고 있다.

2) 대기오염물질의 형태

깨끗한 공기가 지표면을 가로질러 이동함에 따라 자연현상이나 인간활동에 의해 발생된 화학물질들이 첨가되는데(1차 대기오염물질, primary air pollutants) 한 번 대류권에 진입한 이들은 수평적으로 혹은 수직적으로 혼합되며, 이들 오염물질이 원래의 대기성분과 화학반응을 일으키거나, 화학물질간에 새로운 화학반응이 일어나기도 한다(2차 대기오염물질, secondary air pollutants). 이러한 대기오염은 전세계적으로 매년 약 15만명을 조기 사망케 하며, 동물, 식물, 건물 등 기타 재화에 끼치는 손실이 적어도 1,000억 달러에 달한다고 한다. 대기오염물질로 꼽을 수 있는 것이 수 백 가지에 달하지만 대기오염은 다음의 주요 6개 집단의 물질들에 의해서 이뤄진다.

(1) 탄소산화물(CO_x)

: 일산화탄소(CO), 이산화탄소(CO_2)

(2) 황산화물(SO_x)

: 이산화황(아황산가스, SO_2), 삼산화황(SO_3)

(3) 질소산화물(NO_x)

: 일산화질소(NO), 이산화질소(NO_2), 일산화이질소(N_2O)

(4) 휘발성 유기화합물(VOCs, Volatile Organic Compounds)

① 탄화수소(HCs, Hydrocarbons)

methane(CH_4), butane(C_4H_{10}), ethylene(C_2H_4), benzene(C_6H_6), benzopyrene($C_{20}H_{12}$)

② 기타 유기화합물

formaldehyde(CH_2O), chloroform($CHCl_3$), methylene chloride(CH_2Cl_2), ethylene dichloride($C_2H_2Cl_2$), trichloroethylene(C_2HCl_3), vinyl chloride(C_2H_3Cl), carbon tetrachloride(CCl_4), ethylene oxide(C_2H_4O)

(5) 부유 입자상 물질(SPM, suspended particulate matter)

① 고체상 입자(solid particle)

먼지(토양), 검댕(soot), 석면, Pb, Cd, Cr, As, Be, 질산염, 황산염

② 액적(液滴, liquid droplets)

황산(H_2SO_4), 질산(HNO_3), 기름, DDT나 malathion 등의 농약

(6) 광화학적 산화물(photochemical oxidants)

: 햇빛의 존재하에서, 대기중의 산소, 질소산화물 및 휘발성 유기화합물 등이 반응하여 형성된다. ozone(O_3), PANs〔peroxyacyl nitrate, 여기에는 PAN(peroxyacetyl nitrate, $CH_3COOONO_2$)과 PBN(peroxybenzoyl nitrate, $C_6H_5COOONO_2$) 등이 있다〕, formaldehyde(CH_2O), acetaldehyde(C_2H_4O), hydrogen peroxide(H_2O_2), hydroxy radical(HO)

3) 대기오염물질의 근원

자연현상으로 인한 대기오염물질의 근원으로는 번개에 의한 산불, 꽃가루 분산, 바람에 의한 토양의 침식, 화산폭발, 나뭇잎으로부터 휘발성 유기화합물의 증발, 세균에 의한 유기물질의 분해, 자연적인 방사능 방출 등을 들 수 있다. 그러나 이러한 자연적 오염원으로부터의 방출은 전 세계에 걸쳐 분산되어 있기 때문에 심각한 손상을 야기할 정도의 고농도에 도달되는 경우는 극히 드물다. 예외적으로 화산폭발에 의한 거대한 양의 이황산가스와 부유 입자상 물질의 분출이 문제가 되는 경우가 종종 있다.

대부분의 오염물질은 인간의 활동으로부터 야기되는데, 그 주요 근원은 발전소 및 공장에서의 화석연료의 연소(고정 오염원, stationary source)와 자동차에서의 화석연료의 연소(이동 오염원, mobile source)이다.

4) 1, 2차 대기오염물질(primary and secondary air pollutants)

1차 대기오염물질이란 자연적 현상이나 인간활동의 결과로 대기 중으로 곧바로 유입되는 해로운 화학물질을 말하는데, 예로써 일산화탄소나 이산화탄소는 석탄, 석유, 천연가스 혹은 나무 등과 같이 탄소를 함유한 물질이 연소될 때 형성되는 오염물질들인데, 미국의 경우 일산화탄소 방출량의 71%가 자동차로부터 배출되는 것으로 알려졌다. 또다른 1차 대기오염물질로서의 아황산가스(SO_2)는 화산폭발이나 불순물로서 황을 함유한 석탄, 석유의 연소로부터 발생하는데, 미국의 경우 SO_2 배출량의 68%가 석탄이나 석유를 사용하는 발전소에서, 15%가 각종 공장들로부터 발생하는 것으로 알려졌다.

2차 대기오염물질은 대기중에서 2가지 혹은 그 이상의 성분들 사이에 화학반응이 일어나 형성되는 해로운 화학물질로서 예를 들면 1차 오염물질인 아황산가스가 공기중의 산소와 반응하여 2차 오염물질인 삼산화황($2SO_2 + O_2 \rightarrow 2SO_3$)을 형성하게 되며 이 삼산화황은 다시 공기중의 물방울과 반응하여 또다른 2차 오염물질인 황산액적을 형성하게 된다($SO_3 + H_2O \rightarrow H_2SO_4$).

주요 대기오염사건

(1) 도노라(Donora) 스모그 사건(smog = smoke + fog)

미국 펜실베니아 주에 있는 인구 14만명의 소도시인 Donora는 계곡에 위치하고 있으며 이 도시는 인구는 적지만 많은 산업시설들이 밀집되어 있어 항상 활기를 띠고 있었다. 그러나, 평상시에도 이른 아침을 제외하고는 늘 짙은 안개가 계곡을 덮고 있었으며 때에 따라서는 온종일 짙은 안개가 걷히지 않을 때도 있었다. 이와 같은 상태가 반복되던 1948년 10월 27일부터 4~5일 간에 걸쳐 대기의 이동이 중단된 상태가 계속되면서 이 사건이 일어나게 되었다(대류현상에 의한 공기의 수직이동과 바람에 의한 공기의 수평이동이 중단된 상태 → air pollution episode).

대기의 이동이 중단되자 각 공장에서 배출된 여러 종류의 유해가스와 매연, 증기 등이 안개와 함께 대기오염을 가속시켜 20여명이 사망하고 6,000여명이 호흡기 질병을 앓은 바 있다.

(2) 런던(Rondon) 스모그 사건

런던은 안개의 도시라고 할 만큼 항상 짙은 안개에 쌓여 있는 도시이다. 런던의 대기오염은 주로 공장의 배출가스와 빌딩이나 일반 가정의 난방으로 인한 매연이 주요 원인이 되었고, 여기에 항상 짙게 깔려있는 안개가 이 사건을 더욱 악화시킨 참사였다. 특히 심했던 해는 1880년, 1892년, 1948년, 1952년 등을 들 수 있으며 “살인적 스모그" 사건이라는 말이 나올만큼 처참했던 사건은 1952년 12월 5일부터 9일까지 5일간 계속된 스모그현상으로 인하여 일어났다.

주로 노인, 어린이, 환자 등 비교적 허약체질을 가진 사람들을 엄습했는데 4,000여명이 급성 호흡기 질환으로 사망하였고, 다음해 1953년 2월까지는 사망자가 8,000여명으로 늘었다. 이와 같은 스모그 사건은 주로 아황산가스와 분진이 안개와 결합하여 일어난 것이다. 런던 스모그 사건의 전 기간을 통한 사망자 총수는 12,000여명에 달하였다.

(3) 로스엔젤레스(Los Angeles) 스모그 사건

미국의 서해안에 있는 로스엔젤레스에서는 1954년 8, 9월에 자동차 배기가스에 의해서 회백색 연무의 스모그가 발생했다.

이러한 스모그를 광화학 스모그라고 하는데, 광화학 반응이란 빛 에너지와 결부된 화학반응을 말한다. 즉, 광화학 스모그는 자동차 배기가스에서 발생된 질소산화물과 탄화수소가 대기중에 떠 있다가 햇빛 중 자외선과 반응하여 2차 오염물질인 오존을 포함한 여러가지 광화학적 산화물들을 만들어 대기를 안개가 낀 것처럼 변하게 하는 현상이며, 이산화황이나 먼지 등에 의해 발생된 런던스모그와는 다르다.

광화학스모그가 일어나면 눈과 목이 따가우며 심할 때면 눈병과 호흡기 질환을 일으키고, 급성 중독이 일어나면 목숨까지 빼앗아 간다.

5) 실내공기오염(indoor air pollution)

사람들이 하루의 85～90%를 보내게 되는 건물 내부나 지하공간과 같이 밀폐된 공간에서 공기오염물질이 고농도로 형성될 수 있다. 석탄난로를 이용해 난방하던 시절보다는 많이 깨끗해졌지만, 여전히 실내공기오염은 주요 관심거리이다. 때에 따라서는 스모그 현상이 존재할 때 대기오염보다는 주택, 학교 및 공공건물 내부의 실내오염 정도가 훨씬 크고 위험한 경우도 발생한다. 이러한 실내공기오염물질은 장기간 폭로시 암을 일으킬 수도 있으며 그밖에도 현기증, 두통, 기침, 재채기, 콧물, 두드러기, 눈의 충혈, 피곤감 등을 야기시키며, 만성화될 경우 천식, 아토피성 피부염, 화학물질 과민증 등으로 이어진다.

이러한 실내공기오염물질의 종류와 그 근원 및 유해성은 다음과 같다.

① 일산화단소(CO) : 벽난로, 가스 및 등유난로, 보일러 – 두통, 현기증, 불규칙한 심장박동, 사망

② dichloromethane(methylene chloride, CH_2Cl_2) : 페인트의 용매(thinner) – 신경체계의 교란, 당뇨 유발

③ radon 222 (Rn^{222}) : 방사성 물질을 함유한 토양, 암반 등을 사용한 벽체, 지하공간, 이를 함유한 상수 – 폐암

④ styrene(C_8H_8) : 카펫트, 플라스틱제품 – 콩팥과 간에 손상

⑤ 담배연기 : 실내흡연 – 폐암, 호흡기계 질병, 심장병 유발

⑥ benzopyrene($C_{20}H_{12}$) : 실내흡연, 실내난방 연료의 불완전 연소 – 폐암

⑦ formaldehyde(HCHO), benzene, toluene, xyline(BTX) : 가구, 소파, 새 옷, 장판, 벽지, 접착제, 페인트 – 눈, 목, 피부, 허파의 자극, 구역질, 현기증, 천식, 발암성

⑧ tetrachloroethylene($Cl_2C = CCl_2$) : 세탁물의 dry-cleaning 후 잔류물질 – 신경체계의 교란, 간, 콩팥의 손상, 발암성

⑨ chloroform(trichloromethane, trihalomethane, THM, $CHCl_3$), haloacetate : 유기물 오염이 심한 상수에 염소소독을 한 수돗물을 데웠을 때 공기 중으로 방출 가능 – 발암성

⑩ trichloroethane(vinyl trichloride, $CH_2ClCHCl_2$) : 지방, 왁스, 수지의 용제, 살충용 aerosol – 현기증, 불규칙한 호흡, 눈, 점막 등에 자극

⑪ 질소산화물(NO_x) : 가스 · 등유 난로, 나무 · 톱밥 난로 – 기관지 자극, 기침, 두통

⑫ 석면(石綿, asbestos) : 난방용 절연체, 전선내부피복물 – 석면폐(asbestosis), 중피종(mesothelioma), 폐암(lung cancer), 잠복기가 20~40년으로 길어서 '조용한 시한폭탄' 또는 '침묵의 살인자(silent killer)' 라고도 함.

따라서 이들을 방지하려면 원인행위 및 물질의 제거, 주기적인 환기(ventilation), 난방방식의 개선 등이 필요하다.

석면관리의 종합대책

1급 발암물질인 석면이 1970~1980년대에 집중적으로 수입 · 사용되었고, 이의 노출로 인한 잠복기(10~30년)를 감안할 때, 앞으로 석면이 국민건강에 커다란 잠재적 위협이 될 수 있음에 따라 사전에 예방 · 관리가 필요

※ 아파트 등 건축물 해체시 석면 비산문제, 지하철 역사 석면 검출, 석면 광산 및 공장인근 건강피해 문제 등

영국은 1979부터 2001년까지 석면폐, 중피종, 폐암 등 석면 관련 사망자가 4만 여명에 달하며, 미국은 '악성 중피종'으로 지난 1975년부터 매년 2,500여명이 사망, 앞으로도 7만 여명이 추가 사망할 것으로 예측하는 등 석면관련 피해가 급증할 것으로 예상

※ 국내 중피종 사망자(통계청) : 1999(16명) → 2001(24명) → 2003(33명)로 증가추세

1) 늘어나고 있는 석면제품의 원천적인 차단을 위해 2009년부터 모든 석면 및 석면함유 제품의 수입 · 제조 · 사용을 금지
2) 지하철 등 많은 국민들이 이용하는 다중이용시설과 병원 등과 같이 민감한 시설은 공기 중의 석면을 상시 모니터링 하고, 현재의 권고기준(0.01개/cc)을 강제기준으로 강화
   (현행 산업안전보건법은 석면에 대한 작업장 노출기준으로 0.1개/cc, 다중이용시설 등의 실내 공기질 관리법은 석면 권고기준으로 0.01개/cc를 제시하고 있음)
3) 학교, 지하철 등 공공건물과 다중이용시설에 대해 부처별로 시범사업을 통해 석면사용 현황과 관리 실태를 조사, "석면관리 표준모델"을 개발하고, 건축물별로 석면지도를 작성 · 운용
4) 건축물의 안전한 해체 · 철거를 위해 표준매뉴얼을 보급하고, 석면을 1% 이상 함유한 폐기물은 지정폐기물로 분류하고, 처리방법을 합리화하여 이중포장 후 매립을 허용
5) 석면건축물의 무단 및 불법해체를 방지하기 위하여 석면전문업 등록제를 마련, 일정 자격기준을 갖춘 석면 해체 · 제거업체만 석면 건축물을 해체할 수 있도록 자격기준을 강화
6) 과거 석면사용 실태조사, 질병발생 실태와 향후 피해 등의 예측, 석면관리 인프라확충, 제도개선 등을 통한 석면 안전 관리체계의 구축

6) 실내공기를 깨끗하게 유지하기 위한 방법

① 최대한 자주 문을 열어 환기시킨다.
② 집안을 수시로 물걸레로 닦아내고 커튼 등은 화학약품처리가 되지 않은 면제품을 이용한다.
③ 벽지나 바닥재는 천연소재로 만든 것을 사용하고 환기가 잘 되는 여름철에 교체한다.
④ 공기청정기 등 기계에 의해 실내공기를 정화하기보다는 공기정화에 좋은 벤저민, 고무나무 등을 키워 습도를 일정하게 유지하고 오염된 공기를 흡수시킨다.
⑤ 유독한 화학물질 냄새의 중화에는 인공 방향제 대신 모과나 허브식물 등을 이용한다.
⑥ 새 가구에는 접착제나 도료 등 화학물질이 많으므로 가급적 기존의 가구를 사용한다.
⑦ 화학물질이 동반되는 실내장식 공사를 삼간다.
⑧ 새집의 경우, 입주 전에 미리 창문을 열고, 난방온도를 최대한 높여 오염물질을 기화시켜 빼낸(Bake-out) 후 입주한다.

'새집증후군(sick house syndrome)', 빌딩증후군(sick building syndrome)' 등 실내공기 오염이 현대인의 건강을 위협하고 있는데, 이의 주범으로는 formaldehyde와 benzene, toluene, xylene(BTX) 등을 들 수 있다.

이 때 집안 분위기도 살리고, 실내 오염물질도 자연스레 제거할 수 있는 방안으로, 실내에 식물을 키울 수 있는데, 식물은 광합성을 하는 과정에서 잎의 뒷면에 있는 작은 기공(氣孔)을 통해 이산화탄소와 건축자재 등에서 나오는 포름알데히드, 벤젠 등 휘발성 유기화합물질(VOCs ; volatile organic compounds)을 흡수한다.

반면 뿌리에서 흡수한 산소와 물을 수증기 형태로 배출, 자연스레 실내공기의 순환이 이뤄지게 한다. 또한 식물은 실내 온도와 습도를 가장 쾌적한 상태가 되도록 자동 조절하는 기능도 한다. 천연 공기 청정기이자 지능형 항온·항습기가 바로 식물인 셈이다.

한편, 미 항공우주국(NASA)에서 지정한 10대 공기 정화식물로는 ① 아레카 야자 ② 관음죽 ③ 대나무 야자 ④ 인도 고무나무 ⑤ 드라세나 ⑥ 헤데라 ⑦ 피닉스 야자 ⑧ 피쿠스 아리 ⑨ 보스턴 고사리 ⑩ 스파티 필럼 등이 있다.

13-2 여러 가지 대기오염 현상

1) 산업적 스모그(industrial smog)와 광화학적 스모그(photochemical smog)

산업적 스모그(런던형 스모그)는 아황산가스와 부유입자상물질 및 아황산가스로부터 형성된 황산액적 등의 혼합물이다. 이는 주로 도시 지역의 공기를 회색의 안개형태로 만드는데, 특히 겨울철 이른 아침에 많이 발생한다. 산업화가 매우 진전된 London, Chicago, Philadelphia, St. Louis 및 Pittsburgh 등 겨울이 매우 춥고 습기가 많으며 난방, 제조, 발전에 화석연료를 많이 사용하는 도시에서 발생한다.

광화학적 스모그(LA형 스모그)는 ① CO, NO, HCs 등의 1차 대기오염물질들과 ② 이러한 1차 대기오염물질들이 햇빛의 영향하에 서로 반응하여 형성되는 NO_2, HNO_3, O_3, H_2O_2, PANs 및 HCHO 등의 2차 대기오염물질들과의 조합을 광화학적 스모그라 한다. 이러한 광화학적 스모그가 자주 발생하는 도시지역의 기후는 일반적으로 맑은 날이 많고, 따뜻하며, 건조하다. 이들 도시들은 대부분 신흥도시로서 대기오염물질을 많이 방출하는 산업이 비교적 적고, 상대적으로 대기오염물질의 주요 근원인 자동차의 수가 많은 것이 특징이다. 대표적인 도시로는 Los Angeles, Denver, Salt Lake City, 호주의 Sydney, 멕시코의 Mexico City 및 아르헨티나의 Buenos Aires 등이며, 이러한 광화학적 스모그의 가장 심한 형태는 여름철 정오에서 오후 4시 사이에 주로 발생한다.

이러한 광화학적 스모그의 첫 단계는 이른 아침 교통량 밀집시간(rush hours)에 발생하는데 즉, 자동차로부터 발생된 NO는 공기중의 O_2와 반응하여 NO_2로 전환되는데, 이는 자극성이 있으며 숨을 막히게 하는 냄새가 있는 황갈색의 기체로서, 결국 도시의 대기를 특징적인 갈색의 안개형태로 변화시킨다. 두 번째 단계로 여기에 햇빛이 비치면 UV에 의해 HNO_3, PANs, Aldehyde 및 O_3 등이 발생하는데 이들은 사람의 눈이나 기관지를 자극하게 된다. 일반적으로 산업적 스모그를 겪는 대부분의 도시들은 여름철에 또한 광화학적 스모그를 경험하게 된다.

2) 기온역전의 정의와 종류 및 영향

도시지역에서의 산업적, 광화학적 스모그의 발생빈도 및 중증도(重症度, severity)는 그 지역의 기후와 지형, 인구밀도 및 산업의 크기 그리고 산업, 난방, 운송 등에 사용되는 주요 연료의 종류와 크기에 의존한다. 연평균 강우량이 큰 지역에서는 강우나 강설이 대기중의 오염물질을 제거하는데 도움을 주며, 바람 또한 오염물질을 확산시키는 긍정적 역할을 수행한다. 그러나 언덕이나 산들은 골짜기나 도시지역의 공기를 가두어 놓는 역할을 하여 대기오염을 심화시키기도 한다. 도시의 빌딩숲 또한 풍속을 감소시켜 공기의 희석과 확산에 의한 오염물질농도의 저감을 방해한다.

낮에는 햇빛에 의해 지표면 가까이 존재하는 공기가 덮혀지는데, 정상적으로는 이 덮혀진 공기는 위로 상승하여 지표면에서 방출된 오염물질을 위로 가지고 올라감으로써, 지표면 가까이 존재하는 공기에서의 오염물질의 농도를 저감시키는 훌륭한 역할을 하게 된다(대류현상, 對流現象 convection). 그러나 가끔씩, 도시의 대기는 조밀하고 차가운 공기가 아래쪽에, 덜 조밀하고 가벼운 공기가 위쪽에 위치하여, 정상적인 경우와는 다르게(정상적인 경우 고도가 100m 상승함에 따라 온도는 1℃씩 감소한다. 단열체감률) 고도가 증가할수록 온도가 상승하는 경우가 있는데, 이를 기온역전(氣溫逆轉, temperature inversion, thermal inversion)이라 한다.

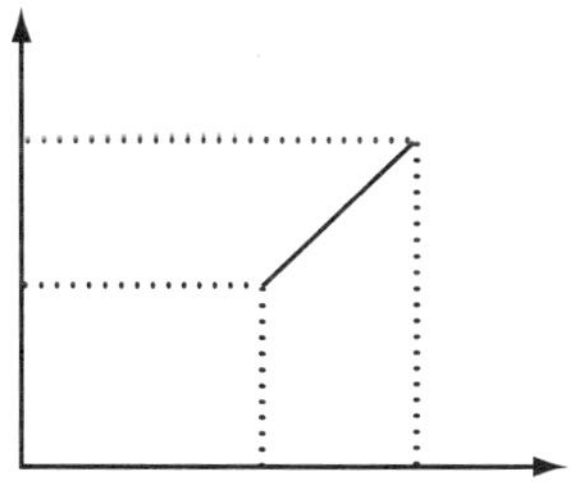

그림 13-1 기온역전

이러한 기온역전 현상의 영향으로는, 공기의 대류현상이 금지되어 지상에서 발생한 각종 대기오염물질이 위쪽으로 상승, 확산, 희석되지 못하여 지표면 가까이에 고농도로 유지됨으로써, 사람을 포함한 여러가지 생물에 큰 악영향을 미치게 된다. 대부분의 대기오염 사건은 smog 현상과 함께 이러한 기온역전현상의 합작으로 발생하게 되었다.

이러한 기온역전의 종류에는 3가지 형태가 있으며, 기상조건과 밀접한 관련이 있는데 각각에 대한 설명은 다음과 같다.

(1) 전선역전(frontal inversion)

이 역전은 비교적 높은 고도에서 발생되며, 따뜻한 공기가 찬 공기위로 지나갈 때 발생한다. 이 때 역전은 두 개의 공기층 사이의 혼합층에서 일어난다. 이 역전은 전선(前線, front)과 관련이 있으며, 바람을 동반하기 때문에, 전선지역에 존재하는 혼합조건에 충분한 영향을 주지는 못한다. 즉, 기온역전이 바람에 의해 쉽게 깨진다. 따라서, 대기오염 제어 측면에서 볼 때, 그리 중요하지는 않다.

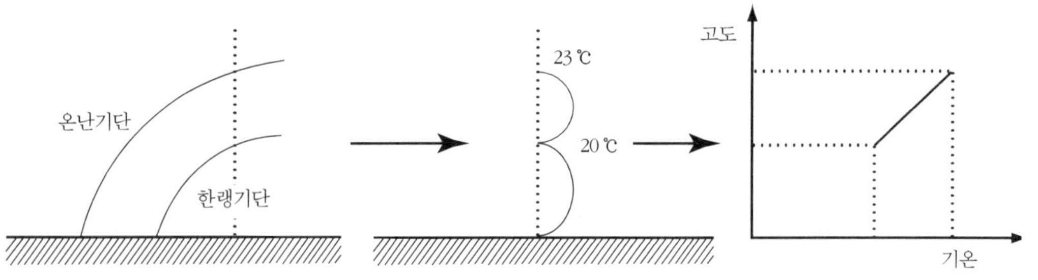

그림 13-2 전선역전

(2) 침강역전(subsidence inversion)

이 역전은 오염물 제어측면에서 볼 때, 중요한 역할을 한다. 왜냐하면, 이 역전은 며칠간 넓은 지역에 걸쳐 영향을 줄 수 있기 때문이다. 침강역전은 "가라앉는다(subsiding)" 라는 용어에서 파생되었으며, 정체고기압 지역과 관련이 있으며, 고기압 cell 안의 공기의 침하운동에 의해서 일어난다. 이 침강역전은 넓은 지역에 오염물질을 축적시킬 수 있다. 런던에서는 두 가지 급성 에피소드(air pollution episode)로 고통을 받은 적이 있는데, 1952년 12월 5일에서 9일까지, 1962년 12월 3일에서 7일까지, 공기중 고농도의 부유분진과 황산화물에 의하여 많은 사람이 사망하였다.

1948년 10월 27일에서 31일까지 「펜실바니아」주 「도노라」시에서는, 고농도의 부유분진과 황산화물에 의해서, 20명이 사망한 적이 있다. 이러한 각 사건은 비록 오염물의 배출강도는 변하지 않았으나, 대기 상층부의 침강역전으로 인하여, 배출된 오염물이 한정된 대기공간에 갇히게 되었기 때문이다.

LA는 1950년대 초반부터 광화학 「스모그」로 악명이 높았었다. 이것은 침강역전, 주변을 감싼 산지 및 미약한 해안풍 등의 조합된 주위환경이 수많은 자동차에서 배출된 오염물을 제한된 대기공간에 축적시켰기 때문이다. 대기중에 축적된 탄화수소와 질소산화물은 반응하여, 눈에 통증을 주고, 식물에도 유해한 푸르스름한 박무(薄霧, haze)를 생성하였다.

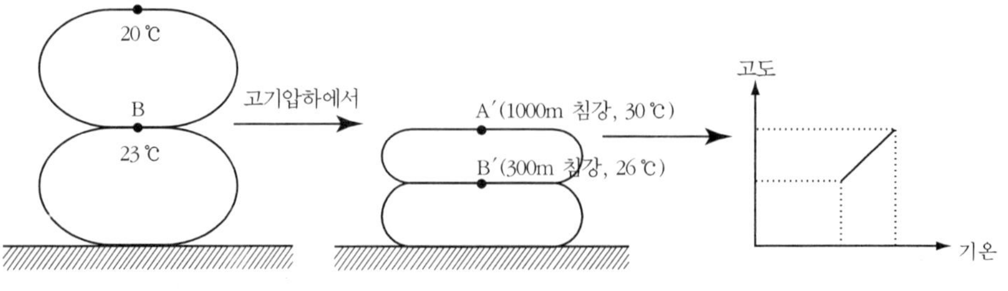

그림 13-3 침강역전

(3) 복사역전(radiation inversion)

늦은 오전이나 오후와 같이 태양복사열이 큰 경우 지표의 온도는 높아지나, 밤에는 복사열이 적어 지표의 온도가 낮아짐으로써 생기며, 특히 사막지방에서는 아침에 90% 이상 복사역전이 발생한다. 이러한 복사역전은 지표 가까이에 형성되므로 지표역전(surface inversion)이라고도 한다. 아침 햇빛이 비치면 쉽게 파괴되는 야간성이 특징이며, 이 복사역전이 발생하면 안개형성이 촉진되며, 동시에 기체와 입자상 물질을 가두어 두어서 오염물질의 농축이 일어난다. 복사역전은 비교적 낮은 고도에서 발생하고, 수백 ft 상공에서는 거의 발생하지 않으며, 다른 역전현상에 비교해 상대적으로 빠르게 사라진다. 복사역전은 맑고 바람이 없는 날씨에 복사냉각에 의해 지표면이 빨리 냉각되면서 발생한다. 복사역전은 땅거미가 질 때 시작하고, 다음날 아침 지표면이 가열될 때까지 지속된다(안개의 생성과 소멸).

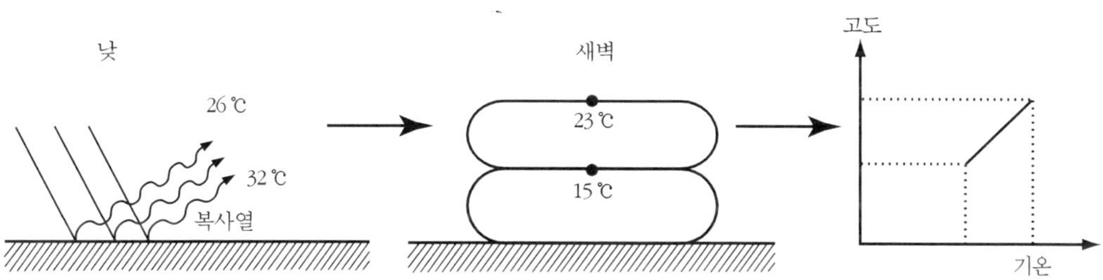

그림 13-4 복사역전(지표역전)

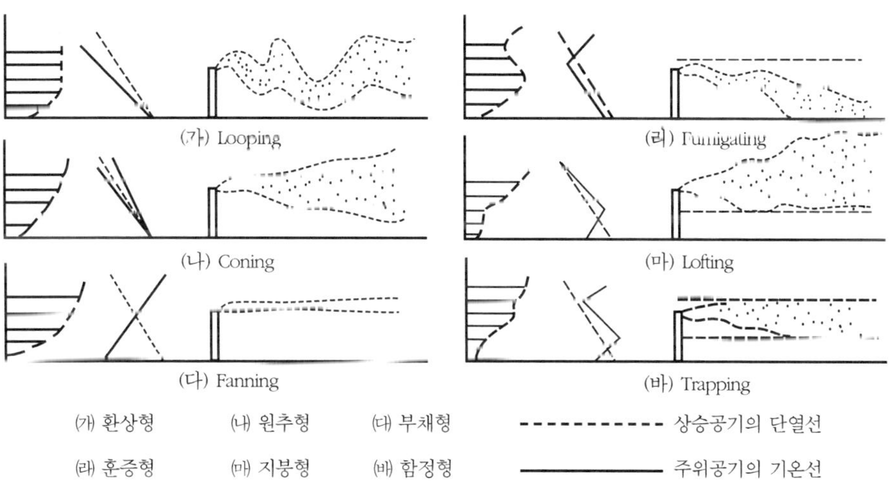

그림 13-5 기온역전과 굴뚝연기의 분산형태

3) 도시의 열섬(heat island)현상

대도시의 대기는 여러가지 면에서 시골의 대기와는 상이하다. 수직적으로 들어선 대형 건물 및 공장들은 불규칙한 지면을 형성하여 자연적인 공기의 흐름이나 바람을 지연시킨다. 높은 건물과 포장도로가 밀집된 도심지역은 열을 보유할 수 있는 비열이 높아서 낮에는 시골지역보다 태양에너지 흡수열을 많이 보유하고, 열 배출량도 시골지역보다 많아서 대기의 기온은 시골지역보다 높다.

결국 도심지역의 따뜻한 공기는 오염물을 동반, 상승하고 팽창하여 도시 변두리 지역으로 흐르면서 냉각되며, 도시 변두리의 보다 찬 공기가 도시 중심 지역의 지표부근으로 흐른다. 이리하여 독립적인 순환시스템이 형성되는 현상을 열섬현상(heat island)이라 한다. 이 열섬현상은 주로 바람이 없는 날에 형성되며, 강한 바람에 의해서만 변화되거나 파괴된다.

만일 도심이 먼지 등에 의해 심하게 오염되었을 경우, 이 열섬현상으로 인하여 먼지지붕(dust dome)형태가 되어 결국 태양에너지의 지표 가열을 방해함으로서 공기의 수직흐름이 감소되어(대류현상의 차단) 도심은 더욱 더 심하게 오염되는 것이다.

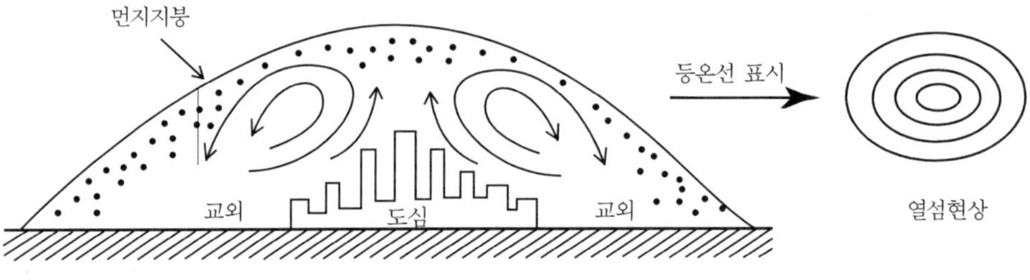

그림 13-6 먼지지붕과 열섬현상

4) 산성우(acid rain)

(1) 산성우의 생성

산성우는 석탄, 석유 등의 화석연료의 연소로 생성된 이산화황(SO_2), 질소산화물(NO_x)이 대기중에서 화학반응으로 황산, 질산으로 변환되어 형성된다.

$$2SO_2 + O_2 \rightarrow 2SO_3 \qquad 2NO + O_2 \rightarrow 2NO_2$$
$$SO_3 + H_2O \rightarrow H_2SO_4 \qquad 2NO_2 + H_2O \rightarrow 2HNO_3$$

순수한 물의 수소이온 농도(pH)는 7.0으로서 정확히 중성이다. 대기중의 CO_2(청정 대기

중의 CO_2 농도는 0.03%)가 물방울에 용해되면 탄산이 형성되므로 pH가 낮아진다. 이 산은 대단히 약산이고 CO_2와 평형을 이루므로 빗물의 pH는 보통 5.65의 값이 된다. 따라서 pH 5.6을 자연상태 강우의 pH라고 하며, 강우의 산성여부를 판단하는 기준으로 사용한다.

현재까지 2 ~ 5 사이의 강우의 pH값이 지구의 여러 곳에서 측정되었으며, 평균적으로는 4와 5 사이의 값이었다. 이는 자연적인 오염원으로부터 예상되는 값의 10 ~ 10,000배에 해당하는 산 농도이다. 이와 같이 낮은 값은 SO_x와 NO_x가 구름이나 빗방울 속으로 흡수되어 산으로 변했기 때문이다.

(2) 산성우의 영향

황산염과 질산염은 대기 저층 2km 이내에서 이동하며 때로는 오염원으로부터 수백 km까지 이동한다. 이들의 존재는 여러 공업지대에서 여름의 안개에 의하여 정량적으로 관측되고 있다. 산성우는 스위스의 산악지대, 스칸디나비아 반도의 남부지역 및 북미주의 북부 지방에서도 관측되고 있다. 이러한 문제는 미국의 중서부 및 서동부 지방에서 많이 심화되고 있다.

산성우에 대한 연구는 1950년대 초부터 유럽에서 많이 시행되어 왔다. 유럽 대륙에서 생성된 대기오염의 상당한 부분이 북동쪽으로 이동하여 스칸디나비아로 향하므로 스칸디나비아 국가들에 문제를 일으키는데 스웨덴, 노르웨이의 400여개 호수의 생태계가 전멸되었고 핀란드의 경우도 40여개 호소의 생태계가 전멸되었다. 즉, 겨울에 내리는 눈과 함께 산위에 침적된 산성의 대기오염물질이(acidic deposition), 봄에 녹아서 흙탕물과 함께 호소로 유입되어 물고기 등 수중 생태계를 파괴시켰다(acid shock by thaw). 스칸디나비아 국가의 산성우는 영국이나 북부, 동부 유럽국가에서 배출된 대기오염물질의 영향을 받았음이 증명되었다. 유럽 국가들의 평가에 의하면 삼림이 악영향을 받았고 특히 침엽수들이 크게 영향을 받은 것으로 나타났다.

산성우가 미치는 영향은

첫째, 천연수를 산성화시키므로 생태계에 대한 영향이 크다. 한 예로 미생물의 성장을 저해하여 분해자로서의 역량을 감소시킨다.

둘째, 토양내에서 영양염류가 용출되므로 식물이나 산림에 대한 피해가 크다.

셋째, 건축물, 금속제품, 대리석 조각품 등 여러가지 재물의 부식 등 손상을 가져오며

넷째, 인간의 건강(피부 및 기관지 점막 등의 자극, 손상, 탈모)에 악영향을 미치기도 한다.

산성우에 의한 피해를 줄이려면 산성우의 원인인, 화석연료의 연소로부터 발생되는 이산화황, 질소산화물의 배출을 줄여야 한다. 이러한 대기오염물질을 줄이려면 연료의 전환이나

배기가스의 탈황, 탈질시설이 필요하게 된다. 이는 경제적인 비용상승과 시설투자를 뜻하며, 국민의 깨끗한 환경에 대한 의지와 비용 부담에 대한 국민적 합의를 필요로 한다. 환경투자는 당장은 비용 증가를 뜻하나, 국민 복지, 건강차원까지 고려하여 그 투자 규모와 시기, 우선 순위의 선정에 현명한 판단이 필요하다.

13-3 대기오염이 인체에 미치는 영향

대기오염물질은 인체에 수많은 악영향을 미친다. 이러한 악영향의 형태와 중증도는 대상 화학물질의 종류 및 대기중에서의 농도, 폭로시간 등에 따라 다르다. 그러나 이의 영향에 대해 아직까지 확실히 알고 있지는 못하다. 그 이유로는 단시일 내에 육안으로 식별할 수 있는 것이 아니고, 인체실험은 불가능하며, 실제적으로는 저농도의 2개 이상의 오염물질의 복합작용(複合作用), 상가작용(相加作用) 및 상승작용(相乘作用)으로 장기간에 걸쳐 폭로되었을 때 피해가 나타나기 때문에 그 판별이 곤란하기 떄문이다.

일반적으로 오염된 대기 중에서 생활하면 우선 눈, 코 및 상기도 점막에 대하여 먼저 감각적인 영향을 받아 잇따라 생리적으로 가역적인 반응이 일어나며, 계속해서 노출되면 그 증상은 악화되어 급성질환이 일어난다. 또한 낮은 농도라도 지속적이고 반복적으로 폭로된다면 만성적 결과로 나타난다. 대기오염의 피해는 폐질환, 심장질환, 순환기계 질환 등을 갖고 있는 노약자와 어린이가 쉽게 피해를 받을 수 있는 소인을 갖고 있기 때문에 우선적으로 그 피해를 받기가 쉽다.

1) 급성영향(acute effect)

입자상물질(particulate matter, PM)은 자극성가스를 흡수하거나 또는, 흡착하여 aerosol 상태로 전환되어 폐의 깊은 곳까지 침입하여, 침착한 곳에서 자극성가스의 독성을 나타낸다. 따라서, 입자상 물질에 의한 호흡기의 장애와 자극성 가스의 유독성과 함께 입자크기에 따라 호흡기계에 침착되는 정도가 다르다. 폐포(허파꽈리)까지 도달하는 입자물질의 직경 0.5 ~ 5.0 μ 정도의 크기가 침착률이 가장 높다고 한다. 0.5 μ 이하의 것은 폐포에까지 들어 갔다가도 호흡운동에 의해 다시 밖으로 나오며 5.0 μ 이상의 입자는 거의 전부가 인후 또는, 기관지점막에 침착하여 객담과 함께 밖으로 배출되거나 식도를 통하여 위 속으로 넘어가 버린다.

그러나 먼저 말한 0.5～5.0μ 정도의 입자들은 폐포를 통해 흡입되어 혈관 또는 임파관으로 침입한다. 물론, 이 경우 특히, 입자의 성분도 문제가 되어 광산업에 종사할 경우에는 규산으로 인한 **규폐증(진폐증)**을 유발하기 때문에 문제가 되지만, 대기오염인 경우에 있어서는 석면류가 문제된다. 석면은 폐에 침입하여 섬유화를 일으켜 호흡기능을 저하시킬뿐만 아니라 폐질환을 발생시킨다. 즉, 폐섬유증의 하나인 **석면폐**(asbestosis), 늑막, 복막, 심외막 등의 중피세포에 손상을 주는 **중피종**(mesothelioma) 및 **폐암**(lung cancer)을 일으키기도 한다.

황산화물인 아황산가스(SO_2)는 고농도일수록 기관까지 도달하는 양은 많고 비강과 인후에 미치는 피해가 크다. 또한, 호흡을 빨리하면 할수록 많이 도달한다. 비강과 인후에 흡착된 SO_2는 점막액과 함께 황산을 형성하여 결국 염증을 일으킨다. 이와 같은 기전으로 눈에 자극을 주어 안질환을 일으킨다는 보고도 많이 있다. SO_2가스는 안개가 많이 끼고 습도가 높을 때 **호흡기질병 이환율**(罹患率, morbidity)과 **사망률**(mortality)을 높인다고 보고되어 있다. **호흡기질환**으로는 폐기종, 기관지초염, 기관지염, 폐염 및 천식인 것으로 알려져 있으며, SO_2는 호흡기 계통에서 분비되는 점막에 흡착되어 세균에 의한 2차적 감염을 쉽게 일으킨다. 따라서, SO_2로 오염된 지역의 주민들에게서 만성기관지염 또는 폐결핵환자를 많이 발견할 수 있다.

질소산화물(NO_x)로 인한 급성피해증상을 종합해 보면 그 자체가 직접적으로 눈에 대한 자극이 없다는 것을 제외하고는 SO_2의 피해와 거의 비슷한 호흡기질환, 즉 폐기종, 기관지초염, 기관지염 및 폐염 등은 같지만, SO_2에서는 천식까지 진전된다는 점과 NO_2에서 섬유성 폐쇄기관지초염, 폐암을 일으킨다는 점에서 다르다. 한편, 기관지의 섬모운동의 활성이 저하 또는, 소실된다는 점에서는 같다. NO_2는 **혈색소**(hemoglobin)와의 친화력이 강하며, **용혈**(溶血, hemolysis)을 일으키는 것이 특이하다. 0.1ppm에서 취기(臭氣, odor)를 갖고 5ppm에서 20분간 있으면 신경반사작용 변화, 30ppm에서 8시간 폭로시에는 시각, 정신기능장애, 200ppm 2～4시간 폭로시에는 두통, 500ppm에서는 시력장애, 허탈, 두통, 2000ppm에서 1～2시간내 사망에 이르는 피해를 나타낸다.

연료의 불완전 연소로부터 발생되는 **일산화탄소**(CO)의 급성피해는 역시 농도와 폭로시간이 문제가 되며, 실제로는 혈색소(hemoglobin, Hb)와 결합된 CO의 정도, 즉 혈중의 일산화탄소의 포화도(% COHb)에 의하여 증상이 달라진다. 혈색소가 산소(O_2)와 결합하는 힘에 비해, CO의 **친화력**(affinity)이 200배나 강하기 때문에 산소결핍증을 유발하게 되어 증상이 일어나게 된다.

CO의 **급성중독**은 뇌조직과 신경계통에 가장 많은 피해를 준다. 청력과 시력이 극히 약화되며 뇌혈관이 확장되고 삼투력이 증가되고 뇌에 압박을 가하여 뇌척추액압을 상승시킨다. 이 결과 뇌기능이 감퇴되어 사고가 둔해진다. 특히, 사고능력의 저하보다 운동신경과 근육마비가 먼저 나타난다. 심한 중독의 경우 뇌조직이 분열되어 조직학적인 변화를 일으키며 또한, 의식이 회복되지 않은 채 사망하는 예도 많으며, 깨어나도 언어장애, 보행이상, 반신불수 등이 수반된다. 이외에도 식욕감퇴와 장운동의 저하, 위점막의 침식으로 인한 출혈과 부종이 일어난다. 갑상선과 부신피질활성이 항진되며 혈중 당분 상승, 탄산가스배출의 억제로 체온이 떨어진다.

2) 만성영향(chronic effect)

대기오염으로 인한 만성 피해는 건강하던 사람이 비교적 낮은 농도라 할 지라도 오염환경에서 오랫동안 생활함으로써 질병을 얻게 되는 피해이다. 급성 피해는 노년층, 유아, 허약자 및 기왕증환자 등에 단시일 내에 피해를 주어 사망에 이르게 하는 반면, 만성적 피해는 서서히 건강에 피해를 끼친다. 급성인 경우는 그 피해양상을 쉽게 발견할 수 있는데, 만성 피해는 쉽게 발견할 수 없다는 점이 문제이다.

급성적인 영향(acute effect)으로는 시야감축, 정신적 영향(생활의 불쾌감, 불쾌취기, 정신적, 육체적 피로 촉진), 생리적 영향, 중독피해, 심폐성환자의 병세악화, 2차세균감염촉진 등으로 요약할 수 있으나, 만성적 영향(chronic effect)은 성장장애, 만성호흡기질환 발생(폐염, 기관지염, 기관지말초염, 기관지확장염, 발작성천식, 폐기종), 심장이상비대 등으로 요약할 수 있다. 그러나, 엄밀한 의미에서 급성과 만성피해의 구분은 매우 어려우며, 또한 모호하기도 하다.

13-4 대기오염이 동 · 식물 및 재물에 미치는 영향

1) 동물에 미치는 영향

대기오염에 있어서 동물은 사람과 거의 마찬가지로 호흡기계 질환 등 많은 피해를 받지만, 양과 소는 불소화합물에 대해서 특히 예민하다. 불소가 배출되는 지역에서는 불소가 풀에 축적되어 이러한 목초를 뜯어 먹는 동물의 이(齒)가 손상되어 소화효율이 떨어지고 나아가 더 이상 먹을 수가 없게 된다(불소증, 弗素症, fluorosis). 또한, 불화수소가 뽕나무 잎에 침착되면 반점이 생겨 누에 사료로서 부적당하고, 이를 먹은 누에는 소화기 장해를 일으켜 발육이 늦어지며 수량이 줄어든다. 공장이 밀집해 있는 지역인 경우, 닭의 산란률과 젖소의 착유량이 저하된다는 보고도 있다.

2) 식물에 미치는 영향

대기오염에 있어서 식물은 사람이나 동물보다 더 민감한데, 특히 농작물이나 과수에 많은 피해를 입힌다. 식물에 피해를 주는 유해성분은 CO_2를 제외한 모든 것이라고 할 수 있으며, 크게 분진과 가스로 나눌 수 있다. 분진은 가용성 화학성분을 함유하는 것 이외에는 급격한 피해를 나타내는 일은 없고, 광합성의 방해 등 만성적인 피해만 준다. 이에 반하여 유해가스는 급격한 반응을 나타내어 큰 피해를 줌으로 크게 문제시 된다. 이러한 가스로서는 SO_2, SO_3, 황산미스트, 불소 및 그 화합물, H_2S, NH_3, O_3, NO_x, 및 HC 등을 들 수 있다.

식물에 영향을 주는 정도는 가스의 종류, 농도, 접촉시간, 식물의 종류 외에 접촉시의 태양광선의 유무, 기온, 습도 등의 기상조건이나 계절차, 또는 낮과 밤의 시간에서 영향을 받는 식물의 활동상황, 식물의 생육기 등에 따라서도 크게 차이가 있다.

식물피해의 대부분은 SO_2에 의한 것이라고 생각된다. SO_2에 의한 피해는 주로 식물의 호흡생리에 관계된다. 잎의 기공과 배수공으로 침입한 SO_2는 엽록소를 환원적으로 탈색시켜 광합성작용을 저해하고 유해한 α- Oxysulfonic acid가 형성되어 이 물질이 세포의 파괴작용을 한다. 피해를 입은 부위는 수분을 잃고 건조되어 얇게 되고 황갈색 내지 회백색으로 퇴색한다. 보통은 백화현상(白化現象)에 의하여 잎에 특유의 반점이나 줄무늬 모양이 발생하고 좀 심하면 잎이 떨어지며 말라죽기도 한다. 반점이 나타나는 경향으로는 SO_2와 NO_2는 맥간반점, Cl_2와 HF는 엽록반점, O_3는 전면 점반점이 생기는 것으로 알려졌다. 알팔파(Alfalfa, 목초의 하나)는 SO_2에 아주 약하여 SO_2의 지표식물로 이용된다. 0.4ppm에서 7시간 접촉시키면 영향이 나타난다. 다른 식물도 1.0ppm이 넘으면 피해가 나타난다.

한편, 불소화합물(불화수소 등)은 기공을 통하여 잎의 내부로 들어가, SO_x와는 달리 잎의 끝이나 주변으로 운반되어 축적되고 일정량 이상이 되면 탈수작용이 일어나 세포가 파괴된다. 이들은 낮은 농도에서도 식물에 피해를 주며, 새싹에도 현저한 피해를 입힌다. 파괴된 부분은 건조하여 황갈색 내지 농갈색으로 변화하며, 대기중 농도가 1ppm이 넘으면 식물에 미치는 영향이 크다.

광화학적 산화물(photochemical oxidants)로서 O_3의 피해는 일반적으로 상표면에 한정되어 특히, 착상세포와 표피상면이 침해를 당하여 회백 또는 갈색의 반점이 균일하게 확대되어 주름이 불규칙하게 분포한다. 특히, 포도, 밀감, 담배, 크로버, 토마토, 맥류 등에서 볼 수 있다. 일반적으로 새 잎보다는 기존의 잎이 약하며, 피해정도는 기공의 개폐, 증산작용의 대소 등에 관계된다. 오존에 의한 식물의 피해기전은 그 강력한 산화작용에 의한 것으로서 엽록소의 파괴, 동화작용의 억제, 효소작용의 저해를 일으키는 것이 원인이라고 생각된다. 특히 PAN이나 aldehyde(0.2ppm 이상) 등에 의한 시금치, 상치, 샐러리 등 야채류에 피해가 많은데, 처음에는 기공 주위의 해면상 조직이 침해되고 잎의 밑부분이 은색 내지 청동색으로 되며, 점차로 잎 전체로 퍼져 잎의 윗부분에 백색 반점이 나타난다.

한편, 대기오염의 원인을 명확하게 하기 위해서는 발생원의 조사와 함께 대기중의 오염가스농도의 측정이 중요하다. 타지방 식물을 이용하는 감정법도 유력하다. 아황산가스와 Alfalfa나 이끼류, 불화물과 글라디올러스, 에티렌과 토마토의 꽃 등은 오염물에 대해서 민감해 정량적인 관계가 있다. 이들을 현지에 심어서 피해징조를 조사해, 환경오염의 지표식물로 이용한다. 이 경우 식물 고유의 병이나 기후의 변화, 토양의 성질 등에 의한 영향을 구별할 필요가 있다.

3) 재물에 미치는 영향

대기오염은 경제적 손실의 요인이 되고 있다. 예를 들면, 금속의 부식, 건축재료의 부식, 직물 및 의류의 손상, 색상변화, 예술품의 손상과 파손, 토양질의 악화 등 헤아릴 수 없이 다양하다. 물질에 피해를 주는 원인으로는 부식, 흡착, 제거, 화학적 변화 및 전자화학적 부식 등의 요인을 들 수 있으며, 기후 요소는 온도, 습도, 일광 그리고 기류 등이 복합적으로 작용한다. 이러한 피해의 구체적인 사례를 살펴보면,

① 금속부식으로는 SO_2, H_2S 등이 Fe, Al, Ni, Cu, Zn, Mg 과 같은 금속을 부식한다. 또한 습도와 밀접한 관계가 있다.

② 가죽제품은 SO_2를 흡수하여 산화되면 H_2SO_4가 되고, 이것이 피혁을 부식하고 노화시킨다.

③ 건축물에는 매연, 타르(tar), 검댕 등의 부착에 의한 불결 및 산성우 등에 의해, 탄산염을 함유한 재료($CaCO_3$, 대리석 조각품 등)를 부식시킨다. 한편 F_2와 HF는 유리, 도자기, 금속, 에나멜 등을 부식시킨다.

④ 페인트와 도료는 SO_2, H_2S 등에 의하여 퇴색, 변색 등 피해를 입는다.

⑤ 의류 및 종이류는 SO_2에 다같이 피해를 받고, 양모, 선, 나일론, 도서관 장서 등에 피해를 가져온다. O_3은 착색된 섬유를 퇴색시킨다. 한편, 고무제품에는 O_3과 광화학스모그에 의한 노화현상이 나타난다.

⑥ 경제적 손실로서, 직접적으로는 생산비, 유통비의 상승, 생산기반의 손상, 생활비 상승 및 생활환경의 손상을 들 수 있으며, 간접적으로는 대기오염 방지시설을 위한 투자 및 운전비용의 증대, 대기오염관리를 위한 행정기구의 확장과 연구비 증대 및 악화된 자연환경을 회복하기 위한 투자의 증대 등이 있다.

13-5 대기오염이 지구생태계에 미치는 영향

1) 오존층 파괴

(1) 오존층의 역할

오존층(ozone layer)은 성층권(stratosphere)내 고도 25 ~ 30km에 위치하며, 이 오존층에서의 오존 최고 농도는 약 10ppm 정도로 대류권내의 오존농도 0.02 ~ 0.07ppm 보다 훨씬 높다. 오존층은 태양에서 발생된 자외선(紫外線, ultra-violet, UV)중 인간에게 가장 해로운 파장 200 ~ 280nm는 거의 전량 오존층의 오존에 의하여 흡수되며, 비교적 덜 해로운 파장 280 ~ 320nm는 70 ~ 90%를 오존층의 오존이 흡수 제거한다. 그러므로 오존층의 오존은 태양으로부터 지구에 도달하는 광선의 일부를 여과(filtering)하고, 대기 및 지표면의 온도조절 기능을 하는 가스로 생물체의 생존에 결정적인 역할을 한다.

(2) 오존층 파괴의 과정

대기중에 있는 기체들은 동력학적으로 균형을 이루고 있으며, 탄소, 수소, 산소 및 질소와 같은 기초원소가 식물, 동물, 해양, 토양, 대기 중으로 순환되는데 있어서 그 기능을 담당하고 있다. 대기상층부에 있는 많은 종류의 가스가 태양광선에 의하여 분해되고 분해결과 2차적으로 생성된 물질들이 다른 가스와 급격히 반응하게 된다. 오존자체는, 파장이 242nm 이하의 태양광선이 산소분자에 흡수되어 산소분자가 두 개의 산소원자로 나눠지고, 이 원자가 즉시 다른 산소분자와 결합하여 형성된다. 산소분자와 결합하여 생성된 오존분자는 자외선(UV)을 흡수하여 분해되고 그 결과 한 개의 산소분자와 한 개의 산소원자로 나누어지는데 반응식은 다음과 같다.

$$O_2 \xrightarrow[\ ]{UV\ 180\sim240nm} O + O$$
$$O_2 + O \longrightarrow O_3$$
$$O_3 \xrightarrow[\ ]{UV\ 180\sim240nm} O_2 + O$$

대기중에 다른 화학물질이 존재하지 않는다면 이러한 오존형성과 분해과정은 균형을 이루게 되며, 성층권에서 오존이 생성되는 비율은 전적으로 성층권으로 유입되는 태양광선의 양에 의하여 결정된다. 따라서, 대기중에 다른 화학물질이 존재하지 않는다면 대기중의 오존의 양과 농도는 거의 일정하게 유지가 된다. 다만, 계절에 따른 태양광선의 강도에 따라 차이가 있으며, 11년의 태양주기(solar cycle)에 따라 어느 정도 오존농도의 변화를 가져온다.

성층권의 오존층은 인류의 활동에 의하여 생성된 질소산화물, 염소, 염화불화탄소(Chloro-fluoro-Carbon, CFC, Freon gas) 등에 의해서 파괴될 수 있다. 오존층에는 화학반응을 촉진하는 여러 종류의 가스가 존재하며, 이 중에서 문제가 되는 가스는 그 자체가 화학적으로 변하지 않으면서 오존의 분해과정에 촉매로 작용하는 가스이다. 이러한 가스들은 반응과정에서 촉매제 자체는 영향을 받지 않으므로 반응이 끝난 후에도 촉매제는 반응이전의 상태와 동일하며, 이러한 촉매 가스가 극미량이 존재하는 경우에도 대기중의 오존농도에 큰 영향을 미치게 된다. 촉매가스는 계속적으로 오존분해작용을 일으킨다. 예를 들면, 한 개의 염소 또는 질소 산화물과 같은 촉매가스는 1,000개 정도의 오존을 차례대로 파괴하게 된다. 염화불화탄소가 성층권의 오존파괴 과정을 기술하면 다음과 같다.

$$CFCl_3 \xrightarrow{UV\text{-}B,C} Cl + \text{잔류}$$
$$Cl + O_3 \longrightarrow ClO + O_2$$
$$ClO + O \longrightarrow Cl + O_2$$

즉, 성층권으로 올라간 CFC 분자들은 자외선에 의해 분해되어 유리된 염소원자(Cl)들을 방출한다. 이 원자들이 오존(O_3)과 반응하여 산화염소(ClO)를 만들어 낸다. 이어 ClO는 산소원자와 반응하여 다시 Cl을 방출하고, 이것이 다시 오존분자와 반응하는 과정이 여러 번 계속될 수 있다.

오존층의 화학반응을 촉진하는 힘은 자외선에 의하여 발생하며 그 형태를 광자(photon)라고 부르는데, 오존층의 균형은 여러 종류의 광화학 반응에 의해서 유지된다. 각종 산업시설에서 수소, 질소, 염소, 불소를 함유하는 화학물질이 다량으로 생성되며, 대기중 낮은 위치에서 서로 결합하여 질산, 염화수소산 등과 같은 분자는 산성우의 형태로 지표면에 떨어진다. 그러나 촉매기능을 갖는 화학물질인 일산화질소, 염화메틸, 메탄, 4염화탄소, 염화불화탄소와 같이 염소와 불소를 동시에 함유하는 화합물 등과 같이 안정하고 물에 잘 녹지 않는 형태로 대기 중으로 유입되면 상황이 달라진다.

이러한 미량가스는 오랜 기간동안 대류권에 잔류하며 일부는 성층권으로 유입되어 산소, 오존을 포함한 다른 화학물질과 급격히 반응한다. 특히 염화불화탄소는 성층권에서 태양광선에 의해 자체 분열되어 염소원자가 떨어져나와 연속적으로 오존(O_3)을 급격히 파괴시킨다.

염화불화탄소와 오존과의 반응에 대한 최근의 연구결과는 단순히 프레온가스의 존재만으로 오존층이 파괴되지는 않는다고 보고되고 있다. 이것은 식물이 발아할 때처럼 적어도 세 가지 조건이 맞아 떨어져야 한다는 것이다. 첫째 햇빛, 둘째 염소원자, 셋째 고체상태의 질산(HNO_3)구름이 그것이다. 마지막 조건인 질산구름은 질산의 빙점인 영하 45℃ 이하에서 생긴다. 이들 조건의 작용관계는 다음과 같다.

얼음덩이의 질산구름이 따뜻한 햇빛에 녹아내리기 시작한다. 이 고체질산이 기체로 변해가는 순간 염소원자는 오존을 만나 결합한다. 중요한 것은 오존이 염소와 결합해 파괴되는 장소는 반드시 질산구름의 표면이며, 질산구름은 촉매역할을 한다고 할 수 있다. 또한 화산이 폭발하는 경우 그 분출력으로 먼지나 질소산화물 등이 높이 솟아 올라 성층권까지 도달되어 이 분출된 먼지들이 바로 질산구름을 만드는데 한몫을 함으로써 화산과 오존층파괴는 불가분의 관계를 맺게 된다.

이러한 오존층 파괴의 제반조건을 감안하면 남극 상공의 오존구멍이 더 쉽게 커질 수 밖에 없다. 남극의 성층권 기온은 적도나 중위도지방에 비해 영하 40도 이하로 떨어지는 경우도 많다. 또한 남극은 강한 회오리바람으로 인해 북극보다 기온이 낮다.

최근에 발표된 위성사진에 의하면 남극상공의 오존층파괴가 제일 심한 것으로 나타나고 있다. 이것은 남극상공의 오존층에 질산구름 생성이 용이하기 때문인 것으로 알려지고 있다. 질소산화물은 오존과 반응하여 오존을 파괴하는 요인이 되고 있다.

초음속여객기 운항도 오존층 파괴의 원인이 될 수 있다. 즉, 비행기에서 배출되는 질소산화물이 오존과 반응하여 고공에서의 오존농도를 감소시키기 때문이다. 최근에 발표된 위성사진에 의하면 오존층의 파괴 정도는 지역에 따라 다소 차이가 있으나 전반적으로 모든 지역의 오존층 농도가 감소되고 있다.

(3) 오존층 파괴의 영향

① 인체, 동 · 식물 및 재물 피해

자외선은 태양광선 스펙트럼에서 보라색 부분의 단파장측에 있는 눈에 보이지 않는 복사선을 말한다. 자외선은 파장이 10～390nm 에 해당되며, 특히 짧은 파장의 자외선은 살균력이 강하고 동 · 식물에 직접 영향을 미친다.

오존에 의하여 부분적으로 흡수되는 자외선의 파장 범위는 289～320nm이다. 이 범위의 자외선은 UV-B로 알려져 있으며 피부그을림, 시력손상, 피부암, 피부주름 및 노화 등의 원인이 된다. 자외선 중에서는 파장이 짧을수록 생물체 조직에 영향이 더욱 큰 것으로 알려지고 있다. 대기중의 오존은 파장이 짧은 자외선을 긴 광선보다 더 잘 흡수한다. 적도지방에서 맑은 날씨의 경우 UV-B의 70% 가 흡수되고 나머지 30% 정도가 지표면에 도달하는 것으로 알려지고 있다.

오존량의 변화에 따라 UV-B 투과량이 달라지며 오존량이 10% 줄어들 경우 지표면에 도착하는 UV-B의 양은 20% 정도 증가하며, UV-B는 동 · 식물체 조직의 단백질 및 DNA에 직접 영향을 미치는데 DNA는 유전정보를 전달하는 기능을 가지고 있으므로 UV-B에 직접 노출되는 경우 세포가 죽거나 DNA의 손상으로 인한 피부암이 유발된다.

오존량 1% 감소시 자외선량은 2% 증가하고, 피부암 발병률은 3% 증가가 예측되고 있다. 오존량 3% 감소시 미국에서만 매년 18,000여건의 피부암 발생자가 증가할 것으로 전망된다. 피부암의 발생 외에도 UV-B의 증가는 인체의 면역기능의 약화, 피부염의 발생을 증가시킬 수 있다.

식물의 경우 UV-B 양이 증가할 경우 이에 대한 피해가 있는 것으로 보고되고 있다. 식물 종류에 따라 UV-B의 증가에 따른 영향정도가 차이가 있으며, 현재까지 200여종에 대한 실험결과 60～70% 정도가 영향이 있는 것으로 알려지고 있다. 목화, 완두콩, 강낭콩, 메론, 양배추와 같이 민감한 식물은 성장이 둔화되고 경우에 따라서는 식물 호르몬과 광합성의 기능을 갖는 엽록소에 피해를 주므로 성장기간 동안의 과실량이 감소된다. 또한, UV-B는 물 속으로 상당히 깊이 침투하므로 단세포 조류에 대한 피해가 크다. 단세포 조류는 먹이사슬에서 최초의 단계가 되며, 이들이 감소할 경우 어류 등 다른 생물에 연속적으로 피해를 야기할 것이다.

자외선 침투 증가는 이상에서 설명한 인체, 동 · 식물 피해 외에도 재산상의 피해를 야기하게 된다. 예를 들면 건축물과 차량 등의 색상변화에 의한 피해를 들 수 있으며 PVC 등 플라스틱제품의 직접적인 손상도 우려된다. 이외에도, 오존농도 감소에 따른 광선의 지표면 도달량의 증가 등으로 인한 지구기온의 상승은 지구온난화현상 그 자체 뿐만 아니라 대기오염물질간의 반응을 촉진하여 대기오염을 가중시키는 요인이 될 수 있다.

② 기후변화

오존층파괴로 인한 태양광선 침투의 증가는 지구기온의 상승을 초래할 것이다. 오존층파괴에 의한 지구 기온 상승정도는 정확히 예측하기는 어려우나 오존층에서 오존이 파괴되고, 대류권에서 CO_2 등 온실기체의 방출이 계속될 경우 10년에 0.3℃의 기온이 상승, 21세기 말에는 현재보다 3℃ 정도 기온이 상승하게 된다.

오존층 파괴로 인한 또 하나의 기후변화 영향은 습도와 증발량의 증가에 의한 강우량 변화를 들 수 있다. 강우량 증가에 따라 일부 지역은 홍수피해가 증가할 것이고, 반대로 일부 지역의 가뭄 피해가 증가할 것이다. 아울러 지구 온도상승은 양극지방의 기후에 커다란 영향을 미치게 되는데 눈과 얼음이 녹는 양이 증가할 것으로 예측된다.

2) 지구온난화

(1) 온실효과와 지구온난화

어느 특정가스가 지구 주위를 둘러싸고 그 결과 지구층의 가열된 복사열의 방출을 막고, 지구가 더워지는(global warming) 현상을 온실효과(green house effect)라고 한다. 마치 우산으로 지구를 덮은 것과 같은 현상으로, 온실효과의 원인이 되는 온실가스로는 이산화탄소(CO_2), 메탄(CH_4), 아산화질소(N_2O), 염화불화탄소(CFCs), 오존(O_3) 등이 알려지고 있다.

온실효과에 대하여는 1938년에 Callender가 연료의 연소에 의한 이산화탄소에 의해 지구의 기후가 변화할 수 있다는 것을 처음 제기하였고, 1989년 MacDonald가 이산화탄소만이 아니라 다른 가스들로 기후변화를 일으킬 수 있다는 것을 밝혀냈으며, 1880년에 비해 1990년도의 대기온도가 0.5~0.7℃ 정도 높아진 것으로 알려지고 있다.

지구의 기온상승과 기후변화에 대해서 태양의 활동변화, 화산의 활동 그리고 최근에 관심을 끌고 있는 온실효과 등 많은 이론들이 전개되어왔다. 일부 학자는 현재 일어나고 있는 지구온난화와 기후변화는 태양의 활동이 활발해짐에 따라 일어나고 있는 것이라고 주장하고 있고, 또 다른 이론인 화산활동에 의한 기후변화이론은 화산이 분출되면서 다량 배출되는 황이 섞인 가스가 대기를 덮어 온실효과와 반대되는 효과를 가져온다는 것인데, 이들의 주장은 과거의 빙하기 및 기후변화가 대규모의 화산활동에 의한 것이고 엘니뇨현상도 화산활동과 관련있다는 것이다. 이 이론 역시 아직 초기단계에 머물고 있어 좀 더 정확한 판단은 연구가 더 진행된 후에야 가능할 것으로 보인다. 지구온난화가 온실효과에 의한 것이라는 확신은 날로 강해지고 있다. 일정한 온도를 유지하기 위해서 지구는 열을 우주공간으로 방출해야 한다.

온실효과의 원인에 대하여는 아직 일부 이론의 여지가 있으나, 1988년 UNEP와 세계기상기구(WMO)에 의하여 설립된『기후변화에 관한 정부간 협의회(IPCC)』의 보고가 있으면서 어느 정도 정설로 받아들여지고 있다. 온실효과가 일어나는 기작(mechanism)은 지구층을 둘러싸고 있는 온실가스가 적외선 복사열의 방출을 차단하기도 하고 화석연료의 사용에 의한 열량의 방출을 막음으로서 지구기온의 상승 등을 초래한다는 것이다.

온실효과와 관련한 국제간의 협의가 1988년부터 계속되었으며, 1992년 6월 브라질 리우데자네이루에서 『기후변화협약』의 체택을 가져왔다.

현재 400ppm에 육박한 CO_2 농도를 350ppm까지 떨어뜨려 지구온난화를 막아내자는 운동이 "350 캠페인"이다.

(2) 온실가스

① 이산화탄소(CO_2)

이산화탄소는 온실가스 중 대기 중의 온도와 온실효과에 기여하는 비율이 가장 크며, 19세기 중반까지만 하더라도 이산화탄소의 농도는 280ppm이었으나, 최근 매년 1.5ppm(0.4%) 정도 농도가 증가해 현재는 353ppm을 기록하고 있다. 이는 산업시대 이전의 농도에 비해 25～30% 높은 농도이다. 이산화탄소는 화석연료의 사용, 산림파괴, 지구온난화 등에 의해 대기중으로 배출되는데 매년 인간활동에 의해 탄소가 대기중으로 배출되며, 이 중 약 48%가 대기중에 축적되고 있다. 이러한 추세로 이산화탄소를 계속 배출할 경우 이산화탄소의 농도는 2050년에는 415～480ppm, 2100년에는 460～560ppm 정도가 될 것으로 예상된다.

미국 환경청(EPA)의 보고에 의하면 이산화탄소의 발생량은 앞으로도 계속 증가될 것이며 2020년에 가면, 현재의 2배 수준으로 증가되고 2050년경에는 3배, 2100년에는 5배 정도 증가될 것으로 전망하고 있다.

② 메탄가스(CH_4)

액화천연가스*(Liquefied Natural Gas, LNG)의 주성분이며, 산소가 없는 혐기성 상태에서 미생물에 의하여 유기물이 분해되면서 발생되는 메탄가스(CH_4)도 온실효과의 원인으로 알려지고 있다.

메탄가스의 농도는 현재 약 1.72ppm으로 그 농도가 매년 증가하고 있으며, 현재의 농도는 지난 100년간에 걸쳐 거의 두 배 정도가 증가한 것이다. 메탄의 농도는 과거 빙하시대에는 매우 낮았으나 인구가 증가하기 시작한 17세기 경부터 높아지기 시작하였으며, 19세기까지는 안정된 상태로 있었으나, 19C 이후 폭발적으로 증가하였다.

메탄이 온실효과에 기여하는 비율은 18%로 상대적으로 다른 가스에 비해 상당히 높다. 석탄광산과 천연가스 누출을 제외하고는 메탄가스의 발생은 주로 생물에 의해 일어나는데 가축과 논에서 35 ~ 40%(1.2 ~ 2.4억 톤), 매립지에서 10%(0.35 ~ 0.6억 톤), 생물체분해에 의해 10 ~ 15%(0.35 ~ 0.9억 톤), 석탄광산과 천연가스 누출을 통해 15~20%, 그리고 터마이트(termite, 흰개미) 등 자연발생원에서 15~30% 정도 발생된다. 터마이트의 장 내에는 세균, 원생동물 등이 존재하여 흰개미와 공생관계를 이룬다. 즉, 아프리카 등지에서 엄청난 숫자로 무리 생활을 하는 흰개미가 분해할 수 없는 cellulose가 주성분인 나무 등을 먹어 치우면, 흰개미의 장 속의 혐기성 세균 및 원생동물 등이 이를 분해하여 발생한 energy를 이용하고, 이 때 부산물로 발생된 CH_4는 대기 중으로 방출되고, 초산(acetate)은 흰개미가 이용하게 된다.

액화천연가스(L.N.G)와 액화석유가스(L.P.G)

L.N.G(liquefied natural gas)의 구성성분은 산지에 따라 다소의 차이가 있지만, 일반적으로 메탄(methane, CH_4)이 대부분이며, 기타 에탄(ethane, C_2H_6), 프로판(propane, C_3H_8), 부탄(butane, C_4H_{10}) 등의 탄화수소 화합물로 되어 있다. L.N.G는 가스전(탄전)이나 유전에서 원유와 함께 산출되는 천연가스를 유독성 가스와 같은 불순물을 제거한 뒤 −162℃의 저온으로 냉각시켜 액체 상태로 만들어 낸 것이다.

이와같은 액화천연가스의 특성은 기존 화석연료와는 달리 발화점이 낮고 열량이 매우 높다는 것이다. L.N.G는 천연가스를 액화시키기 전에 재처리를 한 것이기 때문에 기타 가스보다 순도가 높으며, 공기보다 가볍기 때문에 위험성이 낮고, 특히 2차 오염이 없으므로 청정연료로 지칭되기도 하며, 원래는 무취이나 유출시 감지를 위해 불쾌한 냄새의 mercaptan(R−SH)을 집어 넣는다.

현재 우리나라에서 도시가스 사용가구 중 L.N.G로 공급받는 가구가 전체의 90%, L.P.G로 공급받는 가구가 약 10% 정도이다(가격 : LPG 〉 LNG).

L.P.G(liquefied petroleum gas)는 프로판과 부탄을 주성분으로 하고 있으며, 공기보다 무겁고 우리나라에서 가정용연료 또는 자동차 및 공업용연료로서 널리 사용되고 있는 일명 프로판가스를 말하는 것이다. L.P.G의 특성은 발열량이 Kg당 약 12,000Kcal에 상당한 열량을 내며, 특히 유황 및 기타 공해물질이 석유보다는 매우 적게 함유되어 있다는 것이다. 현재로서 L.P.G의 이용은 방카유를 사용하는 것보다 비경제적이기 때문에 환경보전을 위한 목적이 아니라면 대규모 이용은 어려운 일이다.

③ 오존(O_3)

오존은 산화력이 대단히 큰 원소로서 85% 이상이 지표에서 12 ~ 50km 떨어진 성층권에 존재하고 있으며, 나머지는 지표 가까운 대류권에 존재한다. 성층권에 존재하는 오존은 자외선흡수 등의 역할을 하는 것으로 알려져 있으나, 대류권에 존재하는 오존은 이산화탄소, 메탄 등과 함께 온실효과를 일으키는 온실가스로 알려지고 있다.

대류권의 오존은 광화학작용에 의해 생성되는데 질소산화물(NO_x)이 촉매 역할을 하고 일산화탄소, 메탄 또는 탄화수소가 자외선의 존재하에서 산화한 결과로 생성된다. 따라서 대기중 오존농도는 질소산화물, 일산화탄소, 메탄 및 탄화수소 등의 대기중 농도와 햇빛의 강도에 따라 좌우된다. 대류권의 오존농도는 산업화의 결과 생성된 질소산화물 등의 영향을 받아 꾸준히 증가하였으며, 지난 1세기동안 20 ~ 50% 정도 증가한 것으로 추정된다. 현재 북반구에서는 매년 약 1% 의 비율로 증가하고 있으며, 만일 일산화탄소와 메탄의 발생이 현재의 추세대로 계속된다면 2035년에 가서는 오존의 농도는 40 ~ 50% 더 늘어날 것이고, 다음 세기 중에 오존의 농도는 현재의 두 배가 될 수 있을 것이다.

오존의 생성기작과 특성 및 오존오염경보제도

오존은 주로 이산화질소와 탄화수소가 태양광선(자외선)과 반응하여 생성되는데(광화학반응), 자동차 · 공장 · 빌딩난방 · 가정용 난방 등의 배출가스가 주요 원인이며, 특히 차량운행이 많은 오늘날은 자동차 배출가스가 오존오염의 주원인이라 하겠으며, 일반적으로 일사량이 많고 고온인(30℃ 이상) 여름철에 그 농도도 높은 것으로 나타난다.

오존은 편리상 두 가지로 구분해 볼 수 있는데, 하나는 지표면과 가까운 대류권의 오존이고, 또 하나는 지상 20km 이상까지 올라가는 성층권에 존재하는 오존으로서, 물론 화학적 구조는 같은 오존이다.

그런데 지상의 오존은 사람에게 나쁜 영향을 미치는데, 농도가 0.1ppm을 넘어서면 호흡기에 자극을 주고 심하면 기침과 두통, 폐기능 저하 등의 증상을 일으킨다. 오존오염경보제도가 시행되는 것도 이 때문이다.

그러나 바닷가나 숲속 등에서 나타나는 0.03 ~ 0.05ppm의 자연적 수준의 오존은 인체에 해가 되지 않으며, 오히려 사람들에게 상쾌한 느낌을 주는 오존이다(pleasant characteristic odor).

한편 하늘높이 성층권에 존재하는 오존은 태양으로부터 발산되는 자외선을 막아주기 때문에 생물체엔 필수불가결한 요소인데, 만약 오존층이 파괴되어 많은 양의 자외선이 지상에 도달하게 되면 결국 어떠한 생물도 살아남을 수 없게 될 것이다(CFC에 의한 오존층 파괴). 우리나라도 1995년부터 미국, 일본, 독일과 마찬가지로 오존오염경보제도를 실시하고 있는데, 그 내용은 3단계로 구분된다.

첫째로, 「오존주의보」는 1시간 평균 오존오염농도가 0.12ppm을 넘을 때 내려지는데, 이 때는 실외운동경기와 노약자의 실외활동이 자제되어야 하며, 자동차 운행의 자제 및 대중교통의 이용이 권장된다.

둘째로, 「오존경보」는 1시간 평균 오존오염농도가 0.3ppm을 넘을 때 내려지는데, 이 때는 유치원, 학교 등의 실외활동이 억제되고 해당지역 차량운행이 자제되어야 하며, 노약자의 실외활동이 억제되어야 한다.

셋째로, 「오존중대경보」는 1시간 평균 오존오염농도가 0.5ppm을 넘을 때 내려지는데, 이 때는 노약자의 불필요한 활동이 중지되고, 해당지역의 유치원, 학교의 휴교가 권장되고, 해당지역으로의 차량진입이 억제된다.

일반적으로 오존농도가 0.1~0.3ppm 정도로 1시간 가량 지속되면 기침, 눈따가움, 호흡기 자극 증상이 일어나고, 0.25~0.75ppm의 농도가 2시간 지속되면 운동 중 폐기능이 약해지고, 0.5ppm의 농도가 6시간 지속되면 마른기침, 가슴불안증 등이 유발되는 것으로 알려져 있다.

④ 아산화질소(N_2O)

질소산화물의 일종인 아산화질소(N_2O)도 온실효과를 일으킬 수 있는 것으로 알려지고 있다. 아산화질소는 화석연료의 연소, 벌목, 질소비료의 사용에 의하여 주로 생성된다. 화석연료의 사용의 증가와 함께 아산화질소의 생성도 계속 늘어나고 있다. 대기중의 아산화질소의 농도는 0.2ppm 에 달하고 있다. 대기중 아산화질소의 농도가 현재의 농도에 비해 50% 증가하면 지구의 평균기온은 약 0.2 ~ 0.5℃ 상승할 것으로 평가되고 있다.

⑤ 염화불화탄소(CFC)

염화불화탄소(chloro-fluoro-carbons)도 온실효과가 큰 것으로 알려지고 있다. 염화불화탄소는 염소, 불소, 탄소를 함유한 합성화학물질로서 염소, 불소, 탄소의 결합수, 결합형태에 따라 여러가지의 화합물이 존재한다. 염화불화탄소는 매우 안정된 화합물로서 불연성이고, 독성과 자극성이 없으며 열적 화학적으로 매우 안정되고 가격도 싸다. 이 밖에도 끓는점, 어는점, 증발잠열, 점도, 표면장력 등 여러 물성이 양호하여 냉상고용 냉매, 단열재, 세정제, 분사제, 소화제 등에 두루 사용되었다. 염화불화탄소는 「프레온」이란 상품명으로 널리 알려져 있으며, 최근 오존층파괴 원인물질로 지칭되기 전까지 약 60년간 각종 제품에 범용적으로 사용되어 왔다. 염화불화탄소는 1930년 미국의 자동차회사인 제너럴모터스사 소속 Midgley에 의하여 자동차용 냉매로 개발되었으며, 그 후 듀퐁사에서 다른 용도로 공업화하여 상품명으로 「프레온」이란 명칭을 사용하였다.

염화불화탄소는 염소, 불소, 탄소의 결합형태에 따라 CFC-11, CFC-12, CFC-22, CFC-113,

CFC-114, CFC-115로 나누어지며, 인위적으로 합성된 안정된 화합물이므로 온실효과가 자연상태의 가스보다 크다. 예를 들면 CFC-11과 CFC-12는 대기중에서 한 분자가 10,000분자의 CO_2에 해당하는 온실효과를 보인다.

(3) 지구온난화의 영향

① 탄소순환의 변화

이산화탄소의 농도는 매년 주기적으로 약 5ppm 정도의 진폭을 가지고 증감한다. 이러한 이산화탄소의 농도 증감은 탄소동화작용에 의한 탄소고정과 호흡작용에 의한 이산화탄소 배출인 것이다. 지표면에서의 탄소순환 계통의 작은 변화도 대기중의 이산화탄소 농도에 큰 영향을 미칠 수 있다. 따라서 온실기체가 증가함에 따라 지표의 생물군과 대기간에 상호작용이 어떻게 일어날 것인가를 알 필요가 있다. 토양과 생물체에 저장되어 있는 탄소의 양이 대기중에 있는 탄소의 양보다 훨씬 많아서 토양과 생물체에 의한 이산화탄소의 교환량이 조금만 변해도 큰 영향을 미칠 수 있다.

탄소가 얼마나 많이 배출될 것이냐는 온난화의 속도에 의해 지배되며 지구온난화가 빨리 일어날수록 탄소도 대기중으로의 배출이 가속될 것이다. 또한 지구의 온난화에 의한 지표면의 기온상승에 따라서 호기성 및 혐기성 부패가 활발해질 것이며, 이에 따라 이산화탄소 및 메탄의 배출량이 증가될 것이며, 이 또한 지구온난화를 가속시킬 것이다.

② 생태계의 변화

지구의 대기기온이 상승되면, 필연적으로 생태계의 변화를 수반한다. 이는 화석 등 과거의 지구역사에서 쉽게 확인할 수 있다. 자연생태계는 온도변화, 습도변화 및 증발량변화에 매우 민감하다. 현재의 동·식물의 분포를 살펴보면 온도와 습도에 의해 정해진다는 것을 쉽게 알 수 있으며, 온도 및 습도의 변화가 일어나면 동·식물의 분포에 영향을 줄 것이다. 약 1℃ 정도의 기온상승만으로도 생태계에는 큰 영향을 미친다.

모든 동·식물의 분포와 서식형태는 온도에 의해 좌우된다해도 지나친 표현은 아닐 것이다. 온도에 따른 열대, 아열대 등의 생태계 분포는 명확히 결정되어진다. 따라서 이러한 온도변화는 필연적으로 기존의 생태계 패턴의 변화를 가져오게 될 것이며, 결국 이런 생태계의 변화는 온도 상승의 정도에 따라 결정되어질 것이다.

③ 해수면 상승

지구온난화는 해수의 온도상승에 의한 팽창, 알프스지방의 빙하의 녹음, 극지방의 빙하의 해빙 및 바다로의 유입을 일으키게 되어 현재의 해수위 상승률을 가속시킬 것으로 예상된다. 지구온난화에 의하여 지구기온이 높아지게 되면 2050년에는 최고 1m 이상 상승될 것으로 전망된다(* 가라앉는 인도양의 소국 몰디브).

해수면 상승으로 인해 해안지역에서의 홍수피해가 늘어날 것이고, 해안의 침식이 심화됨과 더불어 해안지역의 생태계를 파괴시킬 것이며 자연적, 인위적인 배수시설의 성능이 저하될 것이다. 따라서, 해안가의 배수로 설계시에는 앞으로 일어날 해수위 상승을 감안하여 대비책을 강구하여야 할 것이다. 아울러 강하구의 삼각주가 해수위 상승으로 물에 잠길 위험성이 높고, 음용수로 사용되는 지하수의 경우, 해수로부터 염분유입으로 인한 피해도 우려된다.

④ 인간에 미치는 영향

인간은 여러 기후조건 변화에 대해 상당한 적응력을 가지고 있다. 그러나 이같은 적응은 많은 시간에 걸쳐 이루어진 것으로서, 현재 예상되고 있는 기후변화의 속도는 인류에게 큰 영향을 미칠 것이다. 지구온난화는 여름철의 질병발생률을 높일 것이며, 노약자, 어린이들에게 특히 증가될 것이다. 온도의 상승률은 위도가 높은 지방에서 더 클 것이므로 더운 기후에 적응이 되어있지 않은 고위도 지역의 사람들에게서 지구온난화에 의한 영향이 더욱 클 것이다.

지구온난화에 의한 온도의 변화는 사망률과도 밀접한 관계가 있을 것이다. 기후의 변화가 클수록 사망률은 높아질 것이다. 기온상승으로 인한 전염병 발생의 증가, 하절기의 극심한 더위로 인한 신생아나 노약자의 사망률의 증가가 그 원인이 될 것으로 보여진다. 지구온난화와 더불어 성층권의 오존층파괴가 함께 진행되면 인구가 밀집되어 있는 도시지역에서 광화학적 스모그현상 등 2차 대기오염물질의 발생도 우려된다. 아울러, 기온상승에 의한 모기, 파리 등 해충의 발생이 늘어날 것이며, 그 결과 해충으로 인한 발병률이 증가될 것이다.

또한 수질과 수량의 변화, 가뭄으로 인한 기근과 영양실조 등으로 인한 피해도 예상된다. 기후의 변화가 숲을 초지로 변화시키는 등 주변 환경에 상당한 변화를 가져올 것이다.

⑤ 농작물에 미치는 영향

지구온난화는 농작물의 생산량에도 큰 영향을 미칠 것이며, 그 영향의 정도는 성장지역 및 식물의 종류에 따라 차이가 클 것이다. 옥수수, 콩과식물과 같이 중온성에 적합한 식물은 생산량이 줄게 될 것이며, 벼와 같이 고온성작물은 생산량이 증가될 것이다. 아울러, 이산화탄소의 증가는 직접적으로 식물체의 탄소동화작용을 도와주는 효과도 있을 것이다.

반대로, 지구온난화는 농작물에 대한 질병을 일으키는 미생물(세균, 곰팡이, 바이러스, 원생동물 등)이나 곤충 등의 번창을 유도할 수도 있다.

표 13-1 지구온난화의 부문별 영향(기후변화에 관한 정부간 협의체, IPCC)

구분	2020년대(섭씨 1도 상승)	2050년대(섭씨 2~3도 상승)	2080년대(섭씨 3도 이상 상승)
수자원	4~17억 명 물 부족	10~20억 명 물 부족	11~32억 명 물 부족 세계 인구 5분의 1 이상 홍수 영향
생태계	양서류 멸종, 산호 백화현상, 생물종 다양성 변화	생물 20~30% 멸종위기	지구 생물 50% 이상 멸종 이산화탄소 배출로 생물권 분포 변화
식량	농작물 수확량 일시적 증가 1000만~3000만 명 기근 위협		중·고위도 지역 수확량 감소 3000만~1억2000만 명 기근 위협
해안	홍수·폭우 증가	300만 명 홍수 위협	해안가 30% 이상 유실 1500만 명 이상 홍수 위협
건강	알레르기 및 전염성 질병 확산	영양부족, 과다출혈, 심장관련 질병 증가 더위, 홍수, 가뭄으로 사망 증가	

킬리만자로의 눈

어니스트 헤밍웨이가 1936년에 쓴 '킬리만자로의 눈'은 돈과 여자 때문에 파멸해 가는 한 예술가의 인생을 그리고 있다. 죽음을 눈앞에 둔 해리라는 작가 지망생은 킬리만자로의 눈 덮인 정상을 바라보며 비로소 작가의 세계로 눈을 떠보지만 이미 때는 늦었다. 케냐의 나이로비에서 250km 떨어진 암보셀리 국립공원에가면 헤밍웨이가 '킬리만자로의 눈'을 집필하며 머물렀던 집이 그대로 보존되어 있다.

"킬리만자로의 눈 덮인 정상에는 메마르고 얼어붙은 표범의 시체가 있다. 그 표범이 그 정상에서 무엇을 찾고 있었는지는 아무도 모른다." '킬리만자로의 눈' 서두에 나오는 이 글을 두고 혹자는 킬리만자로의 정상은 예술가의 이상향이며 표범은 그 이상향을 좇다가 뜻을 이루지 못한 예술가라고 해석하기도 한다. 우리나라의 가수 조용필은 '킬리만자로의 표범'이라는 히트곡을 불러 탄자니아 정부로부터 공식 초청을 받기도 했다. "나는 하이에나가 아니라 표범이고 싶다. 산정 높이 올라가 굶어서 얼어죽는 눈 덮인 킬리만자로의 그 표범이고 싶다...."

킬리만자로(탄자니아)는 해발 5895m로 탄자니아와 케냐의 국경에 있는 아프리카 최고봉이다. 적도 부근에 위치하면서도 산봉우리는 만년설에 덮여있다. 암보셀리에서 바라보는 킬리만자로 정상은 대부분 구름에 덮여 있어 하루 두 번 정도 그 모습을 드러낸다. 원어로 '하얀 산' '빛나는 산'이라는 뜻의 킬리만자로 산자락은 야생동물들의 낙원이다. 수십마리의 코끼리떼가 아침에 킬리만자로 기슭에서 암보셀리 국립공원으로 내려왔다가 해질 무렵 다시 잠자리로 돌아가는 모습은 특히 인상적이다.

그 신비의 산 킬리만자로의 만년설이 21C에 들어서 앞으로 15년 후가 되면 다 녹아 없어질 것이라는 예측이 있다. 최근 미국의 한 대학 연구팀의 조사에 따르면 킬리만자로의 만년설은 1912년 처음 조사했을 때보다 이미 82%가 녹아내렸다. 암보셀리 국립공원 야생동물의 식수원은 사실 그 만년설이다. 킬리만자로의 만년설이 보존되지 않으면 암보셀리 국립공원도 폐허가 될지 모른다. 지구 온난화는 신비의 산 킬리만자로마저 병들게 하고 있다.

13-6 대기오염의 제어

1) 발생 전 제어방안

대기오염의 제어방안은 크게 2가지로 구분할 수 있다. 첫째는 인간의 활동에 의해서 대상 대기오염물질이 발생되는 것을 막거나 감소시키는 방안, 즉 발생전 제어방안(input control)이고, 둘째는 일단 발생한 대상 대기오염물질에 대한 처리, 처분을 통하여 대기 중으로의 방출을 억제시키는 방안, 즉 발생후 제어방안(output control)이다. 이 때 환경에 유입되는 환경오염물질의 총량을 감소시키기 위한 5가지 주요한 발생전 제어방안 으로는 (1) 인구증가의 억제 (2) 자원의 재활용, 재사용과 내구성 및 부품교체의 용이성을 겸비한 상품의 생산 등을 통한 자원의 절약 (3) energy 사용의 절약 (4) energy의 효율적 사용 (5) 화석연료로부터 태양, 풍력, 수력 energy로의 전환 등을 들 수 있다.

2) 발생 후 제어방안

(1) 입자상 오염물질의 제거

① 사이클론(cyclone)

이 방법은 가장 보편적인 분진제거방법으로서 원심력을 이용하는 방법으로, 고체 또는 액체상태의 분진을 함유한 오염가스를 유입구에 어느 정도의 속도를 가하면 유입구 날개(vane)에 의하여 가스에 회전운동이 생긴다. 오염된 가스가 하향으로 나사운동을 함에 따라 입자는 둘레 부분의 벽쪽으로 이동하면서 바닥에 침전하게 된다. 정화된 가스는 하향의 나선운동을 끝마치고 상향의 나사운동을 하게 되며, 마지막으로 중앙의 관을 통하여 흘러 나간다.

② 백필터(bag filter)

이름 그대로 자루형태의 분진제거장치이다. 즉, 분진이 방출되는 연기 등을 섬유성 물질로 만든 자루 속에 넣어 여과시키는 방법으로서, 입자의 크기가 1㎛ 보다 큰 경우에 효과적이다. 처음 자루가 깨끗할 때에는 자루의 구멍 크기 이상의 입자 밖에는 제거시키지 못하나, 입자들이 축적되면 자루의 구멍 크기보다 더 작은 입자를 제거시켜 여과를 돕게 된다. 또한 이 입자들은 다소 전기적인 작용을 띄우게 되며 서로 충돌하고 경우에 따라서는 침전도 된다. 만약 입자가 너무 많이 자루 속에 축적되면 마찰력이 커지며 적은 양의 공기 밖에는 통과시키지 못한다. 이 때는 축적된 입자를 진동 등을 이용해 털어내야 되는데, 너무 많이 털어내면 여과효율이 감소된다.

③ 정전기적 집진기(electrostatic precipitator)

이는 일반적으로 전기집진기로 일컬어지는데, 전기집진 기술은 1906년 미국의 Cotrell씨에 의해 고안되었으며, 그 원리는 직류의 특 고전압을 집진극(+, 판)과 방전극(−, 점)에 접속시켜서 이 양극 사이에 미세한 먼지가 포함된 배기가스를 통과시키면 corona 방전에 의해서 발생하는 전기력으로 먼지 입자를 (−)로 하전시켜 (+)극인 집진극으로 이동, 부착하게 된다. 이 부착된 먼지입자는 (−)의 전하를 잃고 자연적으로 낙하하거나 trapping 장치에 의해 hopper로 떨어져 포집, 처분된다.

이 방법은 20㎛ 보다 작은 입자를 제거시키기 위해서 사용되는데, 효율이 좋아서 99% 이상 먼지를 제거시킬 수 있다. 이 방법의 장점은 고온(흔히 320～350℃, 특별한 경우에는 700℃까지)에서도 적용 가능하고, 산성을 띠고 있어도 상관없으며, 대량의 공기(1,400～56,000m^3/min)를 다룰 수 있고 동력도 그리 크게 소요되지 않으며, 가동부분이 적기 때문에 유지관리가 쉽다는 점이다. 단점으로는 초기 시설비가 고가이며 주어진 조건이 변동되는 경우에 있어서 그 운전을 쉽게 변동된 조건에 부합시킬 수가 없으며, 대지가 많이 들고 가스상태의 오염물질은 제거시키지 못한다는 점이다.

④ 습식 분진제거장치(wet scrubber)

습식 분진제거장치에서 배기가스 중의 분진입자는 가스흐름에 투입된 물방울에 의해서 포착된다.

첫째로, 충전식 세정장치(packed scrubber)에서는 여러 형태의 작은 충전물질의 표면 위로 물이 가해지고 아래로 흘러내린다. 배기가스는 충전물질의 배열에 따라 흐름의 방향을 바꾸면서 공극층을 통해 물의 흐름방향과 반대방향, 즉 위쪽으로 움직이며, 입자의 관성력 때문에 특별히 굵은 것은 가스흐름을 따르지 않고 액체표면에 충돌되어 아래로 떨어져 제거되는 것이다.

둘째로, 와류식 세정장치에서는 배기가스의 와류식(소용돌이 모양의)흐름에 의해 물방울이 형성되며, 이렇게 형성된 물방울은 와류통로로 유입된다. 배기가스 중의 분진입자들은 물방울 형성기간과 물방울이 와류통로 내부로 이동하는 기간 중에 포획된다. 물방울에 의한 분진포집 효율은 물방울과 분진입자 사이의 상대농도에 의존한다.

셋째로, 벤튜리 세정장치(Venturi scrubber)에서는 벤튜리 관을 통과하는 함진(含塵)가스 중에 세정액을 가압 분사시켜 형성되는 관성력, 확산력, 부착력 및 중력 등에 의해 함진가스 중의 먼지를 세정분리하는 장치이다.

(2) 가스상 오염물질의 제거

① **흡수(absorption) 방식**

흡수의 원리는 오염된 기체를 액체인 흡수제와 접촉시켜, 오염가스가 액상에 잘 용해하거나 화학적으로 반응하는 성질을 이용하여 유해가스를 제거하는 것이다. 유해가스를 포함한 기체를 액체흡수제가 들어 있는 흡수탑을 통과시키면 기체 중에 들어 있던 유해가스 성분이 제거되거나 변질된다. 이 때의 효율은 기 · 액 접촉면적과 접촉시간에 관계가 있고 흡수제 농도와 반응속도에 영향을 받는다. 기본 원리는 습식 분진제거장치와 유사하다.

충전탑(packed tower)은 적당한 충전물이 들어 있는 수직탑이며, 충전물의 형태는 여러 가지가 있다. 침식성 기체를 흡수시키는 경우 충전탑 및 충전물은 침식에 견디는 물질로 제조하는 것이 경제적이다. 플라스틱 충전물은 부서지지 않고 가벼워서 작은 흡수탑에 좋다. 충전탑에서 흡수제는 충전물이 표면에 얇은 막으로 흐를 때 기체와 접촉할 수 있는 면적이 커진다. 보통 충전탑에서는 향류(向流)를 사용하는데 흡수제는 탑의 상부에서 공급되고, 오염된 기체는 하부에서 공급된다. 충전탑은 액적(液滴, 10μ 이하)의 제거에도 효과적이다.

다공판탑(多孔板塔, sicve platc towcr)은 수평의 다공판이 같은 간격으로 겹겹이 쌓여 있는 수직관이다. 가스나 증기는 다공판 위에 기포를 형성하면서 상승하고 액체 흡수제가(위에서 아래로 이동) 구멍으로 새는 것을 방지한다. 다공판의 가장자리에는 액체가 넘쳐 흐를 수 있는 관이 있다. 다공판탑은 청소가 용이하고 많은 양의 액체를 다룰 수 있기 때문에 고체부유물이 있거나 비교적 잘 흡수되지 않는 오염가스가 있는 배기가스를 처리하는데 좋으나, 초기투자비가 충전탑보다 많이 든다.

이 밖에도 원심력을 이용하여 흡수제인 액체를 분무시켜 유해가스를 포집하는 **분무탑(spray tower)**과 압력펌프를 이용해서 흡수제인 액체를 분사하여 미립자화시킴으로써 유해가스의 흡수효과를 증진시킨 **액체분사흡수탑(liquid jet scrubber)** 등이 있다.

② 흡착(adsorption) 방식

흡착의 원리는 기체의 분자나 원자가 고체의 표면에 달라 붙는 성질을 이용한 것인데, 오염된 기체를 고체의 흡착제가 들어 있는 흡착탑을 통과시키면 특정한 유해가스 뿐만 아니라 악취도 함께 제거된다. 흡착은 오염가스를 회수할 가치가 있는 경우, 오염가스가 타지 않을 경우 및 오염가스의 농도가 매우 희박한 경우에 특히 유용하다.

흡착은 물리적 흡착 및 화학적 흡착으로 나누는데, 물리적 흡착에서는 기체와 흡착제가 분자간의 인력에 의하여 서로 달라 붙으며, 화학적 흡착에서는 이들이 화학적 반응을 일으켜 새로운 물질로 된다. 물리적 흡착은 흡착과정이 가역적이기 때문에 흡착제의 재생이나 오염가스의 회수에 매우 편리하다. 화학적 흡착에서는 물리적 흡착에서 보다 분자간의 결합력이 강하기 때문에 흡착과정에서의 발열량도 더 많다. 화학적 흡착은 대부분 비가역적이므로 흡착제를 재생시킬 수가 없다. 반면에 화학적 흡착은 흡착제가 화학반응의 촉매 역할을 하는 장점을 가지고 있다.

대표적인 흡착 방식으로 흡착탑(adsorption tower)을 들 수 있는데, 흡착탑은 탑 안에 활성탄(活性炭, activated carbon)과 같은 고체흡착제를 넣고 오염된 가스를 통과시키는 장치로서 여러 종류가 있다. 흡착층의 두께에 따라 두꺼운 층의 흡착탑 및 얇은 층의 흡착탑으로 구분하기도 하며, 흡착층의 위치 변화에 의하여 고정층, 이동층 및 유동층으로 분류하기도 한다. 또 수직 및 수평의 흡착탑, 직렬로 연결된 흡착탑 등을 생각할 수 있는데 각각 주어진 조건에 맞게 선택 사용한다. 이 흡착탑은 비교적 오염물의 양이 적은 경우에 많이 사용한다.

③ 연소 방식

연소 또는 재연소의 방법은 오염된 기체로부터 가연성의 가스, 증기 또는 악취를 태워서 제거하는 것이다. 이 방법은 배기의 양이 많고 오염가스가 비교적 적을 때에 많이 사용한다. 연소방법은 직접연소, 가열연소 및 촉매연소로 나눌 수 있다. 일반적으로 연소 장치를 설계하려면 오염물의 화학적 조성 및 농도, 배기가스의 유량, 배기가스의 유입온도 및 오염물의 법적허용치 등을 고려하여야 한다.

직접연소법(direct flame incineration)은 직접불꽃연소 또는 대기중연소라고 할 수도 있는데, 오염기체를 연소장치에서 직접 태우는 것이다. 이 방법에서는 경우에 따라 보조연료나 보조공기가 필요하며, 대체로 오염물질의 발열량이 연소에 필요한 전체 열량의 50% 이상이 될 때 경제적으로 타당하다. 직접연소의 한 가지 문제점은 불꽃의 온도가 1400℃ 이상 되는 경우도 있으므로, 이 경우에 높은 온도가 오래 지속되고 과잉의 공기가 존재하면 질소산화물이 생성될 우려가 있는 것이다. 석유화학공장이나 정유공장에서 흔히 볼 수 있는 굴뚝에서의 화염(flare)은 직접불꽃연소의 결과이다. 이 장치는 배기의 유량, 연료의 조성 및 풍속 등이 변하더라도 연소가 계속 되도록 설계하는데, 보통은 점화장치(pilot)를 부착하여 이를 돕는다. 그러나 이 연소 장치는 가끔 그을음이나 검댕이 생기는 것이 문제이다. 그을음은 연료중의 수소와 탄소의 질량비가 1/3 이하일 때 나타나는데, 예를 들어 메탄(CH_4)은 수소대 탄소의 질량비가 1/3 이므로 그을음 없이 타고 아세틸렌(C_2H_2)은 이 비가 1/12 이기 때문에 그을음을 내면서 탄다. 이러한 현상은 수증기의 주입으로 해결할 수 있으며 이 때 수증기의 주입은 불꽃 근처에 난류를 형성하여 산소와 연료의 접촉을 증진시킴으로써 연소를 도와준다.

가열연소법(thermal incineration)은 배기중의 가연성 오염물의 농도가 매우 낮아서 직접연소의 방법을 사용하기가 곤란할 때 사용한다. 즉, 배기중의 오염물의 발열량이 40~750 kJ/m³ 정도일 때, 배기가스를 예열하고 보조연료를 가하여 자기점화온도 이상으로 올려 놓음으로써 배기가스 중에 존재하는 산소로 태우는 것이다. 이 때 배기가스중에 산소가 충분치 않으면 송풍기로 산소를 주입한다. 이 연소법의 장점은 500℃~800℃에서 조업이 가능하기 때문에 연소실에 드는 비용이 적고 질소산화물의 생성이 억제된다는 점이다.

촉매연소법(catalytic incineration)은 배기중의 가연성 오염물을 연소로내에서 촉매를 사용하여 불꽃없이 산화시키는 방법이다. 배기가스중의 가연성 물질의 농도가 낮을 때는 직접연소보다 가열연소가 효과적이지만, 이 때 촉매를 사용하면 반응이 더 빨리 진행되므로 연소로 내에서 배기가스의 체류시간을 단축할 수 있다. 즉, 촉매연소에서는 체류시간을 수백분의 1초 정도로 하여도 가열연소와 같은 연소효율을 얻을 수 있다. 또 촉매연소에서는 연소온도를 가열연소에서 보다 250℃ 정도 낮출 수 있으므로 가열연소에서와 같이 배기가스를 높은 온도로 예열할 필요가 없으며 질소산화물의 생성이 거의 없다. 촉매연소의 효율은 대개 95~98% 이며 주생성물은 CO_2, H_2O 및 N_2의 무해한 물질 등이다. 촉매산화에 사용되는 촉매제로 **백금**(Pt, platinum)이나 **팔라듐**(Pd, palladium)과 같은 귀금속제가 많이 쓰이며 알루미늄같은 물질에 분산시켜 사용한다.

CHAPTER 14

수질오염과 생태계

14-1 인류와 수자원

1) 물의 이용

모든 생물, 나아가 생태계의 형성 및 유지는 물의 존재하에서 가능했으며, 인류역시 물과 더불어 시작되었듯이 인간은 물을 떠나서는 잠시도 살 수 없고, 인체의 70%가 물이다. 즉, 물은 생명의 근원이자 바로 생명 그 자체라고 할 수 있다.

사람의 생명활동을 유지하기 위하여 하루에 2L 정도의 물을 섭취(음용수)해야 하며, 목욕수, 세탁수, 화장실용 등의 생활용수(生活用水)까지 합하면 1일 300L 이상이 필요하다. 물론 물의 사용량도 생활수준에 따라 차이가 있으며 생활의 질적 수준이 높아질수록 소요량은 비례하여 증가한다. 이밖에도 거의 모든 인간의 활동에는 필수적으로 물을 사용해야 하는데 농사를 짓는데 필요한 농업용수(農業用水), 제품의 생산활동 등에 필요한 공업용수(工業用水), 수중생태계의 보전과 하천의 수질오염의 조절 및 배의 운항 등에 필요한 유지용수(維持用水) 등이 있다.

2) 수자원의 종류

물은 자연계에 존재하는 가장 풍부한 물질 중의 하나로 지구 표면의 3/4을 덮고 있으나, 이렇게 많은 양에도 불구하고 전체량의 97% 이상이 바닷물과 다른 염분이 있는 물이며, 대부분의 경우 거의 이용할 수 없다. 나머지 3% 중 약 2%는 얼음과 빙하 및 대기중의 수증기와 토양수분으로 되어 있어 이용하기가 어렵고, 사람의 일상생활과 공업 및 농업 등의 활동에 사용되는 수자원은, 하천수와 지하수 등의 담수로 전체 수자원의 0.62%에 불과하다.

(1) 지표수(地表水, surface water)

지표수란 지표면을 흐르고 있는 하천이나 저수지, **호소**(湖沼, lakes and swamps, 호수와 늪) 등에 모여 있는 물을 말한다. 그 수질은 비교적 유기물질이 많고 용존산소가 높아서 세균 및 미생물의 번식에 알맞고, 침식당한 토양 등으로 인해 **탁도**(濁度, turbidity)가 높다. 지층을 통하지 않기 때문에 광물질 함량이 적다. 즉 Ca^{+2}, Mg^{+2} 등의 무기염류가 비교적 적은 **연수**(軟水, soft water, 단물 ↔ 경수, 硬水, hard water, 센물)로서 음용수, 생활용수, 농업용수, 공업용수 등 각종 용수에 많이 이용된다.

하천수는 산간계곡을 흐르는 동안에 낙엽, 고목, 동물사체 등에 의해서 오염되기는 하나 그 빈도 및 양이 비교적 적으므로 물이 흐르는 동안에 하천의 **자정작용능력**(self-purification capacity)에 의해서 정화가 된다. 그러나 인구가 많고 공장이 많은 지역을 통과할 때에는 도시하수, 공장폐수 등에 의해서 오염될 기회 및 오염물질의 양이 많아져서 수질의 악화를 가져오기 쉽다.

일반적으로 상수도의 급수원으로서 하천수를 이용하는 것이 상례이며, 따라서 하천수의 환경관리가 소홀할 경우 **수인성전염병**(水因性傳染病, waterborne communicable disease, 장티푸스, 콜레라, 이질 등)과 여러 가지 중금속 및 유해물질로 인한 환경오염사고 및 집단발병 등이 우려된다.

한편, 우리나라의 경우 비교적 연평균 강수량은 많으나, 이용가능한 하천의 유량은 풍부하다고 볼 수 없다. 그 이유는 강수량 중 태풍, 장마, 호우 등에 의한 것이 대부분이며, 특정기간에 집중되어 한꺼번에 유출되기 때문이다.

(2) 지하수(地下水, ground water)

지표면에 내린 빗물은 곧바로 지하로 침투하거나 땅위를 흐르는 사이에, 일부는 증발하고 일부는 토양으로 침투하게 된다. 지하로 침투한 물은 지하수를 이루는데, 지각의 윗부분인 토양층과 암석층에 보존된다. 이 중 토양은 통기대로서 공극이 많은데, 이 공극은 공기와 물로 채워져 있으며 식물은 필요한 물을 이 부분에서 흡수한다. 식물에 의해 이용되지 않고 토양층에 남아 있는 물은 중력의 영향으로 통기대를 거쳐 포화대까지 서서히 내려가 모이게 된다. 포화대는 지하수를 보존하는 장소가 된다. **통기대와 포화대의 경계를 지하수면**이라 하는데, 지하수면은 대개 지표에서 30m 이내에 있으나 수백미터 깊이에 있는 곳도 있다.

흙이나 바위가 물을 통과시키는 성질을 **투수성**(permeability)이라 하며, 투수성이 높아 물을 포함할 수 있는 물질로 된 층을 **대수층**(帶水層, aquifer)이라 하는데, 사토, 자갈층은 좋은 대수층이 되며 점토, 화성암, 변성암층은 투수성이 미약하다.

지표로 스며드는 물은 지하로 투수되어 내려가다 하천이나 호수를 이루는 물과 합류하며, 때에 따라서 지하수면이 아래에 위치하면 하천이 지하수에 물을 공급하기도 한다.

지하수는 유속이 완만하므로 토양이나 바위와 반응하지 않는 오염물이 지하수에 유입되면, 제거되기까지 오랫동안 머물러 있게 된다.

지하수 오염은 지표수 오염보다 더 심각하다. 그 이유는 ① 일단 오염된 물은 암석의 깊은 층에 축적되는데 그 곳에는 정화시킬 수 있을 만큼의 산소나 미생물 등이 없어서 정상적인 정화과정이 일어나기 어렵다. ② 지하수 오염의 발견 및 그 정도를 추정하거나, 인위적으로 정화시키기가 어렵다. ③ 지하수는 매우 천천히 흐르는데, 1년에 1.5 m를 흐르는 곳도 있어서 오염물질이 바다로 씻겨내려 가는데는 수십년이나 심지어는 수백년이 걸리는 경우도 있다. ④ 관개시설(管井) 등에 의해 지하수가 고갈되면 암석입자가 서로 더 밀착되어 진체 암석층의 부피가 감소되므로 지하공간이 크게 되어 지반이 무너질 위험성도 있다. 따라서, 폐공(廢孔)을 통한 외부 오염물질이 지하수로 유입되는 것을 막기 위한 적절한 관리가 요구된다.

(3) 대양(ocean)

바다는 지구상에서 가장 큰 물의 저장소로 육상의 모든 담수가 일단 최종적으로 도달하는 목적지이다. 그리고, 지상에서 일어나는 물질순환과 에너지이동의 기본적 저장소로서 지구환경에서 가장 중요한 역할을 담당하고 있다고 할 수 있다. 모든 수자원은 최종적으로는 바다에 이르게 되고 바다는 수자원의 보고이며 귀착지이다.

해수는 용해된 염을 다량 함유하고 있는데, 이 염들은 토양과 암석의 풍화작용으로 생성되어 강물에 의해 용해되고 운반되어 바다로 유입된 것이다. 바닷물의 평균염도는 35‰ (천분율, permill ※ percent ; %)로 음료수의 최고염분 허용농도의 70배에 해당한다. 해수에는 여러 종류의 물질이 용해되어 있으나, 몇 종류를 제외하고는 극히 미량으로 포함되어 있다.

해수는 염분농도가 높아 직접 음용수나 관개수 또는 세탁용수로 사용할 수는 없다. 바닷물로부터 담수를 분리하는 기술(전기투석법 ; electro-dialysis, 역삼투압법 ; reverse-osmosis)이 개발되었으나 현재까지는 경제적인 부담과 기술수준의 한계점이 존재한다.

(4) 빙하(glacier)

빙하는 물이 고체상태로 존재하는 것으로서, 지표수를 구성하는 수자원 중 가장 많은 담수를 저장하고 있으나, 이용하기에는 아직 난점이 많다.

빙하는 지표면의 10%를 덮고 있으며, 그 중 남극대륙이 85%, 그린랜드가 11%, 기타 4%로 구성되어 있다. 만일 이 빙하의 전량이 녹는다면, 해수면은 60m나 상승하여 세계의 주요 도시는 거의 침수될 것으로 추정된다.

100 ~ 200만년 전에는 빙하가 지구 표면에 광범위하게 분포되었으며 18,000년 전에도 지구 표면의 30% 이상이 얼음으로 덮였던 흔적이 있다. 지질시대를 거치면서 빙하는 생성과 퇴각을 거치면서 기후에 지대한 영향을 미쳐왔다.

14-2 물의 자정작용

지표수에는 자연형태의 오염물질이 늘 존재하여 왔다. 문명이 발달하기 전에는 많은 불순물들이 공기중에서 씻겨지고 지면에서 침식되거나 토양으로부터 침출되어 궁극적으로는 지표수로 흘러 들어간다. 거의 예외없이 이러한 물질들은 자연의 정화과정에 의하여 제거되든지 무해한 상태로 변화될 수 있었다. 진정 이러한 자체 정화과정이 없었다면 지구상의 물에 의존하고 있는 생명은 지금처럼 발달될 수가 없었을 것이다. 하천의 어느 지점에서 폐수가 일시 유입되었다면 순간적으로 오염농도가 높지만 하천을 따라 차츰 정화되어 폐수가 유입되기전 처음의 상태로 되돌아 온다. 즉, **유기물질(오염물질)** 지표로서 **생물화학적 산소요구량**(BOD, biochemical oxygen demand)은 폐수 유입 후 점차적으로 완만하게 감소되어 유입전의 농도로 되돌아오고, 이에 따라 물속의 **용존산소**(DO, dissolved oxygen)는 폐수 유입 후 점차적으로 감소한 후 임계점을 지나 다시 점차적으로 증가하여 폐수 유입 전의 농도를 유지하게 되는데, 이와 같이 시간(곧, 유하거리, 流下距離)에 따른 용존산소농도의 곡선을 **용존산소부족곡선**(oxygen sag curve)이라 한다. 이와 같은 자연수계의 **자정기구**(自淨機構, self-purification mechanism)에는 물리적, 화학적 및 생물학적 과정이 포함된다.

이러한 과정이 일어나는 속도와 정도는 계의 특성에 따라 여러 가지 변수가 있으며 부피, 유속, 난류정도 등의 수리적 특성, 바닥과 뚝의 재료, 햇빛과 온도의 변화 등과 같은 물리적인 특성은 자연수의 화학적인 성질과 더불어 자연의 정화과정에 영향을 미치는 주요 변수가 된다.

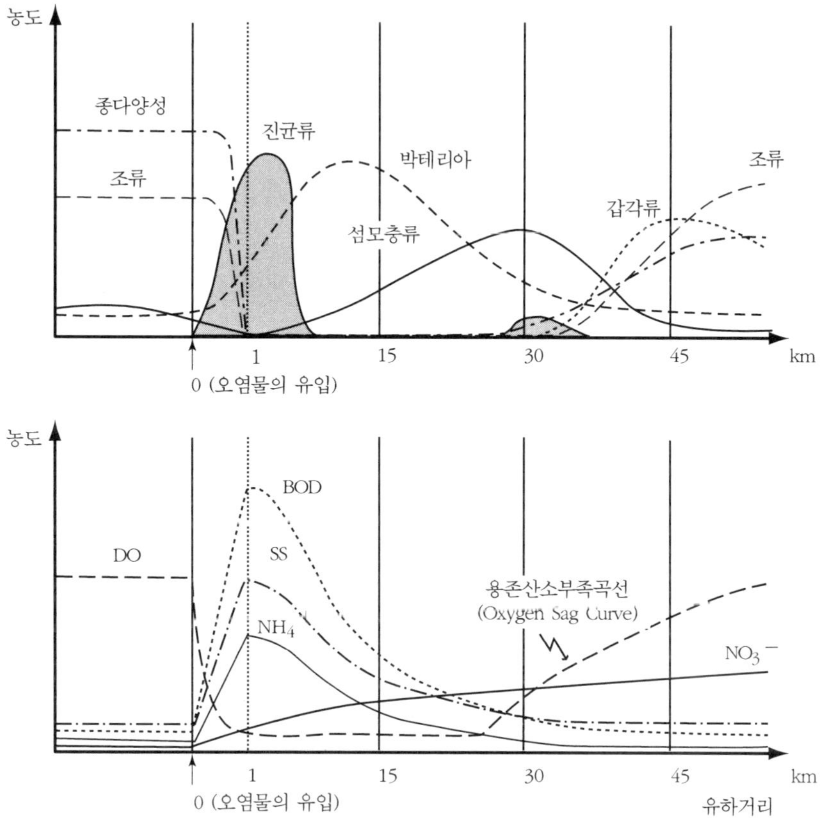

그림 14-1 하천의 자정작용과 생물상의 변화

1) 물리적 자정작용

주요 물리적 자정작용에는 희석(dilution)과 확산(diffusion), 침전(sedimentation)과 재현탁(resuspension), 여과(filtration), 대기 중의 산소가 물속으로 전달되거나 반대로 수중에서 화학적 또는 생물학적 과정에 의해 생성된 기체가 대기 중으로 방출되는 기체전달(gas transfer), 햇빛에 의한 열전달(heat transfer) 등을 들 수 있다. 이러한 과정들은 그 자체로도 자정작용에 있어서 중요한 역할을 수행할 뿐만 아니라 그것과 관련되어있는 화학적 및 생물학적 자정작용에도 크게 영향을 미친다.

2) 화학적 자정작용

자연적인 물의 경로에는 많은 용해된 광물질들과 기체들을 함유하게 되는데 이들은 서로 복잡한 여러 가지 방법으로 화학적인 작용을 하게 된다. 산화－환원, 용해－침전 및 다른 화학적 변화 등이 자연수계의 자연적인 정화과정을 돕기도 하고 방해하기도 한다. 저수지나 깊은 호소에서 일어나는 화학적 변화는 인(燐)의 유입으로 인해 중요한 과정을 거치게 된다. 인은 물에 들어가면 입자에 붙어 이 입자와 함께 바닥으로 침강한다.

인은 또한 용해성 무기 인산 형태로 물에 들어가 생물체와 작용하여 최종적으로 바닥에 침강하기도 한다. 철 이온이 있을 때는 다음과 같은 반응이 일어난다.

$$Fe^{3+} + PO_4^{3-} \longrightarrow FePO_4 \downarrow$$

불용성인 인산철(3가)은 침전되어 바닥에 가라앉게 된다. 비교적 산소가 없는 곳에서는 3가철이 2가의 철 형태로 환원되어 용액 속으로 들어가게 된다. 봄이나 가을의 전도현상(顚倒現象, turnover, overturn, ※ 제8장 제2절 참조)이 있을 때에는 인은 호수의 깊이 전체에 대하여 완전히 혼합이 일어나게 되며, 그 중 일부는 식물활동에 이용되며, 일부는 철과 다시 결합하여 불용성인 인산철(3가) 화합물을 형성하여 바닥에 가라앉게 된다.

하천과 호소에서 일어나고 있는 화학적 전화는 물의 pH를 안정화시키는데 도움을 주기도 한다. 예를 들면, 석회와 다른 형태의 탄산칼슘($CaCO_3$)은 CO_2를 함유한 물에 쉽게 용해하며, 여기에 생성된 수소이온은 용해성이 작은 탄산칼슘과 반응하여 용해성이 큰 칼슘과 비교적 많은 탄산수소이온을 만들게 된다.

탄산염은 완충작용을 하여 수계에 해를 줄 수 있는 pH의 급격한 변화로부터 하천을 보호하기도 한다.

$$H_2O + CO_2 \rightleftarrows H_2CO_3$$
$$H_2CO_3 \rightleftarrows H^+ + HCO_3^-$$
$$CaCO_3 + H^+ \rightleftarrows Ca^{2+} + HCO_3^-$$

3) 생물학적 자정작용

자정작용에 관여하는 많은 화학반응들은 생물학적으로 고려되어야 한다. 이러한 생화학반응들은 자발적인 반응은 아니며, 반응이 일어나기 위해서는 외부로부터의 에너지원이 필요하다. 생분해성 유기물이나 다른 영양분의 경우, 이러한 활성화 에너지는 이와 같은 물질들을 먹이와 에너지로 이용하는 미생물에 의해 공급된다. 즉, 미생물이 수중의 오염물질(유기물 등)을 분해하는데 있어서 촉매역할을 수행하게 된다.

생물들이 생존, 성장 및 번식을 위해 먹이를 이용하는 모든 과정을 대사(代謝, metabolism)라 한다. 대사과정과 그 속에 있는 생물들은 자연수계의 자정작용에 있어 중요한 역할을 하고 있다. 대사과정에 있어서의 생화학 반응은 아주 복잡하여 아직까지 완전히 이해되지 못하고 있으나 각각 여러 단계를 포함하고 있는 두 가지 형태의 과정이 동시에 고려되어야 한다. 그 하나는 이화작용(異化作用, catabolism, dissimilation)으로 새로운 세포의 합성과 다른 세포기능을 유지하기 위해서 필요한 에너지를 공급한다. 다른 하나는 동화작용(同化作用, anabolism, assimilation)으로 세포성장 및 번식을 위해 필요한 물질을 만들어낸다. 외부로부터의 먹이공급이 중단되었을때 생물들은 저장된 먹이를 이용하여 에너지를 얻게 되는데 이를 내생 이화작용(endogenous catabolism)이라 한다. 각 형태의 미생물들은 특정한 반응물로부터 특정한 최종 생성물에 이르는 자기 자신의 대사 경로를 가지고 있다.

14-3 수질오염(water pollution)

1) 수질오염의 정의

수질오염이란 물이 천연적으로 가지고 있는 물리적, 화학적, 생물학적 또는 세균학적 특성이 상호 연관된 자연적 인위적인 요인에 의하여 분화함으로써 물 이용상의 지장을 초래하거나 환경의 변화를 야기하여 수중생물에 영향을 주는 상태로 변화하는 것으로서, 좁게는 주로 사람이나 동물의 배설물에 의하여 병원성미생물 또는 기생충 등이 인체에 수인성 질병(water-borne disease)을 일으키거나 공중 보건상 위해를 일으키는 등 수질(water quality)이 악화되는 것을 말한다. 넓게는 자연적 또는 인위적으로 수중에 부패성물질, 유독성물질 및 부유물질 등 물 이외의 이물질이 혼입됨으로서 생활, 농업, 공업, 수산 등의 용수 목적에 맞게 사용할 수 없는 상태를 말한다.

2) 수질오염의 원인

수질오염의 발생원인으로는 크게 자연적인 것과 인위적인 것으로 분류할 수 있다. 자연적 원인으로는 강우량의 불균형으로 인한 하천용량의 저하와 하상의 형태에 따른 유속 및 유량의 불연속성, 그리고 하천유역에서 침식작용으로 인한 각종 부유물질의 하천유입이 있을 수 있겠으나 일시적인 것으로 큰 문제가 되지 않는다. 왜냐하면 자연은 자정능력이 있어 시간이 어느 정도 경과되면 저절로 정화되기 때문이다.

그러나 인위적 오염물질의 계속적인 배출 및 하천으로의 유입은 수계의 자정능력을 잃게 하므로, 결국 별도의 오염물질 처리시설을 갖추지 않으면 안되는 것이다. **인위적인 오염물질의 배출**은 인구증가 및 각종 산업활동에 필연적일 수 밖에 없는데 그 종류는 대별하면 (1) 오염원이 쉽게 확인되는 **점오염원**(point source)으로서 생활하수, 산업폐수, 축산폐수 등을 들 수 있다. 이들은 자체 정화시설의 설치와 설치된 정화시설의 적정 관리를 유도함으로써 오염원의 통제와 관리가 가능하다.

점오염원에 대한 상대적 개념으로 (2) 오염원의 확인이 어렵고 규제관리가 용이하지 아니한 **비점오염원**(nonpoint source) 문제가 차츰 심각한 수질오염의 원인이 되고 있다. 이들 비점오염원으로는 농경지에 뿌려지는 농약, 비료와 각 가정에서 사용하는 합성세제, 도로가에 쌓인 분진(비가 올 경우 하수도에 흘러들어가 수질오염물질이 된다) 등을 들 수 있다.

3) 수질오염의 영향

(1) 인체에 미치는 영향

수질오염이 인체에 미치는 영향은 직접적인 것과 간접적인 것이 있다. **직접적인** 것은 유해화학물질(tri-halo-methane, chloro-phenol 등)과 중금속 및 병원성 미생물 등으로 오염된 물을 음용함으로써 급·만성 중독, 수인성 질병 및 기생충 감염 등의 영향을 받는 경우이고, **간접적인** 것은 수중의 오염물이 어패류나 농작물에 흡수되어 그 오염된 동식물을 인간이 섭취해서 생기는 것이다. 간접적인 피해로서 널리 알려져 있는 것은 미나마타병과 이따이 이따이병 등이다. 전자는 유기수은에 의해 오염된 어패류를, 후자는 카드뮴에 의해 오염된 농작물 등을 섭취하여 발생된 질환이다.

① 미나마타병

1952년 일본 규수에 있는 미나마타라는 작은 어촌에서 발생한 미나마타병(Minamata disease)은 메틸수은($HgCH_3^+$, $Hg(CH_3)_2$ → 유기수은) 화합물에 의해서 오염된 어패류를 장기간 대량으로 섭취해서 일어났던 중추신경계의 질환이다. 구마모도현 미나마타만(Minamata bay) 주변 일대에 발생한 미나마타병의 직접적인 원인물질은 수은이었는데, 미나마타 만이 수은에 오염 되게 된 원인은 만에 인접한 신일본 질소비료공장(1965년 질소주식회사로 이름 변경 → 이하「질소」, 즉 치소 → 치소공장)에서 배출하는 폐수에 의한 것으로 밝혀졌다.

치소공장에서 아세틸렌(C_2H_2)으로부터 아세트알데하이드(CH_3CHO) 또는 PVC수지를 제조하는 공정에 수은 성분이 함유된 촉매를 사용하였는데, 이 때 배출된 폐수에 함유된 수은은 바다에서 희석은 되었지만, 미생물에 의해 더욱 유독한 메칠수은(유기수은)이라는 물질로 변형되었으며, 이것은 이곳에 서식하는 생물들의 체내에 농축되었고 먹이연쇄를 따라 농도가 더욱 증폭되었다. 결국 고농도로 농축된 물고기를 오랜 기간동안 섭취한 물새, 고양이 그리고 사람들에게서 독성이 크게 나타나게 된 것이었다.

이 사건을 통하여 세계에서 처음으로 생물농축현상(bioconcentration, 생물축적, bioaccumulation)과 생물증폭현상(bioamplification, 생물확대, biomagnification)이 보고되었다. 당시 미나마타만의 해수에서 수은의 농도는 최고 0.0006ppm 정도였으나 물고기는 10~50ppm으로 최고 8만배까지 농축되었다.

미나마타병의 임상증상으로서는 지각장애, 청력장애, 운동장애, 시야협착, 언어장애, 보행장애 등이며, 메틸수은은 태반을 경유해서 중독을 일으켜 태아 미나마타병이 발생하는데, 이의 임상증상은 지능장애, 소뇌증상, 언어장애, 발작성증상, 사시, 침흘림, 수족의 변형, 발육장애 등인 것으로 밝혀졌다.

이에 따라 미국, 일본 등에서는 어류 중 먹이사슬의 상위를 차지하고 있는 고래, 상어, 참치(다랑어)에 대한 임산부의 섭취 제한 조치를 시행하고 있다. 예로서 참치의 경우 주 1회(80g) 이하로 규정하고 있다.

② 이따이 이따이병

우리 몸 속에 들어 온 카드뮴은 각종 기관에 영향을 미쳐 다양한 증상을 일으킨다. 이 중 특히 골격이나 뼈에 영향을 미치게 되면 골연화증(osteomalacia)이나 골다공증(osteoporosis) 등을 유발하게 되는데 그 통증이 매우 심하다고 한다.

지금 현재 카드뮴 농축에 의한 "이타이 이타이병"은 전세계적으로 매우 유명한데, 이 병의 출현은 약 40년 전으로 거슬러 올라간다.

일본의 도야마현에는 납과 아연을 제련하는 미쓰이 금속공업 가미오까 광업소가 있었는데, 이 공장에서 버린 폐수 속에는 많은 카드뮴이 들어 있었고(일반적으로 아연광석에는 카드뮴이 공존하는 것으로 알려짐), 이 카드뮴이 그 지역의 강을 오염시켰다 그 이후 카드뮴으로 오염된 물고기를 먹은 사람, 카드뮴이 함유된 폐수를 농업 용수로 사용하여 지은 농산물을 먹은 사람, 카드뮴이 포함된 물을 계속해서 식수로 사용한 사람들에게 이상한 골연화증의 증세들이 나타나기 시작했다.

이러한 증상들은 주로 아기를 많이 낳은 갱년기의 여성에게서 나타났으며, 요통이나 하지근육통으로 시작하여 수년 후에는 걸을 수 없게 되고, 몸을 조금만 움직이거나 기침을 해도 뼈가 부러지기도 하였다.

이 병에 걸린 사람들이 우리말의 '아프다 아프다'에 해당하는 일본말인 '이타이 이타이' 라고 고통을 호소한데서 결국 이런 병명을 얻게 되었다.

그 이후 이 병에 대해 이루어진 연구의 결과는 아래와 같다.

- 높은 수준의 카드뮴에 노출된 몇몇 사람들이나 직업적으로 카드뮴에 노출된 사람들에게서 골연화증, 골다공증을 비롯한 뼈가 아픈 증상들이 주기적으로 나타났다.
- 쥐에 카드뮴을 폭로시켰더니, 뼈에 칼슘 농도가 감소되고 신장의 칼슘 배출이 증가되었다.
- 카드뮴에 노출된 정도에 비례하여 뼈의 칼슘 결핍이 증가한다.
- 직업적으로 카드뮴에 노출된 사람들사이에서 골연화증이 관찰된다.

뼈에 미치는 이런 효과는 일반적으로 카드뮴−유도성의 신장 질병의 결과로 발생하는 간접적인 질병으로 보인다. 한편 어떤 연구자는 영양소 결핍이, 이타이 이타이병이 일어날 수 있는 원인을 제공하고, 카드뮴 노출이 신장에 영향을 미침으로써 이타이 이타이병의 발생을 증가시킬 수도 있다고 주장한다.

이 질환의 본질은 먼저 카드뮴의 만성중독에 의해 신세뇨관(腎細尿管)에 병변이 일어나, 그 재흡수기능이 저해되어 칼슘의 상실과 체내 칼슘의 불균형으로 인하여 골연화증이 진행되는 것이다.

이따이 이따이병(いたい-いたい病, itai-itai disease, ouch-ouch disease) 환자는 골연화증 등의 뼈에 이상이 일어나기 전부터 심한 통증을 호소하는 것이 특징이다. 그 진전과정은 보통 요통, 하지근육통, 관절이상, 보행불능, 골연화증, 골다공증, 골절, 전신쇠약을 거쳐 사망에 이른다.

(2) 용수(用水)에 미치는 영향

① 음용수에 미치는 영향

수질오염에 의한 상수원수의 수질 악화는 매년 증가하여 전국적으로 확장되고 그 원인도 다양화 되어가고 있다. 상수원수가 오탁된 때는 여과지(정수처리 과정 중 급속 모래 여과지 등)의 폐색, 정수처리에 요하는 약품의 양이나 종류의 증가 등 정수기술상의 문제에서, 침전지나 여과지의 구조 혹은 취수지점의 위치나 구조를 변경하는 등의 시설변경에 따른 문제까지 그 폐단이 다양하다. 또, 수원의 부영양화에 의한 조류 등의 이상 발생에 기인한 이취미의 문제 등 정수기술상 곤란한 문제가 증가되고 있다. 1892년 미국의 Milles와 독일의 Reincke는 각각 하천수를 모래여과한 후 음용해본 결과, cholera, typhoid 등 수인성 전염병이 감소되었는데, 이를 Milles-Reincke 현상이라고 부르며, 이는 여과의 효과를 나타내는 것으로 수중의 오염물질처리의 일부라고 생각할 수 있다.

② 공업용수에 미치는 영향

전체 공업용수 보급량 중 약 60%를 하천수 등의 지표수, 복류수에 의존하고 있으며, 그 용도는 원료용, 제품처리용, 세정용 등으로 사용되기 때문에, 하천수 등의 수질오탁은 특히 그 영향이 크다. 오염물질의 농도와 정도가 높을 경우, 관의 부식과 찌꺼기 부착 등으로 송수 및 배수능력과 냉각능률의 저하를 일으킬 수 있고, 염색 및 합금공정에 있어 제품의 품질저하를 야기시킬 수 있다. 이 때문에 공업용수로 사용할 경우에는 수처리가 필요하고, 그 비용이 증대되고, 발생된 오니량이 증가되어 또한 문제가 된다. 공업용 상수사업에서는 일반적으로 약품침전에 의한 수처리를 실시하고 있으나, 이것으로는 콜로이드상 물질을 제거하는데 그치고, 용해된 무기물이나 유기물 등을 충분히 제거하기는 곤란하다. 따라서, 하천수 등의 수질오탁 방지의 철저가 시급히 요망되고 있다.

③ 농업용수에 미치는 영향

농업용수의 오탁은 작물에의 직접피해 외에 토양의 이화학성질의 악화에 따른 토지 생산성의 저하, 농촌의 노동환경의 악화 등을 가져온다. 도시오수나 펄프공장, 전분공장 등의 배수에서는 유기물의 과다 및 질소분의 과잉 등에 의한 피해가 발생하고 화학공장이나 광산에서 배출된 무기배수에서는 산성 또는 알칼리성에 의한 고농도염류나 중금속의 과잉축적의 피해가 발생한다.

(3) 수중생태계에 미치는 영향

① 부영양화 현상(富營養化 現象, eutrophication)

하천이나 호소에 유기물 또는 질소 · 인 등 영양염류가 적당히 존재하면 희석, 침전, 생물분해에 의해 자연 정화되지만, 과잉 공급되면 식물성 플랑크톤(phytoplankton) 즉, 조류(藻類, algae)의 이상 번식을 촉진하여 물색깔의 변화와 투명도 저하를 초래한다. 또 이들의 사멸에 의한 잔해는 하부에 침적하여 부패(혐기성 세균에 의한 혐기성 분해→악취발생)되거나 또는 유하(流下)하여 댐의 배후나 하구(河口, estuary)부근에 침전하여 하천의 수질을 악화시킨다. 이러한 현상을 부영양화(富營養化)라 한다(※中營養化, mesotrophication, 貧營養化, oligotrophication).

부영양화가 형성된 호소에서는 각종 취기(臭氣, odor, 특히 geosmin에 의한 흙냄새)를 내며 녹-갈색으로 착색되어 소위 **물꽃현상**(**水華現象**, water bloom, algal blooming)이 발생한다. 이러한 물꽃은 정체원 담수에서 플랑크톤이 폭발적으로 이상 증식하여 수면에 피막상이나 환상으로 뜨는 것을 말하는데, 대개는 식물성 플랑크톤이고 계절적으로는 여름에서 가을에 걸쳐 많이 발생한다. 이와같은 물을 원수로하는 상수에서는 정수작업에 의해서도 완전히 처리될 수 없고, 수도물 중에 플랑크톤이 혼입하여 색을 띠므로 green water의 불평이 일어나는 경우도 있다(上水 ; white water, supply water, 下水 ; black water, sewage, 中水 ; gray water).

호소에도 하천과 유사한 자정작용이 있는데 수심에 따른 온도차이 때문에 물의 밀도가 변화됨으로서 수직방향으로 물의 순환이 일어나게 되며, 이로서 자정작용을 일으킨다. 전술한 부영양화는 이런 호소의 자정작용을 초과할 때 생기는 것이며, 이미 형성된 부영양화도 계절에 따라 발생하는 **성층현상**(**成層現象**, stratification)에 의해 더 악화될 수 있다.

부영양화 현상을 초래하는 것은 생활하수(오 · 폐수, 특히 합성세제수), 공장폐수, 축산폐수, 양식장(사료 찌꺼기), 비료가 과다하게 사용된 농경지 등에서 흘러나오는 각종 물질 중 **질소와 인 성분**이다. 이들 물질은 수중식물의 영양소가 되는 것으로 호수 및 강 등에 질소와 인의 농도가 일정수준을 초과하게 되면 조류(藻類) 등 식물성 플랑크톤이 급격히 늘어나며 과밀성장에 따라 막대한 수중산소가 소비되어 물고기 등이 산소부족으로 죽게 된다.

부영양화의 주요 원인으로는 **합성세제**(synthetic detergent)에 함유된 **보강제**(builder)로, 물속의 경도성분을 없애 주는 물질인 인산염이다. 이 물질이 물속의 녹조류나 적조류의 성장과 미생물의 번식을 촉진하여 부영양화를 유발해서 용존산소가 고갈되어 물이 썩게 된다. 또한 직접적인 피해로는 물을 상수로 이용할 경우 여과를 방해하고 악취를 수반하기 때문에 정수작업에 지장을 초래한다.

부영양화 현상을 방지하려면 화학비료의 과다사용을 억제 하고, 합성세제의 인산염 성분을 제거토록하며, 하수, 축산폐수 및 공장폐수 등의 처리시설을 확충하여 영양염류의 유입을 막도록 해야 한다.

이 밖에 합성세제가 수질오염을 시키는 또 하나의 요인은 세제를 사용할 때 발생하는 거품이다. 거품은 계면활성제가 주성분이며 이 성분은 석유화학 부산물로 **알킬벤젠설폰산염**(alkylbenzenesulfonate, ABS)이나, 리니어 **알킬벤젠설폰산염**(linear alkylbenzenesulfonate, LAS) 등이다.

거품은 태양광선을 차단하여 수중식물의 광합성을 방해하며, 공기로부터의 산소공급을 차단하여 혐기성 미생물의 번식을 촉진함으로써 물의 자정능력을 잃게 만든다. 또한 화학

계면활성제에도 독성이 있기 때문에 피부에 자극을 주어 탈모 등의 원인이 되기도 한다.

부영양화로 인한 조류의 과잉번식을 억제시키려면 일광을 차단하는 방법과 활성탄이나 황토를 살포하는 방법, micro-straining을 통한 cell harvest 방법 등을 채택할 수 있으며, 약제를 첨가하여 제거하는 방법으로 황산동, 염화동 및 염소를 사용하나 이 중 황산동이 가장 효과적으로 이용되고 있다.

② 용존산소의 고갈(dissolved oxygen depletion)

여러 가지 유기물질이 하천에 유입될 때, 그 오염효과는 다양하다. 예컨대 유류는 하천의 미관상 좋지 못할 뿐만아니라, 수상에 퍼져서 엷은 막을 형성함으로써 공기중의 산소가 물 속에 용해되는 것을 방해한다. 그러므로 기름의 양이 과다하면 물고기는 질식한다. 또한 페놀, 타르, 시안화물 및 DDT와 같은 유독성 유기화합물은 하천 중에 있는 미생물을 감쇄함으로써 하천의 자정작용을 해칠 뿐만아니라 극소량으로도 물고기와 기타의 수생생물을 죽일 수 있다.

그러나 유기물의 대부분은 하수 중에 있는 미생물에 의하여 분해되고 그 때 생물화학적 작용에 의하여 용존산소가 소비된다. 페놀이나 시안화물과 같은 유독성 물질일지라도 그 농도가 작을 때는 또한 그러하다. 그러나 탄화수소, 에테르, 비닐, 리그닌, 섬유소 등과 같은 유기물은 세균에 의하여 잘 분해되지 않는다(난분해성 유기물, refractory organics, recalcitrant organics).

만일 유기오염물이 적고 하천의 산소 용존도가 클 때는 호기성 세균에 의하여 무해하고 안정하며 취기가 나지 않는 최종물질로 분해된다. 이와같이 하천은 자연적으로 오염의 상태에서 벗어나게 되는데 이것이 앞서 설명한 자정작용이다.

만일 유기오염물이 대량일 때는 그 중 일부의 유기물에 의하여 용존 산소는 전부 소비되고, 나머지 유기물은 혐기성 세균에 의하여 분해된다. 이 때 유기물은 부패하여 전술한 경우와는 다른 최종물질을 만드는데 분해중에 방출되는 암모니아(NH_3), 유기성의 이민(amine ; NH_3의 H 대신에 chain형의 탄화수소기[R]나 ring형의 탄화수소기[R]가 결합된 화합물로서, 전자를 지방족 아민[aliphatic amine], 후자를 방향족 아민[aromatic amine]이라 하는데, 이 후자는 발암성이 우려되는 물질이다), 황화합물(H_2S, CH_3SH : methyl mercaptan) 등은 악취의 원인이 된다.

한편, 이러한 용존산소의 고갈은 수중 상태를 혐기성 상태로 만들어, 여기에 살아남을 수 있는 혐기성 세균을 제외하고는, 산소를 필요로 하는 동물(어패류 등) 및 식물이 사멸하게 되어 궁극적으로 수중생태계의 파괴를 가져온다.

③ 적조현상(赤潮現象, red tide)

해수 속으로 N, P 등의 영양염류(식물성 플랑크톤인 藻類의 영양물질)가 과다하게 유입되고(부영양화) 해수의 온도가 21～26℃를 나타내면(주로 6월 중순～9월 하순), 해수 중에 특정 조류(특히 붉은 색의 chlorophyll을 가지고 있는 *Cochlodinium catenatum* 등)가 이상 증식하여 바닷물의 색깔이 빨간 색으로 변하게 되는데 이를 적조현상이라 하며 이의 발생과정은 본질적으로 담수에서의 수화현상과 같다.

적조현상의 영향으로는

a. 해수 속의 조류가 과잉번식하면, 이들이 호흡하는 과정 중 용존산소를 고갈시켜 해수 중의 동식물의 사멸을 초래한다(양식장 피해 및 수중생태계 파괴).
b. 이들 조류들이 물고기의 아가미에 침착되어 호흡곤란을 유발시켜 죽게 한다.
c. 조류들이 성장하면서 방출해낸 치명적인 독소에 의해 어패류의 사멸이 초래된다(독수대, 毒水帶).

적조현상의 예방대책으로는

a. 생활하수와 인분뇨 및 축산분뇨 속에 영양염류인 질소, 인이 많이 존재하므로 전체적인 하수처리율(현재 약 70%)이나 분뇨처리율, 축산폐수처리율 등의 제고가 필요하다.
b. 일반적으로 통용되는 생물학적 폐수처리에 의한 유기물(BOD, COD)제거율은 높으나, N, P의 제거율이 낮으므로 하·폐수의 고도처리공정의 도입이 요구되며
c. 산업폐수처리에 대한 엄격한 관리가 요구되며
d. 연안해역에 대한 영양염류의 농도, 해수의 온도, 해류의 흐름 등에 대한 환경 monitoring system의 구축이 필요하며
e. 농경지의 화학비료(N, P)의 과다사용을 억제해야 하며
f. 담수 및 연안해역의 가두리 양식장에서 사료(N, P 다량 함유)의 과다 사용 억제
g. 하·폐수 슬러지의 해양투기(ocean dumping) 금지 등이 요구되며,
h. 연안해역에서 퇴적물의 제거가 필요하다. 퇴적물의 제거는 준설 펌프와 퇴적물 회수 처리선으로 시행할 수 있다. 이것은 하구해역, 정체해역 등의 유기퇴적물을 준설펌프를 사용하여 준설하고, 그것을 배관으로 처리선에 보내어 응집제를 써서 침전탈수하여, 분리수는 바다에 방류하고 침전물은 고화시켜 육상에다 버리는 방법이다.

적조발생 후 그 피해를 최소화하기 위한 사후대책으로는

a. 담수의 경우 취수과정에서 살조제(殺藻劑, algicide)인 황산동($CuSO_4$)을 투여한다.
b. 해수의 경우 진흙, 황토 등을 투입하여 조류를 흡착, 침전시킨다.

c. 기계적 장치로서 미세여과장치(micro-straining)를 통해 해수 중의 조류를 여과, 제거시킨다(적조회수선박).

d. 양식장의 피해를 줄이기 위해서, 양식장을 바닷물의 흐름이 큰 곳(즉, 해수가 정체되지 않는 곳, 여울)에 설치하거나, 이동식으로 설치하여 적조발생지역을 빠져나올 수 있도록 한다.

e. 적조 발생 초기 조류에 대한 천적으로서 조류를 포식할 수 있는 원생동물을 개발, 투입한다.

그러나 이러한 적조현상이 한번 발생한 후에는, 그 처리가 매우 어렵기 때문에, 예방대책에 더 노력을 기울여야 할 것이다.

④ 생물농축과 먹이사슬(bioconcentration and food chain)

수질오염에 의하여, 어패류나 식물 등이 직접 피해를 받는 외에, 사람이 직접 피해를 받거나 오염된 어패류, 기타 식물에서 간접적으로 피해를 받는 경우가 있다.

유독물에 의한 급성피해는 수질오염을 일찍 발견할 수 있으므로 일반적으로 일어나는 일이 드물지만, 유독성분이 조금씩 축적되어 생기는 만성피해는 건강을 크게 해치기 쉽다. 수은(Hg)에 의한 미나마타병, 카드뮴(Cd)에 의한 이따이 이따이병은 그 대표적 예이며, 최근에는 농약에 의한 환경피해문제가 중대한 문제로 되고 있다.

유독물질의 수중농도는 일반적으로 매우 적은 양으로 존재한다. 어떠한 체내 축적성 물질에서도 반드시 일정량은 체외로 배설된다. 따라서 1일의 섭취량이 미량인 경우는 그대로 섭취와 배설의 균형이 잡혀, 체내 평형농도는 낮은 수준으로 유지되어 오랜 세월이 계속되어도 전혀 무해하나, 1일의 섭취량이 높을 때는, 평형농도가 높아져서 장기간 계속하면 중요 장기조직의 세포에 장해를 주게 된다. 그런데 유독물질이 인간의 체내에 높은 농도로 축적되는 것은, 자연계 내에서 수중의 아주 적은 농도의 유독물질이 직접적으로, 또는 먹이사슬(먹이망)을 통해 수천, 수만배로 생물체 내에 축적되는 **생물농축현상**(bioconcentration, **생물축적** ; bioaccumulation, **생물확대** ; biomagnification, **생물증폭** ; bioamplification)이 있기 때문이다.

이따이 이따이병(카드뮴 → 하천 → 농업용수 → 벼→ 사람), 미나마타병, 모유의 PCB(poly-chlorinated-biphenyl) 오염도 이와같은 기구를 통하여 비로소 일어날 수 있는 것이다. 생물농축에는 수중에서 직접 어떤 생물에 농축되는 경우와 먹이사슬에 의해 먹이로서 섭취될 때마다 농축되어 가는 과정을 말하는 것으로

a. **직접농축** : 어류의 중금속 · PCB, 갑각류의 불소 · 비소, 두족류(오징어 · 문어)의 간의

카드뮴 등에서 볼 수 있는 농축이다.

b. 먹이사슬에 의한 농축 : 수중농도(0.001 ppm) → 플랑크톤(0.1 ppm) → 소어(10 ppm) → 대어(100 ppm) → 바다표범(1,000 ppm)과 같은 먹이연쇄에 의해 수중 농도의 수만 배 내지 수십만 배로 농축되는 경우가 DDT · 수은 등에서 증명되고, PCB도 직접 농축 외에 이 경로에 의한 것이 있다. 체내 잔류성 물질은 모두 이 경로를 취하는 경우가 많다.

수생생물 속에 농축된 유독성분의 **농축계수**(concentration factor)는 다음 식으로 표시된다.

$$\text{농축계수(CF)} = \frac{\text{수생생물중의 유독물질 농도}}{\text{수중의 유독물질 농도}}$$

⑤ 열오염(thermal pollution)

수온(水溫)상승에 따른 수질오염을 열오염(thermal pollution)이라 하며, 많은 수중생물들이 수온에 영향을 받으므로 이러한 환경변화는 지대한 영향을 미칠 수 있다. 열오염은 화력발전소와 원자력발전소에서 배출된 냉각수가 원인이 된다.

이러한 **냉각수(온배수, 溫排水)**는 주변의 해수보다 4～10℃ 높아서 수중생물에 생리적, 유전적 손상을 주며 산란유형을 변화시키거나 중지시키는 등 생태계의 균형을 깨트릴 수 있다.

또한, **수온상승으로 인해 산소의 용해도가 낮아져 용존산소량이 감소되므로** 수중생태계의 산소결핍을 초래하게 된다. 또한 병원성 세균이 더욱 활발해져 급격한 증식으로 수인성 질병 등이 발생될 수 있다. 뿐만 아니라 30℃ 이상의 수온에서는 오수균류(汚水菌類)의 생장이 촉진되어 식물은 죽고 이에 대한 미생물의 분해작용으로 물을 썩게 한다. 그리고 수온상승은 송어와 같이 온도에 민감한 물고기에게는 치명적이며, 대체로 담수어들은 수온상승으로 인해 그 번식이 크게 감소된다.

수온상승을 방지하기 위해 냉각탑, 냉각기 및 냉각못 등을 설치하고 있으며, 열오염이 생물에 미치는 피해를 줄이기 위해 담수에 방류할 때 수온이 25℃를 넘지 않도록 하고, 하수에 방류할 때는 20℃이하로 규정하고 있다.

발전소에서 배출되는 냉각수(온배수)의 처리방식에는 해양이든 하천이든 취수원으로부터 취수하여 냉각시설을 거친 다음 동일 수역에 그대로 방류하는 **관류방식**(once-through system)과 발생된 온배수를 냉각탑 등의 열교환시설로 거친 후 다시 냉각수로 재사용함으로서 자연수계에 전혀 배출하지 않는 **무배출방식**(closed cycle system)이 있다. 지금까지 설치된 대부분의 발전소는 관류방식이지만 최근 몇몇 국가에서는 이런 관류방식 적용을 제한하는 경향도 있다.

우리나라 및 일본에서는 화력 및 원자력 발전소가 해안에 위치하고 냉각수를 해수에 의존하며 온배수를 관류방식으로 해역에 방출하고 있다. 이렇게 이미 설치된 시설에 대해서는 온배수의 영향을 줄이기 위하여 수심 8～10m 정도의 바닷속에서 산기관(散氣管, 放散管, diffuser)이나 노즐(nozzle)로 분출시키는 방식을 취하기도 하는데, 확산에 의한 혼합·희석 효과를 높임으로서 해면상에 부상하는 사이에 충분한 수온의 저감을 꾀하자는 것이다.

⑥ 침적현상(沈積現象)

침적물은 일시적으로 현탁되어 있는 물질로서 고령토, 광산폐기물, 불용성 유기고형물 등으로 물을 혼탁하게 하여 광선투과율이 감소되므로 광합성률을 감소시켜 수중식물의 성장을 억제한다. 하수 및 폐수 중의 이들 현탁물질이 하천, 호수 및 바다에 퇴적하는 침적현상으로 수질이 악화될 뿐만 아니라 어류의 산란장소와 피난처에 피해를 주고, 물밑 무척추동물의 생존에 영향을 끼친다.

한편, 침적물은 항상 물과 접촉하고 있는 상태이므로 가끔 침전물이 부상하여 수질을 오탁시키기도 하고 하류로 운반되기도 한다. 또한 용존산소가 부족할 때에는 침적물이 부패되어 하상(河床)부근의 수질에 악영향을 끼치기도 한다.

14-4 해양오염

1) 해양오염의 정의

해양오염(marine pollution)이라고 하면, 흔히 기름오염(oil pollution)을 생각하지만, 반드시 그런 것은 아니다. 예를 들어 해수를 담은 수족관에 우리가 마시는 수돗물을 넣으면 그 안의 물고기가 죽는다. 이 경우 이 수돗물이 일종의 오염물질이 된다고 볼 수 있으며, 결국 해양오염이란 해수의 조성에 변화가 생긴 것이라 할 수 있을 것이다.

그리고 해양오염의 범위 역시 표현상 우리와 멀리 떨어진 바다의 오염을 생각하지만 우리와 바로 인접해 있는 해안의 오염도 포함되며 현재는 이 연안오염이 더욱 더 심각한 문제로 나타나고 있다.

해양, 즉 바다는 이 지구상의 마지막 남은 자원의 보고인지도 모른다. 그런데 이 바다를, 오염되어 전지구적 관심을 모으기 전까지는 무한한 폐기물의 처리장으로 여겨왔었다. 사실상 해양은 물리화학적 성상에 관하여 높은 안정상태를 유지해 왔다. 즉, 바다의 광대한 크기와 양만큼 자연정화 능력도 컸다. 그러나 근년 인류의 여러 가지 활동이 대규모화되고, 고의든 타의든 각종 오염물질을 큰 자연정화능력만을 믿고 마구 배출함으로서 결국 지느러미나 몸의 일부가 없는 혹은 등이 굽거나 각종 중금속을 축적한 물고기의 출현 등으로 해양생태계의 변화를 가져오고 있다.

지구상의 인구의 약 60~70%가 해변에 살고 있다. 특히 우리나라는 삼면이 바다와 접해있는 특수성을 고려할 때 문제는 대단히 중요한 사안의 하나이다.

2) 해양오염의 원인행위

해양오염의 발생원인은 특성상 간단하게 구분할 수 없을 정도로 복잡하고 다양하다. 어떤 오염물질이 직접 해양으로 투입되는 것을 **직접적 원인**이라 하고, 어떤 구조물 등에 의하여 해류에 영향을 주어 확산효과를 줄이거나, 그 구조물로 인한 각종 오염물의 유입이 일어날 수 있는 것을 **간접적 원인**으로 구분한다.

먼저 **직접적 원인**에 의한 해양오염으로는 **유류오염사고**(oil spills)를 들 수 있는데 여기에는 해저유전으로부터 발생되는 경우와 유조선의 좌초 등으로 인한 경우, 유조선이 하역후에 배의 균형을 잡기 위하여 사용되는 **발라스트 수**(ballast water)라든가, 일반선박 등에서 발생되는 엔진 냉각수의 방류에 의해서도 발생된다. 이상에서 설명한 유류오염사고에 의한 해양오염 외에도 각종 산업폐수와 생활하수, 그리고 매립지 침출수 등이 미처리된 상태로 해양으로 유입되는 경우와 양식어장에서 양식물 수확후 어장청소를 하지 않아 양식시설에서 나오는 각종 부유물, 폐각류 등이 있다.

간접적 원인으로는, 방파제, 방조제, 수문 등의 항만 외곽시설, 선박의 계류시설 그리고 여객시설 등의 항만시설과 기름, 폐기물, 기타 물건의 공급 또는 저장을 목적으로 설치된 구조물 등의 해양시설은 인위적인 구조물로서 이로 인한 해수 순환장애 및 해수 교환률을 저하시켜 자연적인 해양의 정화능력을 감소시키는 것은 물론, 준설사업에 따른 부유물질의 확산과 선박폐유의 발생, 오수분뇨, 폐기물 등의 오염물질을 배출함으로서 결국 해양환경에 영향을 끼치게 되는 것이다. 최근의 지가상승과 공업화로서 공유수면매립에 의한 공업용지 조성사업이나 신도시 건설사업 그리고 간척에 의한 농업용지 조성도 결국 해양오염을 가져올 수 있는 간접적 원인 중의 하나이다.

3) 해양오염의 원인물질

해양오염의 주요 원인물질로는 ① 해수면에 유막을 형성하여 햇빛의 투과저해로 인한 광합성의 저해 및 용존산소 공급을 차단시키는 석유류 ② 해수로 흘러들어간 살충제, 제초제, 도료, 합성수지 등의 유기합성물질(먹이사슬을 통해 인체에 유입) ③ Hg, Cd, Pb, Zn, Cu 등의 중금속 오염 ④ 적조현상을 유발시키는 N, P 등의 영양염류 ⑤ 태양광선을 차단하여 수중 식물의 광합성을 저해하는 부유물질(suspended solids) ⑥ 화력이나 원자력 발전소에서 배출되는 냉각수(온배수) 등으로 인한 열오염 ⑦ 많은 양의 산이나 염기의 유입에 의한 해수의 국부적 pH 변화 등을 들 수 있다. 해수의 pH는 8.2 정도로 이산화탄소[CO_2]와 중탄산염[HCO_3^{-1}]의 탄산염 화학평형반응에 의한 완충작용을 하고 있으므로 어느 정도의 산이나 알칼리의 주입에도 pH가 크게 변하지 않는다. 그러나 많은 양의 산이나 염기가 이러한 해양의 탄산염 반응계내에 주입되면 이러한 평형반응이 깨져 결국 해양환경의 중요한 요소들이 연쇄적인 영향을 받게 될 것이다. 대체로 유독성물질의 대부분은 낮은 pH에서 그 독성이 증가한다.

4) 해양오염의 방지대책

일단 해역으로 유입된 오염물질을 제거하기란 매우 힘들기 때문에 그 유입을 차단하는 등 예방에 노력을 다해야 한다. 즉, 각종 유기물질이나 중금속 등의 배출원인 산업폐수나 생활하수의 유입에 대하여 원천적으로 방지하는 방법 밖에 없다. 즉, 철저한 처리를 한 다음 방류시켜야 하며, 특히 항만이나 해양시설 설치에 있어서는, 설치전에 해류에 미치는 영향이나 각종 오염물 유입가능성 등 해양환경에 미치는 영향에 대하여 조사를 철저히 하여 예방하는 사전관리가 중요하다.

14-5 폐수의 특성

1) 폐수의 특성과 그 발생원

(1) 물리적 성질

① 색 : 생활 및 공장폐수, 유기물의 자연 부패

② 냄새 : 폐수의 분해, 공장폐수

③ 고형물 : 상수, 생활 및 공장폐수, 토양 침식, 유입수/침투수

④ 온도 : 생활 및 공장폐수

(2) 화학적 성분

① 유기물

a. 탄수화물 : 생활, 상업 및 공장폐수

b. 유지 : 생활, 상업 및 공장폐수

c. 살충제 : 농업폐수

d. 단백질 : 생활, 상업 및 공장폐수

e. 특정 오염물 : 생활, 상업 및 공장폐수

f. 계면 활성제 : 생활, 상업 및 공장폐수

g. 휘발성 유기화합물 : 생활, 상업 및 공장폐수

h. 기타 : 유기물의 자연부패

② 무기물

a. 알칼리도 : 생활폐수, 상수, 지하수 침투

b. 염화물 : 생활폐수, 상수, 지하수 침투

c. 중금속 : 공장폐수

d. 질소 : 생활 및 농업폐수

e. pH : 생활, 상업 및 공장폐수

f. 인 : 생활, 상업 및 공장폐수 : 자연적인 유출

g. 특정 오염물 : 생활, 상업 및 공장폐수

h. 황 : 상수, 생활, 상업 및 공장폐수

③ 기체

a. 황화수소 : 생활폐수의 분해

b. 메탄 : 생활폐수의 분해

c. 암모니아 : 생활폐수의 분해

(3) 생물학적 성분

① 동물(animals) : 개방 수역과 처리 시설

② 식물(plants) : 개방 수역과 처리 시설

③ 원생생물(protista)

a. 진핵 원생생물(eukaryotic protist)

· 조류(algae) : 개방수역, 처리시설

· 곰팡이(fungi) : 개방수역, 생활폐수, 처리시설

· 원생동물(protozoa) : 개방수역, 처리시설

b. 원핵세포(prokaryote=bacteria) : 개방수역, 생활폐수, 지표수 침투, 처리시설

④ 바이러스(virus) : 생활폐수

2) 폐수처리와 관련된 주요 오염물질

(1) 부유물질(suspended solids)

미처리 폐수를 수생환경에 방출하면, 그 중의 부유물질이 침적하여 슬러지를 형성하고 혐기성 상태를 만들게 된다.

(2) 생분해성 유기물질(biodegradable organics)

주로 단백질, 탄수화물, 지방으로 이루어지며 생분해성 유기물은 BOD(Biochemical Oxygen Demand, 생화학적 산소 요구량)나, COD(Chemical Oxygen Demand, 화학적 산소 요구량)로 나타낸다. 처리하지 않고 환경에 방출하면, 생물학적 안정화(분해) 과정에서 자연적 산소원을 고갈시켜 혐기성 상태를 유발시킨다.

(3) 병원균(pathogens)

폐수중의 병원균으로 인하여 전염병이 발생할 수 있다.

(4) 영양염류(nutrients)

질소와 인은 탄소와 함께 식물 성장의 필수 영양소이다. 수계에 방출되면, 바람직하지 못한 수생 식물의 성장을 유발시키게 된다. 또 토양에 다량 배출하면, 지하수를 오염시킨다.

(5) 특정오염물질(priority pollutants)

유기물과 무기물로서 발암성, 돌연변이원성, 기형유발성 또는 급·맹독성을 근거로 선택되었다. 이러한 대부분의 성분은 폐수에서 발견된다.

(6) 난분해성 유기물(refractory organics, recalcitrant organics)

이들 유기물은 재래식 폐수처리 방법으로는 처리되지 않는다. 대표적 보기로서 계면 활

성제(합성세제), 합성 염료, 페놀, 농업용 살충제를 들 수 있다.

(7) 중금속(heavy metals)

상업 및 산업 활동으로 폐수 중에 중금속이 들어 간다.

(8) 용존무기물(dissolved inorganics)

칼슘, 나트륨, 황산염과 같은 무기 성분은 물 소비 과정에서 첨가되는 것인데, 폐수를 재사용하려면 제거하여야 할 것이다.

3) 폐수의 물리적 특성

(1) 총 고형물(total solids, TS)

분석적으로 폐수의 총 고형물은 폐수를 103～105℃에서 증발시켰을 때, 남는 모든 잔류물질을 말한다. 이 TS는 1.2μm의 공극크기(pore size)를 갖는 유리섬유 여과지(GF/C)의 통과 여부에 따라 용존 고형물(dissolved solids, DS)과 부유 고형물(suspended solids, SS)로 나누며, 또한 이 TS는 550±50 ℃에서의 휘발성(volatility) 여부에 따라서 휘발성 고형물(volatile solids, VS, 유기물)과 강열잔류 고형물(fixed solids, FS, 무기물)로 나눌 수 있다.

같은 원리에 의해 DS는 휘발성 용존고형물(volatile dissolved solids, VDS)과 강열잔류 용존고형물(fixed dissolved solids, FDS)로 구분할 수 있으며, SS는 휘발성 부유고형물(volatile suspended solids, VSS)과 강열잔류 부유고형물(fixed suspended solids, FSS)로 나눌 수 있다.

또한 여과지의 통과 여부에 따라서 VS는 VDS와 VSS로 나눌 수 있고, FS는 FDS와 FSS로 나눌 수 있다. 이의 관계를 도표로 나타내면 다음과 같다.

			(여과지 통과 여부)		
	TS	=	DS	+	SS
	‖		‖		‖
	VS	=	VDS	+	VSS
(휘발성 여부)	+		+		+
	FS	=	FDS	+	FSS

(2) 냄새(odors)

생활하수의 냄새는 일반적으로 하수에 유입된 물질 또는 유기물의 분해에서 생기는 기체로 인한 것이다. 담수도 혐기성 분해된 폐수의 냄새보다는 덜 불쾌하지만, 특이하고 약간 불쾌한 냄새를 갖는다.

상히거나 부패한 폐수의 기장 특징적인 냄새는 황산염을 황화물로 환원시키는 혐기성 미생물에 의해서 생성되는 황화수소(H_2S, 계란 썩은 냄새)의 냄새이다. 산업폐수에는 냄새를 유발하는 화합물이 들어 있을 수 있으며, 폐수처리 과정중에서 생성된 화합물이 냄새를 유발할 수 있다. 처리되지 아니한 폐수 중 냄새를 유발하는 대표적인 화합물은 아래와 같다.

① amines : CH_3NH_2, $(CH_3)_3N$ – 썩은 생선 냄새
② ammonia : NH_3 – 암모니아 냄새
③ diamine : $NH_2(CH_2)_4NH_2$, $NH_2(CH_2)_5NH_2$ –썩은 육류 냄새
④ hydrogen sulfide : H_2S – 썩은 계란 냄새
⑤ mercaptans : CH_3SH, $CH_3(CH_2)SH$ – 썩은 채소 냄새
$(CH_3)_3CSH$, $(CH_3)(CH_2)_3SH$ – 스컹크 냄새
⑥ organic sulfides : $(CH_3)_2S$, $(C_6H_5)_2S$ – 썩은 채소 냄새
⑦ skatole : C_9H_9N – 배설물 냄새

(3) 온도(temperature)

폐수의 온도는 일반적으로 상수의 온도보다 높다. 가정이나 산업 활동에서 더운 물이 첨가되기 때문이다. 물의 비열(specific heat)은 공기의 비열보다 아주 크므로, 폐수의 온도는 아주 더운 여름 기간을 제외하고는, 그 곳의 대기 온도보다 높기 마련이다.

수온은 수생생물, 화학반응 및 반응속도, 물의 이용 등에 영향을 미치므로 아주 중요하다. 가령, 수온이 올라가면, 유입 수역의 물고기의 종류가 달라질 수도 있다. 냉각 용수로 지표수를 사용하는 산입시실에서는 특히 취수하는 물의 수온에 주의하고 있다. 더구나 더운 물에는 찬 물에서보다 산소가 덜 용해된다. 수온이 올라가면 생화학 반응속도는 증가하는데 지표수 중의 산소의 양은 감소하게 되므로, 특히 여름에는 수중의 용존 산소 농도의 심각한 고갈 현상을 일으키게 된다. 수역에 더운 물이 다량 배출되면, 이러한 영향은 더욱 커질 것이다. 또한 수온이 급변하면 수생 생물의 사멸률이 커진다. 더구나 비정상적으로 고열이 되면, 원하지 않는 수생식물이나 곰팡이류(fungus)가 빠르게 증식될 수 있다.

박테리아가 활동하기에 최적인 수온은 약 25 ~ 35 ℃이다. 호기성 소화와 산화는 수온이

50℃로 올라가면 멈춘다. 수온이 약 15℃로 떨어지면 메탄-생성 박테리아는 거의 활동하지 못하게 된다. 질화 박테리아는 약 5℃가 되면 신진대사 기능이 거의 중단된다. 2℃가 되면 질화 박테리아 뿐만 아니라 거의 모든 박테리아의 신진대사 기능이 완전히 정지된다.

(4) 밀도(density)

폐수의 밀도 ρ_w는 kg/m^{3}과 같이 단위부피당 질량으로 정의된다. 침전지 및 기타 각종 처리과정중 밀도류 형성의 가능성 때문에 밀도는 폐수의 중요한 물리적 특성이다. 공장폐수가 다량 함유되어 있지 않는 가정하수의 밀도는 본질적으로 같은 온도에서의 물의 밀도와 동일하다. 경우에 따라서는 폐수의 비중(specific gravity)s_w는 밀도 대신 사용되며 $s_w = \rho_w/\rho_0$로 정의된다. 여기에서 ρ_0는 물의 밀도를 나타낸다. 폐수의 밀도와 비중은 온도에 따라 변하며 폐수내의 총 고형물질 농도에 따라 변화된다.

(5) 색도(color)

신선한 하수는 보통 밝은 갈색 빛깔을 띠는 회색이다. 하지만 하수가 하수관거내에서 이동시간이 길어짐에 따라 보다 혐기성 상태로 되고, 하수의 색은 회색에서 검회색 그리고 마침내 검은 색으로 연속적으로 변한다. 하수의 색이 검은색이 되었을 때 일반적으로 하수가 부패되었다고 말한다. 산업폐수가 생활하수에 유입되면 하수의 색이 변한다. 대부분의 경우 폐수의 회색, 검회색, 검은색은 금속성 황화물(FeS 등)의 형성에 기인한다. 황화물 형태의 이것은 혐기성 상태에서 폐수내 금속과 반응하여 생성된 것이다.

(6) 탁도(turbidity)

물의 빛의 투과성을 대변하는 탁도(turbidity)는 콜로이드와 잔류 부유 물질을 기준으로 폐수 및 자연수의 특성을 나타내는 또 하나의 지표이다. 탁도의 측정은 동일한 조건하에서 시료와 시료 상호간에 산란되는 빛의 강도를 비교해서 결정된다. 콜로이드 물질은 빛을 산란 또는 흡수하며, 이러한 성질로 인하여 빛의 투과를 방해한다.

4) 폐수의 화학적 특성

(1) 유기물질(organic matter)

하수내 부유고형물의 약 75%와 용존고형물의 40%가 유기물질이다. 이 고형물은 동식물균 및 유기화합물의 합성 등으로 인한 것이다. 유기화합물은 일반적으로 탄소, 수소, 산소와 경우에 따라서는 질소와의 결합으로 이루어진다. 황, 인, 철 같은 다른 중요한 원소가 포함되기도 한다. 하수 중에 들어있는 유기물질의 주요성분은 주로 단백질(40 ~ 60%), 탄수화물(25 ~ 50%), 지방질과 유지(10%)이다. 소변의 주성분인 **요소**(urea, 尿素, $CO(NH_2)_2$)는 하수에 포함된 다른 중요한 유기화합물의 하나이다. 요소는 아주 빠르게 분해되므로, 분해되지 않는 요소는 바로 방류된 하수가 아니면 하수내에서는 좀처럼 발견되지 않는다.

단백질, 탄수화물, 지방질과 기름, 요소 이외에도 하수에는 간단한 구조에서 아주 복잡한 구조에 이르는 수많은 유기화합물이 소량 들어있다. 계면활성제, 특정 유기오염물, 휘발성 유기합성물, 농약과 같은 것들이 이에 해당한다. 더구나 그러한 합성물의 숫자는 많은 유기화합물이 합성되고 있으므로 매년 증가하고 있다. 이러한 **합성유기화합물**(synthetic organics)은 대부분이 생물학적으로 매우 늦게 분해되거나 분해될 수 없기 때문에(**난분해성 유기화합물**, refractory-, recalcitrant organics) 하수내 이러한 합성유기화합물이 포함되어 있으면 처리과정이 더욱 복잡해진다.

(2) 유기물질 함유량의 측정

① 생물화학적 산소 요구량(biochemical oxygen demand, BOD)

a. BOD의 정의와 측정의 원리 및 의의

폐수 및 지표수의 경우, **유기오염물질의 지표**(指標, indicator)로서 가장 광범위하게 이용되는 것이 5일간 BOD(BOD_5)이다. 이는 미생물이 20℃에서 5일 동안에 물 속에 존재하는 유기물을 생화학적으로 산화할 때 소비하는 **용존산소**(dissolved oxygen, DO)의 양을 측정하여 산정할 수 있다.

$$\text{C + H(유기물, 수질오염물질) + } O_2\text{(DO ; dissolved oxygen, 용존산소)} \xrightarrow[\text{Micro-organism}]{\text{by}} CO_2 + H_2O + \text{Energy(미생물의 증식)}$$

즉, $BOD(mg\ O_2/L) = (D_1 - D_2) \times P$

D_1 = 준비 후 즉시 측정된 시료의 DO(mg/L)

D_2 = 20℃에서 5일간 배양 후 측정된 시료의 DO(mg/L)

P = 시료의 희석배수

즉, 엄밀한 의미로 BOD는 특정 시료(물) 속에 존재하는 유기물질을 미생물이 분해하는데 필요한 산소량(O_2)이지만, 이 산소량이 많다는 것은 물 속에 그만큼 유기물질이 많다는 것을 의미하게 된다. 즉 BOD가 높으면 그만큼 유기물질 즉 오염물질이 많이 존재하는 폐수라 할 수 있다. 따라서 BOD를 물 속에 존재하는 오염물질로서의 유기물 함량에 대한 지표(指標, indicator)로 사용할 수 있는 것이다.

b. BOD의 종류

㉠ 질소성 생화학적 산소요구량

암모니아와 같은 비탄소성 물질은 단백질의 가수분해에 의하여 생성된다. 2종류의 질화 박테리아(nitrifying bacteria)는 암모니아를 nitrite로 변환시킨 후, 다시 이 nitrite를 nitrate로 변환시킨다. 이러한 질산화 반응(nitrification)은 다음과 같다.

$$NH_3 + 3/2\ O_2 \xrightarrow[\textit{Nitrosomonas}]{\text{nitrite 형성세균}} HNO_2 + H_2O$$

$$HNO_2 + 1/2\ O_2 \xrightarrow[\textit{Nitrobacter}]{\text{nitrate 형성세균}} HNO_3$$

$$NH_3 + 2O_2 \xrightarrow[\text{Nitrifying bacteria}]{\text{질화세균}} HNO_3 + H_2O$$

암모니아가 nitrate로 산화될 경우의 산소요구량이 질소성 생화학적 산소요구량(nitrogenous biochemical oxygen demand, NBOD 제 2단계 BOD ; BOD 시험을 시작한지 약 5~8일 경

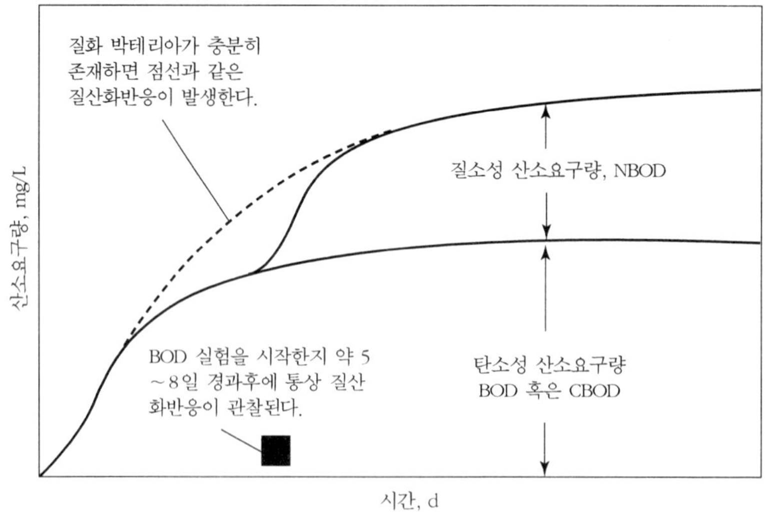

그림 14-2 시료중의 탄소성과 질소성 생화학적 산소요구량

과한 후에 질산화 반응이 관찰된다. 즉 x축을 경과일수, y축을 산소요구량으로 했을 때, 5~8일 경과 후 2단계 상승곡선이 나타남)이다. 질산화가 BOD 시험중에서 일어날 때, 처리 운영 자료의 잘못된 해석이 가능하다. 예를 들어, 처리된 방류수의 BOD를 측정한 결과로 질화반응을 억제시킨 상태에서 측정한 BOD는 20mg/L 이었고, 질화반응이 발생하도록 방치한 상태에서 측정한 BOD는 40mg/L 이었다. 만일 유입하수의 BOD가 200 mg/L이었다면 BOD 제거율은 각각 90%와 80%로 추정할 수 있다. 질산화반응이 실제로 발생하였지만 이를 의심하지 않았다면 처리효율을 80%로 산정하는 실수를 범할 수 있으며, 이로 인하여 하수처리 결과를 공연히 의심할 수도 있다.

ⓛ 탄소성 생화학적 산소요구량

탄소화합물(즉, 유기물)을 호기성 조건하에서 미생물에 의해 분해(산화)시키는데 필요한 산소량을 탄소성 **생화학적 산소요구량**(carbonaceous biochemical oxygen demand, CBOD, 제1단계 BOD ; BOD 시험을 시작한 직후부터 증가되기 시작하며, 이 때 5일 동안의 BOD를 BOD_5라 하는데, 통상 BOD라 함은 바로 BOD_5를 의미한다. 또한 20일이 경과하면 CBOD는 거의 평형상태에 도달하는데 이를 최종BOD, BOD_u, BOD_{20}, UOD, ultimate oxygen demand라 함)이라 한다.

질화박테리아의 영향을 배제하려면 시료를 전처리 하거나 질산화반응 억제제(inhibitory agent)를 사용할 수 있다. 전처리방법으로서는, 저열 살균, 염소 소독, 산처리가 있다. 억제제는 대개 화학약품인데 methylene blue, thiourea와 allythiourea, 2-chloro-6(trichloromethyl)pyridine 등이 있다. BOD 시험 중에서 질화 작용의 억제방법은 Standard Methods의 최신판에 그 절차가 열거되어 있다. BOD 시험에서 질화반응을 억제시켜 얻은 결과가 바로 CBOD이다. 방류수 수질기준으로서 BOD를 측정할 경우, 질화반응이 발생하면 질화반응 억제제를 사용하여 측정한 CBOD를 BOD대신 사용하고 있다.

c BOD 측정의 한계와 장점

BOD 측정법이 널리 이용되기는 하지만 여러 가지 제약조건이 있다. 즉, (1) 활성이 있고 순화된 종균의 박테리아가 다량 필요하며, (2) 독성 폐수일 때에는 전처리가 필요하고, 또 질화 박테리아의 영향을 배제하여야 하며, (3) 생분해성 유기물질만이 측정되며, (4) 시료중의 용해성 유기물질의 양과 BOD 실험의 결과 산정한 산소소비량은 정확히 일치하지 않을 수 있으며, (5) 결과를 얻기까지 장시간이 필요하다는 점 등이다. 위의 것들 중에서 가장 심각한 문제점은 용해성 유기물질의 소비에 5일이라는 기간이 과연 적절한가 하는 점이다.

이렇게 BOD 측정법에 여러 가지 한계가 있음에도 불구하고 유기물오염 지표로서 많이 사용되는 이유로는 (1) 유기물의 생물학적 분해에 필요한 산소량을 나타내고, (2) 폐수처리시설의 규모를 결정하는 지표이며, (3) 처리시설의 처리효율을 측정하는 지표이며, (4) 처리된 방류수의 수질이 법적 규제를 충족시키는지의 여부 등을 판단하는 지표이기 때문이다.

이와 같이 BOD는 수질오염의 전형적인 지표항목으로 이용되고 있는데, 우리나라 환경정책기본법에서 규정하고 있는 「하천에 대한 수질환경 기준」을 살펴보면 다음과 같다.

1급수는 BOD 1mg/L(ppm) 이하로, 상수원수 1급(여과 등의 간이 정수처리후 사용)으로 규정하고 있다.

2급수는 BOD 3ppm 이하로, 상수원수 2급(침전, 여과 등에 의한 일반적 정수처리후 사용)으로 규정하고 있는데, 여기에서는 연어과 어류가 서식할 수 있다.

3급수는 BOD 6ppm 이하로, 상수원수 3급(전처리 등을 거친 고도의 정수처리 후 사용), 공업용수 1급으로 규정하고 있는데, 여기에서는 잉어, 붕어 등이 서식할 수 있다.

4급수는 BOD 8ppm 이하로, 공업용수 2급, 농업용수로 규정하고 있다.

5급수는 BOD 10ppm 이하로, 공업용수 3급으로 규정하고 있는데, 그 이상에서는 불쾌감을 주고, 공업용수로도 사용할 수 없다.

② 화학적 산소 요구량(chemical oxygen demand, COD)

COD 시험은 폐수와 자연수 중의 유기물의 함유량을 알아내기 위해서 사용된다. 이 방법은 중크롬산 칼륨($K_2Cr_2O_7$, COD_{Cr})이나 과망간산칼륨($KMnO_4$, COD_{Mn})과 같은 강한 산화제를 이용하여, 시료 내의 유기물을 화학적으로 산화시킨 후, 이 때 소모된 산화제의 양을 그 속에 존재하는 유기물을 산화(분해)시키는데 소모된 산소량으로 환산한(당량, equivalent) 수치가 바로 COD(mg O_2/L)이다. 이 때, COD가 높다는 것은 소모된 산소가 많다는 것이고, 곧 산화제가 많이 소모되었다는 것을 의미하고, 시료 중에 산화제에 의해 산화될 유기물질, 즉 오염물질이 많이 존재하는 물이라는 것을 의미한다.

한편, 산화제로서는 중크롬산칼륨이 우수한 것으로 알려져 있으며(COD_{Cr} 方法), 시험은 고온의 열판상에서 행해지며, 비교적 시간이 적게 걸리고(3시간), 유기물질에 따라서는 산화를 돕기 위하여 촉매(황산은)가 필요하다. 무기물질 중에는 이 시험에 방해되는 것이 있으므로 미리 제거하여야 한다. 산화제로서 중크롬산을 사용하였을 때의 주반응은 일반적으로 다음과 같이 나타낼 수 있다.

$$\text{유기물}(CaHbOc) + Cr_2O_7^{2-} + H^+ \xrightarrow[\text{가열}]{\text{촉매}} Cr^{3+} + CO_2 + H_2O$$

COD 실험은 미생물의 성장에 유해한 독성물질이 포함되는 산업폐수 및 도시하수 중의 유기물 측정에도 이용할 수 있다. 폐수의 COD는 일반적으로 BOD보다 크다. 이 이유는 생물학적으로 산화되는 것보다 화학적으로 산화되는 화합물이 많기 때문이다. BOD는 5일이 걸려야 측정할 수 있지만 COD는 3시간에 측정할 수 있기 때문에 폐수 중의 BOD와 COD사이의 관계를 파악하면 매우 편리하다. 일단 상관관계가 파악되면 처리장의 관리와 운전에서 COD만을 측정하면 될 것이다.

③ 총 유기탄소(total organic carbon, TOC)

또 다른 유기물의 측정방법으로서 TOC 시험이 있는데 이 방법은 특히 유기물 함유량이 작을 경우에도 사용할 수 있다. 이 시험에서는 일정한 양의 시료를 고온로에 주입하여 유기물을 촉매하에서 이산화탄소로 산화시킨다. 이산화탄소는 적외선 분석기를 사용하여 정량적으로 측정할 수 있다. 이렇게 측정된 CO_2 발생량을 탄소량으로 환산한 수치가 바로 TOC(mg C/L)이다. TOC가 높다는 것은 CO_2가 많이 발생했다는 말이며, 곧 수중에 유기성 탄소가 많다는 의미이며, 즉 유기물질(탄소와 수소를 기본적으로 가지고 있는 화합물)이 많은, 즉 오염이 심한 물이라 할 수 있다.

이때, 무기성 탄수에 의한 오치를 없애려면 분석 전에 시료를 산성화하거나 폭기한다. 만약에 VOC가 시료내에 있다면 폭기단계는 생략해도 된다. 이 시험 시간은 아주 짧으므로 점점 많이 이용되고 있다. 그러나 내성 유기물질 중에 산화되지 않는 것이 있으면 TOC 값이 시료 중의 실제 양보다 다소 작게 나타날 수 있다.

④ 이론적 산소요구량(theoretical oxygen demand, ThOD)

폐수 중에 있는 동물성이나 식물성 유기물질은 일반적으로 탄소, 수소, 산소 및 질소로 되어 있다. 이미 설명한 바와 같이 폐수 중에는 이들 원소가 탄수화물, 단백질, 지방 및 이들의 분해 생성물의 형태로 들어있는데, 특정 유기물질의 화학식이 파악되면, 이의 분해에 필요한 이론적 산소요구량을 계산할 수 있다. 예를 들어 ethanol(C_2H_5OH)의 경우, $C_2H_5OH + 3O_2 \rightarrow 2CO_2 + 3H_2O$에서 ThOD는 3mol O_2/1mol ethanol, 즉 96g O_2/1mol ethanol 로 계산할 수 있다

⑤ 유기물 지표들간의 상관관계

유기물의 양을 측정할 수 있는 측정지표 상호간의 상관관계는 폐수의 성질과 그 발생원에 따라 다르다. 모든 방법 중에서 상관관계를 얻기가 가장 어려운 것은 BOD와 기타 측정지표 간의 상관관계이며, 그 이유는 이미 언급한 바와 같다(BOD 참조). 그러나 전형적인 미처리 생활하수에 있어서 BOD_5/COD 비의 값은 0.4～0.8 정도, BOD_5/TOC 비의 값은 1.0～1.6 정도이다. 이러한 비율은 하수의 종류 및 처리정도에 따라 상당히 다르다는 점에 주의해야만 한다. COD 및 TOC 실험은 짧은 시간 안에 행할 수 있으므로 장래에는 이러한

방법들이 보다 많이 이용될 것으로 보인다.

(3) 무기물질(inorganic matter)

폐수와 자연수 중의 무기물질 중에는 수질관리상 중요한 것들이 있다. 암석이나 광물질이 용해되면 무기물질의 농도가 증가한다. 또 특정 공장폐수를 제외하고는 하수처리 과정 중에 무기물질을 제거하는 일은 드물다. 무기물질의 농도는 수분의 자연증발 때문에도 증가하게 된다. 이는 지표수의 일부가 증발될 때 무기물질이 그대로 남기 때문이다. 물의 이용에 크게 영향을 미치는 무기물질이 여러가지이므로 이들의 특성을 잘 조사하여둘 필요가 있다.

① pH

수소이온 농도는 자연수와 폐수 수질의 주요 지표이다. 대부분의 생물 생존에 적절한 pH 범위는 아주 좁아서 pH가 적절하지 못한 폐수는 생물학적으로 처리하기 어렵다. 처리수의 수소이온 농도를 조정하여 방출하지 않으면 자연수에 영향을 미치게 된다.

② 염화물(chloride)

중요한 또 하나의 수질 지표로서 염화물 농도를 들 수 있다. 자연수 중의 염화물은 염화물 함유 암석이나 토괴의 침출(leaching)에 기인하거나, 해안지역에서는 염수 침입(saltwater intrusion)의 결과이다. 지표수에 방출되는 농업용수, 산업폐수 및 생활하수 등도 염화물의 발생원이 된다.

인분 중에는 약 6g/인 · 일 의 염화물이 첨가되어 있다. 전통적인 폐수처리 방법에서는 염화물을 별로 제거하지 않으므로, 하천의 특정 지점에서 염화물의 농도가 정상 농도보다 높다는 것은 그 곳으로 처리된 유출수가 방류되고 있음을 나타낸다. 하수관거로 침투되는, 염수 근처의 지하수도 역시 황산염과 염화물의 발생원이다.

③ 알칼리도(alkalinity)

폐수의 알칼리도는 칼슘, 마그네슘, 나트륨, 칼륨 또는 암모니아의 수산화물, 탄산염 및 중탄산염 등 때문이다. 이 중에서 일반적인 것은 칼슘중탄산염과 마그네슘중탄산염이다. 붕산염, 규산염 및 인산염 등도 알칼리도를 유발한다. 폐수의 알칼리도는 산의 첨가에 의해 pH의 변화를 저지하는데 도움을 준다(완충능력, buffer capacity). 폐수는 상수, 지하수, 생활용수로 사용 중 첨가되는 물질 등으로 인한 알칼리도 때문에 대개 알칼리성이다. 알칼리도는 표준 산용액으로 적정하여 측정하며 그 결과는 $CaCO_3$로 환산하여 나타낸다.

폐수의 알칼리도는 아래와 같은 처리에 있어서 매우 중요하다.

a. 물리적인 방법으로 암모니아를 제거하고자 할 때

즉, 암모니아 탈기를 위한 air stripping에서 적정 pH 11을 맞춰주기 위해 석회(lime, CaO, $Ca(OH)_2$, $CaCO_3$)의 투입이 필요하다.

b. 화학적인 방법으로 오염물질을 침전 제거코자 할 때

즉, 화학적 침전제로 명반($Al_2(SO_4)_3 \cdot 18H_2O$)을 사용코자 할 때 명반 10mg/L에 알칼리도 4.5mg $CaCO_3$/L 가 필요하다.

c. 생물학적으로 영양염류를 제거코자 할 때

즉, 암모니아를 생물학적으로 질산화시키고자 할 때 적정 pH 범위는 pH 7.2～9 인데 이를 맞춰주기 위해 석회의 투입이 필요할 때가 있다.

④ 질소(nitrogen)

a. 질소의 중요성

질소와 인은 원생생물(protista)과 식물의 성장에 필수적인 것으로서 영양염류 (nutrient) 혹은 생물촉진제(biostimulant)라 한다. 생물의 성장에는 철과 같은 다른 미량 원소도 필요하지만 질소와 인은 대개의 경우 가장 중요한 영양소가 된다.

질소는 단백질 합성의 필수 원소이므로 폐수의 생물학적 처리 가능성을 평가하고자 할 때 질소에 관한 자료가 필요하다. 질소의 양이 불충분하면 첨가하여야 한다. 수역에서의 조류의 성장을 조절하려면 폐수 중의 질소를 제거하거나 감축시킨 후 처리수를 배출하여야 할 것이다.

b. 질소의 형태

총 질소(total nitrogen, TN)는 유기성 질소, 암모니아성 질소, 아질산성 질소, 질산성 질소로 구성된다. 유기성 질소는 킬달 방법(Kjeldahl method)에 의해서 측정된다. 수용액의 시료는 암모니아를 제거하기 위해 먼저 끓이고 다음에 소화시킨다. 소화되는 동안 유기성 질소는 암모니아로 전환된다. 총 킬달질소(Total Kjeldahl nitrogen, TKN)는 암모니아가 소화되는 단계 전에 날려 보내지 않는 것을 제외하고는 유기성 질소와 같은 방법으로 측정된다. 따라서 총 킬달질소는 유기성 질소와 암모니아성 질소의 합이다.

수용액 중의 암모니아성 질소는 pH에 따라서 암모늄이온이나 암모니아로 존재한다. 이 평형관계는 다음과 같다.

$$NH_3 + H_2O \rightleftarrows NH_4^+ + OH^-$$

pH가 7이상이면 이 평형은 왼쪽으로 이동하며, 그 이하이면 암모늄이온이 대부분이다.

암모니아는 시료의 온도를 높여서 수증기와 함께 기화시키고 이 암모니아가 들어있는 증기를 응축시킨 다음 비색법, 적정법 혹은 특별한 이온 전극법으로 측정된다.

비색법으로 측정되는 아질산성 질소는 상대적으로 불안정하고 쉽게 질산염 형태로 산화된다. 이는 오염 정도를 나타낼 수 있는데, 하수 중에는 1mg/L, 지표수나 지하수 중에는 0.1mg/L가 넘는 일이 드물다. 비록 현재 낮은 농도에 있을지라도 아질산성 질소는 폐수나 수질오염 연구에 매우 중요하다. 왜냐하면 아질산염은 대다수의 물고기와 다른 수중생물에 유독하다. 하수 유출수에 있는 아질산염은 염소에 의해서 산화되고 염소 요구량과 소독 비용을 증가시킨다.

질산성 질소는, 폐수 중의 질소 중에서 고도로 산화된 형태이다. 2차 처리수를 지하수에 재충전(recharge)하고자 하면 질산염 농도가 중요하다. 미국 EPA의 음용수 기준에서는 유아에 대한 치명적 영향의 가능성 때문에 질산염의 농도를 45mg NO_3^-－N/L 이하로 규제하고 있다. 즉, 유아에 섭취되었을 때 methemoglobinemia에 의한 청색아(blue baby)를 야기시킨다. 처리된 유출수 중의 질산염 농도는 0～20mg N/L 범위로서 평균 약 15～20mg N/L 이다. 이 질산성 질소의 농도 역시 일반적으로 비색법으로 측정한다.

c. 질소의 순환경로

하수 중의 질소는 주로 단백질 및 요소에 결합되어 있다. 이들은 박테리아에 의하여 분해되어 곧 암모니아로 된다. 따라서 암모니아의 상대적 양으로부터 하수가 언제 배출된 것인지를 알 수 있다. 호기성 환경에서 박테리아가 암모니아성 질소를 아질산염과 질산염으로 산화시킨다. 폐수 중에 질산성 질소가 많으면, 이는 산소 요구량 면에서 안정화되어 있음을 나타낸다. 그러나 질산염은 조류나 기타 수생식물이 섭취하여 식물 단백질을 만들며, 이것은 다시 동물이 섭취하여 동물 단백질을 만들게 된다. 식물 및 동물이 죽어 그 단백질이 박테리아에 의하여 분해되면 다시 암모니아가 생성된다. 따라서 질산염 형태의 질소는 조류나 기타 식물이 이용하여 단백질을 만들므로 이들의 성장을 방지하려면 질소를 제거하거나 줄여야 한다.

⑤ 인(phosphorus)

인 역시 조류나 생물의 성장에 필수적이다. 수체내에 유해한 조류가 급성장(algal bloom)할 수 있기 때문에 생활하수, 산업폐수 및 지표유출에 의하여 지표수에 유입되는 인화합물의 양을 규제하는 문제가 관심의 대상이 되고 있다. 도시하수 중의 인 함유량은 약 4～15mg P/L 정도이다.

인의 형태는 주로 orthophosphate(인산염－인), 폴리인산염 및 유기인산염 등이다. PO_4^{3-}, HPO_4^{2-}, $H_2PO_4^-$, H_3PO_4 등의 orthophosphate는 그대로 생물의 신진대사에 이용된

다. 폴리인산염은 2개 이상의 인 원자와 산소 원자 그리고 경우에 따라서는 수소 원자가 같이 결합된 복잡한 분자인데, 수용액 중에서 가수분해되어 ortho 형으로 되돌아가지만 이 가수분해 반응은 아주 느리다. 유기물 중의 인의 양은 대부분의 생활하수에서는 그 비중이 크지 않지만, 산업폐수나 폐수슬러지에서는 중요한 성분이 된다.

orthophosphate는 이와 결합하여 발색 착화합물을 만드는 몰리브덴산암모늄과 같은 물질을 가하여 직접 측정한다. 같은 방법으로 폴리인산염이나 유기인산염을 측정하려면 이들을 미리 orthophosphate로 변화시켜야 한다.

⑥ 황(sulfur)

황산이온은 대부분의 용수 중에 자연적으로 존재하며 폐수 중에도 들어있다. 황은 단백질 합성에 필요하므로, 단백질이 분해되면 다시 방출된다. 황산염은, 혐기성 조건에서 미생물의 작용으로 황화물로 환원되며 수소이온과 결합하여 황화수소(H_2S)로 될 수 있다.

$$\text{유기물} + SO_4^{2-} \xrightarrow{\text{박테리아}} S^{2-} + H_2O + CO_2$$

$$S^{2-} + 2H^+ \longrightarrow H_2S$$

황화수소는 하수관거 내에서, 폐수로부터 관거내 대기중으로 배출되어 관거의 상부에 축적되는 경향이 있다. 이 황화수소는 다시 생물학적으로 산화되어 황산이 되는데 황산은 하수관거를 부식시킨다.

황산염은 슬러지 소화조에서 황화물로 환원되는데, 황화물 함유량이 200mg/L를 넘게 되면 생물학적 처리과정에 지장이 있을 수 있다. 그러나 다행하게도 이러한 농도는 드물다. 황화수소 가스는 기타 폐수 가스(CH_4 + CO_2)와 섞여서 방출되는데 가스관을 부식시킨다. 또 가스 엔진에서 연소시키면 그 생성물이 엔진을 손상시키고 특히 이슬점 이하로 냉각하였을때 배기가스 폐열 회수설비에 심각한 부식을 일으킬 수 있다.

⑦ 독성 무기화합물(toxic inorganic compounds)

양이온 중에서 독성 때문에 폐수의 처리와 처분에서 중요한 것들이 있다. 이 화합물 중 상당수는 특정 오염물(priority pollutants)이다. 구리, 납, 은, 크롬, 비소 및 불소 등은 정도는 다르지만 미생물에 대하여 녹성을 나타내므로 하수처리장 설계에 고려하여야 한다. 이러한 이온이 폐수처리장에 어느 정도 이상 도입되면 미생물들이 사멸하여 처리가 정지된다. 슬러지 소화조의 경우 구리는 100mg/L이상, 크롬과 니켈은 500mg/L이상, 나트륨은 보다 높은 농도에서 독성을 나타낸다. 기타 칼륨 및 암모늄 이온은 4000mg/L에서 독성을 나타낸다. 칼슘이온은 독성을 나타낼 정도의 농도에 이르기 전에 소화슬러지 중의 알칼리도

성분과 결합하여 침전하게 된다.

시안 및 크롬산염 등 독성이 있는 음이온도 산업폐수 중에 들어 있다. 이런 것들은 주로 금속도금폐수 중에 들어 있는데 현장에서 전처리하여 제거함으로써 도시하수와 혼합되지 않도록 하여야 한다. 또 다른 독성 음이온인 불소 화합물은 흔히 전자제품 제조시설의 폐수에서 발견된다. 산업폐수에 들어있는 유기물질 중에도 독성이 있는 것들이 있다

⑧ 중금속(heavy metals)

니켈(Ni), 망간(Mn), 납(Pb), 크롬(Cr), 카드뮴(Cd), 아연(Zn), 구리(Cu), 철(Fe), 및 수은(Hg) 등의 금속은 대부분의 폐수 속에 존재한다. 이들 중 상당수는 특정오염물이다. 이들 중에는 생물의 성장에 필요한 금속도 있으며 충분한 양이 들어있지 않으면 조류의 성장이 제한을 받기도 한다. 그러나 그 양이 어느 한계 이상이 되면 독성을 나타내므로 규제되어야 한다. 따라서 수시로 그 농도를 측정하여 조절하여야 한다. 이러한 물질의 측정은 폴라로그래피(polarography)나 원자흡광광도계(atomic absorption spectrophotometry) 등의 분석기기를 이용하면 아주 낮은 농도까지 측정할 수 있다.

(4) 기체(gases)

① 폐수 중 기체의 종류

미처리 하수 중에는 질소(N_2), 산소(O_2), 이산화탄소(CO_2), 황화수소(H_2S), 암모니아(NH_3), 및 메탄(CH_4) 등의 기체가 들어있다. 앞의 세 기체는 대기성분이므로 공기와 접하는 물에는 어디나 들어있다. 뒤의 세 기체는 하수 중에서 유기물질의 분해로 생기는 것이다. 미처리 하수 중에는 들어있지 않지만 이 외에도 염소(Cl_2)와 오존(O_3)(살균 및 냄새제거), 황과 질소 산화물(연소과정) 등이 있다. 여기서는 미처리 하수 중의 기체에 관하여서만 다루기로 한다. 대개의 경우 미처리 폐수 중의 암모니아는 암모늄이온의 형태이다.

② 용존산소(dissolved oxygen)

용존산소는 호기성 미생물의 호흡을 비롯하여 모든 호기성 생물에게 필요한 것이다. 그러나 산소는 물에 조금 밖에 녹지 않는다. 용액 중에 존재할 수 있는 산소(다른 기체도 마찬가지이다)의 양은, (1) 기체의 용해도, (2) 기체의 대기중 분압, (3) 온도 및 (4) 물의 성분(염, 부유 고형물 등)에 따라 달라진다.

산소를 소비하는 생화학반응은 온도가 증가하면 빨라지므로 여름에 용존산소의 농도가 더욱 문제가 된다. 악취발생을 막으려면 하수 중에 용존산소가 충분히 존재하여야 한다.

③ 황화수소(hydrogen sulfide, H_2S)

이미 언급한 것과 같이 황화수소는 황이 들어있는 유기물의 분해나 아황산염과 황산염의 환원으로 생성된다. 산소가 충분히 공급되면 황화수소는 생성되지 않는다. 이 기체는 무색의 인화성 화합물로서 썩은 달걀 냄새가 난다. 폐수와 슬러지의 흑변(blackening)은 대개 황화수소 때문인데 이것은 철과 결합하여 황화철(FeS)을 만든다. 동시에 여러 가지 금속성 황화물 또한 형성된다. 냄새의 관점에서는 황화수소가 가장 중요한 것이지만 역시 혐기성 소화 중에 생성되는 휘발성 화합물인 인돌(indole) 및 스카톨(skatole), 머캅탄(mercaptan) 등은 황화수소보다 더한 악취의 원인이 된다.

④ 메탄(methane, CH_4)

메탄가스는 하수 중 유기물질의 혐기성 분해에서 생성되는 중요한 부산물이다. 메탄은 무색, 무취이며, 발열량이 큰 가연성 탄화수소이다. 미처리된 하수 중에는 별로 들어있지 않은데 이는 산소가 조금만 있어도 메탄 생성 미생물에게 독성을 나타내기 때문이다. 하층 퇴적물의 혐기성 분해가 일어나는 때에는 메탄이 생성되기도 한다. 메탄은 가연성이므로 폭발의 위험도 높다. 메탄이 모이기 쉬운 맨홀과 하수관거 접합부 등에는 사람이 들어가서 작업을 하기 전과 작업 중에 적절한 송풍기로 계속 환기하여 주어야 한다. 메탄가스가 생성되는 하수 처리장에서는 폭발 위험을 알리는 경고판을 설치하고, 이 기체가 모이는 구조물 안이나 근처에서 작업하는 사람에게는 안전교육을 실시하여야 한다.

5) 폐수의 생물학적 특성

(1) 미생물의 종류

① 세균(bacteria)

박테리아는 단세포의 원핵성 진정세균(procaryotic eubacteria)이다. 대부분 박테리아는 형상에 의해 4개의 일반적인 범주로 나눌 수 있다 : 즉, 구형(spheroid), 막대형(rod), 굽은 막대형(curved rod), 혹은 나선형(spiral) 및 사상형(絲狀形, filamentous)이다.

구형박테리아는 구균(球菌, cocci, 단수 coccus)으로 알려져 있으며, 직경이 약 1 ~ 3μm이다. 막대 모양의 박테리아는 간균(桿菌, bacilli, 단수 bacillus)으로 알려져 있으며 크기가 아주 다양하여 너비는(혹은 직경) 0.3 ~ 0.5μm 정도이고, 길이는 1.0 ~ 10.0μm 범위이나. *Escherichia coli*는 사람의 배설물에서 흔히 발견되는 미생물이며 너비로는 0.5μm 정도이고, 길이로는 2μm이다. 굽은 막대모양의 박테리아는 비브리오(vibrios)로 알려져 있고 너비로는 0.6에서 1.0μm 크기이고, 길이는 2에서 6μm 정도이다. 나선형 박테리아는 spirilla(단수 spirillum)로 알려져 있는데 길이가 50μm 인 것도 있다. 사상형 형태는 이름이 다양하며 길이가 100μm 혹은 그 이상으로 나타날 수 있다.

박테리아는 유기물의 분해와 안정화에 기본적인 역할을 하기 때문에 자연계에서 및 하수 처리장에서 서식하는 박테리아의 특징, 기능, 물질대사 및 세포의 합성을 이해하는 일이 중요하다. 특히, 대장균은 인간 배설물에 의한 오염지표로서 사용된다.

② 곰팡이(fungi)

곰팡이류는 호기성, 다세포, 비광합성, 화학종속영양(chemo-hetero-trophic) 진핵(eukaryotic)원생생물이다. 곰팡이류는 사체유기물로부터 먹이를 얻는 기생생물이다. 박테리아와 함께 곰팡이는 생물권내에 탄소의 분해를 감당하는 주된 미생물이다. 생태학적으로 곰팡이류는 박테리아보다 두 가지 장점을 가지고 있는데, 습기가 적은 지역과 낮은 pH 환경에서도 성장할 수 있다. 유기물질을 분해하는 곰팡이류가 존재하지 않으면 탄소순환은 현재 상태에서 그칠 것이고 유기물은 축적될 것이다.

③ 조류(藻類, algae)

조류는 성장 조건이 적합할 경우에 급격히 증식하여 호수 및 하천에 algal bloom(수화현상, 水華現象)을 형성하기 때문에 큰 문제거리이다. algal bloom은 부영양화 호수나 생화학적 성장에 필요한 화합물이 너무 많이 유입된 호수의 특징이다. 질소, 인을 제거하기 위한 고도처리 공정이 없는 하수처리장의 처리수에는 영양염류의 농도가 높기 때문에 호수에 유입되면 부영양화(eutrophication)를 증가시킨다. 똑같은 상황이 하천에서 발생할 수도 있다.

조류는 종종 맛과 냄새를 유발하기 때문에 상수원으로서의 가치에 영향을 미친다. 조류는 또한 물고기 및 기타 각종 수생식물이 성장하는 지표수의 수질을 변하게 할 수 있다. 지표수에서 조류를 수집하고 농도 추정방법 등에 관한 자세한 절차는 Standard Methods에 요약되어 있다.

환경공학의 핵심분야 중의 하나는 처리된 방류수가 조류와 다른 수생식물의 성장을 조장시키지 않도록 어떻게 효과적으로 하수를 처리하느냐 하는 것이다. 이를 위하여 탄소의 제거(유기물의 제거), 갖가지 형태의 질소와 인의 제거 및 철과 코발트 같은 미량 요소의 제거 등을 고려할 수 있다(고도처리).

④ 원생동물(protozoa)

원생동물은 세포벽이 없는 단세포 진핵 미생물이다. 이들은 주로 호기성의 화학종속영양 생물이다. 하수처리 과정상 중요한 원생동물은 아메바(amoeba), flagellates(편모류, 鞭毛類), free-swimming ciliates(섬모류, 纖毛類) 및 stalked ciliates 등이다. 원생동물은 박테리아와 다른 미세한 미생물(algae 등)을 먹으며 생물학적 하수처리공정의 운선과 하전의 정화에 필수적이다. 상당수의 원생동물은 병원성이다(아메바성 이질).

⑤ 식물과 동물

여러 가지 식물과 윤충류(rotifers)와 벌레류(worm) 및 갑각류(crustaceans) 등을 이용하면 하천과 호수의 상태를 평가할 수 있고, 처리된 방류수의 독성여부를 판단할 수 있으며 2차 처리 과정의 처리효율을 파악할 수 있다(生物指標, bio-indicator, 指標生物, indicator organism).

공중 보건상 두 개의 중요한 연충류문(門)은 Platyhelminthes(편형동물문)와 Aschelminthes(선형동물문)이다. Platyhelminthes 문(門)은 종종 편형동물(flatworm)로 불려진다. Tubellaria 강(綱)의 편형동물은 전세계적으로 연못이나 하천에 서식한다. 흔히 flukes로 알려져 있는 Trematoda 강과 촌충(tapeworm)으로 알려진 Cestoda 강은 가장 공중 보건에 중요한 기생충 형태이다. 10,000 종(種) 이상 이루고 있는 nematodes는 Aschelminthes 문의 가장 중요한 구성원이다. 가장 심각한 기생충으로서는 형태 선모충병(trichinosis)을 일으키는 Trichinella, 십이지장충(hookworm)감염을 일으키는 Necator, 회충병을 일으키는 Ascaris 및 필라리아증(filariasis)을 일으키는 Filaria 이다.

⑥ 바이러스(virus)

바이러스는 절대 기생성으로서 단백질이 입혀진 DNA 혹은 RNA의 복합체이며 새로운 화합물을 합성시킬 수 있는 능력을 가지고 있지 않다. 대신에 이것들은 숙주세포에 침입하여 숙주세포내에 기생하면서 증식하며, 숙주세포가 그 기능을 상실하면 숙주세포에서 빠져나와 또 다른 세포에 기생하여 번식한다.

인간에 의해서 배설된 바이러스는 공중 보건에 중요한 위험이 될 수 있다. 실험연구에 의하면 예를 들어 1만에서 10만 명을 감염시킬 수 있는 간염바이러스, 양이 이 병을 앓고 있는 환자의 대변 1gram에서 방출된다는 것이 발견되었다. 어떤 바이러스는 20℃의 물이나 폐수에서 41일 동안 생존하거나, 하천수에서 6일 동안 생존할 수 있다고 알려져 있다.

(2) 병원성 미생물(pathogenic microorganism)

하수에서 발견되는 병원성 생물은 병이 발현된 사람 혹은 보균자에 의해서 배출될 수 있다. 하수에서 발견되는 주된 병원성 미생물은 박테리아, 바이러스, 원생동물 및 기생충 등이다. 박테리아성 병원성 미생물은 장티프스, 파라티푸스, 이질, 설사 및 콜레라 같은 위장

계통의 병을 갖은 사람에 의해 배설된다. 이런 미생물은 전염성이 높기 때문에 위생시설이 빈약한 지역, 특히 적도 부근에서는 매년 수 천명이 이로 인하여 사망하고 있다.

(3) 지표미생물(指標微生物, indicator microorganisms)

오염된 물과 하수에는 병원성 미생물의 개체수가 매우 적기 때문에 분리 추출하기가 어렵다. 따라서 비교적 개체수가 많이 발견되고 실험이 용이한 **대장균**(大腸菌, coliform bacteria)이 흔히 지표 미생물로서 사용된다. 사람의 내장계통에는 대장균으로 알려진 무수한 막대형의 박테리아가 있다. 사람은 하루에 1천억에서 4천억의 대장균을 다른 종류의 박테리아와 함께 배출한다.

많은 경우, 대장균 자체는 인체에 유해하지 않은 비병원성 세균(non-pathogenic bacteria)이지만(단, O-157과 같은 변이종은 인체에 질병을 일으킬 수 있음), 이들이 물 또는 식수에 존재한다는 것은 다른 병원성 미생물이 존재할 수 있는 가능성이 크다는 것을 의미한다. 따라서 대장균의 존재는 **소화기계 병원성 미생물**(Shigella, Salmonella, Vibrio 등)이 존재할 수 있다는 지표이며, 대장균의 부재는 병을 일으키는 미생물이 거의 존재하지 않는다는 의미이다.

대장균은 *Escherichia*와 *Aerobacter* 속(屬)이다. 지표 미생물로서 대장균의 이용은 *Aerobacter*와 *Escherichia*가 토양속에서 성장할 수 있다는 사실도 고려되어야 한다. 즉, 온혈동물의 장관(腸管, intestine track)에서 유래된 후, 오랜시간 동안 토양이나 물속 등 자연생태계에 순응(順應, acclimation)된 대장균이 존재할 수 있는데, 이들은 수질오염, 식품오염에 대한 지표생물로서의 가치가 적으며, 그 연관성(상관계수 r값)이 적다. 따라서 대장균의 존재가 반드시 사람의 배설물에 의해 오염되었다는 의미는 아니다. 그러나 확실히 *Escherichia coli*(*E. coli*)는 그 근원이 전부 배설물에 의한 것이다. 토양에 서식하는 대장균을 배제하고 *E. coli* 만을 측정하기는 어려우므로 **총대장균군**(total coliforms)을 분변의 유입 여부를 판단하기 위한 지표(indicator of fecal pollution)로서 사용한다.

대장균군은 35℃에서 48시간 이내에 젖당을 발효하여 가스를 생성하는 모든 호기성 및 통성 혐기성, 그람음성의 홀씨가 없는 간균을 일컫는다. 35℃에서 배양하여 나타난 개체를 **총대장균군**(total coliforms)이라 하고, 44.5℃에서 배양하여 나타난 것을 **분변성(분원성) 대장균군**(fecal coliforms)이라 하며, 특히 분변성 대장균군의 변화가 병원미생물의 존재와 밀접한 관계가 있다(상관계수 r값이 크다).

(4) 대장균의 계수(enumeration)

① 복식 시험관 발효법(multiple-tube fermentation technique, MPN-procedure)

a. 추정시험(presumptive test)

lactose broth와 inverted vial(Durham tube)을 함유한 5개 1조의 시험관에 시료를 10, 1, 0.1, 0.01, … mL 씩 접종한 다음 35℃에서 48시간 배양한 후, gas가 발생한 시험관은 다음 단계인 확정시험으로 들어간다.

b. 확정시험(confirmed test)

loop를 이용하여 가스발생 양성으로 판정된 시험관의 용액을 brilliant green lactose bile broth(BGLB-broth)와 inverted vial을 함유한 시험관에 접종한 다음 35℃에서 48시간 배양한 후 gas가 발생한 시험관의 숫자로부터, 최적획수표(most probable number index, MPN-index)에 근거하여 총 대장균수를 측정한다.

c. 완전시험(completed test)

loop를 이용하여 확정시험에서 양성 및 갈색으로 변한 시험관의 시료를 EMB agar plate에 접종한 다음 35℃에서 24시간 배양한 후, 집락(集落, 菌落, colony)을 따서 lactose broth에 접종후 35℃에서 48시간 배양한 다음, gas발생 여부를 확인하고 또한 집락을 따서 보통한천배지 사면에 이식한 후, 35℃에서 24시간 배양한 후, 그 집락에 대하여 Gram 염색을 실시한다. lactose broth에서 gas가 발생하고 보통한천배지에서 Gram 음성, 무아포성, 간균임이 증명되면 완전시험은 양성 즉, 대장균군이 존재하는 것으로 판정한다.

② 여과법(membrane-filter technique)

여과기술은 물 속에 있는 대장균의 수를 결정하는데 이용될 수 있다. 매우 작은 공극의 여과지(membrane filter)를 이용하여 일정한 양의 시료를 통과시키면 박테리아는 여과지 위에 남게 된다. 다음에는 이를, 박테리아 성장에 필요한 영양소를 포함하고 있는 agar와 접촉시킨다. 배양 후에 대장균 콜로니는 셀 수 있어 시료의 대장균 수가 결정된다. 막(membrane) 여과기술은 MPN 절차보다 빠르고, 대장균 수를 직접적으로 셀 수 있다는 장점이 있다.

14-6 수질오염의 제어

수질오염 방지기술이란 기본적으로 오·폐수 중에 포함된 물과, 인간의 활동으로 인하여 유입된 각종 이물질을 분리하여 가능한한 원상으로 되돌리는 일련의 처리 기술을 말한다. 따라서 이물질의 고유의 특성을 살려서 큰덩어리는 스크린이나 채를 이용해서 걸러주고 부유물질은 일정시간 가두어 둠으로서 가라앉게 하고, 그래도 남는 이물질은 약품을 가하여 침전하게 하거나 또는 미생물을 이용하여 제거한다. 수질오염 방지기술에는 이상에서 설명한 바와 같이 물리적 처리(1차 처리), 화학적 처리(2차 처리), 생물학적 처리(3차 처리)가 있으며 처리방법의 선택은 지역적 특성·경제성 등을 종합적으로 고려하여야 한다.

1) 물리적 처리(physical treatment, primary treatment)

(1) 스크린(screen)

오물이나 하수는 때때로 나뭇잎, 나무가지, 종이조각 등 여러 가지 크기의 부유물을 함유하며, 이들 물질은 펌프에 해를 가하거나 펌프를 막히게 하고 수로내에서의 흐름을 나쁘게 한다. 따라서 정수장이나 폐수처리장에서는 첫 처리단계로서 스크린을 사용하여 이들 부유물을 제거한다. 제거된 부유물은 매립(landfill)이나 소각(incineration)에 의해서 처분된다. 스크린의 종류는 스크린의 유효 간격에 따라 조스크린(粗, coarse), 중스크린(中, medium), 세스크린(細, fine)으로 구분되어, 모양에 따라서 봉스크린, 격자스크린, 망스크린으로 분류된다. 최근에는 그 사용 목적에 따라 드럼스크린(drum screen) 등이 있다.

(2) 침사지(沈砂池, grit chamber)

침사지는 말 그대로 모래, 자갈 등을 제거하는 공정이다. 폐수내의 사석(grit)은 자갈, 모래, 기타 뼈나 금속부식품 등의 무거운 입자들로 구성되는데 폐수처리장의 기구가 마모되거나 관이 막히고 침전지나 슬러지 소화조내에 축적되는 것을 방지하기 위하여 제거되어야 한다. 이러한 물질을 제거하기 위한 시설이 침사지이다.

(3) 침전

침전이란 가라앉힐 수 있는 물질을 가라 앉혀서 제거하는 공정이다. 즉, 침전(sedimentation)은 부유물 중에서 중력에 의해서 제거될 수 있는 침전성 고형물(settleable solids)을 제거하는 것으로, 고액분리 공정이며 적용목적에 따라 청정분리(clarification)와 농축분리(thickening)로 나눈다.

청정분리는 깨끗한 상등수를 얻기 위한 목적으로 침전조, 급속응집침전조 등이 있으며, 농축분리는 농축된 슬러지를 생성하기 위한 목적으로 사용하며 이에 사용되는 장치는 농축조, 원심분리기 등이 있으며 응집침전된 슬러지나 잉여 활성 슬러지의 농축에 적용된다.

(4) 부상(flotation)

폐수내에 물보다 가벼운 물질이 많은 경우 고액분리의 목적으로 침전법 대신에 부상법(flotation)이 사용된다.

부상법에는 세 가지 방법이 있는데, 공기부상(air-flotation), 용존공기부상(DAF:dissolved air-flotation)과 진공부상(vacuum flotation)이 그것이다.

부상은 일반적으로 작은 공기방울을 용액에 주입시켜 액체내의 입자가 엉켜 붙어서 부력에 의해 상승시키는 방법으로 공기부상은 폭기의 경우와 마찬가지로 부상조 내부에 공기를 불어 넣어서 부상시킨다. 공기부상법은 스컴(scum)이 잘 형성되는 폐수를 제외하고는 효과가 크지 못하다. 용존공기부상은 공기를 압력 하에 액체속으로 주입시켜 더 많은 공기를 용해시킴으로서 이 용액을 대기압으로 노출시킬 때 매우 작은 공기방울들의 상승효과를 이용하는 방법이다.

진공부상은 용액을 진공상태에 노출시킬 때 포화된 공기가 작은 공기방울로 튀어나오게 됨에 따라 입자와 엉켜 붙어서 상승하는 현상을 이용한 것이다. 이러한 방법 중 가장 많이 사용되고 있는 방법은 용존공기 부상방법이다.

부상법에 있어서도 입자의 성질에 따라 침전법에서와 마찬가지로 응집제 등 화학약품을 첨가하면 그 효과가 증대된다. 부상조의 구조는 침전조와 마찬가지로 원형과 장방형이 있다.

(5) 여과

여과(filteration)는 공극이 있는 매질층을 통하여 물을 통과시켜서 부유물을 제거하는 방법으로 특히 침전으로 제거되지 않는 미세한 입자의 제거에 효과적이다. 여과재(medium)로는 모래, 무연탄, 규조토 혹은 세밀히 짜여진 섬유가 사용된다.

① 미여과(microstraining)

미여과는 플랑크톤이나 기타 부유물을 제거하기 위한 여과법의 한 종류로써 세밀하게 짜여진 강철망이 여과재로 통상 사용된다. 미여과기는 유량에 비해서 수두손실이 적은 편이며, 제거된 부유물의 막이 형성되면 여과효율이 좋아지나 통상 계속적으로 사용하기 위해서는 역세척(backwashing)이 필요하다.

② 규조토 여과

2차 세계대전중 미군에 의해서 개발된 것으로 이 방법에서는 미세하게 제조된 금속망이나 섬유망 위에다 다공성인 규조토(diatomaceous-earth)막을 형성시켜 물을 여과시키며, 여과과정은 규조토 피막형성, 여과 및 규조토 첨가 그리고 규조토 막 제거의 3단계로 나눠어진다.

③ 압력 여과

압력여과기(pressure filter)는 철재탱크내에 여과재와 배수시설(under-drains)을 장치한 여과시설로서, 펌프에 의해서 물이 압력하에서 여과되며, 여과율은 급속모래여과지와 같이 6 ~ 10m/시간 정도이다. 압력여과법은 대규모 정수장에서는 잘 사용되지 않고 공장폐수나 작은 정수시설에서 많이 이용된다.

④ 완속모래 여과(slow sand filter)

고속모래여과법이 발달되기 전의 정수장에서는 아직도 사용되고 있는 완속모래 여과지(slow sand filter)는 화학적 전처리가 요구되지 않을 정도로 낮은 탁도를 가진 원수의 여과에 많이 사용된다. 여과율은 3 ~ 6m/일 로서 모래층의 수두손실이 크게 되면 모래표면은 5cm 정도 제거하고 새 모래로 채운다. 완속모래여과지는 시공비가 높고 부지소요면적이 클 뿐만 아니라 응집을 요구할 정도로 탁도가 높거나 심하게 오염된 원수에는 부적합하다.

⑤ 급속모래 여과(rapid sand filter)

도시급수를 위한 정수시설로서 가장 보편적으로 이용되는 시설이며 중력식 급속 여과시설이라고도 한다. 원수의 침전과 응집처리 후에도 남는 비침전성 응결물(floc)과 불순물을 제거한다. 물은 여과지상의 수압과 하부에서의 흡인력에 의하여 여과층을 통하여 흐르며, 수두손실이 커지면 역세척(backwashing)을 위하여 물을 반대방향으로 흐르게 함으로써 모래층을 청소하게 된다.

급속여과작용은 대단히 복잡하나 주로 여과(straining), 응결 그리고 침전에 의해서 이루어진다. 여과층내에 발생하는 작용은 원수의 수질과 화학적인 전처리에 의해서 결정된다.

(6) 흡착(adsorption)

흡착이란 흡착성이 있는 제거대상 오염물질로서 고체, 액체, 기체상의 성분을 고체상의 **흡착제**(adsorbent)의 표면에 흡착시켜 제거하는 공정을 말한다. 페놀이나 계면활성제와 같은 유기물을 포함하는 폐수에 분말활성탄을 첨가한 후 교반하면, 폐수중의 유기물 농도는 서서히 감소하여 마침내 어떤 일정한 평형농도에 도달한다. 이와같이 기체상 또는 액체상의 물질이 다른 액체상이나 고체상의 물질과 접촉할 때 계면에서 상내부와 다른 농도를 유지하며 평형이 되는 상태를 흡착이라 한다.

상·하수 및 폐수처리에서의 흡착은 전통적인 화학적·생물학적 처리방법으로 처리되지 않는 저농도의 유해물질을 고체 표면에 흡착시켜 제거하는 것으로, 이때 흡착되는 물질을 **피흡착제**(adsorbate)라고 하고, 흡착하는 고체를 흡착제라고 한다. 수처리 등의 흡착제로서 **활성탄**(activatod carbon), 합성 지오리이트(zeolite), 골턴, 이온교환 수지 등이 있으나 가격면에서나 성능면에서 활성탄이 가장 많이 쓰인다. 정수장에서는 주로 원수의 맛과 냄새나 기디 유독성 유기물을 제거하기 위하여 사용되며, 폐수처리장에서는 주로 생물학적 처리를 거친 폐수내에 남아 있는 유기물의 제거를 위하여 사용된다.

2) 화학적 처리(chemical treatment, tertiary treatment)

(1) 중화 및 pH 조절

산성이나 알칼리성이 강한 물은 생물체에 해로울뿐만 아니라, 철이나 콘크리트를 부식하므로 pH는 가능한한 중성이 적합하며 사용목적에 따라 pH의 적정범위는 다소 차이가 있다. 물의 pH는 전술한 바와 같이 생물체 및 산업용수의 사용에 큰 영향을 미치므로 중화제를 사용하여 적당한 pH 범위로 조정하여야 한다.

알칼리성 물질의 중화제로는 보통 황산(H_2SO_4)이나 염산(HCl)이 사용되며, 이산화탄소 일명 탄산가스(CO_2)도 우수한 중화제이다. 탄산은 약산이므로 탄산가스를 지나치게 가해도 강산성으로 될 우려가 없기 때문이다. 최근 각종 산업시설에서 배출되는 이산화탄소가 지구 온실효과에 주원인으로 알려지고 있으므로, 다소 국한적이겠지만 포집하여 각 산업시설의 폐수처리에서 중화제로 사용하는 것도 한 방법일 것이다.

널리 쓰이고 있는 산성물질에 대한 중화제는 가성소다(NaOH), 탄산칼슘 ($CaCO_3$), 소석회 ($Ca(OH)_2$) 등이 있는데, 이중 가성소다와 탄산칼슘은 용해도가 높으므로 용액으로 쓸 수 있는 장점이 있으며, 반응력도 우수하다. 이에 반하여 생석회(CaO), 소석회, 석회석(주 성분은 $CaCO_3$이나 점토, 이산화규소, 유기질, 철분 등의 불순물이 들어 있다 → 석회암, 대리석) 등의 칼슘염은 용해도가 낮으므로 미세한 분말형태 또는 5～20% 현탁액으로서 사용하는 것이 좋다.

(2) 살균(殺菌, disinfection)

① 살균과 멸균

살균이란 질병을 유발시키는 미생물을 선택적으로 파괴시키는 것을 말한다. 이 공정에서는 모든 미생물을 다 죽이는 것은 아니다. 이 점이 모든 미생물을 다 죽이는 고온고압 증기 멸균(autoclaving)이나 방사선 조사, 완전여과 등에 의한 멸균(sterilization)과 다른 점이다. 하수처리의 분야에서 사람에게 질병을 유발시키는 중요한 인체내의 미생물은 박테리아, 바이러스, 아메바 등의 세 가지이다. 박테리아에 의해 생기는 수인성질병(waterborne disease)으로는 장티프스(typhoid), 콜레라(cholera), 파라티프스(paratyphoid), 박테리아성 이질(bacillary dysentery) 등이 있으며, 바이러스에 의해 생기는 수인성 질병으로는 소아마비와 전염성 간염 등이 있고, 아메바에 의한 수인성 질병으로는 아메바성 이질(amebic dysentery) 등이 있다.

② 살균의 방법

a. 화학적 물질

살균제(disinfectants, 소독제)로 쓰여온 화학약품으로는 1) 염소(chlorine)와 염소화합물, 2) 브롬, 3) 요오드, 4) 오존, 5) 페놀과 페놀화합물, 6) 알코올, 7) 중금속과 관련화합물, 8) 염료, 9) 비누와 합성세제, 10) 과산화수소, 11) 여러 가지 산과 알칼리 등이 있다.

이들 중에서 가장 보편적인 살균제는 산화작용을 하는 화학약품들이며, 그 중에서도 염소가 가장 많이 쓰이고 있다. 브롬과 요오드도 하수의 살균에 사용되어 왔으며, 오존은 매우 효과적인 살균제로서 비록 잔류오존이 생기지는 않지만, 점점 더 많이 사용되고 있다. pH가 11보다 높거나 3보다 낮은 물은 대부분의 박테리아에 비교적 독성을 나타내므로 강산이나 강알칼리의 물은 전염성 박테리아를 없애는데 쓰여진다.

b. 물리학적 수단

물리학적 수단으로 열과 빛이 사용되고 있다. 예를 들어, 물을 끓이면 대부분의 포자를 형성하지 않는 질병유발 박테리아를 파괴할 수 있다. 가열은 양조나 유가공 산업에서는 보통 사용되는 방법이지만, 많은 양의 하수를 처리하는데는 비경제적이므로 적당한 방법이 못된다. 그러나 유럽에서는 슬러지를 저온살균하는 방법(pasteurization)을 많이 사용하고 있다. 즉, 63～66℃에서 30분간 처리하는데 현재는 71℃에서 15분간 처리하는 High

Temperature Short Time(HTST) 방법을 많이 사용한다.

태양광선도 좋은 살균제 중의 하나이다. 특히 자외선(UV)도 사용될 수 있다. 적은 양의 물을 살균하는데는 자외선을 발생하는 특수 램프가 사용되어 성공적으로 쓰이고 있다. 이 공정은 광선이 물속으로 침투하는 양에 따라 효율이 좌우된다. 따라서 자외선 광원과 물과의 접촉의 기하학적 형상이 매우 중요한데 그 이유는 부유물질, 용존유기분자, 그리고 물자체 뿐아니라 미생물이 광선을 흡수하기 때문이다. 따라서 물시스템안에서는 특히, 입자상 물질이 많이 들어 있는 경우에는 자외선 방법을 사용하는 것은 바람직하지 않다.

c. 기계적 수단

박테리아와 다른 미생물들은 하수처리과정에서 기계적인 수단에 의해서도 제거된다. 즉, 조대(粗大)스크린(coarse screen)에서는 0 ~ 5%, 미세스크린에서는 10 ~ 20%, 침사지에서는 10 ~ 25%, 보통침전에서는 25 ~ 75%, 약품침전에서는 40 ~ 80%의 박테리아 제거율을 보인다.

d. 방사선

투과력이 가장 강한 방사선인 감마선은 코발트 60과 같은 방사성 동위원소로부터 방출되는데, 강한 투과력 때문에 상수와 하수를 소독하는데 사용되어 왔다.

③ 살균제의 작용원리

살균작용의 원리에 대해서는 (1) 세포벽에 손상을 주고, (2) 세포의 투과력을 바꾸고, (3) 원형질의 콜로이드 성질을 바꾸며, (4) 효소작용을 방해하는 등의 4가지로 설명된다.

세포벽이 손상되거나 파괴되면 세포가 용해(cell lysis)되어 죽게 된다. 페니실린과 같은 물질은 박테리아 세포벽의 합성을 방해한다.

페놀화합물이나 세제와 같은 물질은 세포막의 투과력을 변화시킨다. 이와같은 물질들은 막의 선택적 투과를 못하게 하여 질소와 인과 같은 필수 영양분이 빠져나가도록 한다.

가열, 방사선, 그리고 강산 또는 강알칼리제는 원형질의 콜로이드 성질을 변화시킨다. 열을 가하면 세포단백질을 응고시키고 산이나 알칼리는 단백질을 변화시켜 치명적인 효과를 나타낸다(단백질 변성, protein denaturation).

살균의 또 다른 작용은 효소의 활동을 방해하는 것이다. 염소와 같은 산화제는 효소의 화학적 구조를 변화시켜 효소의 활동을 억제한다.

(3) 염소에 의한 살균(chlorination)

① 염소화합물의 종류

모든 화학적 살균제 중에서 전 세계적으로 가장 많이 사용되는 것이 염소(chlorine)인데, 하수처리장에서 가장 많이 보편적으로 사용되는 염소화합물은 염소가스(Cl_2), 차아염소산칼슘($Ca(OCl)_2$, 클로로칼키), 차아염소산나트륨(NaOCl) 그리고 이산화염소(ClO_2)이다.

차아염소산칼슘과 차아염소산나트륨은, 가격보다는 간단성과 안전성이 더 요구되는 package 플랜트와 같이 매우 작은 처리장에서 많이 사용된다. 차아염소산나트륨은 가끔 대규모 시설에서도 사용되는데 그 주요한 이유는 지역의 특수성에 따른 안전에 관한 사항 때문이다. 이산화염소는 보통과 다른 성질(암모니아와는 반응하지 않음)을 가지고 있으므로, 많은 처리시설에서 사용되고 있다. 여러 가지 다른 종류의 염소화합물이 사용되고 있지만, 본 절에서는 경제성 등의 이유로 가장 많이 사용되고 있는 가스형태의 염소의 사용에 대해서 주로 설명하기로 한다.

② 수중에서의 반응

가스상태의 염소(chlorine gas, Cl_2)가 물에 들어가면 가수분해(hydrolysis)와 이온화 반응(ionization) 등 2개의 반응이 일어난다.

$$Cl_2 + H_2O \leftrightarrow HOCl + H^+ + Cl^-$$
$$HOCl \leftrightarrow H^+ + OCl^-$$

이때 물 속에 존재하는 차아염소산(하이포아염소산, hypochlorous acid, HOCl)과 차아염소산이온(하이포아염소산이온, hypochlorite, OCl^-)의 합을 **유리유효염소**(free available chlorine) 또는 **유리잔류염소**(free residual chlorine)라 하며, HOCl의 살균효율이 OCl^-의 살균효율보다 40~80배 더 강하기 때문에 두 성분이 서로 어떻게 분포하는가는 매우 중요한데, 일반적으로 온도가 증가할수록 HOCl은 감소하고 OCl^-는 증가하며, 일정 온도에서 pH가 감소할수록 HOCl은 증가하며 OCl^-는 감소하고, pH가 증가할수록 역의 현상이 나타난다(그림 14-3).

한편, 유리염소(free chlorine)는 차아염소산염(hypochlorite salts)의 형태로도 물 속에 첨가될 수 있는데, 이 때의 반응은 다음과 같다.

$$Ca(OCl)_2 + 2H_2O \rightarrow 2HOCl + Ca(OH)_2$$
$$NaOCl + H_2O \rightarrow HOCl + NaOH$$

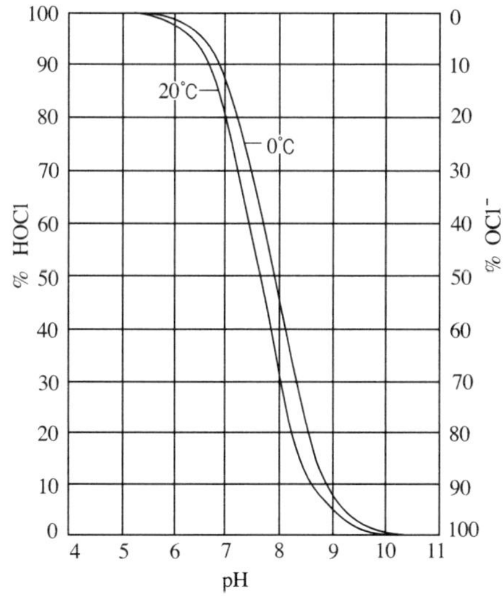

그림 14-3 HOCl, OCl⁻와 pH 및 온도와의 관계

③ 암모니아와의 반응

미처리상태의 하수는 암모니아와 여러 가지 결합유기물의 형태의 질소를 포함하고 있다. 대부분의 처리장에서의 유출수도 많은 양의 질소를 포함하고 있으며, 대개는 암모니아의 형태나 질산염(플랜트가 질화공정이 일어나도록 설계되었다면)의 형태로 존재한다. 차아염소산은 매우 활발한 산화제이므로, 하수중의 암모니아와 금방 결합하여 다음과 같은 연속반응에 의해서 세 가지 형태의 클로라민을 형성한다.

$$NH_3 + HOCl \rightarrow NH_2Cl(\text{monochloramine}) + H_2O$$

$$NH_2Cl + HOCl \rightarrow NHCl_2(\text{dichloramine}) + H_2O$$

$$NHCl_2 + HOCl \rightarrow NCl_3(\text{nitrogen trichloride}) + H_2O$$

이 반응들은 pH, 온도, 접촉시간, 암모니아 대 염소의 비율 등에 따라 매우 큰 영향을 받는다. 대부분의 경우 가장 많이 존재하는 물질은 모노클로라민(NH_2Cl)과 디클로라민($NHCl_2$)이다. 이 두 화합물 안에 있는 염소를 **결합유효염소**(combined available chlorine), 또는 **결합잔류염소**(combined residual chlorine)라고 한다. 앞으로 설명하겠지만, 이러한 여러 종류의 클로라민들도 살균제의 역할을 하지만 그 반응속도는 매우 느리다. 또한 NCl_3는 물에 녹지 않는 기름모양의 휘발성 액체로서 수중의 미생물에 대한 살균력이 거의 없기 때문에 결합유효염소에 넣지 않는다.

④ 분기점(파괴점) 반응(breakpoint reaction)

하수의 살균을 목적으로 **잔류염소(유리 또는 결합)**를 유지하는 것은 매우 복잡하다. 왜냐하면 앞에서 언급한 바와 같이 유리염소는 암모니아와 반응할 뿐만 아니라, 그 자체가 강력한 산화제이기 때문이다. 염소를 암모니아가 들어있는 하수에 첨가할 때 일어나는 단계적 현상은 주입염소량(mg/L)을 x축으로, 잔류염소량(mg/L)을 y축으로 했을 때, O(원점) → A(최초증가시발점) → B(변곡점, 감소시발점) → C(재차증가시발점, 파괴점, 분기점, 불연속점, breakpoint) → D(연속적 증가)의 4단계로 설명될 수 있다(그림 14-4).

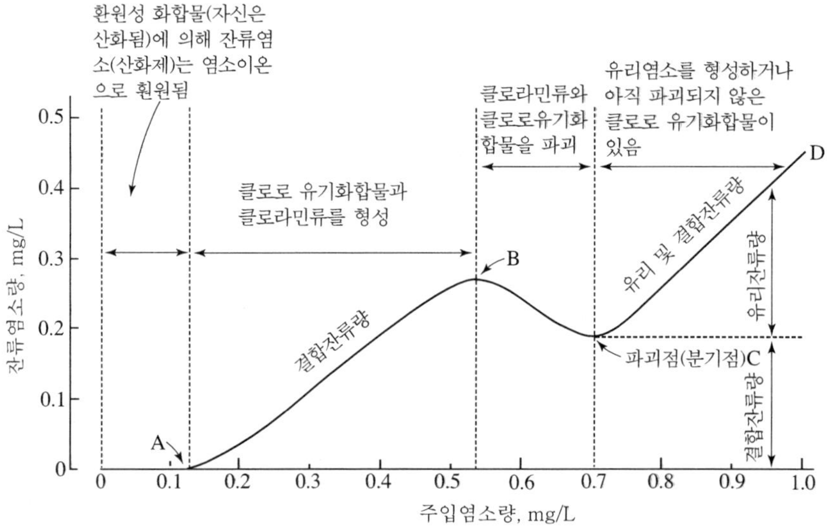

그림 14-4 분기점 염소처리 곡선

a. 0 – A 구간

산화제인 염소(chlorine)가 최초로 수중에 투입되면, Fe, Mn, S, 유기물 등과 같이 쉽게 산화되는 물질들은 염소와 반응하여, 대부분의 염소를 염소이온으로 환원시킨다(chloride ion은 살균력이 없음). 따라서 수중의 잔류염소량은 0으로 나타나게 된다.

b. A – B 구간

위의 즉각적인 소요량을 만족시킨 후에, 염소는 A – B구간에서 암모니아와 계속 반응하여 모노클로라민(NH_2Cl)과 디클로라민($NHCl_2$)의 결합잔류염소를 형성한다.

c. B – C 구간

이 구간에서 클로라민들 중 일부는 NCl_3로 변환되고, 나머지는 산화질소(nitrous oxide, N_2O)나 질소(N_2)로 산화되고, 염소는 염소이온으로 환원된다. 이와같이 기체가 새로 생기고, 클로라민이 없어지는 것을 설명하는데 사용되는 반응식은 다음과 같다.

$$NHCl_2 + HOCl \rightarrow NCl_3 + H_2O$$

$$NH_2Cl + NHCl_2 + HOCl \rightarrow 4HCl$$

$$4NH_2Cl + 3Cl_2 + H_2O \rightarrow N_2 + N_2O + 10HCl$$

$$2NH_2Cl + HOCl \rightarrow N_2 + H_2O + 3HCl$$

$$NH_2Cl + NHCl \rightarrow N_2 + 3HCl$$

d. C – D 구간

분기점(C)을 지나 염소를 계속 주입하면, 결합잔류염소량은 분기점이후 일정하게 유지되지만, 살균력이 뛰어난 유리잔류염소(반응하지 않은 차아염소산, HOCl)가 비례적으로 증가하여, 결국 (총)잔류염소량도 비례적으로 증가하게 된다. 따라서, 특히 상수에 대한 염소살균(소독)에서 살균력이 뛰어난 유리잔류염소를 포함한 잔류염소가 어느 농도 이상 존재해야 하는데, 즉 파괴점(분기점, 불연속점, breakpoint) 이상으로 염소를 투입해야 하는데, 이를 **불연속점 염소소독**(파괴점 염소소독, 파괴점 염소주입, 분기점 염소처리, breakpoint chlorination)이라 한다. 그러나 하수처리에 있어서는 경제적인 이유 외에 방류수역에서의 수서생물에 대한 피해를 막기 위해 파괴점보다 낮은 염소주입률을 택하게 된다.

유리잔류염소를 얻을 때까지 충분히 염소를 주입하는 주된 이유는 그 때에 가서야 비로소 살균작용이 보장되기 때문이다. 어떤 경우에는 분기점 주입에 의한 염소살균시에 심각한 냄새 문제가 발생되기도 하는데, 그 이유는 NCl_3와 그와 관련된 화합물이 생겨나기 때문이다. 염소주입시 다른 화합물이 있으면 하수중의 알칼리도와 반응하게 되며, 대부분의 경우에 있어서 pH는 약간 떨어질 것이다. 어느 일정 한도의 잔류염소량에 도달하기 위해 첨가되어야 하는 염소의 양을 **염소요구량**(chlorine demand)이라 한다.

⑤ 부작용

한편, 수질오염이 심한 경우 수중의 유기물과 주입된 염소가 반응하여 tri-chloro-methane ($CHCl_3$)과 같은 tri-halo-methane(THM)과 chloro-phenol과 같은 **발암성 물질**이 형성될 수 있다. 결국 오염이 심한 상수에 대한 살균제로, 현재와 같이 염소를 사용하는한 THM의 발생은 불가피할 것이며, 오존이나 이산화염소 등을 사용하는 것도 검토되고 있다.

이미 유럽에서는 오존으로 살균처리를 하고 있다. 오존은 2차 오염 물질의 발생이 없고 산화력과 살균효과가 뛰어난 장점이 있으나, 잔류성이 없는 것이 단점이며, 가격도 염소소독의 경우보다 비싸다. 이산화염소의 경우도 살균력이 높고 페놀 등과 반응하여 염화페놀을 형성하지 않으므로 염소소독보다 유리하다. 그러나 이산화염소소독도 염소소독보다 가격면에서 비싸다.

(4) 약품 응집(chemical coagulation)

오폐수에는 현탁된 고형물이 존재하며, 이들 고형물은 대부분 직경이 0.001mm 이하의 콜로이드 입자상태(colloidal solids)로 존재하며, 콜로이드 입자가 용매분자의 불균일한 충돌을 받아서 불규칙적인 운동(브라운 운동 ; brownian movement)을 하기 때문에 정상적인 침전법으로는 침전이 되지 않는다. 이들의 제거를 위하여 약품주입에 의한 응집침전(coagulation and sedimentation)이 사용된다. 즉, 응집제(coagulants)를 사용하여 이들 고형물을 응집시켜 제거하는 것이다.

약품응집의 원리는 약품에 의하여 미립자를 응집시키고, 대형부유물 플록(floc)을 만들게 하고, 이 플록을 침전하게 하는 것이다. 이 플록은 비중이 낮은 편이나 입경이 크기 때문에 침전이 가능하다. 약품응집에 사용되는 응집제로는 크게 무기응집제와 고분자유기응집제(organic polymer)가 있으며 무기응집제로는 알루미늄염($Al_2(SO_4)_3 \cdot 18H_2O$, 황산알미늄, 유산반토, 명반), 철염($Fe_2(SO_4)_3$, $FeSO_4 \cdot 7H_2O$, $FeCl_3$) 등이 있다. 무기응집제는 전해질이기 때문에 수중에서 전해하여 응집력을 발휘한다. 고분자유기응집제는 주로 합성 유기화합물로서 polyacrylamide(PAM), polydiallydimethylammonium(PDADMA), polyacrylic acid(PAA) 등이 사용된다.

응집침전의 과정은 다음과 같이 4단계로 일어난다. ① 응집제의 수중첨가 ② 수중에서 응집제를 확산시켜 현탁입자와의 접촉을 위한 교반 ③ 입자들을 보다 큰 플록으로 만들기 위한 교반 ④ 플록을 고액분리시키기 위한 침전 또는 부상이다.

여기서 ②번째의 교반은 빠른 확산을 위하여 급속교반을 하며 ③번째의 교반은 서서히 완속교반을 하는데 응집효과를 높이기 위하여 보조응집제를 주입한다. 보조 응집제는 점토, 알칼리제 등이 있으나 가장 많이 사용되는 것은 고분자유기응집제이다. 이 고분자 유기응집제의 역할은 가교작용으로서 고분자내의 여기저기에 콜로이드 입자들이 많이 흡착되어 큰 플록을 형성하는 것이다

3) 생물학적 처리(biological treatment, secondary treatment)

(1) 생물학적 처리의 원리 및 종류

폐수는 인간활동과 각종 산업활동을 통해 끊임없이 생성되고 있으며, 각종 경로를 거쳐 인간이 여러 가지 용도로 사용하고 있는 다양한 용수원에 유입된다. 이러한 폐수를 생성 후 또는 배출 전에 처리하지 않으면 각종 질병을 포함한 많은 악영향을 인간에게 미치게

된다. 폐수의 처리 및 처분 방법에는 여러 물리화학적 방법과 생물학적 방법이 있으나, 이 중 물리화학적 방법은 비용이 많이 들 뿐만 아니라 처리 후의 생성물을 재처리 또는 처분해야 하는 단점이 있다. 이에 반해서 생물학적 처리방법은 상당량의 유기물 성분을 이산화탄소의 형태로 분해, 안정시키거나 메탄가스(CH_4)의 생성으로 폐수 내 유기물을 제거시킴으로써 처리 후 생성물 양이 비교적 적게된다.

생물학적 처리 방법은 주로 미생물을 이용하여 폐수 내의 오염물질을 분해, 해독 및 분리시키는 것으로, 관여하는 미생물로는 세균(bacteria), 균류(fungi), 조류(algae), 원생동물(protozoa) 등이 있으며 일부 하등동물도 관여하고 있다.

생물학적 처리법은 도시 생활하수의 2차처리, 유기물을 함유한 공장폐수 및 이로부터 생성되는 오니의 처리에 주로 사용되는데, 비교적 저렴한 경비와 다양한 공정 등으로 전세계적으로 가장 널리 사용되는 폐수치리 방법이다.

생물학적 처리는 산소의 이용 유무에 따라 호기성 처리와 혐기성 처리로 나뉘는데, 호기성 처리에는 활성오니법, 살수여상법, 회전원판법, 산화지법 등이 있으며 혐기성 처리에는 혐기성 소화조법, 부패조법 등이 있다. 이들 처리 방법들에서 미생물들은 크게 두 가지의 생활 유형을 보이는데, 폐수 내에 균일하게 또는 floc을 형성하여 부유 생활을 하거나 또는 적당한 표면에서 부착 생활을 하게 된다.

(2) 1차 처리

폐수를 생물학적으로 처리하기 전에 폐수 내의 침전가능한 물질을 침전시켜 물리적으로 분리하는 과정을 1차 처리(primary treatment)라고 한다. 이 처리의 주목적은 폐수속으로 유입된 고형물질 또는 침전속도가 빠른 부유성물질을 제거하는 것으로, 일반적으로 1차 침전조(primary settling tank 또는 primary clarifier)에서 한 시간 내지 세 시간 정도 침전시킨다. 침전조 바닥에서 혐기성 미생물에 의한 대사가 일어나면 기체가 발생하여 침전물들이 폐수 내로 재유입될 수 있으며 또한 악취 발생 우려도 있으므로 일정 시간 경과 후 침전조 바닥에서 계속적으로 침전물을 제거해야 한다.

침전조는 동시에 부상조(floating tank)의 역할도 하게 되는데, 비중이 폐수보다 낮아서 표면으로 부상하는 grease 등은 부유물 제거장치(surface-skimmer)를 이용하여 제거하게 된다. 보다 원활한 부상을 위해 공기를 폐수 내에 주입하거나 진공을 이용하는 방법도 있다. 1차 처리로는 용해된 유기물을 제거하지 못하므로 고형물의 함량과 1차 처리 방법 등 여러 요소에 따라 유입된 폐수의 20~60% 정도 BOD를 제거시킬 수 있으며, 일반적인 도시생활하수의 경우 30~40%의 BOD 제거 효율을 보인다. 1차 처리를 거친 폐수는 생물학적 처리

방법인 2차 처리(secondary treatment)로 들어간다.

(3) 활성오니법(活性汚泥法, activated sludge process)

① 활성오니법의 원리

폐수의 처리방법은 19세기 말부터 여러 가지가 연구되기 시작되었는데, 영국 Manchester에서 Arden과 Lockett 두 사람이 1914년에 오니(汚泥, sludge)의 재순환을 고안해 냄으로써 활성오니법이 탄생되었으며, 그 후 이 방법의 생물학적 이론의 정립과 많은 연구에 의해 몇 가지 변형된 공정이 개발되었다.

활성오니법은 폭기조(또는 포기조, 曝氣槽, aeration tank) 내에서 유기물을 함유한 폐수에 공기를 주입하면 폐수 속에 존재하는 미생물의 호기성 대사에 의해 유기물이 이산화탄소와 물로 분해되고, 이 때 발생된 에너지로 미생물 생체량이 증가하는 원리를 이용하고 있다. 이 때 폐수 내에서는 미생물들이 floc(직경 0.1～1mm)을 형성하게 되는데, 이 floc 형성에는 점액성 물질을 분비하는 *Zoogloea ramigera* 등의 세균들이 관여하게 되며, 폐수내 각종 유·무기물들이 floc에 흡착된다.

폭기조의 폐수를 일정 시간 폭기한 후, 2차 침전조(secondary settling tank 또는 clarifier)로 이동시켜 폭기를 중단하면 폐수 속의 floc은 서로 응집 침강하여 폐수는 상층수와 침전물(오니)로 분리된다.

분리 후 상층수는 살균 후 방류 또는 후속처리를 시키고, 침전된 오니 중 일부는 폭기조의 활성오니(activated sludge)로 재사용하기위한 반송오니(재순환오니, returned sludge, recycled sludge)로 폭기조에 되돌려 보내지며, 나머지 오니는 폐기오니(잉여슬러지, waste sludge, excess sludge)가 되어 후속 처리를 시킨다.

C ∩ H(유기물, 수질오염물질) + O_2(DO, dissolved oxygen, 용존산소)

$\xrightarrow{\text{미생물}}$ CO_2 + H_2O + Energy(미생물 증식)

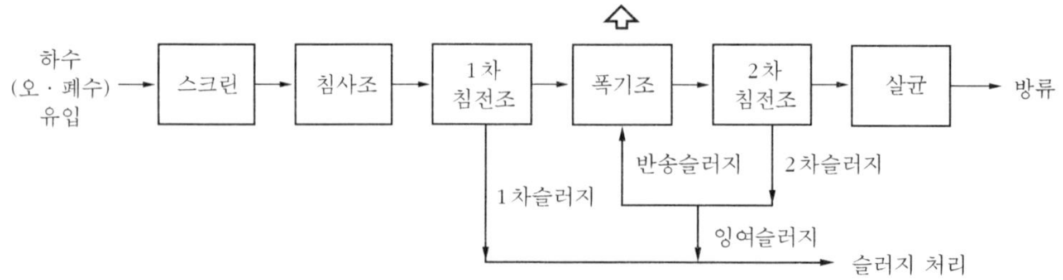

그림 14-5 활성오니법의 공정도

활성오니법에서 일어나는 반응들은 다음과 같이 요약될 수 있다. 즉, ① 용해성 유기물이나 부유성 유기물의 오니 floc에의 흡착, ② 유기물의 생분해와 새로운 미생물 생체량 합성, ③ 원생동물 또는 다른 포식자에 의한 세균 또는 부유물의 섭취, ④ 생성된 floc의 응결, 침전으로 인한 오니 생성 등이다.

활성오니법은 유기물이 많은 폐수에 대한 처리 효율이 높아서 90 ~ 95%의 BOD 제거율을 나타내지만 폐수의 양과 수질의 변화 및 유해 물질에 의해 영향을 쉽게 받고, 처리 후 발생하는 폐기오니를 재처리해야 하는 등의 단점들이 있다.

여러 면에서 활성오니법의 폭기조는 미생물을 이용한 발효에 사용되는 발효조(fermenter) 또는 chemostat와 비교된다. 그러나 활성오니법의 목적은 미생물 생체량이나 특정 대사산물을 생산해 내는 것이 아니고, 유입되는 폐기물질을 분해시키는 것이므로 가능하면 미생물 생체량 증가, 즉 오니생성을 억제해야만 한다. 왜냐하면 생성된 오니는 후속처리하여 제거시켜야하기 때문이다. 또 활성오니법이 미생물 발효와 다른 점은 순수배양체제(pure culture system)가 아니고 많은 미생물들과 하등동물들이 섞여 있는 혼합배양체제(mixed culture system)인 것이다.

② 활성오니의 미생물

활성오니법에 관여하는 미생물은 수천 종으로 추정되며 이들 중 상당수가 현재의 미생물 배양법으로는 분리(isolation), 순수배양(pure culture), 동정(同定, identification) 등이 불가능하다. 대부분의 미생물들은 오니 floc에 응집되어 있으나, 일부는 폐수 내에서 자유로이 부유생활을 하고 있다. 이들 미생물은 세균, 균류, 조류, 원생동물 및 일부 미소후생동물로서, 종속영양세균(heterotrophic bacteria)이 우점종을 이루고 있다. 세균은 saprozoic protozoa(腐生原生動物 ; 죽은 동식물로부터 영양분을 섭취하여 살아가는 원생동물)와 더불어 가장 낮은 영양단계를 구성하며, holozoic protozoa(다른 살아있는 생물체, 즉 세균 등을 잡아먹고 사는 *Vorticella*, *Carchesium* 속의 원생동물)와 미소 후생동물인 윤충류(輪蟲類, rotifer)와 선충류(線蟲類, nematode)가 이들을 먹고 산다. 오니 floc에는 건조 중량 1g당 10^7 ~ 10^9 정도의 살아있는 미생물 세포들이 존재한다.

원생동물은 오니 건조 중량 g당 10^4 ~ 10^7 정도의 개체수로 존재하는데, 이는 전체 오니 무게의 5 ~ 10% 정도이다. 원생동물중 일반적으로 섬모충류와 편모충류가 많이 존재하며 이들은 부유물질과 세균을 효과적으로 제거하고 floc의 안정성에 크게 기여함으로써 활성오니법의 처리효율을 높여준다. 미소 후생동물(활성슬러지법에 의한 폐수처리의 안정여부를 나타내는 지표생물) 중에는 윤충류와 선충류가 대표적으로 오니 floc 표면에서 세균들을 포식한다. 이들의 유기물 또는 작은 미생물들을 제거하는 기작은 용해된 유기물의 흡수, 용해성 또는 고체 유기물의 흡착, 고체 입자(세균 포함)의 포식 등에 의해 일어난다.

③ 활성오니법의 문제점

활성오니법에서 발생 가능한 문제점은 크게 유기물 분해가 일어나지 않는 경우와 오니의 처리수와의 미분리를 들 수 있으며, 이중 오니의 미분리가 흔히 일어나 활성오니법의 가장 큰 약점이 되고 있다. 폐수에 유독물질이 존재할 때에는 오니의 미생물이 대부분 죽어 처리효율이 급격히 떨어지게 된다. 미생물이 분해할 수 없는 난분해성 물질이 폐수에 존재하면 그대로 배출될 수 있는데, 일반적인 도시 생활하수에서는 큰 문제가 되지 않으며 3차 처리과정에서 제거가 가능하다.

폐수처리를 처음 시작할 때나 반송오니의 양이 적거나 많아서 폭기조 내 MLSS(mixed liquor suspended solids ; 결국 미생물 군집체로서 활성슬러지) 양의 변화가 크면 유기물의 분해와 오니의 침전이 제대로 일어나지 못한다. 2차 침전조에서 오니가 침전하지 못하고 폐수 내에 부유 상태로 존재하여 방류수에 섞여 나갈 때 이를 팽화현상(膨化現象, bulking)이라고 하며 활성오니법의 가장 큰 문제점이다.

벌킹의 원인은 여러 가지가 있는데, 높은 오니반송률로 인한 낮은 F/M비(food per microorganism ratio), 낮은 용존산소, 낮은 pH, 특히 N과 같은 영양염류의 부족 등에 의해서 일어날 수 있다.

$$\frac{F}{M} = \frac{\text{하루에 유입되는 BOD량}}{\text{폭기조 내 슬러지량}} = \frac{BOD \cdot Q}{MLSS \cdot V}$$

이러한 조건에서 filament형의 세균과 균류들이 많이 출현하여 부력 증가와 미생물의 응결저해로 floc의 침전이 일어나지 못한다. 이에 관여하는 세균으로는 분리 및 동정이 되지 않은 종류들이 여럿 있으며 동정이 된 종류로는 *Sphaerotilus, Nocardia, Beggiatoa, Thiothrix, Leucothrix* 등이 있으며, 균류로는 *Geotrichum*과 *Zoophagus* 등이 있으며, 일부 남조류도 관여한다.

벌킹은 염소 또는 과산화수소를 이용하여 일시적으로 억제할 수가 있다. 2차 침전조가 혐기성 조건이 되면 탈질화반응(denitrification)에 의해 질소가스가 생성되어 침전된 오니의 부상이 일어날 수 있으나, 이는 오니 반송률을 높임으로써 방지할 수 있다. 탈질화반응 외에 메탄 생성기작에 의한 CH_4, H_2, CO_2 가스에 의해서도 오니부상이 일어난다. 유기물 부하량이나 용존산소의 조절이상과 과도한 폭기에 의해 pin-point floc이 생성되는데, 작고 잘 뭉쳐진 floc은 빨리 침전되지만 매우 작은 pin-point floc은 침전되지 못하여 낮은 슬러지 부피지수(SVI, sludge volume index)를 나타내게 되어 방류수가 탁해진다.

$$\mathrm{SVI} = \frac{\mathrm{SV_{30}(mL/L)} \times 1000}{\mathrm{MLSS(mg/L)}} = \frac{\mathrm{SV_{30}(\%)} \times 10^4}{\mathrm{MLSS(mg/L)}} = \frac{\mathrm{SV_{30}(\%)}}{\mathrm{MLSS(\%)}}$$

SVI 대신에 **슬러지 밀도지수**(SDI, sludge density index)가 사용되기도 하는데, 이는 30분 침전 후 슬러지의 밀도를 나타내는 것으로 SVI와 다음과 같은 관계가 있다.

$$\mathrm{SDI} = \frac{100}{\mathrm{SVI}}$$

이 외에도 영양염류의 부족으로 인한 점액성 물질의 대량 생성, 폐수에 세제와 같은 계면활성제가 많거나 **오니일령**(汚泥日齡, sludge age)이 길어질 경우 *Nocardia* 증식으로 인한 거품 형성, 회분에 의한 scum의 생성 등 여러 가지 문제점들이 활성오니법의 운전 중에 발생할 수 있으며, 이러한 문제점들은 그간의 연구에 의해 많은 해결책들이 제시되고 있다.

$$\text{오니일령} = \frac{\text{폭기조내 슬러지량}}{\text{잉여슬러지량} + \text{방류수중 슬러지량}}$$

(4) 살수여상법

20세기 이전의 일반적인 폐수처리 방법은 폐수를 토양 표면에 뿌리는 **토양분사법**(land spraying)이었으며, 이로부터 **살수여상법**(撒水濾床法, trickling filter process)이 개발되었다. 이 살수여상법은 폐수 정화에 관여하는 미생물들이 **정지상 매체**(stationary media) 또는 **회전상 매체**(rotating media)의 표면에 부착한 고정된 **생물막**(biofilm)을 이용하는 **고정막 처리법**(fixed-film treatment)의 일종으로, 이런 생물막을 이용하는 폐수처리 방법으로는 **살수여상법**, **회전원판법**(rotating biological contactor, RBC), **활성생물막법**(activated biofilters), **유동상법**(fluidized bed) 등 여러 가지가 있다. 이 모든 공정의 공통점은 폐수 속의 용존 또는 부유 유기물의 제거가 고형매체(자갈, 쇄석, 합성수지) 표면에 부착된 생물막에 의한 것으로, 생물막 내부에 각종 미생물과 후생동물이 존재하고 있다.

폐수가 생물막 표면을 통과하면서 용존 유기물은 막 내로 확산되어 미생물에 의해 대사되며, 콜로이드상 유기물은 막 표면에 흡착된 후 **세포외 효소**(extracellular enzyme)에 의해 용해되어 이용된다. 막 표면 근처의 미생물들은 유기물 농도가 높기 때문에 빠른 성장을 보이나, 막 표면 아래쪽은 유기물이 부족한 상태이다. 용존산소 역시 막 내로 확산되어 호기성 대사에 이용되는데, 생물막이 두꺼워지면 표면에서 산소가 소모되므로 표면의 호기성층과 고형매질 표면 사이에 혐기성층이 생기게 된다. 전체 생물막의 두께는 1 ~ 2mm 또는 2mm 이상이나, 호기성층은 불과 0.1 ~ 0.2mm에 불과하다. 생물막이 어느 정도 두꺼워져 유기물이 막

내부까지 들어가지 못하면 매질 표면에 가까운 곳의 미생물들이 내생호흡(endogenous respiration)을 하게 되며 매질 표면에의 부착력을 상실하게 된다. 이때 기존의 생물막이 떨어지고 매질 표면에는 즉시 새로운 막이 생성된다. 여과매질로부터 떨어져나온 생물막은 최종 침전조에서 폐수와 분리되어 제거된다.

살수여상법에서는 회전분무기를 통해 배수와 통기가 잘 되는 여과재로 채워진 원형구조의 여과상에 1차 침전조를 거친 유출수를 골고루 뿌려 폐수처리를 한다. 여과재는 생물막 형성을 위해 단위 부피당 표면적이 넓어야 하며, 폐수와 산소 전달을 위한 공극률도 높아야 한다. 과거에는 주로 직경 25～100mm 직경의 쇄석을 이용하여 1～2.5m 깊이의 여상을 만들었지만, 근래에는 가볍고 공극률과 표면적이 큰 플라스틱 같은 합성여과재를 사용하여 12m 정도의 깊은 여상을 만들 수 있다. 살수 여상법은 설치와 운영이 쉽고 유입폐수의 수질 및 수량 변화에 대한 조절 능력이 있으며 독성폐수에도 어느 정도 견딜 수 있는 장점이 있으나, 다른 공정에 비해 처리효율이 떨어지고 비교적 넓은 장소가 필요하며 기온 변화에 큰 영향을 받는데, 특히 겨울철에는 표면이 얼어붙거나, 온도하강으로 생물막의 탈락현상(sloughing off)이 일어나거나, 처리효율이 극히 나빠지며, 여름철에는 악취 발생 및 해충의 번식 등의 단점이 있다.

(5) 회전원판법

회전원판법(rotating biological contactor, RBC)은 보다 발전된 호기성 생물막을 이용한 처리법으로, 1920년대 말에 그 원리가 개발되어 1960년대부터 상업적으로 이용되기 시작하였다. 근접 배치한 얇은 원형판들을 폐수가 흐르는 구조물(tank 등)에 약 40% 정도 잠기게 한 후, 이 판의 수직축을 1rpm 정도로 회전시켜 판 표면에 생긴 생물막이 폐수 속의 유기물을 흡착하여 분해시킨다. 판이 회전하면서 규칙적으로 생물막이 공기에 노출되므로 산소의 계속적인 공급이 이루어진다. 살수여상법에서와 같이 두꺼운 생물막이 생성되면 떨어져 2차 침전조에서 제거된다. RBC는 많은 면적을 차지하지 않으며, 작동이 간단하고, 충격부하(shock load)에 어느 정도 견디며, 처리 효율이 비교적 높고, 질화작용도 일어나게 된다. 그러나 저온과 비, 바람으로부터 보호하기 위한 장치가 필요하며, 회전축이 부러지는 경우도 생길 수 있다.

RBC에 의한 폐수처리시 사전에 1차 처리를 하는 것이 바람직하다. 만일 1차 처리를 안 할 경우 RBC tank 내에 고형 유기물 등이 축적되면 혐기성 조건이 되어 악취가 발생하고 산소 요구도 추가적으로 필요하게 된다.

RBC 처리 공정은 일반적으로 3～4단으로 분리된 shaft train이 여러 개 있는 다단 구조로 이루어져 있으며, 폐수가 각 단계를 지나면서 처리율이 높아진다. 초기의 RBC에서는 폐수를 축방향으로 유입시켰는데, 이 경우 유기물 농도차에 의한 생물막 형성의 차이가 생길 수 있다. 현재 사용되는 다단 구조에서는 일반적으로 폐수가 축에 대해 직각으로 흐르게 된다. 원판의 회전속도는 가장자리에서 0.3m/sec가 적합하다. 이것은 3m 직경 원판을 2rpm으로 회전시킬 때의 속도가 되며 실제로 대부분의 RBC에서는 0.1～1.4rpm의 회전속도로 운영된다.

RBC는 대기 산소를 쉽게 이용할 수 있지만 RBC tank에 추가로 폭기를 하는 수도 있다. 폐수 내의 용존산소가 많으면 BOD 제거율이 높아지고, 또한 폐수 자체에서 분해가 일어날 수도 있으며 RBC에 악취를 발생시킬 수 있는 세균인 *Beggiatoa*를 제거하는 데도 도움이 된다. RBC 처리는 일반적으로 **수량부하율**(hydraulic loading rate)에 의거하는데, 원판의 표면적을 알 수 있기 때문에 $1m^2$당 수량으로 나다낸다. 도시 하수의 경우 0.08～0.16 m^3/m^2/day의 비율로 처리되며, 유기물 부하로 나타낼 경우 30～40g BOD/m^2/day 정도가 적합하다.

(6) 침적여상법

침적여상법(submerged filter, **유동상법**, fluidized bed)은 **접촉 폭기법**(contact aerator) 또는 **생물학적 폭기여상법**(biological aerated filter)라고도 하며, 표면적이 큰 접촉제를 폐수 내에 계속적으로 잠기게 하고 침적 여상 바닥으로부터 폭기를 하여 접촉제 표면에 형성된 생물막에 의해 폐수내 유기물을 분해시키는 방법이다. 접촉제로는 쇄석, 세라믹, RBC에서와 같은 원판 또는 벌집형 플라스틱 제재를 사용한다. 이 방법은 살수여상법이나 RBC와 달리 생물막이 항상 폐수 내에 잠겨 있으며, 일부 부유 미생물에 의한 유기물 분해도 이루어진다.

최근 들어 플라스틱 접촉제의 개발과, 이 방법에서 질화작용이 효율적으로 일어나는 것이 알려지면서 관심을 끌고 있다. 근래 개발된 침적여상으로 폐수가 아래(down-flow) 또는 위(up-flow)로 흐르는 형태가 있다. 접촉조에서의 폐수 체류시간은 보통 1.5～2.5시간이며 방류수나 오니의 재순환은 필요하지 않다. 이 방법은 설치나 운전, 유지 비용이 적게 들고, 면적도 크게 요구하지 않으며, 특히 하수처리 효율이 높아서 BOD를 15mg/L까지 감소시킬 수 있으며, 93～95%의 암모니아성 질소의 제거가 가능하다.

(7) 안정지

① 안정지의 원리 및 특성

안정지(安定池, stabilization pond)는 lagoon 또는 산화지(酸化池, oxidation pond)라고도 불리며, 비용이 적게 들고 특별한 기술이 필요치 않는 매우 효율적인 폐수처리 방법이다. 이것은 폐수가 계속적으로 유입되고 처리수가 방출되는 흙제방으로 둘러싸인 얕은 연못으로, 처리에 기계적 장치가 필요하지 않은 자연 처리과정이지만, 긴 폐수 체류시간이 소요되며 따라서 넓은 면적을 필요로 한다. 이 안정지 방법은 다른 폐수처리 방법에 비해 몇 가지 장점이 있다. 첫째, 건설, 운전 및 유지에 최저 경비가 소요되며, 외부 에너지의 유입이 필요치 않다. 둘째, 병원균의 개체수를 매우 낮은 수준으로 감소시킬 수 있기 때문에 방류수를 농업과 양식업에 사용할 수 있다. 셋째, 수량 및 유기물의 증감에 잘 견딜 수 있다. 넷째, 고농도의 중금속(약 30mg/L)에도 잘 견딜 수 있다. 다섯째, 운전 및 유지가 매우 간단하다.

안정지는 내부에서 일어나는 생물학적 활동의 종류에 따라, 통성 산화지(facultative pond), 폭기 산화지(aerated lagoon), 혐기성 산화지(anaerobic pond ※ (8)절「폐수의 혐기성 처리」에서 설명)로 나눌 수 있으며, 그외 특별한 경우에 사용되는 것 등 여러 가지가 있다.

② 통성 산화지

이것은 가장 흔한 산화지로 흙제방으로 둘러싸여, 공장폐수가 섞이지 않은 생활하수의 안정화에 사용되는데, 세균에 의해 호기성과 혐기성 분해가 같이 일어나므로 통성 산화지라고 부른다.

폐수내 유기물은 세균에 의해 암모니아성 질소, 인산염, 이산화탄소 등으로 분해되면 조류가 이 무기염류와 태양광을 이용하여 광합성을 하고 산소를 배출한다. 그러면 다시 이 용존산소가 세균에 의해 이용되는 공생순환(symbiotic cycle)을 형성하게 된다. 산소는 대기로부터 공급받을 수도 있다. 혐기성 조건인 바닥에 침전된 유기물은 분해되어 무기영양염류와 악취를 내는 황화수소(H_2S), 유기산으로 되는데, 유기산은 호기성 표층수에서 대부분 산화되어 대기로 방출되지 못한다. 저온에서는 세균에 의한 분해와 조류의 성장이 크게 저해되며, 연못 표면이 얼음과 눈으로 덮이면 공기 및 광투과의 차단으로 더욱 생물활동이 감소된다. 이런 조건에서 연못은 혐기성이 되며, 해빙기에는 조류가 다시 성장할 때까지 악취를 발생하게 된다. 산화지의 수심은 0.6～1.5m이며, 1.5m 이상 되면 바닥이 혐기성으로 되어 악취가 발생할 우려가 있다. 산화지의 BOD 부하는 폐수 표면적 $1m^2$ 당 g-BOD/day로 나타낸다. 최대 부하는 기후 조건에 따라 달라지지만, 2～6g-BOD/m^2/day 정도이며, 폐수 체류시간은 유기물 부하, 수심, 증발, 누수 정도 등에 따라 3～6개월 정도 된다. 처리후 방류수에 있는 부유 조류를 제거하기 위해 여과 또는 토양살수법 등이 이용된다.

③ 폭기 산화지

이 방법은 활성오니법의 폭기조와 유사하지만 별도의 침전조나 오니의 반송이 없으며 통성 산화지와 달리 조류가 발생하지 않는다. 통성 산화지에서의 산소 공급만으로는 부족할 때 인위적으로 폭기를 하는 것으로, 통성 산화지 다음 단계에 사용하거나, 도시 하수의 1차 처리 또는 산업폐수의 전처리에 사용된다.

(8) 폐수의 혐기성 처리

① 혐기성 처리의 원리와 장단점

위에서 열거한 폐수처리 방법들은 호기성 처리법으로, 산소의 존재하에 미생물에 의해 유기물이 이산화탄소와 물로 분해되며 생체량이 증가하였다. 혐기성 상태에서는 발효대사에 의해 유기물이 완전 산화되지 못하고 유기산 등이 생성된다. 계속적으로 유기산이 생성되면 pH가 떨어지나 적당한 환경 조건이 되면 유기산이 메탄생성세균에 의해 분해되어 메탄(CH_4)을 생성하게 된다(methanogenesis). 따라서 모든 혐기성 처리는 두 단계, 즉 유기산 생성 단계와 메탄 생성 단계로 이루어진다.

혐기성 처리에 원생동물은 거의 관계하지 않으며 혐기성 세균들이 주로 관여하게 되는데, 유기산 생성세균들과 메탄 생성세균사이의 균형이 매우 중요하다. 유기산 생성이 과도하게 일어날 경우, 메탄 생성세균들이 영향을 받아 유기산을 분해하지 못하게 되므로 폐수처리가 잘 되지 않는다. 또한 유기물 부하량의 변화, 유기물 종류의 변화 및 온도 상승에 의해서도 처리가 영향을 받게 된다.

혐기성 처리는 폭기가 필요하지 않기 때문에 운영 비용이 적고, 어떤 혐기성 처리법에서는 생성되는 메탄 가스를 혐기성 처리에 필요한 온도 유지에 사용할 수 있기 때문에 경제적일 수 있다. 또한 호기성 처리에 비해 폐기 오니의 양이 적다. 그러나 혐기성 처리는 분해속도가 느리고, 비교적 높은 온도가 필요하며, 불완전한 처리시에는 다음 단계로 호기성 처리를 해야 하는 단점이 있다. 혐기성 처리는 일반적으로 단백질, 탄수화물, 지질 등 유기물이 많고, 비교적 고온이고, 독성 물질이 없으며, 기타 영양물질이 풍부한 폐수의 처리에 이용된다.

② 부패조

부패조(septic tank)는 가장 간단한 형태의 혐기성 처리법으로 하수시설이 없는 시골지역에서 많이 이용된다. 직사각형 구조물로 폐수가 유입되면 유기물의 혐기성 분해가 제한적으로 일어나며, 오니와 잔류 고형물은 바닥에 침전되고 상부에 scum층이 생기게 된다. 바닥에서 생성되는 가스에 의해 폐수가 섞이게 되므로 유출수에는 부유 물질이 많이 함유되어 있다. 이런 유출수를 살포지(leaching field)에 살포하여 호기성 미생물에 의해 분해가 일어나게 한다. 따라서 살포지는 상수도원 근처에 위치하지 않게 주의하여야 한다.

③ 임호프 탱크

임호프 탱크(Imhoff tank)는 보다 발전된 부패조의 일종으로, 혐기성 조건을 보다 엄격하게 유지하여 유용한 메탄을 생성시키는 장치이다. Imhoff tank에서는 부패조와 같이 발효조 내에서 유기물의 침전과 혐기성 분해가 동시에 일어나지만, 내부가 침전실, 소화실 등으로 구분이 되어 있어서 침전실에서 폐수내 부유물이 침전되고, 소화실에서 혐기성 분해가 일어난다. 발생하는 가스는 scum을 통하여 대기로 방출되며 오니는 아래쪽으로 배출된다. 이 처리법은 6~12개월의 폐수 체류시간을 요구하나 처리효율이 높다.

④ 혐기성 산화지

혐기성 산화지는 경사가 급한 벽으로 둘러싸인 깊이 4.5m 정도의 연못으로, 폐수가 바닥 부근으로 유입되어 오니층(sludge blanket)에 있는 미생물에 의해 유기물이 제거되고, 상층에는 유기물이 제거된 상층수가 형성된다. 이 상층수 표면을 몇 cm 두께의 grease(일종의 scum 층)가 덮어 열 손실과 악취 발생을 방지하고 혐기성 상태를 유지시켜 준다. 처리수의 방류관은 연못 반대편 끝의 grease층 밑에 위치하는데, 처리수의 유출시에 세균의 floc이 침전하므로 혐기성 오니가 계속 하층에 남아 있게 되며 오니의 재순환은 불필요하다.

혐기성 산화지에서 혐기성 세균들은 유기물을 분해하여 CO_2와 CH_4을 생성하며, 부수적으로 유기산과 황화수소와 같은 악취 물질도 발생한다.

혐기성 산화지는 BOD 부하가 320g/m^3/day이고, 25℃ 이상에서 체류시간이 4일 이상이면 최소한 75%의 BOD 제거효율을 얻을 수 있다. 흔히 일어나는 문제점은 불충분한 grease층으로 인한 온도 감소, BOD 부하가 낮거나 과도한 전처리를 할 경우 불충분한 grease층이 형성된다는 점이다.

⑤ 혐기성 소화조

각종 폐수 처리 방법에서는 여러 종류의 오니가 생성된다. 그 중 대표적인 것이 2차 처리에서 나온 2차 오니와 1차 침전조에서 배출되는 1차 오니 및 scum들이다. 이들 오니는 대부분 유기물이며 부피가 크고 악취가 난다. 따라서 이들을 재처리해야 하며, 이에 많이 쓰이는 방법이 혐기성 소화법(anaerobic digestion)이다. 이런 오니는 기계식 또는 중력식으로 농축한 후 혐기성 분해를 하게 되는데 혐기성 분해의 원리는 앞에서 설명한 바 있다. 혐기성 소화법은 BOD 부하가 매우 높은 산업 폐수의 처리에도 이용되고 있다.

혐기성 소화조(anaerobic digester)는 오니 체류시간, 온도, pH, C/N 과 C/P 등의 정확한 조절을 요구한다. 소화조는 일반적으로 35 ~ 37℃가 최적 조건이며, pH는 7.0이 적당하나 6.0 ~ 8.0사이를 유지해야만 한다. 낮은 pH 또는 중금속 등 독성물질의 유입은 혐기성 소화의 균형을 파괴시킨다.

오니의 혐기성 소화는 1단계 또는 2단계로 실시되는데, 일단계 소화법(single-stage digestion)에서는 유기물 소화, 중력에 의한 농축과 소화된 오니의 저장 등이 한 소화조에서 동시에 일어나며, 소화조 내에서 내용물의 층별 구분이 일어난다. 가장 상층에는 scum층이 존재하고, 그 아래에 상층수가 있으며, 아래층에는 활발히 분해되고 있는 오니층이 있으며, 바닥에는 분해된 오니가 침전되어 있다. 상층수와 소화된 오니는 각각 중간과 바닥에서 방출되기 때문에 소화조 내에서의 각층의 혼합은 잘 일어나지 않는다. 소화조뚜껑은 유동형(floating roof)이며, 발생하는 가스는 gas dome에서 연소시켜 소화조의 온도 유지에 이용된다.

이단계 소화법(two-stage digestion)에서는 생물학적 안정화(분해) 단계가 농축 및 저장 단계와 분리되어 있다. 첫번째 소화조에서는 오니를 완전 혼합하며 세균에 의한 분해에 적당하도록 가열을 한다. 오니의 혼합은 기계적인 방법과 발생하는 가스를 압축시켜 재순환하는 방법을 사용한다. 오니의 소화는 대부분 첫번째 소화조에서 일어나며, 일정 체류시간 후 두번째 소화조로 옮겨지면 바닥에 소화된 오니가 침전되고 중력에 의해 농축된다. 위 층에는 비교적 깨끗한 상층수가 존재하며, 가장 위층에는 scum층이 생성된다. 내부 유동이 적을수록 소화 오니의 농축과 상층수의 수질이 좋아진다. 이단계 소화법은 대단위 오니처리공정에 많이 이용된다.

(9) 폐수의 토양처리법

토양은 복잡한 물리적, 화학적, 생물학적 경로를 통해 많은 폐수 및 폐기물을 분해 또는 해독시킬 수 있는 자연 환경이다. 토양처리법(land treatment)은 각종 폐수 및 폐기물을 표층토양과 섞어서 여러 가지 반응, 특히 미생물에 의한 유기물 분해를 촉진시키는 방법으로 토양경작법(land farming 또는 land cultivation)이라고도 한다.

각종 폐수 또는 오니를 표층토에 가한 후, 미생물 성장에 필요한 N, P 등의 영양염류를 보충하고 토양의 pH를 적당히 조절하여 정기적으로 경작한다. 경작의 이유는 유기물의 고른 분포와 호기성 미생물을 위한 산소 공급에 있다. 이 방법을 알맞게 사용하면 한 장소에서 계속적으로 처리할 수 있으며, 폐수와 폐기물 처리가 완료되면 다른 목적으로 토지를 사용할 수 있을 뿐만 아니라, 비용이 적게 드는 장점이 있다. 토양 입자에 의한 무기물과 금속이온의 흡착으로 폐수의 이동이 최소화되나, 폐수가 심층으로 침투하여 지하수를 오염시킬 수 있으며, 비교적 넓은 면적을 필요로 하며, 부근에 서식하는 식물체에 영향을 미칠 수가 있다는 등의 단점도 있다.

토양처리법은 폐수 뿐 아니라 고형폐기물의 처리도 가능한데, 식품, 펄프 및 제지, 직조, 피혁, 제약, 유기화학, 석유 정제 등의 공장 폐수 및 오니가 이 방법에 의해 처리될 수 있으며, 정유공장에서 생성되는 oil sludge와 각종 석유폐기물의 처리에 가장 널리 사용되고 있다. 또한 이 방법은 육상에서의 원유 및 석유제품 유출시에 현장에서 그대로 처리할 수 있는 좋은 방법이다.

토양처리법은 다른 미생물학적 폐수처리와 달리 고농도의 유기성 폐수도 처리할 수 있으며, 토양은 맹독성 물질인 다핵방향족 탄화수소(polynuclear aromatic hydrocarbons, PAH), 각종 유기염소화합물 등이 혼합된 폐수를 분해, 변환(transformation) 또는 부동화(고정화, immobilization)시킬 수 있는 능력이 있기 때문에 이러한 폐수의 처리에 토양처리기술이 시험적으로 시도되고 있다.

(10) 폐수의 3차처리(고도처리)

오 · 폐수의 처리에 있어 스크린이나 침사조, 침전조를 이용하여 협잡물 등 불순물을 1차적으로 제거하는 것을 1차처리라 하고, 활성오니 또는 살수여상에 의해 유기성오염물질(BOD 등)을 처리하는 것을 2차처리라고 한다. 3차처리는 오 · 폐수를 1차 2차 처리한 후, 2차처리에서 제거되지 않는 질소 · 인 등 영양물질을 제거하는 공정을 말하며 고도처리라고도 한다. 현재, 우리나라의 경우 고도처리를 많이 실시하지는 못하고 있으나 주요 호소, 하천 및 해역에서 부분적으로 부영양화가 일어나고 있는 점에서 점차 고도처리의 시행을 일반화해야 할 것이다.

폐수의 3차처리를 위하여 사용되는 방법은 크게 물리적 방법, 화학적 방법, 그리고 생물학적 방법이 있다. 물리적 · 화학적 방법으로는 활성탄흡착법, 응집침전법, 암모니아 stripping, 염소주입법, 역삼투법, 전기투석법, 이온교환법, 오존법 등이 있으며, 생물학적 방법으로는 ① 조류 채취법(cell harvest) ② 질산화 · 탈질법 ③ Bacteria 동화법(세균의 순화[acclimation]에 의한 N, P의 세포내 축적) 등이 있다.

생물학적처리방법은 2차처리에서의 경우와 마찬가지로 운영관리비가 저렴하고, 처리효율이 비교적 양호하며, 최종적인 슬러지 발생량이 적어서 물리 · 화학적 방법에 비하여 유리하다. 그러나, 고도처리의 경우 아직 경제적으로 유용하고 효율이 좋은 실용화된 방법은 그렇게 많이 개발되지 못하고 있으며, 앞으로도 계속 기술개발에 노력하여야 할 것이다. 처리방법의 선택은 처리수의 용도, 폐수의 특성, 처리효율, 경제성 등을 종합적으로 고려하여 결정하여야 할 것이다.

폐수의 3차 처리는 1, 2차 처리에 의해 제거되지 못한 난분해성 유기물과 무기 영양염류, 특히 질소와 인의 제거가 주목적이다. chlorophenol, polychlorinated biphenyl(PCB) 등과 같은 유기염소화합물을 포함한 많은 종류의 난분해성 유기화합물은 대부분 독성을 함유하고 있기 때문에 이들을 폐수로부터 제거하는 과정이 필요하다. 또한 질소화합물과 인산염은 수계에서 부영양화(eutrophication)를 유발하여 여러 가지 악영향을 초래한다. 질소화합물 중 암모니아는 그 자체가 동물체에 독성을 나타내며, 아질산염과 질산염으로 산화되면서 용존산소를 소모시킨다.

난분해성 유기염소화합물 등은 일반적으로 **활성탄**(activated carbon)을 이용하여 제거할 수 있다. 폐수 내의 인은 **철염**과 **알루미늄**염 또는 **석회**(lime) 등의 응집제를 투입하여 불용성의 인산염으로 침전시켜 제거할 수 있으며, 이는 1, 2차 침전조에서 또는 별도의 시설에서 실시될 수 있다.

폐수 중의 암모니아 상태의 질소는 air stripping에 의해 제거될 수 있는데, 석회 등의 첨가에 의해 폐수가 염기성으로 되면, NH_4^+이 NH_3로 변하여 유입된 공기에 의해 stripping tower에서 대기로 방출된다(ammonia stripping). 그러나 이 방법은 인근 지역에 대기오염을 일으키게 되며, 낮은 온도에서 효율이 나쁜 단점이 있다. 폐수 속의 암모니아는 호기성 상태에서 질화 세균에 의해 NO_2^-를 거쳐 NO_3^-로 되며, 적당한 유기물이 존재하면 혐기성 상태에서 탈질세균에 의해 NO_3^-가 질소가스(N_2)로 되어 제거할 수 있는데, 이를 **질화-탈질화 작용**(nitrification-denitrification)이라 한다. 탈질화에 필요한 유기물로 메틸 알코올이 사용되어 왔으나, 비용 절감을 위해 폐수의 유기물 자체를 사용하는 방법이 개발되었다. 여기에는 간헐적으로 폭기시키는 방법, 처리되지 않은 원폐수를 폭기가 잘 되어 질화된 폐수에 섞는 방법 등 몇가지 방법이 있다. **파괴점 염소주입법**(break-point chlorination)으로도 암모니아태 질소를 제거시킬 수 있다. 저농도 염소 주입에 의해서는 monochloramine(NH_2Cl)과 dichloramine($NHCl_2$)이 생성되나, 고농도 염소에 의해서는 암모니아의 산화와 염소의 환원이 일어난다. 이론적으로 3 mol의 염소가 2 mol의 암모니아와 반응하여 기체 질소가 생성된다.

$$2NH_3 + 3Cl_2 \rightarrow N_2 + 6HCl$$

폐수처리 후 방류수의 살균 목적으로 흔히 염소처리를 하므로, break-point chlorination에 의해 암모니아태 질소의 제거와 살균이 동시에 시행될 수 있다.

이 외에 이온 교환(ion exchange), 역삼투(reverse osmosis), 증류(distillation), 냉동(freezing), 전기 투석(electrodialysis) 등 여러 가지의 물리화학적 3차 처리방법과 조류 채취법(harvesting of algae)과 같은 생물학적 3차 처리방법이 있으나 실제 폐수처리에는 많이 사용되고 있지는 않다.

4) 슬러지의 처리

(1) 슬러지 처리의 과정

오니(汚泥, sludge)는 폐수처리장에서 1차 침전조 및 2차 침전조에서 생성되는데 그 처리공정을 요약하면 다음과 같다.

- 농축 → 개량 → 탈수 → 건조 → 소각, 매립, 퇴비화 등 최종처분

한편, 슬러지 종류별 처리과정을 살펴보면

- 호기성슬러지 → 모래상 탈수 → 토양폐기(매립)
- 혐기성슬러지 → 화학적 개량 → 진공여과 또는 원심분리 → 토양폐기
- 중력식 농축 슬러지 → 화학적 개량 → 진공여과 또는 원심분리 → 소각, 매립, 퇴비화

(2) 처리공정별 요약

① 농축(濃縮, thickening, concentration)

농축은 슬러지 부피를 감소시켜 슬러지의 고형물함량을 높이는 것을 말하며, 일반적으로 탈수작업의 전처리로서 행하여지고 있다. 농축처리에는 대체로 자연의 중력을 이용하여 슬러지의 수분을 분리하는 것(중력법)이 간단하며 경제적인 처리법이라 할 수 있다. 특수한 미세(微細)슬러지에는 공기부상법(floatation by air)이이 쓰이기도 한다. 반송슬러지 양을 고려하여 설계하고 체류시간은 12 ~ 24시간 정도이나 분리성이 좋지 못한 산화무기(酸化無機) 슬러지는 10일 이상 처리하기도 한다.

농축처리하는 목적은 소화조 용적이 감축되고 후속처리들이 좋아지고, 슬러지개량시 소요되는 화학약품이 절약되며, 슬러지 양이 적어 처리비용이 절약된다.

② 개량(改良, conditioning)

개량은 탈수성을 높이기 위하여 탈수 이전에 슬러지를 처리하는 공정으로 약품(소석회,

철염, polymer 등)을 넣어 탈수를 촉진시키거나, 슬러지를 150℃로 가열시켜 탈수성을 향상시킨다.

약품을 넣는 화학적 처리에 있어 유기성 고분자 응집제와 무기성 응집제가 모두 슬러지 개량에 이용되는데 현재는 효율때문에 유기성 고분자 응집제(고분자 전해질)를 이용하는 추세이다. 슬러지는 안정한 부유물로서 고분자 전해질을 첨가하면 슬러지의 응집과 응결이 일어난다.

③ 탈수(脫水, dewatering)

탈수는 슬러지의 부피를 최소화하여 취급과 운반이 편리하도록 가능한 한 많은 수분을 슬러지에서 제거하는 것이다. 슬러지와 같이 압축성(壓縮性)인 것은 중력탈수(重力脫水)가 곤란하므로 일반적으로 압력, 진공압 또는 원심력 등의 고도의 기계력을 이용해서 탈수를 행한다. 이 때에 대부분의 간격수(間隔水), 콜로이드상 및 모관결합수(毛管結合水)의 일부도 제거된다. 일반 생활하수에서 생기는 슬러지 탈수의 가능한계는 함수율 55～60% 까지이다.

탈수방식은 진공여과법(眞空濾過法), 가압여과법(加壓濾過法), 원심탈수법(遠心脫水法) 및 천일건조상법(天日乾燥床法) 등으로 탈수하며, 진공여과기는 진공을 이용하여 슬러지를 탈수시키는 기계로 올리버 진공여과기를 많이 사용한다. 가압여과는 진공여과보다 약 30배 더 처리할 수 있으나 작업이 불연속적이어서 불편하고, 천일건조상은 가장 경제적인 탈수법으로 20～50%를 탈수할 수 있지만 건조하는 과정에서 악취가 나며, 파리가 발생하므로 일사량이 많은 농촌지역에 적합하나 기후와 관련성이 있으므로 바람직하지 못하다.

탈수법을 결정할 때는 건설비, 유지관리비, 운전의 난이도, 슬러지의 취급 및 위생관리상의 문제 등을 충분히 고려하여야 한다.

④ 건조(乾燥, drying)

건조는 주로 슬러지를 비료로 이용하기 위해 처리하는데, 슬러지를 자연 또는 인공적인 방법에 의해 탈수하면 함수율은 대체로 60～80% 정도이므로 비료로 이용되려면 건조시켜 함수량이 30% 정도로 유지되어야 한다. 여기에서 건조란 인공적 가열건조에 의한 슬러지의 내부수(內部水)의 분리를 밀한다.

일반적으로 물질의 건조율은 다음과 같은 요소에 의해 결정된다.

a. 건조물질 증발면적 : 슬러지의 입도를 가능한 한 잘게 해서 증발면적을 크게 하여 수분증발을 용이하게 한다.

b. 건조매체와 물질과의 온도차 : 건조의 열효율을 높이기 위해 고온가스를 건조용으로 사

용한다.

c. 건조매체와 물질과의 교반 : 고온가스와 건조물질을 교반해서 열전도 및 수분의 증발속도를 높여 준다.

d. 건조물질의 입도 : 건조물질 내부의 수분은 확산에 의해 표면에 달하므로 입자를 가능한 한 잘게 해서 증발속도와 건조효율을 높여 준다.

슬러지의 건조는 고온처리를 하므로 슬러지 중의 배아(胚芽)나 세균을 사멸시켜서 유해물을 함유하지 않는 비료로 이용되도록 하여야 한다.

건조기의 종류는 입형 다단식 건조기(立型多段式乾燥機, multiple hearth dryer), 입형 밴드식 건조기(vertical band dryer), 기류건조기(flash dryer) 및 회전 드럼형 건조기 등이 있다.

⑤ 소각(燒却, incineration)

소각은 슬러지를 연소시켜 비활성 물질인 재(ash)를 생성시키는 것을 말하며, 탈수 슬러지의 이용이 기술적 혹은 경제적으로 어려운 경우에 실시된다. 소각처리방식은 슬러지 처분의 목적에서 볼 때 가장 뛰어난 방법이라고 할 수 있다. 소각에 의해 슬러지 중의 수분은 증발해서 수증기로, 유기물질은 연소해서 가스로, 무기물질은 극히 소량의 재로 된다. 또한 연소시에는 슬러지 중의 미생물들은 전부 사멸되므로 위생적으로 매우 안전하다고 할 수 있다.

⑥ 최종처분(最終處分, ultimate disposal)

슬러지를 탈수 및 건조한 고형물이나 소각로에서 나온 재 등은 토양개량용 비료로 사용하여 처분되며, 토양개량용 및 연소용으로 재이용 가치가 없을 경우에는 매립(埋立)하거나 바다에 투기(投棄)한다(최종처분).

매립은 폭과 깊이가 각각 50～100cm 정도로 하여 간격을 50～200cm로 해서 슬러지를 땅에 묻는 것을 말하며 장기간 그대로 방치할 경우 강한 악취가 발생할 우려가 있으므로 약 30cm 두께로 흙을 덮어 두도록 해야 한다.

투기는 해안에서 50km 정도 떨어진 곳으로 수심이 25m 이상인 곳에서 실시하는데, 슬러지를 투기하면 일시적으로 해수가 오탁(汚濁)되지만 대량의 해수로 인해 곧 희석되며 확산됨과 동시에 염류의 염석(鹽析, salting out, 친수 콜로이드가 다량의 전해질을 만나 엉기는 현상, 비눗물 + NaCl → 비누의 분리)작용으로 침전된다. 한편 슬러지 중의 유기물은 해수 중의 용존산소에 의해 산화되어 해수는 곧 원상태로 되돌아온다. 그러므로 심한 조류(潮流)가 있는 해수 중에 투기하면 위생상의 문제는 없다고 할 수 있다.

환•경•생•태•학

CHAPTER 15

폐기물과 생태계

15-1 폐기물의 정의 및 역사

폐기물이란 경제적 이용가치가 없어 버리는 물질을 총칭한다고 할 수 있다.

18세기 영국을 중심으로 일어난 산업혁명은 인류역사에 많은 변화를 가져왔으며, 폐기물분야에도 커다란 전기가 되었다. 비록 규모가 작기는 하였지만, 2차 산업의 발달과 함께 각종 공산품들이 제조되기 시작하였으며, 이러한 공산품의 제조는 제조과정에서 부수적으로 발생되는 찌꺼기와 함께 이러한 공산품의 이용과정에서 사용하고 남은 폐기물의 문제가 발생하기 시작한 것이다. 요즈음 시각에서 보면 생활폐기물만이 발생되던 1차 산업사회에서 2차 산업의 도래와 함께 산업폐기물이 발생되기 시작한 것이다. 물론 이때까지만 하더라도 1차 산업이 주종을 이루었으므로 생활 폐기물이 대부분을 차지하였고, 산업폐기물이라 하더라도 주로 섬유, 식료품 등에서 나오는 유기성 산업폐기물이 주종을 이루었다.

1920년경에는 제2차 산업혁명이라 하여 그 동안의 경공업중심에서 중화학공업시대로 돌입하였으며, 인구의 도시집중이 이루어지기 시작하였다. 폐기물의 양적 증가와 함께 폐기물의 종류도 유기성 폐기물 등 단순 폐기물에서 폐플라스틱, 폐지, 폐금속, 화공약품에 이르기까지 다양화되었다. 상당수의 산업폐기물은 중금속, PCB 등 유해화학물질을 함유한 처리 곤란한 유해폐기물이 포함되었다.

러브 커넬(Love Canal) 사건

Love Canal은 1890년대에 설치가 중단된 운하로 폭이 30m, 길이가 1,000m 가량으로, Niagara 강으로부터 500m 남쪽에 위치하고 있다. 1938년 이전까지는 폐기물을 이 지역에 매립한 것 같지는 않았다.

화학약품을 제조하는 공장은 전기가 많이 소요되므로 전기값이 싼 Niagara 지역에 많이 설치되었다. 특히 전기가 많이 소요되는 염소제조회사가 많았다. 1942년 염소제조회사인 Hooker Chemical사가 이 지역에 자체 폐기물을 투기하기 시작하였으며 2만여 톤을 이 운하 근처에 매립하였다.

매립된 폐기물은 액체, 고체 및 각종 용매로서 염소 400톤, Chlorobenzene 200톤, Trichlorophenol 200톤, Hexachlorocyclohexane 6,900톤, Dodecyl mercaptan 2,400톤 등이었다. 이 지역에서 문제점이 생기기 시작한 것은 이 곳에 학교를 지으려다가 그만두고 일반 주택을 짓기 시작한 후인 1978년이었다. 1980년 당시 카터 대통령은 국가 비상사태를 이 지역에 선포하기에 이르렀다. Love Canal 지역은 오염물질에 의하여 호흡기질환 뿐만 아니라 각종 통증, 유산율 증가, 정신 박약아 및 기형아 출산, 원인불명의 이상질환 등이 발생하였다. 이 사건을 계기로 미국 연방정부는 1980년 12월 Superfund 법(The Comprehensive Environmental Response, Compensation, and Liability Act)을 제정하여 장래 5년 동안 러브 커넬과 같은 유해지역 (Hazardous Site)에서 발생하는 문제점을 신속히 처리하기 위한 16억 달러 상당의 연방기금을 조성하고 유해지역의 조사와 처리 및 보상을 시작하였다. 이 법률의 시효인 1985년 9월 30일까지 연방환경청은 2만 766개의 유해지역을 찾아내고, 507개의 매우 위험한 지역에 대해 유해물질 제거작업을 실시하였으며, 5년간의 한시적인 이 법은 1986년 10월 재연장되었고 85억 달러의 기금이 추가되었다.

15-2 폐기물 관리정책의 변천

오늘날 미국환경보호청(US. EPA)은 폐기물관리 행동지침을 정하여, 현실적으로 자원과 에너지를 절약하면서 환경오염을 막는 최선의 방법이 (1) 3Rs, 즉 소비절약을 통한 발생원 감소(Source Reduction), 자원의 재사용(Reuse) 및 재활용(Recycling)을 통한 자원화와 (2) 열회수방식의 폐기물소각(waste to energy incineration)과 (3) 철저한 위생매립(sanitary landfill; 복토+침출수 처리)을 통한 토지의 재이용 등을 동시에 실시하는 '폐기물의 통합관리시스템(integrated solid waste management system)'을 적극 추진하고 있다.

우리나라의 경우 1990년대에 들면서 환경청이 환경처를 거쳐 환경부로 격상되었고, 폐기물의 자원화에 대한 사회적 인식이 제고되면서 폐기물 관리 정책에 있어서 일대 전기를 맞이하였다. 즉, 특정한 폐기물에 대한 **부담금제도**(회수처리가 비교적 어려운 껌, 형광등, 살충제 및 부탄가스 용기, 1회용 기저귀, 비닐 등의 합성수지 등의 수입 · 생산 · 판매업자로 하여금 생산량에 따라 일정 금액을 처리비용으로 부담케 하는 제도로서, 부담금은 다시 반환해주지 않는다), **쓰레기종량제**(3Ps, polluters pay principle, 즉 오염자 부담의 원칙에 따라, 폐기물을 많이 배출한 사람이 관급 유가 쓰레기 봉투를 많이 사용케 하여 그 처리비용을 많이 부담케 하는 제도) 및 **환경마크제도**〔환경라벨링제도, E-mark 제도 ; 다른 제품에 비해 생산, 사용, 폐기 과정에서 환경을 덜 오염시키거나 에너지 및 자원절약에 공헌하는 저공해 상품에 일정한 마크를 부착하여 다른 상품과 구별하여 줌으로써 저공해상품(예 ; 재생노트북, 재생화장지, refill 제품, 폐식용유 재활용 비누 등)의 판매촉진, 상품개발 등을 촉진하는 제도〕 등이 도입되고, 폐기물의 자원화에 대한 규정이 포함되면서 기존의 폐기물 관리법을 대폭 수정하였다.

특히 '자원의 절약과 재활용 촉진에 관한 법률'에서 자원의 효율적인 이용을 위해 재활용이 꼭 필요하고, 재활용이 쉽도록 제품의 구조나 재질의 개선 등이 필요한 제품을 제1종 지정제품(자동차, 가전제품)으로 지정하고 있으며, 재활용을 하기 위해 분리수거를 위한 표시를 의무화한 제2종 지정제품(금속 캔, 플라스틱 용기)을 지정하고 있다.

생산자책임활용제(生產者責任活用制, Extended Producer Responsibility, EPR)는 재활용이 가능한 폐기물의 일정량 이상을 재활용하도록 생산자에게 의무를 부여하고, 재활용 의무를 이행하지 못할 경우 실제 재활용에 소요되는 비용 이상을 생산자로부터 징수하는 제도를 말한다. 1992년부터 시행한 폐기물예치금제도가 재활용을 경제적 요인에만 맡겨 두는 결과를 초래함으로써 사회적으로 바람직한 재활용이 이루어지지 못함에 따라, 이를 보완할 목적으로 도입하였다.

즉, 2002년 12월 10일 '자원의 절약과 재활용 촉진에 관한 법률 시행령' 개정안이 국무회의에서 의결됨으로써 일부 품목을 제외하고는 2003년 1월 1일부터 시행되는데, 독일 · 프랑스 · 일본 등 경제협력개발기구(OECD) 국가에서는 이미 보편화되어 있는 제도이다. '생산자책임재활용제도' 또는 영문 머리글자를 따서 EPR로 약칭하기도 한다.

재활용 대상은 텔레비전 · 냉장고 · 에어컨디셔너 · 세탁기 · 컴퓨터 등 가전제품, 타이어 · 윤활유 · 형광등 · 전지류 · 종이팩 · 금속캔 · 페트(PET)병 · 유리병과 이동전화단말기 · 오디오 · 플라스틱포장재 · 스티로폼 등 18개 품목이다. 이 가운데 형광등과 과자봉지 등 필름류는 2004년부터, 이동전화 단말기와 오디오는 2005년부터 시행되었다.

15-3 폐기물의 분류

폐기물이라 함은 생산을 위한 사업활동이나 일상생활을 영위하는 과정에서 배출되는 효용가치가 낮은 물질로서 우리나라 폐기물 관리법에서는 폐기물의 정의를 "쓰레기, 소각재, 오니, 폐유, 폐산, 폐알칼리, 동물의 사체 등으로서 사람의 생활이나 사업활동에 필요하지 아니하게 된 물질을 말한다."라고 규정되어 있다.

폐기물은 성상별로 볼 때는 크게 유기물질과 무기물질로 나눌 수 있고, 가연성과 비가연성 그리고 액상과 고상으로 분류될 수 있다. 또는 폐기물발생원을 기준하면 생활 폐기물과 산업 폐기물로 분류될 수 있으며, 우리나라의 경우 1991년 폐기물관리법이 개정되기 전에는 폐기물을 발생원별로 구분하여 왔다. 현재는 폐기물을 성상별로 분류하고 있는데, 즉, 어디서 발생하였던지 간에 유해성에 기준을 두어 성상에 따라 일반 폐기물과 특정 폐기물로 구별하고 있다.

여기에서는 3가지 일반적인 범주, 즉 (1) **도시고형폐기물(일반폐기물, 생활폐기물)** (2) **산업폐기물** (3) **유해폐기물**로 구분하여 설명하기로 한다.

1) 도시 고형 폐기물

도시지역에서 발생되는 고형 폐기물, 즉 **도시고형폐기물(municipal solid waste, MSW)**을 구성하는 물질로는 ① 식품폐기물(식품의 취급, 준비, 요리, 식사 등에서 발생) ② 쓰레기(rubbish, 가연성 쓰레기인 종이, 판지, 플라스틱, 천, 고무, 가죽, 나무 등과 비가연성 쓰레기인 유리, 도자기, 깡통, 철 및 비철금속 등) ③ 소각 잔류물 ④ 건축 및 해체폐기물 ⑤ 처리시설 폐기물(상·하수처리, 폐수처리 및 폐기물 처리시설로부터 발생되는 폐기물 ⑥ 기타 폐기물(가로수 낙엽, 가로 청소폐기물, 배수구 쓰레기 등)로 구분할 수 있다.

표 15-1 생활폐기물의 분해기간

종 류	분해기간
종이	2~5개월
우유팩	5년
담배필터	10~12년
나무젓가락	20년
일회용컵	20년 이상
가죽구두	25~40년
나일론천	30~40년
금속캔	100년
일회용기저귀	100년 이상
칫솔	100년 이상
알루미늄캔	500년 이상
플라스틱용기	500년 이상
스티로폼	500년 이상

또한 이들 도시 고형폐기물의 일반적 배출원으로는 ① 주택지역 ② 상업지역(상점, 시장, 사무실 빌딩, 호텔 등) ③ 개방지역(도로, 골목, 공원, 해변, 공터 등) ④ 처리시설(상·하수처리, 폐수처리, 폐기물처리 시설) 등으로 나눌 수 있다.

2) 산업폐기물

산업폐기물(industrial wastes)은 산업활동으로부터 파생되는 폐기물인데, 일반적으로 쓰레기, 회분, 각종 슬러지, 건축 및 해체폐기물 및 유해폐기물이 포함된다.

3) 유해폐기물

인간, 식물 또는 동물에게 즉각적 또는 장기적으로 상당한 위험을 미치는 폐기물을 유해폐기물(hazardous waste)로 분류하는데, 다음의 4가지 특성 중 어떤 한 가지 특성이라도 나타내면 유해폐기물로 분류한다.

(1) 인화성(ignitability)

인화점(flash point)이 60℃ 이하인 액체로, 단 알코올농도 24%(v/v) 이하의 수용액은 제외한다. 표준온도, 표준기압에서 마찰, 수분흡수, 혹은 자발적인 화학변화에 의해 발화, 연소할 수 있는 고체 등도 포함된다.

(2) 부식성(corrosivity)

pH 2.0 이하(강산) 또는 12.5 이상(강알칼리, 강염기)인 액체나, 철을 1년 동안에 6.35mm 이상 부식시키는 액체를 말한다.

(3) 반응성(reactivity)

폭발성의 물질이나 환경 중에서 불안정하거나 쉽게 격렬히 반응하는 물질을 말한다. 또한, 물과 격렬히 반응하거나 물에 의해 폭발성 또는 유해성 가스를 생성하는 물질 등도 포함된다.

(4) 독성특성(toxicity characteristics)

용출시험방법인 Extraction Procedure(EP) Test나 Toxicity Characteristic Leaching

Procedure(TCLP) Test에 의해 특정 기준치를 초과하여 유해물질을 용출하는 폐기물이 포함된다.

15-4 폐기물의 특성

1) 물리적 조성

(1) 각각의 성분(individual components)

즉 폐기물을 식품폐기물, 종이, 판지, 플라스틱, 천, 고무, 나무, 유리, 철금속, 비철금속, 회분 등으로 분리, 나열하여 각각의 성분이 차지하는 비율(w/w %, v/v %)을 측정하는 방법이다.

일반적으로 폐기물의 3성분이라 함은 수분(Moisture, Water), 가연분(휘발성 고형물, VS ; Volatile Solids) 및 비가연분(회분, Ash, 고정 고형물, 강열잔류고형물, FS ; Fixed Solids)을 말한다.

(2) 입자의 크기(particle size)

고형 폐기물 성분 물질의 크기는 물질의 회수에서 특히 회전 스크린 및 자력 분리기와 같은 기계적 수단을 이용할 때 중요하다.

(3) 수분 함량(moisture content, water content)

고형 폐기물의 수분 함유량은 대개 습한 물질 또는 건조 물질 단위 질량당의 수분질량으로 나타낸다. 습량(wet mass) 측정법에서는, 시료 중의 수분을 그 물질 중의 습량 %로, 또 건량(dry mass)법에서는, 건량 %로 나타낸다. 식으로 나타내면, 습량 수분 함유량은 다음과 같다.

$$수분함량(\%) = \left(\frac{a-b}{a}\right)100$$

여기서 a = 운반된 시료의 초기질량

b = 건조 후의 질량

건량(건조 질량)을 구하려면, 고형폐기물을 105℃에서 4시간 동안 건조한다. 이 온도와 시간에서는, 물질이 완전히 탈수되지만 휘발성 물질의 기화는 제한된다.

(4) 밀도(density)

고형폐기물의 단위 부피당 차지하는 질량(m/v), 즉 밀도는 폐기물의 발생지역의 위치, 계절, 저장시간 등에 따라서 현저하게 달라지므로 대표값을 선정할 때는 주의해야 한다.

2) 화학적 조성

고형폐기물의 화학 조성에 관한 정보는, 처리 및 에너지 회수 대안을 평가하고자 할 때 중요한다. 고형폐기물을 연료로 이용하고자 할 때, 알아야 할 가장 중요한 네 가지 성질은 다음과 같다.

(1) 근사분석(개략분석, proximate analysis)

① moisture : 수분으로서, 건조기(105±5℃)에서 4시간 건조 후 손실량
② volatile solids : 휘발성 고형물로서, 회화로(600±25℃)에서 30분간 강열한 후 손실량
③ fixed carbon : 고정탄소로서, 회화용 도가니의 뚜껑을 덮고서 강열하여, 휘발성 고형물이 증발된 후 남은 가연성의 찌꺼기
④ ash : 회분(불연성 물질)으로서, 도가니의 뚜껑을 열고서 강열하여 남은 찌꺼기로서 흙, 돌, 모래, 금속 등 연소되지 않는 물질

(2) 재의 융점(녹는점)

(3) 궁극적 분석(ultimate analysis, 원소분석; elemental analysis)

C(탄소), H(수소), O(산소), N(질소), S(황), Ash(재)의 백분율(%)

(4) 발열량(에너지 가치)

Dulong 공식

$$\text{kcal/kg} = 81C + 342.5\left(H - \frac{O}{8}\right) + 22.5S$$

여기서 C = 탄소, %
H = 수소, %
O = 산소, %
S = 황, %

15-5 폐기물의 관리체계

발생원에서부터 최종 처분에 이르기까지의 고형 폐기물의 관리에 관련되는 활동은 여섯 가지 기능적 요소, 즉

① 폐기물 발생 : 물질이 더 이상 가치가 없다고 판단하여, 버리거나 또는 모아서 처분하는 활동(waste generation)

② 현지 취급, 저장 및 가공 : 고형 폐기물을 발생원 또는 그 근처에서 취급, 저장, 가공하는 활동(onsite handling, storage, and processing)

③ 수거 : 고형폐기물의 수거 및 수거 후에 수거 차량을 비우는 곳까지 끌고 가는 활동(collection)

④ 적환 및 수송 : 폐기물을 작은 수거 차량에서 대형 수송 차량으로 적환하고(transfer), 이어서 이 폐기물을 대개 장거리에 걸쳐서 처분 장소까지 수송하는 활동(transport)

⑤ 처리 및 회수 : 다른 기능적 요소의 효율을 개선하고, 고형 폐기물로부터 유용한 물질, 전환 제품, 또는 에너지를 회수하는 기술, 장치 및 시설(treatment and recovery)

⑥ 최종 처분 : 고형폐기물의 최종 처분 활동(위생매립, 안전매립, 해양투기 등), 여기에는 수집하여 매립지까지 직접 수송하는 폐기물, 폐수 처리 플랜트의 반 고형 폐기물(슬러지), 소각로 찌꺼기, 또는 여러 고형 폐기물 가공 플랜트에서 발생하는 기타 물질로서 더 이상 용도가 없는 것들이 포함된다(disposal).

1) 폐기물의 발생

(1) 폐기물 양의 추산

① 적하 – 계수 분석(load-count analysis)

이 방법에서는, 특정 기간 중에 매립지 또는 운반장소에 운반된 각 폐기물 적하량(load ; 5ton 트럭으로 몇 차량분 등)의 추산 부피와 일반 조성을 기록하여, 고형폐기물의 양과 조성을 구한다. 전체 질량과 조성별 질량 분포는 각 폐기물 부류의 평균 밀도 자료를 이용하여 구한다.

② 질량 – 부피 분석(mass-volume analysis)

이 분석 방법은 위의 방법과 비슷하지만, 이 때는 각 적하량의 질량도 기록한다. 각 폐기물 부류의 밀도를 별도로 구하지 않으며, 평균 밀도 값을 이용하여 조성별 질량 분포를 유도하여야 한다.

(2) 폐기물 발생량에 영향을 미치는 인자

발생되는 도시 폐기물의 양에 영향을 미치는 인자에는 ① 지형적 위치, ② 계절, ③ 수집 빈도(수집 양에 영향을 미친다). ④ 부엌 폐기물 분쇄기(disposer) 사용 여부, ⑤ 주민 특성, ⑥ 회수 및 재활용 정도,⑦ 대중 성향, ⑧ 법규 등이 있다. 지역 사회 안에 회수 및 재활용 조작이 있다면 수집하여 처분하여야 할 폐기물 양에 확실한 영향을 미친다.

2) 현지 취급, 저장 및 가공

(1) 현지 취급

현지 취급(on-site handling)이란, 수집하기 전에 저장 용기에 넣기까지의 고형 폐기물의 취급과 관련되는 활동을 말한다. 수집 방법의 종류에 따라서는, 폐기물이 들어 있는 용기를 수집 지점까지 이동시키고 다시 빈 용기를 저장 지점까지 반송하는 취급이 필요할 때도 있다.

(2) 현지저장

고형 폐기물의 현지 저장(on-site storage)에서는, ① 사용하고자 하는 용기의 종류, ② 용기의 위치, ③ 공중 보건 및 미관, ④ 사용하고자 하는 수거 방법 등의 인자를 고려하여야 한다.

(3) 현지가공

고형 폐기물로부터 유용한 물질을 회수하고, 부피를 줄이거나, 또는 물리적 형태를 변화시키기 위하여 현지 처리방법이 이용된다. 가장 일반적인 현지 처리 방법에는 인력 선별(manual sorting), 압착, 소각 등이다.

3) 폐기물의 수거

(1) 수거 서비스의 종류

① 도시지역 수거 서비스

다양한 수거 서비스가 이용되고 있지만, 세 가지 가장 일반적인 것은 노변, 골목 및 뒤뜰 수거이다. 노변 수거(curb collection)가 점점 보편화되고 있는데, 수거 인건비를 최소화할 수 있기 때문이다. 장래에는, 도시 폐기물의 수거에 사용되는 가장 일반적 방법으로서, 관절식 용기 픽업 기구(articulated container pickup mechanism)를 사용하여 기계적으로 비울 수 있는 대형 용기를 사용할 것으로 보인다.

② 상업 및 공업지역 수거 서비스

대형 아파트, 빌딩, 주택 단지, 상업 및 공업 활동에서 채용되는 수거 서비스는 대개 대형 이동 및 고정 용기, 대형 고정 압착기의 이용이 중심을 이루고 있다. 압착기는 물질을 직접 대형 용기에 압착하여 넣거나, 대형 용기에 넣을 수 있는 덩어리를 만드는데 쓸 수 있는 종류가 사용된다.

(2) 수거방법

① 견인 용기 시스템(HCS)

폐기물 저장용 용기를 가공지역, 적환장 또는 처분지역까지 운반하여 비운 다음, 처음 위치나 다른 곳으로 반송하는 수거 방법을 견인 용기 시스템(hauled-container system)으로 정의한다. 주된 견인 용기 시스템에서는, ⓐ 틸트 프레임 용기(tilt-frame container)와 ⓑ 트레쉬 트레일러(trash trailer)의 두 가지가 있다. 수거인은 차량을 끌고, 채운 용기를 싣고, 빈 용기를 내리며, 처분 지역에서 용기 내용물을 부리는 일을 한다. 경우에 따라서는 안전을 고려하여 운전자와 조수가 함께 일을 한다.

상업 및 산업용과 적환장(transfer station)에서는 대형 용기를 고정 압착기와 함께 사용하는 것이 일반적이다. 운반하여야 할 부피가 크기 때문에, 특히 사설 수거인이 산업 폐기물을 다룰 때에는 틸트 프레임 견인 용기의 이용이 더욱 보급되고 있다.

트레쉬 트레일러의 용도도 틸트 프레임 용기 시스템과 비슷하다. 이 트레쉬 트레일러는, 특히 모래, 목재, 금속 조각 등과 같은 무거운 쓰레기의 수거에 보다 좋으며, 건축 부지에서 해체 폐기물 수거에 자주 이용된다.

② 정치 용기 시스템(SCS)

폐기물 저장용 용기를 수거하기 위하여 들어올리거나 내려놓는 등의 움직일 때를 제외하고는, 폐기물 발생 지점에 놓아 두는 수거 시스템을 정치 용기 시스템(stationary-container system)으로 정의한다. 기계적 하적 정치 용기 시스템에서의 노동력 소요는 견인 용기 시스템에서와 거의 비슷하다.

처분 장소, 하치장 또는 처리 장소까지는, 여러 용기의 내용물을 수집, 압착하여 수거 차량이 다 찬 다음에 운반한다. 크기와 종류가 다양한 용기를 사용할 수 있으므로, 이 시스템에서는 모든 종류의 폐기물을 수거할 수 있다.

(3) 수거 노선(collection route)

① 고려해야 할 사항

수거 노선을 배치할 때 고려하여야 할 인자로서는 다음과 같은 것들을 들 수 있다. ⓐ 수거 지점 및 수거 빈도와 같은 항목과 관련되는 기존 회사의 정책 및 법규를 확인하여야 하고, ⓑ 수거 인부의 수 및 차량 종류와 같은 기존 시스템의 상태를 조정하여야 하며, ⓒ 교통 혼잡 지역에서 발생되는 폐기물은 되도록 아침 일찍이 수거하여야 하고, ⓓ 극히 다량의 폐기물 발생원은 작업일에 먼저 치워야 하며, 소량의 고형 폐기물이 발생하는 분산된 수거 지점은, 가능하면, 수거 빈도가 같다면, 같은 날 한번에 지나가면서 치워야 한다.

② 노선의 배치

수거 노선의 배치는 4단계 과정이다. 1단계는 위치도를 만든다. 수거 대상 지역에 대한 비교적 큰 지도를 준비하고, 각 고형 폐기물 수거 지점에 위치, 용기수, 수거 빈도, 그리고 자체 하적 압착기가 있는 정치 용기 시스템을 사용하는 경우에는, 각 수거 지점에서 수거하여야 할 폐기물의 추정량 등의 자료를 기입한다. 2단계는 자료 요약표를 만든다. 수거 작업을 하여야할 날의 대상이 되는 수거 지점으로부터 수거하여야 할 폐기물의 양을 추산한다. 정치 용기 시스템을 사용한다면, 각 수거 사이클 중에 대상이 되는 장소의 수를 정하여야 한다. 3단계는 수거차량의 집합 장소 또는 차고에서 시작하여 예비 수거 노선을 배치한다. 이 때 각 수거일에 수거 대상이 되는 모든 수거 지점을 연결하도록 노선을 배치한다. 노선 배치에서는 최종 장소가 처분 부지에 가장 가깝도록 하여야 한다. 4단계는 균형있는 노선을 개발한다. 예비 수거 노선을 배치한 다음에는, 각 노선에서의 운반 거리를 구하여야 한다. 다음으로, 매일의 인력을 정하고, 그 날의 가능한 작업 시간에 대하여 검토한다. 경우에 따라서는, 수거 노선을 재조정하여, 작업량과 주행 거리가 균형이 잡히도록 하기도 한다. 일반 균형 노선이 정해지면, 기본 지도(master map, 주 지도)에 표시한다.

③ 수거 계획

각 수거 노선에 대한 기본 계획을 준비하여, 엔지니어링 부서와 배차 담당자가 사용할 수 있게 하여야 한다. 각 노선에 대한 계획에는 대상이 되는 각 수거 지점의 위치와 순서를 나타내어 운전자가 사용하게 한다. 또한 노선 책자를 각 트럭 운전자가 가지고 있어야 한다.

4) 적환 및 수송

(1) 적환장과 경제성

적환 및 수송의 기능 요소는 비교적 작은 차량으로부터 대형 차량으로 폐기물을 적환하고, 이 폐기물을 상당히 떨어진 거리에 있는 처리 센터 또는 처분 장소까지 수송하는 수단, 시설, 부속 설비 등을 말한다. 기존 처분 장소 또는 가공 센터까지의 운반 거리가 어느 점까지 증가하여, 직접 운반이 더 이상 경제성이 없을 때 적환 및 수송 작업이 필요하다.

즉, x축을 최종처분장(매립장)까지의 거리(시간), y축을 총비용(고정비용+운전비용)으로 했을 때, 똑같이 원점으로부터 출발하는 HCS(hauled container system, 견인 용기 시스템)와 SCS(stationary container system, 정치 용기 시스템)를 비교했을 때, 기울기가 큰 HCS가 SCS보다 항상 비용이 많이 들며, 적환장(transfer station, TS)이 설치된 경우에는, 적환장을 설치하기 위한 고정비용 때문에 양의 y 절편을 가지나, 그 기울기가 가장 낮아서, 최종처분장까지의 거리가 단거리일 경우(O－A 구간) 총비용은 TS ＞ HCS ＞ SCS 이나, 중거리일 경우(A-B 구간) 그 비용은 HCS ＞ TS ＞ SCS로 되며, 장거리일 경우(B점 이상의 거리) 총비용은 HCS ＞ SCS ＞ TS로 되어 적환장을 설치하는 경우가 경제적으로 가장 바람직하게 된다.

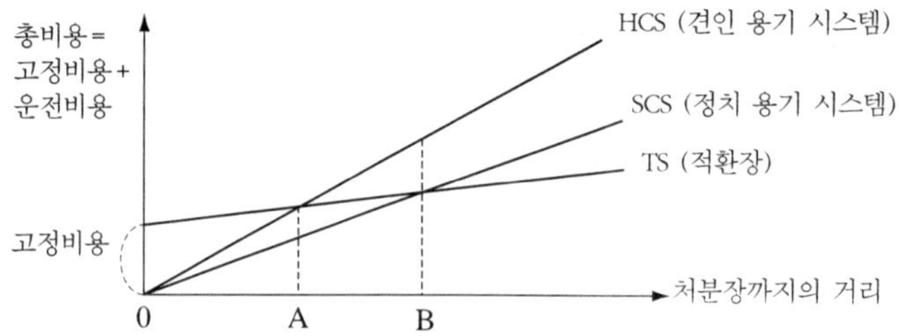

그림 15-1 폐기물의 수거방식과 수송거리에 따른 총비용의 변화

(2) 적환장의 위치

가능하다면 적환장의 설치 장소는, ① 수거하고자 하는 개별적 고형 폐기물 발생 지역의 하중 중심(weighted center)에 되도록 가까운 곳, ② 중요 간선도로(幹線道路, arterial route, main line)에 쉽게 도달할 수 있는 곳인 동시에 2차적 또는 보조 수송 수단에 가까운 곳, ③ 적환 작업중에 공중 및 환경 피해가 최소인 곳, ④ 그리고 설치 및 작업이 가장 쉬운 곳으로 하여야 한다. 또한, 적환장 부지에서 물질 회수나 에너지 생산을 포함한 처리 조작을 수행하고자 하면, 이러한 작업 요건을 참작하여야 한다.

(3) 수송 수단 및 방법

① 자동차 수송

간선도로에서 폐기물 수송에 사용되는 자동차는 다음 요건을 갖추어야 한다. 즉, ⓐ 최소의 비용으로 폐기물을 수송하고, ⓑ 운송 중에 폐기물을 덮어야 하며, ⓒ 간선도로 주행에 알맞게 만든 것이어야 하고, ⓓ 차량 용량이 허용 중량 한계를 초과하지 않아야 하며, ⓔ 부리는 방법이 간단하고 신뢰성이 있어야 한다. 간선도로 수송 차량이 운반할 수 있는 최대 용량은 해당 지역에서 시행하고 있는 법규에 따라 다르다.

② 철도 수송

철도는 과거에 미국에서 고형 폐기물 수송에 일반적으로 사용되었지만, 현재는 몇 지역에서만 쓰인다. 그러나, 특히 고속도로 운송이 어렵고, 기존에 철도가 있는 벽지 지역에서는, 고형 폐기물 운반에 철도의 이용이 다시 관심을 끌고 있다.

③ 수상 수송

그전에는 짐배(barge), 거룻배(scow), 특수 보트 등이 고형 폐기물을 처리 장소와 해안 및 해양 처분 장소까지 운반하는데 사용되었지만, 미국에서는 해양 처분이 더 이상 시행되지 않는다.

④ 공기 수송

저압 공기 및 진공 도관 두 가지가 고형 폐기물 수송에 쓰이고 있다 가장 일반적인 응용은 빌십 아파트나 상업 지구로부터 중앙 처리 장소나 수송 차량에 신는 장소까지 고형 폐기물을 수송하는 것이다. 현재 미국에서 쓰이고 있는 가장 큰 공기 시스템은 Orlrando, Florida의 Walt Disney World 공원에 있다.

5) 처리 및 회수

처리 및 회수는 고형 폐기물 관리 시스템에서 ① 고형 폐기물 처분 시스템의 효율을 개선하고, ② 자원(유용 물질)을 회수하며, ③ 전화 생성물 및 에너지를 회수하기 위한 물질을 준비하기 위하여 사용된다.

(1) 기계적 부피 감축

기계적 부피 감축(mechanical volume reduction)은 아마도 고형 폐기물 관리 시스템의 개발과 조작에서 가장 중요한 인자일 것이다. 압착 메커니즘을 시설한 차량이 대부분의 도시 고형 폐기물 수집에 사용된다. 매립 유용 기간을 증진시키기 위하여 폐기물을 압착한다. 재생용 종이는 가공 센터로 보내기 위하여 덩어리로 만든다.

(2) 소각에 의한 부피 감축

도시 폐기물의 부피는 소각(incineration)에 의하여 약 90% 이상 감축시킬 수 있다. 대기오염 방지 요건이 더욱 엄격하게 되어 고가의 세정장비를 사용할 필요가 생기게 되면서, 현재 운전되고 있는 도시 소각로의 수는 한정되어 있다. 보다 최근에는 가용 매립 부지가 한정되어 있고 그 곳까지의 운반 거리가 증가하고 연료비가 증가하여 소각에 관한 관심이 다시 일어나고 있으며, 여러 새로운 소각로 계획을 현재 설계 중에 있다.

(3) 수작업에 의한 성분 분리(manual separation)

고형 폐기물 성분의 수작업에 의한 선별은 고형 폐기물의 발생원, 적환장, 중앙 처리장, 또는 처분 부지에서 행할 수 있다. 발생원에서의 수작업에 의한 분류는 물질의 회수 및 재사용을 위한 가장 적극적인 방법이 된다. 회수하거나 분류하는 성분의 수와 종류(가령, 판지와 고급 종이, 금속, 나무 등)는 지역, 재사용 기회, 판매 시장에 따라 달라진다.

(4) 기계적 힘에 의한 성분 분리(mechanical separation)

여기에는 공기와 중력을 이용한 air separation, 전자석을 이용한 magnetic separation, 일정한 그물눈을 가진 거름장치를 이용한 screening 등이 있다.

6) 최종 처분

표토(earth's mantle) 위나 속에 처분하는 방법은 현재 (1) 수집하여 더 이상 사용하지 않는 고형 폐기물, (2) 고형 폐기물 처리 뒤에 남는 물질, (3) 전화 생성물과 에너지 회수 뒤에 남는 물질의 장기적 취급 방법으로서 가장 많이 사용되는 방법이다. 특히 매립법(landfilling)은 도시 폐기물에 대하여 가장 일반적으로 사용되는 처분 방법이다. 토지 경작법(landfarming) 및 심정 주입(deep-well injection)은 산업 폐기물에 대하여 사용되고 있다. 소각도 처분 방법으로 자주 고려되고 있지만, 실제로는 처리(가공) 방법이다.

(1) 폐기물의 매립

① 부지 선정

처분 부지는 대개 예비 부시 소사의 결과, 공학적 설계 및 비용 분석 결과, 환경 영향 평가 등에 기초하여 최종적으로 선정한다. 고형 폐기물 처분 부지로서의 가능성 평가에서 고려해야 할 인자는 다음과 같다.

a. 가용 토지 면적

부지의 사용 연한은 최소한 1년(최소 값) 이상이어야 한다.

b. 운반 거리

작업 비용에 큰 영향을 미치게 될 것이다.

c. 토양 상태 및 지형

피복물질(복토, 覆土, top soil, 덮개 흙)이 부지나 그 근처에 있어야 한다.

d. 지표수 수문학(hydrology)

배수 필요성에 영향을 미친다.

e. 지질 및 수문 지질학적 상태

특히 부지 준비 면에서 볼 때, 매립 부지 설립에서 가장 중요한 인자가 될 것이다.

f. 기후 조건

우기 작업에 대한 대책이 있어야 한다.

g. 지역 환경 조건

소음, 악취, 분신, 보균 생물, 경관 인자 등을 조절하여야 한다.

h. 부지의 최종 용도

부지의 장기적 관리에 영향을 미친다.

② 매립 방법

a. 지역법(area method)

지역법은 매립의 가장 보편적 형태로 해당지역이 트렌치(trench, 도랑) 굴착을 하기에 적당하지 않을 때 시행할 수 있는 방법이다. 즉, 지하수면이 높아서 땅을 파낼 수 없는 지역에 적합한 방식이다. 먼저 폐기물을 쏟은 후 좁고 길게 한 열로 펴서 매립층의 높이가 2~3m 정도로 될 때까지 다진다. 그러나 다짐장비의 종류에 따라서는 다짐층의 높이가 그 이상이 될 수도 있다. 하루의 매립이 끝나면 15~30cm로 복토를 하고 복토재는 대체로 인근 지역에서 조달한다. 매립에 앞서 먼저 제방을 쌓은 뒤 입지조건과 규모에 따라 매립지의 길이를 정한다.

b. 경사법(ramp method)

경사법은 지역법의 일종으로 복토의 일부를 매립지바닥에서 얻을 수 있을 때 이용한다. 즉, 지형적으로 경사진 곳을 매립지로 이용하는 경우로서, 이 방법은 매립지 바닥을 적당히 굴착하여 복토를 확보한 후 폐기물을 굴착한 곳에 쏟은 뒤 지역법과 동일하게 다진다. 그리고 그 위에 이미 굴착하여 놓은 흙으로 복토를 한다. 모자라는 복토는 인근지역에서 조달한다.

c. 도랑법(trench method)

도랑법은 매립지 바닥층이 두꺼운 곳 즉, 지하수면이 낮아서 땅을 파내도 큰 영향이 없는 지역에 적합한 방식으로 거의 단층매립만 가능하다. 도랑의 크기는 경우에 따라서 차이가 있을 수 있으며 대개 30~60m 길이, 1~2m 깊이, 5~8m 넓이의 규모가 적당하다. 복토는 인접 도랑을 파면서 얻을 수 있다.

d. 계곡 매립법(depression method)

지역법의 일종으로 계곡, 협곡, 토취장, 채석장과 같은 자연적 저지나 인공적 저지가 존재하는 지역에서 이용가능한 방법이다. 계곡매립에서 폐기물을 쌓고 압축하는 기술은 그 지역의 지형, 복토의 특성, 수문과 지질 그리고 매립지로의 진입에 따라 달라진다.

계곡이 어느 정도 평면일 경우 첫 층의 매립은 보통 도랑법을 사용하고 그 위부터는 지역법을 시행한다. 계곡의 한 단면을 고려할 경우는 계곡의 바닥에서 매립을 시작하여 좌우 경사면으로 올라가며 매립하는 것이 다짐에 용이하며, 계곡의 위쪽으로부터 아래쪽으로 매립을 진행하는 것이 우수의 집배수 관리에 유리하다. 토취장과 채석장은 계곡과 마찬가지로 다층매립이 가능하고 지역법과 유사한 방법으로 매립할 수 있다. 이런 매립의 경우 매립지로의 성공적 활용은 적합한 복토의 조달가능성에 달려 있다. 그러나 토취장과 채석장은 보통 주위지대보다 낮으므로 배수조절이 종종 매립지로의 활용에 제한요인이 된다.

e. 유해 폐기물의 매립법

유해폐기물을 매립하는 경우는 유해성분의 침출을 억제하기 위하여 고화처리, 탈수 등의 전처리를 통해 수분량을 최소화하고 유해중금속폐기물의 경우는 고화처리후 매립한다. 매립시에도 여러 종류의 폐기물을 섞지 않고 각각 분리하여 cell별로 매립하며, 매립된 폐기물은 양 및 질 등에 대하여 철저한 기록을 남기고 침출수에 의한 오염을 막기위해 이중 차수설비와 침출수 집배수설비 등 강화된 지하수 오염방지설비 및 덮개설비를 갖추어야 한다. 매립완료 후에는 매립지주변의 모니터링을 통해 지속적인 검사를 하는 등 비교적 장기간의 사후관리가 요구된다.

③ 매립지 가스와 침출수의 생성 및 제어

고형 폐기물을 위생 매립한 곳에서는 다음과 같은 생물학적, 물리적 및 화학적 반응들이 일어난다. (1) 유기물의 호기성 또는 혐기성 생물학적 분해로 인한 가스 및 액체의 생성, 즉 박테리아에 의한 분해는 처음에 호기성 조건에서 일어나는데, 이는 매립물 안에 공기가 다소 갇혀 있기 때문이다. 그러나 갇힌 공기 중의 산소는 곧(며칠 안에) 고갈되고, 혐기성 조건에서 장기적 분해가 일어난다. (2) 폐기물의 화학적 산화 (3) 매립물로부터 가스의 방출 (4) 압력차로 인한 액체의 이동 (5) 물에 의한 유기 및 무기 물질의 용해 및 침출과 매립물을 통한 침출액의 이동 (6) 농도 구배 및 삼투압에 의한 용존 물질의 이동 (7) 물질의 압밀(consolidation)에 의한 공동(空洞, void)으로의 불균일 침강 등이 일어난다.

a. 매립지 가스(landfill gas, LFG)의 생성 및 제어

매립물 안에서 공기 외에 생성되는 가스는 암모니아, 이산화탄소, 일산화탄소, 수소, 황화수소, 메탄, 질소, 산소 등으로 이루어진다. 이산화탄소와 메탄은 유기성 고형 폐기물 성분의 혐기성 분해에서 주로 생기는 가스이다.

유기 화합물의 혐기성 전화(轉化, conversion)는 세 단계로 이루어진다. 첫째 단계(가수분해 단계)는 효소작용에 의하여 고분자 화합물이 에너지 및 세포 탄소원으로서 적절한 화합물로 변환되는 것이다(액화, liquefaction, 탄수화물, 단백질, 지방 → 단당류, 아미노산, 인지질). 둘째 단계(유기산 생성단계)는 첫 단계에서 생성된 화합물이 박테리아에 의하여 산화되어 보다 분자량이 적은, 확인할 수 있는 중간 화합물로 되는 것이다(단당류, 아미노산, 인지질 → 유기산, 지방산, 알코올). 셋째 단계(메탄 생성단계)는 이 중간 화합물들이 박테리아에 의하여 전화되어, 이산화탄소(CO_2)와 메탄(CH_4)과 같은 간단한 최종 생성물로 되는 것이다(유기산, 지방산, 알코올 → CH_4, CO_2).

유기성 폐기물의 혐기성 분해에 의해 발생되는 가스의 주성분은 이산화탄소와 메탄이며, **정상상태**(steady state)에서 메탄의 경우 대체로 55%, 탄산가스의 경우 45%를 차지한다. 초기에는 탄산가스의 농도가 메탄보다 높은데, 이는 호기성 분해의 결과이며 산소가 소비되고 나면 혐기성 분해로 이어진다. 일정한 기간이 지나고 나면 가스의 조성이 비교적 일정해지며 메탄의 양이 탄산가스의 양보다 다소 높아지는데 이는 시간이 지남에 따라 메탄의 발생이 증가하고 공기보다 무거운 이산화탄소는 매립지 아래층으로 확산되기 때문이다.

그 결과, 매립물 아래 부분에서의 이산화탄소 농도는 수년 동안 높게 유지될 수 있다. 궁극적으로는, 그 밀도 때문에 이산화탄소는 아래로 이동하여 하부 층을 통과하게 되며, 마침내 지하수에 이르게 될 것이다. 이산화탄소는 물에 잘 녹으므로 대개 pH를 낮추게 되며, 그 결과 탄산칼슘 및 탄산마그네슘의 용해에 의하여 지하수의 경도와 광물질 함유량을 증가시키게 된다.

메탄가스는 공기중에 5%에서 15% 사이로 존재하면 폭발할 가능성이 높은 위험한 가스인데 흔히 5%를 **최저폭발한계**(LEL : lower explosive limit)로 불리운다. 미국의 경우 매립지 주변 가스검사에서 메탄가스 등의 분율이 LEL의 25%를 초과하면 매립가스 환기설비를 설치하도록 하고 있다. 메탄가스는 공기보다 비중이 낮아 매립지내에서 위로 상승하며 지하 시설물내에 축적되어 폭발할 가능성이 있기 때문에 이에 대한 대책이 필요하다. 일반적으로 매립지 가스는 매립지 내에 자갈충전배기구, 자갈장벽, 우물형의 매립지 가스 포집장치를 설치하여 제어한다.

b. 매립지 침출수의 생성 및 제어

침출수(leachate)란 액체가 매립지의 고형 폐기물층을 통과하면서, 이로부터 용존 또는 부유 물질을 추출함유한 액체라고 정의할 수 있다. 대부분의 매립지에서 침출액 중의 액체 부분은 폐기물의 분해에서 생성된 액체와 지표수, 강우, 지하수 등 외부 발생원에서 유입된 액체로 되어 있다.

침출수의 특성은 폐기물의 종류와 분해 특성에 따라 크게 달라지므로 항목별 평균값을 나타내기는 매우 어려우나 보통 유기물 함량이 높고, 분해과정 중 발생된 유기산 등에 의해 용출된 중금속 및 유해물질을 함유하는 경우가 많다. 일반적으로 침출수의 양은 매립지로 유입되는 우수 등 외부의 직접적인 영향을 받으므로 매립지가 공학적으로 설계되었다면 침출수 발생량을 예측할 수 있으며, 발생된 침출수는 점토 및 합성 차수막(HDPE) 등을 이용한 차수설비 및 유공(有孔) Hume관 등을 이용한 집수시설 및 배수시설을 통하여 모아진 다음, 침출수 처리장에서 처리된다.

침출수의 처리는 대부분 하수종말처리장 등에서 사용되는 생물학적 처리법이 많이 사용되며, 매립지내에 자체 침출수 처리장을 설치하는 경우와 인근 하수종말처리장 등 공공처리장에 이송하여 처리하는 방법이 있다.

(2) 토지 경작법

토지 경작법(land farming)은 토양 표면에서 일어나는 생물학적, 화학적, 물리적 과정을 이용하여 생분해성 산업 폐기물을 처리하는 폐기물 처분 방법이다. 처분하고자 하는 폐기물은 폐기물을 받아들일 수 있도록 준비한 토지 위에 살포하거나 토양 표면 밑으로 주입한다.

유기성 폐기물을 토양에 첨가하면 다음과 같은 과정이 함께 일어나게 된다. 즉, ① 생물학적 및 화학적 분해, ② 초기 폐기물 및 분해 생성물로부터 수용성 성분의 침출, ③ 초기 폐기물 및 분해 생성물로부터 특정 성분의 기화 등이다.

토지 경작의 평가에서 고려하여야 할 인자로서는 ① 폐기물의 조성, ② 폐기물과 토양 미생물군의 **양립성**(compatibility), ③ 산소, 온도, pH, 무기 영양물 등을 포함한 환경 요건, ④ 고형 폐기물 혼합물의 수분 함유량 등을 들 수 있다.

토지 경작은 생분해성 유기 성분이 들어 있고 생물 전화가 일어나는 동안 과다하게 침출되지 않는 폐기물에 적절하다.

(3) 심정(深井) 주입법

액상 고형 폐기물의 처분을 위한 **심정 주입법**(deep-well injection)은 침투성 암석층〔대표적으로는 석회석이나 돌로마이트(dolomite, 白雲岩, $CaMg(CO_3)_2$) 또는 지하 동굴(cavern) 속으로 땅 속 깊이 폐기물을 주입하는 방법이다.

15-6 폐기물의 자원화와 에너지 회수

1) 가공 기술

(1) 기계적 크기 변경

분쇄(size reduction)의 목적은 처음 형태에 비하여 상당히 균일하고 크기가 작은 최종 생성물을 얻고자 하는 것이다. 여기서 분쇄가 부피 감소를 의미하는 것은 아니라는 점을 알아야 한다. 경우에 따라서는 분쇄 후의 물질이 전의 부피보다 커질 수도 있다. 고형 폐기물

가공 시스템에서 분쇄에는 여러 가지의 파쇄기(shredder)가 쓰인다.

(2) 기계적 성분 분리

기계적 성분 분리는 **트롬멜 스크린**(trommel screen)이나 진동 screen 등을 이용하여, 고형 폐기물로부터 재활용, 재사용 및 에너지화가 가능한 폐기물을 회수하는 공정이다.

(3) 자력 및 전기 기계식 분리

철의 **자력 선별**(magnetic separation)은 금속 공업에서는 잘 확립된 기술인데, 현재 고형 폐기물로부터 철물의 제거에 통용된다. 보다 최근에는, 여러 가지 **전기 기계식 기술**(electromechanical technique)이 개발되어 몇 가지 **비철금속**(non-ferrous material)의 제거에 쓰이고 있다.

(4) 건조 및 탈수

고형 폐기물로부터 에너지 회수 및 소각 시스템 중에는 파쇄한 가벼운 물질을 미리 건조하여 질량을 줄여야 하는 것이 많다. 폐기물 건조에 필요한 에너지는 지역 조건에 따라 다르지만, 물의 증발 에너지가 약 4300 kJ/kg 이므로, 이 값을 이용하여 추산할 수 있다.

2) 생물학적 전환 생성물(biological conversion product)의 회수

(1) 퇴비화(Composting)

플라스틱, 고무와 가죽성분을 제외하고, 대부분 도시폐기물의 유기성분은 단백질, 아미노산, 지방, 탄수화물, 셀룰로오스, 리그닌, 회분 등으로 구성되어 있다. 회분(무기물)을 제외한 유기물질이 호기성 미생물에 의해 분해가 되고, 미생물 활동이 끝난 후에 남아 있는 최종 부산물은 퇴비로 알려진 부식물질(humus)이다. 그 반응과정은 다음과 같다.

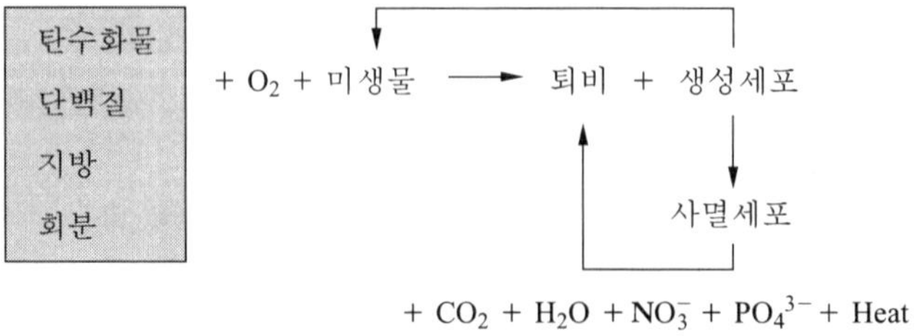

① 퇴비화의 전체적 과정

퇴비화는 유기물의 호기성 분해가 주된 과정으로 여러 종류의 많은 중온성(mesophilic), 고온성(thermophilic) 미생물들이 관여한다. 이들에 의한 분해과정은 크게 3부분으로 나누어 지는데, 첫 번째는 유기물 중에 있는 분해가 쉬운 물질들, 즉 당류, 아미노산 등이 빨리 흡수 이용되는 1~2일간으로 퇴비더미의 온도가 오르기 시작하는 단계이다(40℃). 두 번째는 고온성 분해과정으로 주로 유기성 폐기물 중의 cellulose, pectin 등의 분해가 이루어지며, 보통 수주간 계속된다(50~60℃). 세 번째는 숙성(curing or stabilization) 단계로 온도가 떨어지고 분해속도가 느려지며 다시 중온성 미생물 등이 정착한다(40℃ 이하). 이상의 과정은 폐기물의 종류와 퇴비화 과정중의 환경조건에 따라 그 기간이 달라질 수는 있지만 3단계로 이루어지는 것이 일반적이다. 어떤 사람은 마지막 단계를 다시 냉각(cooling) 단계와 숙성(maturation) 단계로 나누는 경우도 있다.

현재, 우리나라의 생활폐기물 중 상당부분이 음식물쓰레기인데, 짜게 먹는 우리의 식습관 때문에 즉, WHO의 1인 1일 섭취 권고기준은 Na로 2000mg, NaCl로 5g 이하인데, 우리 국민은 평균적으로 약 12g의 소금을 섭취하여 고혈압 등 각종 심혈관계 질환을 야기할 뿐만 아니라, 음식물쓰레기 퇴비화 후 생성된 퇴비의 높은 염분도로 인하여 농작물 및 산림에 피해가 우려되어 퇴비의 염분도를 1.0% 이하로 규제하고 있다.

② 퇴비화 공법의 종류

퇴비화 공법의 종류는 크게 퇴비단을 퇴적하여 시행하는 퇴비단식과 반응조내에서 시행하는 기계적 방식(in-vessel system)의 2가지로 구분된다. 아래에 이러한 방식의 분류를 열거하였다.

a. 퇴비단식(Windrow System)
- 뒤집기 퇴비단공법(Turned Pile System)
- 공기수입식 퇴비단공법(Aerated Pile or Static Pile System)

b. 기계식 퇴비반응조(Mechanical System, in-Vessel System)
- 수직형 퇴비반응조(Vertical Reactor)
- 수평형 퇴비반응조(Horizontal Reactor)

퇴비단식은 개방식(Open System)이라고 하고 기계식은 폐쇄식(Closed System)이라고 부르기도 한다. 뒤집기 퇴비단공법의 경우 퇴비단을 폭은 4m, 높이는 1.5m 정도 쌓아놓고 자연통풍이 되도록 주 1~2회 정도 퇴비단을 뒤집어주는 공법으로 퇴비화 기간은 비교적 길어 대개 1개월 정도 소요된다. 안정화기간은 20일 정도로 알려져 있다.

표 15-2 호기성 퇴비화공정의 설계, 운영시 고려해야할 인자

항 목	설 명
입자크기	폐기물의 적정입자크기는 25 ~ 75mm(1~3in)
C/N비	초기 C/N비는 25 ~ 50이 적당, C/N비가 낮은 경우는 암모니아 가스가 발생하며 생물학적 활성이 떨어진다. 반면 높은 경우는 질소가 제한인자로 작용
혼합과 미생물식종	일부 분해된 폐기물로 식종(植種, seeding)하면 퇴비화기간은 단축가능하며, 이 때 혼합은 무게비로 1 ~ 5% 정도 하는 것이 일반적이다. 하수슬러지도 폐기물과 함께 퇴비화가능하며, 슬러지를 첨가할 경우 최종 수분함량이 중요한 인자로 작용
수분함량	퇴비화기간 동안 수분함량은 50 ~ 60%범위에서 유지된다. 적정수분함량은 약 55%이다.
교반/뒤집기	퇴비단이 건조해지거나 덩어리지고 공기의 채널링현상을 방지하기 위하여 반응기간 동안 필요에 따라 규칙적으로 교반하거나 뒤집어 준다. 교반 또는 뒤집기 정도는 퇴비화 운영방식에 따라 달라진다.
온도	퇴비단의 온도는 초기 며칠간은 50 ~ 55℃를 유지하여야 하며, 활발한 분해를 위해서는 55 ~ 60℃가 적당하다. 온도가 66℃이상 상승하면 생물학적 분해활동이 현격히 감소한다.
병원균의 제어	정상적인 퇴비화공정에서는 병원균의 사멸이 가능하다. 병원균사멸을 위해서는 60 ~ 70℃에서 24시간이상 유지하여야 한다.
공기공급	이론적인 산소요구량은 실험식을 이용하여 추정가능하다. 특히 기계식퇴비화의 경우 최소한 초기산소농도(공급공기의 산소농도는 약 21%)의 50%정도(즉, 배출공기의 산소농도는 약 10%)가 퇴비대상물질 전체에 존재할 수 있도록 공기를 공급한다(50 ~ 200L/min · m^3의 유량으로).
pH 조절	적당한 분해작용을 위해서는 pH 7 ~ 7.5범위를 유지한다. 암모니아가스에 의한 질소손실을 줄이기 위해서 pH 8.5이상 올라가지 않도록 주의한다.
분해정도	분해정도는 온도의 감소, 발열능력의 감소, 퇴비내 분해가능한 유기물량, 산화환원전위의 증가, 산소이용률, 곰팡이의 일종인 *Chaetomium gracilis*의 성장, starch-iodine test 등을 통하여 알 수 있다.
부지소요	1일 50톤 용량의경우 부지는 6,000 ~ 8,000 평방미터정도 소요되며 공정의 규모가 커질수록 상대적 부지요구면적은 줄든다.

공기주입식 퇴비단공법은 폐기물을 유공관(有孔管) 위에 쌓아놓고 펌프를 이용하여 공기를 퇴비단에 공급시키는 방법이다. 공기를 주입시키는 방향은 퇴비단을 향하여 공급시키는 방

법(Aeration mode)과 흡입하는 방법(Suction mode)으로 구별할 수 있다. Aeration mode로 운영할 경우 악취발생의 문제는 있지만 퇴비화 공정이 효율적이며 Suction mode로 운영할 경우 효율은 떨어지나 여과단(Filter Pile)에 의하여 악취문제를 해소시킬 수 있다.

기계식 퇴비반응조는 최근에 개발되었거나 개발중인 방법으로 수직형 퇴비반응조의 경우 대개 폐기물주입 및 공기공급 등 운영상의 어려움이 있으나 부피를 적게 차지한다는 장점이 있다. 수평형 퇴비반응조의 경우 운영상의 문제는 적은 반면 부피를 많이 차지할 가능성이 있다.

한편 호기성 퇴비화 공정에 필요한 설계인자는 표 15-2에 제시되어 있다.

(2) 혐기성 소화

혐기성 소화(anaerobic digestion)는 혐기성 발효(anaerobic fermentation)라고도 하는데, 고형 폐기물로부터 메탄의 생성에 이용되는 공정이다. 고형 폐기물로 부터 혐기성 소화에 의한 메탄 생성 과정은 대부분 세 가지 기본 단계로 이루어진다.

첫 단계는 효소가 개입된 반응으로서(가수분해 단계) 고분자화합물을 미생물이 이용하기 쉬운 형태로 분해시키는 과정이다.

두 번째 단계는 생물학적 전환과정으로 첫단계에서 생성된 화합물을 저분자 중간산물로 전환시킨다(유기산 생성단계).

세 번째 단계는 중간산물을 더 간단한 최종산물, 즉 메탄과 이산화탄소로 전환시키는 공정이다(메탄 생성단계).

1단 소화조는 처리하고자 하는 폐기물로서의 슬러지의 소화, 농축, 상등액의 형성이 한 탱크 내에서 동시에 일어나는 공정이고, 2단 소화조는 1단계 소화조에서 가열, 혼합시키고 2단계 소화조에서 소화된 슬러지의 저장, 농축 그리고 비교적 깨끗한 상등액의 형성이 이루어진다.

혐기성 소화에 관한 중요 설계 인자로는 아래와 같은 것들이 있다.

① 분쇄물의 크기 : 소화하고자 하는 폐기물은 분쇄하여 펌프 및 혼합 조작에 방해가 되지 않게 하여야 한다.
② 혼합 장치 : 최적 결과를 얻고 스컴 축적을 피하려면, 기계적 혼합을 하여야 한다.
③ 고형 폐기물과 슬러지 혼합 비율 : 50 ~ 90%의 폐기물이 사용되지만, 60% 정도가 가장 적당하다.
④ 수량 및 세포 평균 체류 시간 : 설계에서는 7 ~ 10일로 하거나, 파일럿 플랜트 시험

결과를 이용하여 기본 설계를 한다.

⑤ 부하 속도 : 0.6 ~ 1.6kg/m^3 · 일, 현재 분명히 정의되어 있지 않다.

⑥ 온도 : 55 ~ 60℃

⑦ 휘발성 고형물의 분해 : 60 ~ 80% 정도

⑧ 전체 고형물의 분해 : 40 ~ 60% 정도, 초기에 존재하는 불활성 물질의 함유량에 따라 달라진다.

⑨ 가스 생성량 : 0.5 ~ 0.75 m^3(CH_4 = 60%, CO_2 = 40%)/kg-분해 휘발성 고형물.

혐기성 소화의 장점은 다음과 같다.

① 고농도 폐수나 분뇨를 비교적 낮은 에너지 비용으로 처리할 수 있다.

② 호기성 처리에 비해 슬러지(고형물)의 발생량이 적다(호기성 처리의 1/3 정도)

③ 슬러지의 탈수 및 건조가 쉽게 된다.

④ 기생충란이나 전염병균이 사멸한다.

⑤ 발생되는 메탄가스를 태워 열로 이용할 수 있다.

⑥ 동력시설을 필요로 하지 않으므로 운전비용이 저렴하다.

그러나 혐기성 소화는 다음과 같은 단점을 가지로 있다.

① 반응이 더디고 소화기간이 비교적 오래 걸린다.

② 호기성 처리와 같이 높은 처리율이 얻어지지 않기 때문에 처리수를 다시 호기성 처리하여 방류해야 한다.

③ 혐기성 세균은 온도, pH 및 기타 화합물의 영향에 민감하다.

④ 소화가스는 냄새가 나며 부식성이 높은 편이다.

3) 가열 전환 생성물(thermal conversion product)의 회수

(1) 소각로의 종류

고형 폐기물의 기본 원소는 탄소, 수소, 산소, 질소, 황 등이다. 이상적 조건에서 고형 폐기물을 연소시키면(태우면), 가장 최종 생성물은 CO_2(이산화탄소), H_2O(수증기), N_2(질소), SO_2(이산화황)이 된다. 실제로는 연소 프로세스가 일어나는 조작 조건에 따라서 여러 가지 기체상 화합물이 생성된다.

소각은 중간처리방법중 쓰레기의 부피와 무게를 동시에 줄일 수 있으며, 위생적으로 안전한 방법이다. 다만, 설치비용이 비싸고 운전비용이 많이 든다.

일괄 혼합수집한 쓰레기를 소각처리할 경우 중량은 1/4로 줄어들고 부피는 1/5로 줄어들게 된다. 소각방식은 연소기체의 유동방향, 연소공정 등에 따라 여러 가지로 나누기도 하나, 주로 폐기물을 소각시키는 연소방식에 따라 분류한다.

① 화격자 소각로(stoker 식, grate 식)

가장 대표적인 소각 방식이며 대규모 소각로에 적합하다. 이 방식은 폐기물을 화격자의 상부에 공급하고, 공기를 화격자 밑에서 송풍하여 연소하는 방식이다. 다른 형식에 비해 구조가 비교적 간단하며 고장도 적어 운전이 용이하여 혼합쓰레기의 소각에 널리 사용된다. 보통 스토커(stoker)형 소각로라고도 하며, 노내에 고정화격자(fixed grate) 또는 구동화격자(moving grate)를 설치하여 이 화격자 위에 폐기물을 놓고 연소시키는 방식이다.

연소공기의 흐름은 통상 화격자의 아래방향으로부터 들어와 화격자상에 있는 폐기물에 공급되어 연소되는데 이를 상향 연소방식이라 하며, 그 반대로 공기를 위에서 아래 방향으로 공급하는 하향 연소방식도 있다. 일반적으로 보통 가연성이 작은 폐기물을 연소시키는 경우에는 상향 연소방식이 연소속도도 빠르고 유리하다. 그러나 분해속도가 빠르고 가연성이 큰 것은 불완전 연소가 되어 검댕(soot)이 발생하므로 재연소를 행할 필요가 있다. 이와 같이 열분해 속도가 빠른 폐기물에 대해서는 분해속도의 억제가 필요하고 따라서 하향연소방식을 택하는 것이 좋다. 단, 이 경우 상향 연소방식에 비해 소각률이 1/2로 떨어진다.

② 상(床)연소방식

소각로내의 상(床 : 구멍이 뚫려 있는 화격자와는 다른 일종의 판과 같은 형태)의 상부에 폐기물을 적재하여 연소시키는 방식으로서 화격자에 적재할 수 없는 오니, 입자상 물질 같은 폐기물이나, 열을 받아 용융되어 착화, 연소되는 폐기물의 연소에 적합한 방식이다. 이 방식에는 구조에 따라 고정상 방식과 회전상 방식이 있다.

③ 다단로 방식

일반적으로 수평원통 다단로나 수직형이 있는데, 전자는 상부에서 공급된 폐기물을 여러 단으로 칸이 나뉘어져 있는 수평고정상에서 교반갈퀴에 의해 가래로 흙을 일구는 것처럼 이랑을 만들면서 배기가스와 접촉시키므로 균등하게 건조시킬 수 있고 국부연소를 피할 수 있는 방식이다. 함수율이 높고 저열량인 폐기물의 소각에 적합하고 유기성분 오니처리에 가장 많이 이용되고 있다. 후자는 상부에서 공급된 오니류의 폐기물을 노상에 설치된 내열주물재 디스크의 회전에 따라 교반 파쇄하여 외측으로 천천히 이동, 건조시키면서 점차 하단으로 낙하시킨다.

④ 로타리킬른(rotary kiln ; 회전로)방식

옛부터 광물류의 건조 등에 많이 사용되고 있는 방식으로, 내면에 내화물을 부착한 원통형 노체를 구배를 두어 설치하고 하부에 로울러를 설치해 구동장치에 따라 천천히 회전하면서 소각시키는 방식이다. 상부의 투입구에서 공급되는 폐기물을 반전교반을 반복하면서 소각시키는 방식이다. 상부의 투입구에서 공급되는 폐기물을 반전교반을 반복하면서 킬른 하위단 또는 상위단에 설치된 고정버너의 연소기체와 향류 또는 병류 접촉으로 건조후 착화하고 점차 아래쪽으로 보내면서 연소가 완결된 재잔사를 배출하는 구조이다.

건조효과가 좋아서 착화연소하기 쉬운 것이 특징이지만 점착성 물질이나 얽히기 쉬운 섬유상 물질 등은 반전을 반복하는 동안에 집괴(集塊)현상을 일으켜 표면만이 고온으로 되어 급속하게 탄화하기도 한다.

로타리킬른 소각로는 쓰레기 감용률이 높고(90% 정도), 유지관리비가 저렴하며, 연속자동운전이 가능하다. 단점으로는 배기가스 등 분진량이 비교적 많고, 간헐운전이 부적합하며, 기계적 마모가 심하다. 낮은 발생량의 쓰레기소각에 적합하며 산업 쓰레기 소각로 방식으로 많이 사용된다.

⑤ 유동층 연소방식

비교적 입자가 고른 폐기물들의 경우 소각로 하단에서 고속으로 공기를 불어 넣어 주면 입자상(모래)에 작용하는 항력이 입자의 자중을 이겨내는 점에서 입자가 부상하게 되고, 떠있는 입자층 전체가 용융상태에 가까운 온도에 도달하게 하여, 이를 유동층(fluidized bed)이라고 하는데, 여기에 폐기물을 주입하여 연소시키는 방식이 유동층 연소방식이다.

유동매체로는 모래 또는 그와 유사한 것으로 배기기체의 열용량보다 약 3배 이상의 열용량을 갖는 것이 이용되는데, 폐기물과 유동매체간의 혼합이 좋고 균일하므로 공기과잉율이 적고 연소효율이 증가하게 된다. 따라서 재래식 연소방식으로는 소각시킬 수 없었던 수분이 많은 도시 및 산업폐기물의 소각에 좋다.

⑥ 분무연소방식

액체연료의 분무화연소와 같은 방법으로, 분무화기(atomizer)에 의해 액체폐기물을 미세한 액적으로 만들어 표면적을 증대시켜 노내로 분사하고, 노내에서 복사, 대류전열, 증발가스화를 촉진하면서 공기공급에 의해 연소속도, 연소효율을 높이는 방식이다. 분무형식에 따라 가압분무, 2유체분무, 회전식분무가 있으며, 액체의 연소는 일반적으로 기화한 상태에서 양호하게 된다. 연속적으로 보조연료를 필요로 하는 저칼로리 폐액의 경우, 고압 2유체 분무형식을 사용하는 것이 좋다. 액적의 연소기간은 분무 입경의 제곱에 비례하며, 미립화하면 불완전연소 및 분진의 감소에 현저한 효과가 있다.

(2) 소각으로부터의 열 회수

고형 폐기물 소각에서 생성되는 가스 중의 열을 회수하여 수증기를 발생시킬 수 있다. 열 회수 후에 가스 중에 남아 있는 낮은 열량은 또한 연소용 공기, 보일러 보충수 또는 고형 폐기물 연료의 예열에 이용할 수 있다.

① 직화 소각로(mass-fired incinerator)

기존의 직화 소각로의 연소실을 빠져나가는 고온의 배기가스 중의 폐열을 이용하기 위해 보일러를 연결, 설치함으로써, 열을 추출, 이용할 수 있다. 대개 소각로 가스는 900～1,100℃ 정도에서 300～600℃ 정도로 냉각하여 대기 중에 방출한다. 보일러 시스템을 이용하면, 수증기 발생(난방, 온수용으로 사용) 이외에도 공기 오염 방지 장치에서 처리하여야 할 배기가스의 부피를 감소시킨다는 이점이 있다.

② 수벽 소각로(water-wall incinerator)

이러한 소각로에서는, 연소실의 내벽을 보일러 튜브로 내장하는데, 이것은 수직으로 배열하여 연속 단면에서 함께 용접한다. 내화물 대신에 수벽(water wall)을 이용하면, 수증기의 회수에 유리할 뿐만 아니라, 과잉 공기를 도입하지 않고 노의 온도를 조절하는데 아주 효과적이다. 그러나 단점으로는 플라스틱 화합물(PVC ; poly vinyl chloride)의 연소에서 생성되는 염산에 의하여 부식되기 쉽다.

(3) 폐기물 유도 연료(RDF)

분말형이나 pellet 형으로 조제한 폐기물 유도 연료(refuse derived fuel, RDF)는 현재 분말탄이나 유류를 사용하여 동력 생산에 쓰이는 대형 산업용 보일러에서 직접 태울 수 있다. RDF는 또한 석탄이나 유류와 함께 연소시킬 수도 있다. 석탄을 병용하는 프로세스는 아직 제대로 확립되어 있지 않지만, 열 도입량의 약 15～20%를 조제한 고형 폐기물로부터 얻을 수 있는 것으로 되어 있다. 유류와 함께 사용할 때는 열 도입량의 약 10%를 조제한 고형 폐기물로부터 얻을 수 있다.

조밀하게 압밀된(densified) 형태의(cubes) RDF는 cubing machine을 이용하여 만들 수 있는데, 이렇게 만들어진 RDF-cubes는 소각, 가스화, 열분해 등 여러 가지 가열 전환 공정에 사용하기에 적당하다.

(4) 가스화(gasification, 1100~1500℃)

가스화 공정은 폐기물을 무산소 상태에서 고온으로 가열하여 탄소성 연료의 부분 연소에 의한 가연성 연료 가스(일산화탄소와 수소가 풍부)를 만드는 것이다. 가스화 장치는 근본적으로 소각 장치와 같으나, 다만 산소가 부족한 환원조건에서 조작한다. 프로세스를 유지하는 열은 발열 반응에서 얻는 반면, 저급 에너지 가스의 가연성 성분은 주로 흡열 반응에서 생성된다. 가스화 프로세스의 반응 속도는 아주 복잡하여 아직 여러 가지로 논의되고 있다.

아래의 열분해 공정보다는 적용 온도가 높아서 상대적으로 기체상 물질이 많이 발생한다. 대기압에서 공기를 산화제로 하여 가스화 장치를 조작하면, 가스화 프로세스의 최종 생성물은 저급 에너지 가스(대개 부피 기준으로 CO_2 10%, CO 20%, H_2 15%, CH_4 2%를 포함하고, 나머지는 질소)와 탄소가 풍부한 챠르(char)가 된다.

(5) 열분해(pyrolysis, 500~900℃)

연구되고 있는 여러 가지 기타 화학적 전화법 중에서 소각을 제외하면, 열분해(pyrolysis)가 가장 주목을 끌고 있는 것이다. 사용하는 반응기의 종류에 따라서 열분해하고자 하는 고형 폐기물의 형상이 달라진다. 즉, 분쇄하지 않은 생폐기물에서부터 분쇄 및 공기 분급의 두 단계를 거쳐서 얻은 미세한 분말에 이르기까지 다양한 것들이 이용된다. 무산소 분위기에서 가열함으로써 열분해와 축합 반응을 거쳐서 대부분의 유기물을 기상, 액상 및 고상 부분으로 분리할 수 있다. 열분해란 이러한 프로세스를 나타내는 말이다. 현저한 발열 과정인 연소 프로세스와는 대조적으로, 열분해는 현저한 흡열 반응이다. 이 때문에 분해 증류(건류, destructive distillation)란 말이 열분해 대신에 자주 쓰인다.

열분해에서 생성되는 세 가지 중요 성분의 특성은 다음과 같다. 즉,

① 기체상 : 가스 흐름은 주로 수소, 메탄, 일산화탄소, 이산화탄소, 기타 여러 가지를 포함하는데, 이는 열분해되는 유기물의 특성에 따라 달라진다.

② 액체상 : 타르 및 기름으로 이루어진 부분은 상온에서 액상인데, 주로 아세트산, 아세톤, 메탄올 등으로 이루어진다.

③ 고체상 : 챠르(char)는 거의 순수한 탄소와 이 공정에 도입된 불활성 물질로 되어 있다.

각 생성물 부분의 분포는 열분해 온도에 따라 달라지는 것으로 알려져 있다. 최대 가스화 조건에서 생성된 가스의 에너지 함유량은 약 26,100kJ/m^3이며, 열분해 기름의 에너지 함유량은 약 23,240 kJ/kg 정도인 것으로 알려져 있다.

4) 소각로와 Dioxin

(1) Dioxin과 Furan

소각로에서 배출되는 유기물 중 최근 관심이 집중되고 있는 것은 다이옥신(Dioxin)과 퓨란(Furan)이다. 이 물질들은 PVC 또는 플라스틱류 등을 포함하고 있는 합성물질을 연소시킬 때 발생하는 독성물질로 알려져 있다.

다이옥신류란 Polychlorinated dibenzo-p-dioxins(이하 PCDDs라 칭함)와 Polychlorinated dibenzofurans(이하 PCDFs라 칭함)를 총체적으로 말한다. 다이옥신과 퓨란은 하나 또는 두 개의 산소원자와 1～8개의 염소원자가 결합된 두 개의 벤젠고리를 포함하고 있다.

다이옥신의 이성체는 75개이고, 퓨란은 135개이다. 이들 중에서 2, 3, 7, 8 위치에 염소를 갖는 화합물의 독성이 크기 때문에 특별히 중요하다. 결합한 염소 원자수가 증가함에 따라 독성은 감소하며 이들을 독성등가계수라는 방식으로 표현한다. 2,3,7,8-PCDD의 독성계수가 1이며 여타 이성체는 1보다 작은 등가계수를 갖는다.

다이옥신류의 농도를 나타낼 때는 독성이 가장 강한 것으로 알려진 2,3,7,8-TCDD의 독성 잠재력을 1로 보고 다른 이성체에 대해서는 이에 대한 상대적인 독성등가인자(Toxic Equivalency Factor : TEF)를 이용하여 독성등가값(Toxic Equivalents : TEQ)의 개념으로 표시한다.

$$TEQ = \Sigma\ (농도 \times TEF)$$

가장 강한 경우의 치사량은 체중 1kg인 모르모트에 대해 0.6ng인데, 이는 청산가리(KCN)보다 1만배나 강한 독성이다. WHO의 허용기준치는 10pg/kg/일, EPA의 허용기준치는 1pg/kg/일, 일본은 4pg/kg/일 이다.

도시 폐기물 소각로에서 발생되는 독성 유기물이 농도와 양은 일산화탄소, 질소산화물, 황산화물과 같은 다른 오염물과 비교하여 많지 않음에도 불구하고 독성이 매우 높기 때문

그림 15-2 polychlorinated dibenzodioxin(PCDD)과 polychlorinated dibenzofuran(PCDF)의 화학구조

에 커다란 관심거리이다. 현재 환경부가 제정한 Dioxin의 배출기준은 0.1ng/m³이며, 현재 사용되고 있는 제어 방법의 하나로 활성탄을 bag filter 앞에 분사하여 Dioxin을 흡착 제거하고 있다.

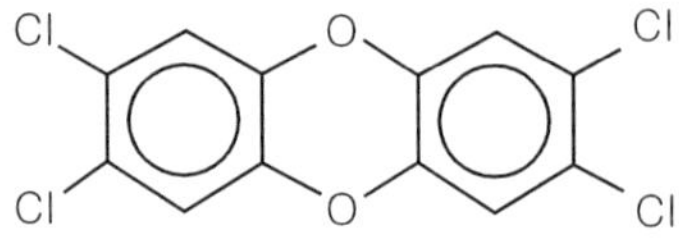

그림 15-3 tetrachloro-dibenzo-p-dioxin(2,3,7,8-TCDD)의 화학구조

(2) Dioxin의 생성기각

소각로에서 유기물(여기에서는 Dioxin)이 배출되는 것은 이상적인 연소상태에 도달하지 못한 불완전 연소의 산물이다. 도시 폐기물 소각로에서 Dioxin의 배출에는 다음 4가지 경로가 있다.

① 투입쓰레기에 존재하던 PCDD/PCDF가 연소시 파괴되지 않고 배기 가스중으로 배출
② PCDD/PCDF의 전구물질(Precursors)이 전환되어 생성, 즉 CP(Chlorophenols)와 PCB(Polychlorinated Biphenyls) 등이 반응을 통하여 PCDD/PCDF로 전환
③ 여러 가지 유기물(PVC, Lignin)과 염소공여체(Chlorine donor ; NaCl, HCl, Cl_2)로 부터 형성
④ 저온상태에서(수분함량이 높은 음식폐기물이 소각로에 투입되면 소각로내 저온 유도) 전구물질이 비산재(飛散, fly ash)에 결합된 다음 염소공여체와 결합하여 결과적으로 비산재에 결합된 PCDD 등이 형성될 수 있다.

(3) Dioxin 배출 억제 기술

소각로에서 발생되어 배출되는 다이옥신류를 억제하는 기술은 이들 독성 물질의 생성 및 파괴 메카니즘의 이해를 바탕으로 이루어져야 한다. 이들 방법은 사전 방지 등의 1차적 방법, 로내 생성 억제 및 파괴 등의 2차적 방법 그리고 후처리 제거에 의한 3차적 방법으로 구분된다(저공해 소각로).

1차적 방법으로는 소각대상이 되고 있는 폐기물의 조성을 분석하여 연소 후 발생하는 유해물질과의 관계를 검토한 후, 주원인이 될 수 있는 폐기물 종류는 분리수거토록 하는 방법이다. 즉, 염기성 물질인 플라스틱류는 분리수거하여 재활용하도록 하거나 아예 1회용

소모품 등은 제조하지 않도록 하는 것이 좋다.

정원 등에서 나오는 잡초(제초제나 살충제 등에 오염된) 등에도 다이옥신류가 함유되어 있을 수 있어 완전 제거는 불가능하나 최소한으로 줄임으로써 2, 3차적 방법에 의한 공정을 간소화시킬 수 있다.

2차적 방법으로는 연료과잉포켓(Fuel-rich Pocket)을 방지하기 위해 쓰레기 공급상태의 균질화를 이뤄야 하고, 다이옥신류의 파괴를 위해 적당한 연소온도(평균온도 980℃)를 유지해야 하며, 연소용 공기는 적정량을 효과적으로 배분하여 공급해야 연소반응의 급냉(Quenching)을 막을 수 있으며, 완전연소를 위해 연료와 공기가 충분히 혼합 (Turbulence) 되어야 하며, 소각로로부터 부유분진이 연소기 밖으로 빠져나가는 입자이월(Particulate

표 15-3 다이옥신 저감방안의 요약

분 야	방 법	내 용
쓰레기	사전분리방법	다이옥신 기원물질이나 다이옥신 생성의 촉매효과가 있는 중금속의 사전제거
	쓰레기의 균질화	소각로로 투입되는 쓰레기의 양과 크기 및 발열량과 수분 등의 쓰레기 특성을 일정하게 함
연소 조건	유기물질과 산화제가 충분히 혼합되게 함 다이옥신물질의 분해에 충분한 온도와 체류시간 유기물질을 최대로 파괴시킬수 있는 적절한 산소량	
배가스 상태	비산유출입자의 최소화	소각로를 벗어나는 비산재의 양이 적도록 제어
	산소와 일산화탄소 측정에 의한 연소 최적화	다이옥신류의 생성이 최소가 되는 산소나 일산화탄소의 농도가 되도록 연소상태를 제어
	황성분의 추가	SO_2나 SO_3 가스의 주입
조업상태	가동개시	소각로의 온도를 빨리 승온
	조업중단	소각로내 잔류분을 완전연소시킴
	양호한 운전상태	소각로의 정지나 불안정한 운전상태가 되지 않게 함
연소실 형상	배가스의 고온부 통과 1차 연소실출구에서 충분한 혼합유도 2차 연소실에서 먼지의 역류를 막는 구조 클링커의 축적이 생기지 않는 구조	

Matter Carryover)을 최소화하기 위해 연소가스 중의 산소농도, 연소용 공기의 분배, 운전부하 등을 연속적으로 감시 제어해야 한다.

또한 Dioxin과 Furan류의 생성량은 잔류시간과 온도에 따라 변화하는데 300℃ 부근에서 발생량이 최대이고, 250℃ 이하와 400℃ 이상의 온도에서는 발생량이 상당히 감소됨을 알게 되었다. 그러므로 배기가스가 연도를 따라서 배출될 때 최대 발생가능 온도 부근(300℃)에서는 배기가스의 체류시간을 최소화 하여야 한다. 기존 설비의 운전 결과를 바탕으로 분진 제거 장치(전기집진기 또는 백필터)의 입구에서의 가스 온도(후류온도)를 Dioxin과 Furan의 형성을 감소시키기 위하여 230℃ 이하로 유지하도록 하고 있다. 따라서 집진 장치 입구에서의 연도가스 온도는 연속적으로 모니터링할 필요가 있다.

3차적 방법, 즉 후처리 방법으로는 활성탄분사와 bag filter 혹은 전기집진기 등을 결합 사용하는 방법, 반응탑에 약품을 집어넣어 화학반응을 시켜 여과기에서 제거, 매립하는 방법, 촉매기에 의해 재연소시켜 제거하는 방법 등이 있다.

15-7 방사능 폐기물의 영향과 처리 및 처분

많은 동위원소는 안정하지만 일부 동위원소들은 불안정하여 방사선을 자발적으로 방출하는데 이를 방사능 동위원소(radioactive isotope)라 한다. 많은 종류의 방사능 동위원소가 알려져 있으며 특히 오늘날에는 핵발전소나 핵무기 시설에서 사용되는 방사능 물질을 이용하는 가운데 생성되는 방사능 폐기물에 의한 오염이 크게 대두되고 있다.

인체에 주는 피해 정도에 입각한 방사선량의 단위를 rem(roentgen equivalent man)이라고 하는데, 방사능 폐기물(radioactive waste)은 10 rem 이하의 저준위 방사능 폐기물(low-level radioactive waste)과 10 rem 이상의 고준위 방사능 폐기물(high-level radioactive waste)로 분류된다.

저준위 방사능 폐기물은 소량의 이온화 방사선을 내는 고체, 액체, 기체상태의 물질로서 핵발전소, 대학교에서의 연구, 방사능 물질을 다루는 의료기관, 산업체 등에서 생성된다. 고준위 방사능 폐기물은 이온화 방사선을 대량 방출하는 고체, 액체, 기체상태의 물질로서 주로 핵발전소와 핵무기 시설로부터 유래하는데 이는 인간에 의해 생성되는 물질 가운데 가장 위험하고 유해한 폐기물이다.

생성된 방사능 폐기물은 여러가지 방법으로 처리될 수 있으나 처리기술이 복잡하고 비용이 많이 들며 방사능 노출의 위험이 상존하고 있어 해양을 포함하는 자연 생태계에 그대로 투기하는 일이 생겨나고 있다. 특히 세계적인 핵실험 금지 협정을 무시하는 일부 핵을 보유한 국가나 핵을 보유하기 위하여 경쟁적으로 핵실험을 강행하는 국가들에 의한 핵실험으로 생태계가 크게 위협을 받고 있다.

노출된 방사능 물질은 소량이라 할지라도 반감기가 긴 누출된 방사능 동위원소는 먹이연쇄를 통한 자연계에서의 **생물학적 농축**이 진행됨에 따라 여러 가지 문제를 일으키게 된다. 방사능에 오랜 기간 노출되면 암, 선천성 결함, 염색체 손상으로 인한 다른 질병 등이 발생할 수 있다.

오늘날 **방사능 폐기물을 처리, 처분하기 위한 4가지 방법**이 알려져 있다.

① **희석 분산** : 낮은 방사능의 폐기물은 분산을 위해 허용된 수준으로 희석될 수 있으며 대기, 물, 토양에 도입되면서 더욱 희석될 수 있다. 그러나 이러한 방법은 환경오염의 위험이 있으며 먹이연쇄에 따라 축적되기 때문에, 국가와 환경감시 기구에서는 주의 깊게 이러한 누출을 감시하고 조절한다.

② **자연 붕괴** : 상대적으로 짧은 반감기를 가지고 있는 방사능 물질은 자연적으로 붕괴가 이루어져 방사능이 기준치 이하로 되었을 때 저장소로 옮기는 방법으로, 짧은 반감기를 가진 방사능 동위원소를 처리하기 위해서 사용될 수 있는 방법이다. 요오드-131은 80일 동안 보관한 후에는 자연계에서 안전하게 처리될 수 있어 이 방법이 효과적이다.

③ **농축 저장** : 고준위의 방사능을 가진 폐기물은 작은 부피로 농축하여 야생생물로 부터 멀리 격리된 지역으로 이동시켜 저장탱크를 이용하여 저장해야 한다.

④ **시멘트, 아스팔트 및 유리 고형화 법** : 중 · 저준위의 방사능 폐기물에 대해서는 중화, 증발, 농축 등의 전처리를 거친 후 시멘트, 아스팔트, 유리 등을 이용하여 고형화시켜 해양투기, 육지보관, 지하보관 등을 적용하고 있다.

환·경·생·태·학

CHAPTER 16

살생물제와 환경호르몬 및 토양오염

16-1 살생물제와 생태계

16.1.1 살생물제의 정의

pest(인간의 입장에서 해로운 생물체)란 인간의 활동을 직·간접적으로 방해하는, 원치 않는 생물체라고 정의된다. 1945년(제2세대 살생물제가 다양하게 개발되기 시작한 시점) 이후, 대단위의 단일 작물 경작지 및 가정내 정원, 잔디밭 및 실내공간 등을 소위 살생물제(殺生物劑, biocides 또는 pesticides, 관례적으로 pesticides를 殺蟲劑, 또는 農藥으로 번역, 사용하고 있으나 이는 정확한 표현은 아님)로 불리우는 다양한 종류의 화학물질로 뒤덮이게 되었다. 살생물제(pesticides)란 인간이 바람직스럽지 않다고 생각하는 생물체(식물, 동물, 미생물)를 죽일 수 있는 물질을 말한다.

따라서 살생물제에는 원치 않는 곤충(insects)을 죽일 수 있는 살충제(殺蟲劑, insecticide), 원치 않는 잡초 등을 죽일 수 있는 제초제(除草劑, herbicide), 새앙쥐(mouse), 쥐(rat), 다람쥐, 토끼 등의 설치류(齧齒類, rodents)를 죽일 수 있는 살서제(殺鼠劑, rodenticide), 곰팡이(眞菌, fungi)를 죽일 수 있는 살진균제(殺眞菌劑, fungicide), 세균(細菌, bacteria)을 죽일 수 있는 살세균제(bacteriocide, ※antibiotics ; 항생제), 조류(藻類, algae) 등을 죽일 수 있는 살조제(殺藻劑, algicide) 등을 들 수 있다.

살생물제는 농작물의 수확량을 향상시키고, 질병을 일으키는 생물체의 개체군의 크기를 제어하는 등 인류에 도움을 주어왔으나, 반대로 살생물제의 광범위한 사용은 야생생물, 생태계의 구조와 기능 및 인간의 건강에도 유해한 영향을 미칠 수 있나. 또한 이들의 과다사용은 오히려 작물의 수확량을 감소시키고(受粉, pollination의 부족), 제어해야 할 해충의 광범위한 번창을 초래할 수도 있다(천적의 소멸, 내성의 증가).

1962년 Rachel Carson 여사의 소설 '침묵의 봄(Silent Spring)'은 이러한 살생물제의 야생

생물과 인간에 대한 잠재적 위험성을 경고하였고, 환경론자와 살생물제 산업 관련자들과의 논쟁을 유발시켰으며, 그 논쟁은 지금도 계속되고 있다〔농약을 경제적 독약(economic poison)이라고도 함〕.

16.1.2 살생물제의 종류와 사용

1) 생태계내 해로운 생물체의 자연적 제어

현재까지 알려진 곤충(약 1백만 종) 중에서 약 100가지 종(전체의 1만분의 1)이 농작물에 피해를 일으키는 전체 종의 90%를 차지하는 것으로 밝혀졌다. 따라서 나머지 대다수의 곤충, 곰팡이, 설치류 및 토양미생물들은 생태계내 원소의 순환에 도움을 주고, 식물의 수분(受粉, pollination)에 도움을 주며, 각종 pest의 숫자가 위험수위에 도달되는 것을 막아주기도 한다. 또한 생태계 내에서 많은 식물과 곤충들은 자연선택을 통하여 포식자나 기생자 및 질병으로부터 자신들을 돌볼 수 있는 생화학적 물질을 생산, 방출할 수 있다.

2) 해로운 생물체에 대한 인위적 제어의 필요성

수많은 메뚜기 떼는 사람들이 먹어야 하는 농작물이나 야생식물을 파괴시켜 왔듯이(과거 중국의 三災 ; 水災 - 홍수, 旱災- 가뭄, 蝗災 - 메뚜기), 증가하는 해로운 생물체(pests)는 지난 200년 동안 급격하게 증가된 세계 인구를 부양시킬 수 있는 농작물에 대한 심각한 위협이 되어왔다. 또한 기존에는 작은 크기의 개체군으로 수많은 종이 존재하는 다양한 형태의 생태계가 존재했으나, 식량의 대량생산을 위해 대단위 농경지와 같은 매우 단순한 농업적 생태계로 대체되었는데(벼, 밀, 콩 등 몇가지 종만이 존재함), 이렇게 단순한 생태계 내에서는 특정한 생물종이 pest 수준에 도달할 정도로 엄청난 숫자로 번창하기가 쉽다(자연적이고, 종다양성이 보장된 생태계에서는 그 숫자가 포식-피식 관계에 의해서 pest 이하 수준으로 조절된다).

결과적으로, 인간은 이렇게 단순화된 생태계에 존재하는 pest를 제어하기 위해서 많은 시간과 에너지와 비용을 소비해야만 했다. 여러 가지 제어방법들 중 가장 많이 사용되어 왔던 접근방법이 바로 여러 가지 살생물제의 살포였다.

3) 해로운 생물체에 대한 이상적인 제어방법

이상적인 살생물제는 (1) 단지 목표 pest만 죽여야 하고 (2) 인간을 포함한, 목표가 아닌 생물체에 대한 장, 단기적 악영향이 없어야 하며 (3) 비교적 단기간내에 무해한 화학물질로 분해될 수 있어야 하며 (4) 목표생물체에 있어서 유전적 내성(耐性, resistance)의 발달을 방지할 수 있어야 하며 (5) 이러한 살생물제의 사용이, 그것을 사용치 않을 때보다 더 경제적이어야 한다(수확량의 증대 등). 그러나 불행하게도 아직까지 위의 모든 조건을 충족시키는 살생물제는 존재하지 않는다.

4) 제1세대 살생물제

1940년 전까지만 해도 시판되는 살생물제는 그 종류가 많지 않았으며, 이들 **제1세대 살생물제(first generation pesticides)**는 대부분 자연상태의 식물에서 발견되는, 곤충을 죽일 수 있는 독성물질의 추출로부터 얻어진, 지속성이 없는(비교적 쉽게 분해되는) 유기화합물들이었다.

예를 들어, 국화류의 일종인 제충국(除蟲菊)의 꽃망울로부터 얻어진 **제충국제(除蟲菊劑, pyrethrum)**는 중국인들에 의해 2천년 전부터 현새까지 사용되고 있으며, caffeine 또한 담배뿔벌레, 가루진드기, 당면벌레, 모기유충 등을 제거할 수 있는 훌륭한 살충제이다. 천연식물로부터 유래된 기타 살충제로는 담배로부터 얻어진 nicotine sulfate, 열대지방의 derris 나무로부터 얻어지는 rotenone, 기타 **마늘유**, **레몬유** 등을 들 수 있는데, 이들은 벼룩이나 모기유충, 집파리와 기타 곤충들을 제어하는데 효과가 있다.

1940년 이전에 사용된 제1세대 살생물제의 또다른 형태인 **무기화합물**은 비소(As; 賜藥의 한 성분으로 사용됨), 납(Pb) 및 수은(Hg) 등과 같은 **독성 금속**으로부터 만들어졌는데, 이들 중 대부분은 사람과 동물에 대한 독성이 너무 강하고, 토양을 오염시켜 식물의 성장을 방해하는 등의 이유로 오늘날에는 거의 사용되지 않는다.

5) 제2세대 살생물제

해충의 제이방법에 있어서 매우 커다란 변화가 1939년에 일어났는데, 이 때에 DDT (dichloro-diphenyl-trichloroethane, 최초 발견은 1874년)가 강력한 살충효과가 있다는 것이 밝혀졌다. 이어서 1945년 이후, 화학자들은 다양한 종류의 이러한 합성유기화합물들을 개발해냈는데 이들을 **제2세대 살생물제(second generation pesticides)**라 한다.

DDT 및 이와 관련된 많은 종류의 제2세대 살생물제들은 2가지 이유로 광범위하게 사용되어 왔는데, (1) 이들을 생산하기가 매우 쉽고, 비용이 많이 들지 않으며 (2) 이들은 환경에서 쉽게 분해되지 않고, 강우나 관개용수(灌漑用水)에 의해서 쉽게 녹지도 않고, 제거되지도 않기 때문에 오랜 기간동안, 여러 종류의 해로운 생물들을 죽일 수 있다는 이유에서였다.

비록, 우리는 살생물제하면 농경지를 먼저 떠올리지만 EPA의 연구에 의하면, 가정내에서 곤충, 잡초, 곰팡이, 설치류 등을 제어하기 위해 1가지 이상의 살생물제를 사용하는 가정이 전체 가정의 92%를 차지하는 것으로 나타났으며, 가정과 농경지를 비교했을 때, 단위 면적당 사용되는 살생물제의 양은 가정이 오히려 더 많다는 것이 밝혀졌다(따라서 pesticides를 농약이라 말하는 것은 부정확한 표현임).

이러한 사실은 살생물제로 인한 지표수오염, 매립지와 지하수오염, 토양오염 및 실내오염의 책임이 꼭 농업종사자들 뿐만 아니라 일반가정에게도 크다는 것을 의미한다(살충제의 과다사용 및 내용물이 잔류된 살충제 용기의 무단폐기 등)

6) 살충제와 제초제의 주요 종류

(1) 살충제

아래와 같은 4종류가 있으며, 이들 화학물질은 대부분 생물체의 신경계에 작용하여 목표생물 뿐만 아니라 비목표 생물까지 죽이게 되며, 지속성(잔류성)은 종류에 따라 다양하다.

① 유기염소제(chlorinated hydrocarbon)

예로써 DDT(dichloro-diphenyl-trichloroethane), DDD(dichloro-diphenyl-dichloroethane), DDE(dichloro-diphenyldichloro-ethylene), aldrin, dieldrin, endrin 등이 있으며 지속성(잔류성)이 2～15년으로 매우 긴 편이다. 따라서 선진국에서는 유기염소제 중 사용이 금지되거나 제한된 품목이 많다(만성영향이 크다).

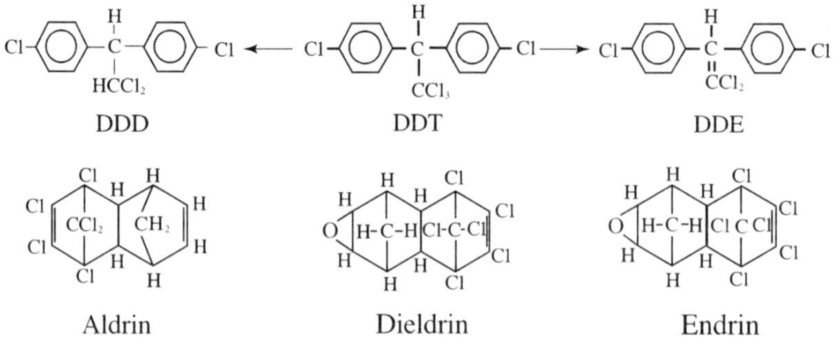

그림 16-1 유기염소계 살충제의 구조식

② 유기인제(organophosphate)

예로써 malathion, parathion, diazinon, TEPP(tetra-ethyl-pyro-phosphate), DDVP (dimethyl-dichloro-vinyl-phosphate) 등이 있으며, 지속성(잔류성)은 유기염소제에 비해 1~12주로 비교적 짧으나, 유기염소제에 비해 물에 더 잘 녹아서 지하수오염을 시킬 수 있으며, 새, 인간 및 다른 포유류에 더 큰 독성을 나타낸다. 지속성이 짧아서 더욱 자주 살포함으로써 환경오염을 오히려 촉진시키는 경향이 있다(급성영향이 크다).

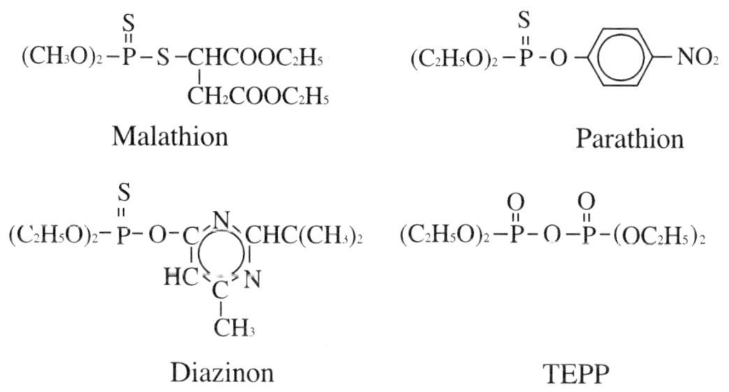

그림 16-2 유기인계 살충제의 구조식

③ Carbamate제

예로써 carbaryl(sevin), zineb, maneb 등을 들 수 있으며, 그 지속성은 수일에서 수주로 매우 짧은 편이다.

④ Pyrethroids제

자연산 제충국제나, 화학적으로 변형시킨 제충국제를 사용하며, 지속성이 수일에서 수주로 짧고, 적은 양으로도 녹표생물에 큰 독성을 나타내며, 포유류에게는 크게 독성을 나타내지 않기 때문에 점차 그 사용량이 증가하고 있는 추세이다.

(2) 제초제

제초제는 아래와 같이 크게 3종류가 있으며, 이들은 효과를 나타내는 기간이 비교적 짧으며, 지속기간(잔류기간)도 비교적 짧은 편이다.

① 접촉성 제초제(contact herbicides)

식물의 잎에 접촉하여, 광합성을 방해함으로써 잡초를 죽게한다(triazine 등).

② 체계성 제초제(systemic herbicides, 흡수성 제초제)

식물의 뿌리와 잎을 통한 이의 흡수로 말미암아, 식물의 성장호르몬이 과대 분비되어, 결국 식물은 영양분의 조달이 과대성장에 미치지 못하여 죽게 된다. 여기에는 2,4-D(2,4-dichloro-phenoxy-acetic acid)와 2,4,5-T(2,4,5-trichloro-phenoxy-acetic acid) 등이 있으며, 특히 월남전 당시 고엽제(枯葉劑, jungle defoliant)로 사용된 'Agent Orange'는 2,4-D와 2,4,5-T의 1 : 1 혼합물이었는데, 이들의 합성과정에 TCDD(2,3,7,8-tetra-chloro-dibenzo-p-dioxin)가 소량 함유되어, 종전 후 폭로된 지역의 민간인들과 퇴역군인들에게 여러 가지 피해를 일으켜 문제가 되고 있다(태아의 사산, 기형아 발생, 암발병율 증가, 정신질환, 피부질환).

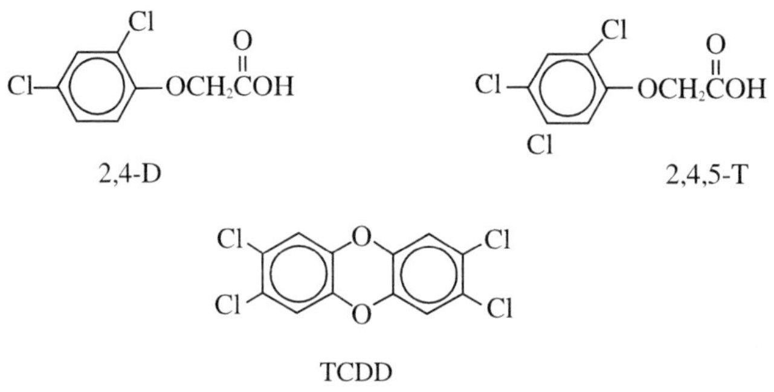

그림 16-3 제초제와 Dioxin의 구조식

③ 토양 멸균제(soil sterilants)

예로써 treflan, dymid, dowpon, sutan 등을 들 수 있는데, 이들은 식물의 성장에 필수적인 토양미생물(공생관계)을 죽임으로써 식물을 죽게 하는 제초제로서, 또한 흡수성 제초제와 같은 효과도 나타낸다.

16.1.3 살생물제 사용의 유익성과 유해성

1) 살생물제 사용의 유익성

(1) 질병의 퇴치

제2차 세계대전중 발진티푸스(typhus)를 매개하는 벼룩(flea)과 이(lice)를 제어하기 위하여 군인 및 피난민들에게 직접적으로 DDT를 살포하였으며, malaria(학질)의 매개체인 모기, 선(腺)페스트의 매개체인 쥐벼룩, 수면병을 매개하는 째째파리(tsetse fly) 및 샤가스 병(Chagas' disease)을 매개하는 kissing bug 등의 해충을 제어하기 위해서 DDT 및 이와 관련된 제2세대 살생물제들을 사용하여 왔다.

(2) 식량의 증산

전세계 식량 생산량의 45%가 해충 및 질병으로 손실되고 있는 것으로 파악되고 있으며, 미국의 경우 살생물제의 살포에 드는 비용 30억 달러를 투자하여 110억 달러어치의 수확량 증산을 가져오는 것으로 알려졌으며, 미 농무성 보고에 의하면 이러한 광범위한 살생물제의 살포가 없다면 농산물 가격이 30~50% 가량 상승될 것으로 추산하였다.

2) 살생물제 사용의 유해성

(1) 유전적 내성의 증가

살생물제의 지속적인 사용 및 과다 사용은 궁극적으로 목표생물의 자연선택에 의한 내성을 갖는 품종이 우점종을 형성하게 되며, 다시 이들을 제어하려면 더 많은 양의 살생물제를 살포해야 하는 악순환이 계속된다.

(2) 천적의 제거 및 새로운 해로운 생물체(pest)의 발현

자연 생태계의 먹이망 속에서, 천적에 의해 일정 수 이하로 유지되어 인간의 입장에서 크게 문제가 되지 않던 생물이, 다른 목표생물을 죽이기 위해 살포된 살생물제에 의해 천적의 숫자가 크게 제한되면서, 역으로 이 생물이 크게 번창하여 결국 인간에게 새로운 해로운 생물체(pest)로 떠오르게 된다.

우리나라의 경우도 농촌지역에서 이제는 메뚜기를 찾아 볼 수가 없으며, 개구리, 방아개비 등 곤충들이 과거보다 많이 줄어들었다. 농약의 살포가 그 원인인 것으로 알려지고 있다. 먹이사슬에 의한 생태계 파괴 문제는 이제 남의 나라의 먼 이야기만은 아닌듯 싶다. 최근, 보건복지부의 발표에 의하면 패혈증(敗血症, septicemia, blood-poisoning) 환자가 늘어나고 있다고 한다.

패혈증의 숙주가 들쥐라고 알려지고 있다. 농약의 과다 살포로 인한 메뚜기, 개구리의 감소가 먹이사슬에 의한 뱀의 감소를 초래하고 결과적으로 뱀의 감소가 들쥐의 번식을 높인 것이다. 무엇이든 지나침이 문제이다. 농약, 비료도 모두 적정량을 사용하여야 할 것이다. 과유불급(過猶不及; 지나침은 모자람과 같다 → 中庸之道)이라는 동양철학의 사상이 생태계 보전에도 적용될 수 있을 것이다.

(3) 잔류성 살생물제의 이동 및 생물증폭

쉽게 분해되지 않는, 잔류성이 강한, 독성이 있는 살생물제의 과다사용은 결국 생태계내의 여러 가지 순환과정을 거치면서 대기, 수질, 토양환경 등을 오염시키고, 결국 먹이사슬을 통해 인간을 포함한 고등 동물의 체내에 고농도로 축적되어(생물증폭, biological amplification) 해를 끼칠 수 있다.

① DDT와 생물농축

DDT는 제2차 세계 대전중에 개발된 살충제로 말라리아의 매개체인 모기의 박멸에 탁월하였다. 미국의 클리어 레이크라는 호수에 모기를 없애기 위해 1949년부터 1957년까지 3번 살포하였더니, 이 호수에 살고 있던 농병아리들이 떼죽음을 당하기 시작했다. 그 이유는 농병아리의 몸에 DDT가 농축되어 있었던 것이다.

DDT는 물에 잘 녹지 않고 분해도 되지 않는데, 생물체가 흡수하면 체내의 지방에 축적된다. DDT를 처음 플랭크톤이 흡착하면 상급생물로 전달되며 상급생물일수록 더 많은 양의 DDT를 몸속에 축적하게 된다. 생물농축(bioconcentration) 때문이다. 이와 같은 먹이연쇄에 따라 DDT를 사용한 적이 없는 에스키모인이나 남극의 펭귄까지도 DDT를 체내에 가지고 있다.

② DDT와 육식성 새의 감소

1950년대와 60년대 사이에, 미국에서는 물고기를 잡아먹는 새(물수리, 가마우지, 펠리칸, 흰머리 수리)와 토끼, 땅다람쥐, 기타 농작물을 해치는 작은 포유류 등의 개체군 수를 조절하는데 크게 기여하는 포식성 새(맹금류, 猛禽類 ; 송골매, 새매, 바다제비) 등의 숫자가 크게 감소하였다. 연구조사 결과, 사체에서 과다하게 축적된 DDT와 이의 생체내 전환물질인 DDE가 많이 검출되었는데, 이 DDE는 그들의 알에 칼슘이 침착되는 것을 방해하여, 알이 쉽게 깨짐으로서 결국 그 숫자가 급격히 감소한 것으로 밝혀졌다. 미국에서 1972년 DDT의 사용을 금지시킨 이후로 이들 새들의 개체군 수는 지속적으로 증가하여 적정수준을 다시 되찾은 것으로 알려졌다.

③ DDT와 쥐의 증가

생태계란 생물과 무생물간의 보이지 않는 연결고리에 의해 항상 유기적으로 물질이동이 이루어지고 변화하면서도 탄소 · 질소 · 황 등 기본원소 전체는 순환할 뿐 총량은 변하지 않으며 일정한 균형을 유지한다. 이러한 생태계의 균형은 일정한 범위내에서만 가능한 것이고, 엄청난 외부적 충격이 가해질 때는 깨지게 된다. 지구상에서는 부분적으로 우리 인간활동에 의해 이러한 생태계의 균형이 깨어지기도 한다.

1940년대 인도네시아 보르네오섬에서는 고양이가 전멸한 때가 있었다. 지금 우리나라도 많은 지역에서 바퀴벌레가 극성을 부리고 있는데, 당시 인도네시아에서는 바퀴벌레가 기승을 부렸고, 바퀴벌레 박멸을 위하여 보르네오섬 전역에 DDT를 무제한 살포한 바 있다. 결과적으로 바퀴벌레를 박멸하는데는 성공하였지만, 이로 인해 DDT에 중독된 바퀴벌레를 잡아 먹은 고양이가 치사(致死)하게 되었으며, 그 후 얼마 안 가서 보르네오섬에는 쥐가 극성을 부리게 되었다. 이는 먹이사슬에 의한 고양이의 감소가 주된 원인이었던 것으로 알려지고 있다.

(4) 인체의 건강에 대한 위해성

여러 가지 살생물제는 궁극적으로 생물의 하나인 인간에게도 급성중독 및 만성중독을 일으킬 수 있다(장기 손상, 신경계 이상, 기형 유발, 발암성 등).

16.1.4 살생물제의 대안과 유전자변형농수산물(GMO) 및 유기농 식품

1) 살생물제의 대안

(1) 경작 순서의 변경

매년 같은 장소에 같은 작물을 경작하면, 그 농작물을 목표로 하는 해충이 상존하게 된다. 이를 막기 위해 매년 혹은 적당한 간격을 두고 새로운 작물로 대체하면서 경작할 필요가 있다.

(2) 목표생물에 대한 생물학적 제어

농작물에 해를 끼치는 해충에 대한 천적이나, 해충에 대한 병원균을 육성, 방출함으로써 목표해충을 제어할 수 있다. 이 때 후자를 미생물농약(microbial pesticides ; 세균인 *Bacillus thuringiensis*는 여러 가지 해충 몸체에 감염되어 독소를 방출함으로써 결국 목표해충을 죽게 만들고 사람에게는 해를 끼치지 아니한다)이라 한다.

(3) 불임에 의한 유전적 제어

목표해충의 수컷을 실험실내에서 대량으로 육성한 후, 유전적으로 조작하여 불임으로 만들어 자연계로 살포하면, 자연계의 해충 암컷은(한 번 교미 후 두 번 다시 안함) 불임 수컷을 만날 확률이 커지고, 결국은 그들의 자손의 수가 줄어들게 된다.

(4) 천연 호르몬이나 성 유인제를 이용한 화학적 제어

해충의 암컷이 짝짓기를 할 때 생산, 배출해내는 hormone이나 성 유인제(sex attractants, 즉 pheromone)를, 실험실 내에서 대량 생산하여, 자연계에 살포하여 해충 수컷들을 모아들여 제어망 등을 이용하여 제거하거나, 천적이 많은 곳에 살포하여 천적에게 피식되게 함으로써 제어할 수 있다.

(5) 수확된 종자에 대한 방사선 조사 멸균

다음 해에 사용될 종자에 붙어 있는 해충이나 병원균, 곰팡이 등을 제거하기 위해 살생물제 대신 방사선을 조사함으로써 그 목적을 달성할 수 있다. 이 방법은 수확된 농작물의 보관, 수송, 판매과정에서도 적용될 수 있다(이의 안전성에 대한 논란도 존재함).

(6) 유전자 조작에 의한 내성 농작물의 육종

이는 유전자 조작을 통하여, 목표생물(해충, 병원성 세균, 곰팡이, 바이러스 등)에 내성을 갖는 농작물을 개발하는 방식으로, 현실적으로 많이 시행되고 있으나 이의 안전성(安全性, Safety)에 대한 논란이 많다.

결론적으로, 앞에서 살펴본 살생물제의 악영향을 막아내고, 해로운 생물체(pest)를 제어할 수 있는 방안으로서, 앞에서 기술한 여러 가지 대안들을 신중히 설계한 생태학적 접근방법으로서, 통합해충관리체계(integrated pest management system, IPM-system)의 구축이 필요하다 하겠다.

2) 유전자변형농수산물(GMO)

(1) 유전자변형농수산물(GMO)의 정의와 문제점

GMO(Genetically Modified Organism)는 생산성 향상과 상품의 질 강화를 위해 본래의 유전자를 변형시켜 생산된 농수산물로서, 질병에 강하고 소출량이 많아 식량난을 해소할 수 있다는 장점이 있으나, GMO 식품을 장기간 섭취할 경우에도 인간에 무해하다는 점(안전성)이 분명하게 검증된 바가 없으며, GMO 품종으로 인해 생태계가 교란되는 등 환경재앙이 발생할 수도 있다는 위험성을 안고 있다.

GMO 식품을 보는 시각은 미국과 유럽 간에 크게 다르다. 유전자 기술이 앞선 미국의 경우 슈퍼마켓에서 팔리는 식품의 절반 이상이 GMO를 함유하고 있으며, 미국 국민들의 절대 다수는 GMO 식품이 안전하다고 신뢰한다. 그러나 서유럽 국가의 환경단체들은 GMO 곡물을 '프랑켄슈타인 식물' 이라고 부르며 일반 대중도 이를 기피하고 있다.

(2) GMO 표시제

유전자변형농수산물(GMO)을 표시하는 제도로서, 한국에서 유통되는 콩 · 콩나물 · 옥수수 유채, 면화, 사탕무와 이들의 새싹채소 등은 GMO가 3% 이상 섞일 경우에는 반드시 GMO를 표시해야 한다(소비자 선택권 부여).

또한, 농산물 가공품은 사용된 모든 원료 농산물이 국산일 때만 원산지를 '국산' 이라고 표시한다.

표시기준 및 방법은 첫째, 상품으로서의 농수산물이 GMO인 경우에는 '유전자변형농수산물' 이라고 표시하고, GMO 등을 포함한 경우에는 '유전자변형농수산물 포함' 이라고 표시한다. 둘째, 해당 농수산물의 포장용기의 표면 또는 판매장소 등에 최종구매자가 용이하게 판독할 수 있는 활자체로 표시하고, 식별하기 쉬운 위치에 표시하며, 쉽게 지워지거나 떨어지지 않는 방법으로 표시한다.

제품의 주요 수출국인 미국은 안전에 이상이 없다는 입장이지만, 유럽에서는 동물실험결과 부작용이 발견되었기 때문에 GMO 식품표시제도를 시행하고 있다. 유럽연합국가들은 1% 이상, 일본은 5% 이상이 GMO표시기준이다.

3) 유기농 식품

유기농 식품은 유기농산물로 만들어진 식품이다. 보통 유기농산물과 친환경 농산물을 같은 것으로 생각하지만 유기농산물은 친환경 농산물의 한 종류다.

'친환경 농산물 인증마크' 제도가 시행되고 있는데, 친환경 농산물은 농약과 화학비료를 사용하지 않은 기간에 따라 △우기농산물(3년), △전환기 유기농산물(1년 이상) △무농약 농산물(화학비료는 사용) △저농약 농산물(농약을 허용기준치 2분의 1 이하로 사용) 등 4가지로 나뉜다.

국제 기준에는 '3년 이상 농약이나 화학비료를 쓰지 않은 땅에서 재배한 농산물' 이라는 유기농산물 기준만이 있다. 국제식품규격위원회(Codex)가 정한 '생산 · 가공 · 표시 · 판매 기준' 을 통과해야 '유기' 라는 단어를 붙일 수 있다.

농약과 화학비료를 쓰던 땅에서 유기농업을 하기 위해서는 2년 이상의 전환기가 필요하다. 아직 시작 단계인 국내 유기농 산업을 보호하기 위해 국제 기준에 약간 미흡한 작물에도 등급을 매긴 것이다.

유기농산물은 볏짚과 낙엽을 쌓아 발효시킨 퇴비나 외양간두엄 등 유기물만으로 길러진다. 병해충과 잡초의 방제에 화학 약품을 쓸 수 없다. 유기농산물은 종자부터 유기농업으로 생산된 것이어야 한다. 유전자조작식품(GMO)의 종자도 유기농 대상에서 제외된다. 유기농 토양으로 인증을 받으려면 잔류농약은 물론 오염된 지하수의 유입 여부도 확인돼야 한다.

유기농산물은 일반농산물과 철저히 구별된 저장과 포장 과정을 거쳐 유기농식품으로 시장에 나온다. 유기농식품의 공정이 일반식품보다 까다로울 것으로 생각하기 쉽지만 위생기준 등은 같다. 원료가 섞이지 않도록 하기 위해 공정 과정을 나눠 놓을 뿐이다.

유기농 식품에 일반식품보다 건강에 좋은 특별한 성분이 더 들어 있는 것은 아니다. 유럽에서 시작된 유기농업은 건강에 대한 관심보다는 작물의 빠른 생장만을 중시해 자연환경을 해치는 화학비료와 농약에 대한 비판과 함께 시작됐다.

유기농산물을 먹으면 농약과 화학비료 성분이 몸에 들어올 위험은 줄어드나, 이를 건강식품으로 맹신하기보다는 '자연스러움을 위한 도구'로 이해해야 하며, 유기농업은 자연환경을 보전하고 비옥한 땅을 만들며, 나아가 지구생태계를 건강하게 만들어 인간도 자연히 건강하게 된다는 것이 유기농 식품의 진정한 가치라 할 수 있다.

16-2 내분비계 장애물질(환경호르몬)과 생태계

16.2.1 내분비계(호르몬계)의 정의, 기능 및 종류

1990년대 후반기에 들어서 내분비계 장애물질(Endocrine Disruptors, 환경호르몬)은 생태계 및 인간의 내분비계에 영향을 미쳐 전세계적으로 생물종 다양성에 위협이 되고 있다는 점에서 오존층 파괴, 지구온난화와 함께 세계 3大 환경문제로 등장하였다.

이때, 내분비계(호르몬계)란 생체의 항상성, 생식, 발생, 행동 등에 관여하는 각종 호르몬을 생산, 방출하는 기관으로서, 선(腺, gland), 호르몬(hormones), 표적세포(target cell) 등 3가지 부분으로 나뉘어진다.

내분비선(內分泌腺)으로부터 생산된 화학적 신호인 호르몬은 마치 통신네트워크와 같이

표 16-1 내분비 기관에서 분비되는 호르몬의 종류와 기능

내분비선	호르몬	호르몬 구조	기능
난소 (Ovary)	에스트로겐	스테로이드	여성에서의 이차성징 조절 월경, 난자발육, 배란
	프로게스테론	스테로이드	월경주기 조절, 임신유지
정소(Testis)	안드로겐	스테로이드	남성에서의 이차성징 조절
췌장 (Pancreas)	인슐린	폴리펩티드	혈당저하, 글리코겐 증가 유도
	글루카곤	폴리펩티드	혈당증가, 글리코겐 분해 촉진
	소마토스테인	펩티드	인슐린, 글루카곤 분비 억제
부신 (Adrenal)	에피네프린	아미노산 유도체	평활근 수축, 심장박동, 혈압상승
	노르에피네프린	아미노산 유도체	심장근수축 심장박동, 대사속도 증가
	글루코코르티코이드	스테로이드	혈당조절, 생장조질
	미네랄코르티코이드	스테로이드	염과 수분의 항상성 소설
흉선(Thymus)	흉선호르몬	펩티드	흉선의 T세포, B세포 생장 촉진
갑상선 (Thyroid)	타이록신	펩티드	산소소비, 발열반응, 대사 촉진
	칼시토닌	펩티드	뼈내의 칼슘 방출 억제 혈액내 칼슘 농도 저하
부갑상선 (Parathyroid)	부갑상선호르몬	펩티드	혈액내의 칼슘 농도 증가 혈액내 인 농도 감소
뇌하수체 전엽 (Anterior Pituitary gland)	성장호르몬	단백질	뼈, 근육 성장촉진, 단백질, 지방합성 촉진
	프로락틴	단백질	출산후 모유생산, 분비 촉진
	갑상선자극호르몬	당단백질	갑상선호르몬의 분비, 생장촉진
	아드레노코르티코트로픽 호르몬	폴리펩티드	부신피질자극
뇌하수체 후엽 (Posterior Pituitary gland)	항이뇨호르몬	펩티드	콩팥으로부터 수분흡수 증가, 혈압상승
	옥시토신	펩티드	임신자궁의 수축촉신 모유분비 촉진
시상하부 (Hypothalamus)	방출호르몬	펩티드	뇌하수체에 작용하는 호르몬 방출

표 16-2 주요 호르몬의 과분비와 결핍에 의하여 일어나는 질환

호르몬명	부위	대표적인 질환	
		분비과잉	분비부족/수용체 이상
성장호르몬	뇌하수체	거인증 말단비대증	소인증
갑상선호르몬	갑상선	갑상선기능항진증 (바셰도우씨병)	갑상선기능저하증
인슐린	췌장	저혈당증	고혈당증(당뇨병)
부신피질호르몬	부신	부신피질기능항진증 (쿠싱증후군)	부신피질분비부전증 (아디슨씨병)
에스트로겐 (여성호르몬)	난소	자궁내막증, 질암, 유방암, 부정출혈	여성기의 발육이상, 월경불순
안드로겐 (남성호르몬)	정소	이차성징의 조기출현	남성기의 발육이상, 무정자증, 여성화증후군

표 16-3 내분비계 장애물질의 분류

세계생태보전기금 (WWF) 분류(67종)	일본 후생성의 분류 (142종)	내분비계장애물질 용출 우려가 되는 생활용품
- 다이옥신류 등 유기염소물질 6종 - DDT 등 농약류 44종 - 펜타 - 노닐 페놀 - 비스페놀 A - 디에틸헥실프탈레이트 등 프탈레이트 8종 - 스티렌 다이머, 트리머 - 벤조피렌 - 수은, 납, 카드뮴 등 중금속 3종	- 프탈레이트류 등 가소제 9종 - 플라스틱에 존재하는 물질 17종 - 다이옥신 등 산업장 및 환경오염 물질 21종 - 농약류 75종 - 수은 등 중금속 3종 - DES 등 합성에스트로겐 8종 - 식품 및 식품첨가물 3종 - 식물에 존재하는 에스트로겐 유사호르몬 6종	- 플라스틱 용기, 음료캔, 병마개, 수도관의 내장코팅제, 치과치료시 이용되는 코팅제 : 비스페놀 A - 합성세제 : 알킬페놀 - 컵라면 용기 : 스티렌 다이머, 트리머 - 폐건전지 : 수은

혈액을 통해 체내를 순환하며 표적이 되는 각 세포, 조직에 정보 및 지령을 전달한다. 이러한 일련의 과정은 외부자극에 대한 반응과 같이 수초이내에 이루어지기도 하며, 성장 및 발육, 암수분화 등과 같이 장시간에 걸쳐 이루어지기도 한다. 모든 척추동물(어류에서 포유

표 16-4 환경호르몬과 생활용품

종류		함유물질 혹은 발생장소
Dioxins	PCDDs, PCDFs	쓰레기소각장 등 각종 연소시설
	PCBs	변압기의 절연유, 금속세정제 등
Alkyl Phenols		가정 · 산업용 각종 세제, 페인트, 제초제, 의류 등
Bisphenol A		식품 · 음료수 용기 내부, 병뚜껑 및 캔의 내부
Phthalates	DEHP	PVC 제품(식품용기, 음료수병, 의료용품, 바닥재, 장판, 건축자재 등)
	DEP	화장품, 방향제 등
	DBP	화장품, 헤어스프레이, 모발염색제, 프린트잉크, 접착제 등
	DINP	장난감, 잉크, 접착제, 페인트 등
	PBDE	플라스틱이나 섬유를 원료로 한 각종 제품(TV, 컴퓨터 등 가전제품, 건축자재, 실내장식재 등), 난연제(難燃劑)로 사용됨
	PET	PET 병
PFOS		반도체, 페인트, 접착제, 인화용지 등 제조할 때 첨가
DEHA		PVC 제품(식품용기, 음료수병, 의료용품, 바닥재, 장판, 건축자재등)

〈범 례〉
PCDDs ; poly-chlorinated-dibenzo-p-dioxins
PCDFs ; poly-chlorinated-dibenzo-furans
PCBs ; poly-chlorinated-biphenyls
DEHP ; di-ethyl-hexyl-phthalate
DEP ; di-ethyl-phthalate
DBP ; di-butyl-phthalate
DINP ; di-iso-nonyl-phthalate
PBDE ; poly-brominated-diphenyl-ethers
PET ; poly-ethylene terephthalate
PFOS ; per-fluoro-octane-sulfonate
DEHA ; di-ethyl-hexyl-adipate

류까지)은 같은 내분비계를 가지고 있으며, 이들은 각기 유사한 호르몬을 분비하고 있다.

내분비계의 활동은 신경계와의 협력을 통해 이루어지며, 내분비계의 기능을 요약하면 다음과 같다. (1) 체내의 항상성 유지(영양, 대사, 분비활동, 수분과 염의 균형유지) (2) 외부 자극에 대한 반응 (3) 성장, 발육, 생식에 대한 조절 (4) 체내에너지 생산, 이용, 저장 등이다.

한편, 내분비 기관에서 분비되는 호르몬의 종류와 기능, 그리고 주요 호르몬의 과분비와 결핍에 의하여 일어나는 질환 등이 각각 표 16-1과 표 16-2에 제시되어 있다.

16.2.2 내분비계 장애물질(환경호르몬)의 정의와 특성

미국 환경보호청(EPA)은 내분비계 장애물질(Endocrine Disruptors, 환경호르몬)을 "항상성(homeostasis)의 유지와 발달과정의 조절을 담당하는 체내의 자연 호르몬의 생산, 방출, 이동, 대사, 결합, 작용, 혹은 제거를 방해하는 외인성 물질"로 폭넓게 정의하고 있다.

일반적으로, 내분비계 장애물질이란 내분비계의 정상적인 기능을 방해하는 화학물질로서 환경 중 배출된 화학물질이 체내에 유입되어 마치 호르몬처럼 작용한다 하여 환경호르몬으로 불리기도 하며, 생태계 및 인간의 생식기능저하, 성장장애, 돌연변이, 암 등을 유발하는 물질로 확인 또는 추정되고 있는 물질이다(＊1998년 환경부 주관으로 "내분비계 장애물질"로 용어의 통일을 기하고 부처간 대책 협의회가 구성됨)

내분비계 장애물질로 알려진 물질의 대부분은 산업용 화학물질이 차지하고 있으며, 그밖에 에스트로겐 기능약물, 식물에서 생산되는 식물성 에스트로겐 등이 포함된다.

생체 내에 합성되는 호르몬과 비교하여 내분비계 장애물질의 특성은 다음과 같다. (1) 생체호르몬과는 달리 쉽게 분해되지 않고 안정하다. (2) 환경 중 및 생체 내에 잔존하며 심지어 수년간 지속되기도 한다. (3) 인체 등 생물체의 지방 및 조직에 농축되는 성질이 있다.

16.2.3 내분비계 장애물질(환경호르몬)의 종류

현재 내분비계 장애를 일으킬 수 있다고 추정되는 물질로는 (1) 각종 산업용 화학물질(원료물질), (2) 살충제 및 제초제 등의 농약류, (3) 유기 중금속류, (4) 소각장의 다이옥신류, (5) 식물에 존재하는 식물성 에스트로겐(phytoestrogen) 등의 호르몬 유사물질, (6) DES(diethylstilbestrol, 한 때 유산방지제로 사용됨)과 같은 의약품으로 사용되는 합성 에스트로겐류, (7) 일부 식품, 식품첨가물 등을 들 수 있다.

현재 세계생태보전기금(WWF, World Wildlife Fund) 목록에는 67종의 화학물질이 등재되어 있으며, 우리나라도 이에 준하고 있다. 일본 후생성에서는 산업용화학물질, 의약품, 식품첨가물 등의 142종의 물질을 내분비계장애물질로 분류하고 있다(표 16-3).

내분비계장애와 관련해 연구결과나 그 사례가 보고된 대표적 물질로서 (1) 식품이나 음료수 캔의 코팅물질 등에 사용되는 비스페놀 A, (2) 과거에 각각 농약이나 변압기 절연유로 사용되었으나 현재는 사용이 금지된 DDT와 PCB, (3) 소각장에서 주로 발생되는 다이옥신류, (4) 합성세제원료인 알킬페놀, (5) 플라스틱 가소제로 이용되는 프탈레이트 에스테르, (6)그밖에 스티로폴의 성분인 스티렌 다량체 등이 내분비계 장애물질로 의심을 받고 있다.

표 16-5 위해성 논란이 있는 주요 식품 첨가물

분류	이름	특징
타르계 색소	적색 2호	발암물질 가능성이 있어 미국은 1970년대부터부터 사용금지
	황색 4호	미국의 경우 알레르기 및 천식유발, 과민증, 체중감소, 설사 등을 이유로 사용상의 주의를 요하고 있음
표백제	아황산나트륨 (Na_2SO_3)	'합성보존료', '산화방지제' 등으로 표기. 과다섭취시 두통, 복통, 메스꺼움, 순화기장애 등의 부작용이 있음
방부제	안식향산나트륨 (벤조산나트륨)	비타민 함유 음료, 과일주스, 사이다 등에 주로 사용됨
발색제	아질산나트륨	햄·소시지 등 육가공품의 색을 유지하기 위하여 첨가되는 식품첨가물. 독일에서는 육가공품에 한해 1970년대부터 사용금지. 과다 섭취시 Nitrosoamine(발암물질) 생성 가능성
조미료	MSG (L글루타민산 나트륨)	미국 FDA에서는 신생아용 음식에는 첨가하지 못하도록 규정. 천식, 고혈압, 울혈성 심부전 환자, 알레르기 환자에게도 섭취 제한을 권고

16.2.4 내분비계 장애물질(환경호르몬)의 영향

1) 내분비계 장애의 기전

현재 내분비계 장애물질의 작용기전을 밝혀내기 위한 연구가 미국, 일본, 유럽 등 각국에서 수행되고 있는데, 지금까지 알려진 수용체 결합과정에서의 내분비계 장애물질의 작용은 호르몬 유사(mimics), 호르몬 봉쇄(blocking), 촉발(trigger)작용 등으로 나뉠 수 있다.

호르몬 유사작용이란 호르몬수용체와 결합하여 내분비계 장애물질이 마치 정상호르몬과 유사하게 작용하는 것으로서 대표적인 예가 합성에스트로겐인 DES(diethylstilbestrol)이다. 이러한 유사물질은 정상호르몬보다 강하거나 약한 신호를 전달함으로써 내분비계의 교란작용을 유발할 수 있다.

호르몬 봉쇄작용이란 호르몬 수용체 결합부위를 봉쇄함으로써 정상호르몬이 수용체에 접근하는 것을 막아 내분비계가 기능을 발휘하지 못하도록 하는 것이다. 대표적인 예로서 DDE(DDT의 분해산물)의 경우 정소의 안드로겐호르몬의 기능을 봉쇄하는 것으로 보고되고 있다.

촉발작용은 내분비계 장애물질이 수용체와 반응함으로써 정상적인 호르몬작용에서는 나타나지 않는 생체내에 해로운 엉뚱한 대사작용을 유발하는 것이다. 이러한 영향으로는 암

표 16-6 내분비계의 작용과정 및 내분비계 장애물질의 작용 예

호르몬 작용단계	내분비계 장애물질의 작용예
1. 호르몬 합성단계 2. 내분비선으로부터의 호르몬 방출 단계 3. 표적장기의 세포로 혈액을 통해 수송	스티렌 다이머, 트리머 : 뇌하수체에 작용하여 호르몬 합성을 저해
4. 호르몬수용체의 인식, 결합 및 활성화	유사작용(mimics) : PCB, 노닐페놀, 비스페놀 A, 프탈레이트 에스테르 등 (에스트로겐 유사체로 작용) 봉쇄작용(blocking) : DDE, vinclozolin(농약의 일종) (장애물질이 수용체와 결합하여 안드로겐 호르몬의 작용 저해)
5. DNA의 조절부위에 결합하여 유전적발현 또는 세포분열을 조절하는 신호 발생	다이옥신류(촉발작용 ; trigger) 유기주석화합물(TBT, TPT)

과 같은 비정상적 생장, 대사작용의 이상, 불필요하거나 해로운 물질의 합성 등을 들 수 있다. 다이옥신 또는 다이옥신 유사물질 등은 이와 같은 작용기전으로 영향을 나타낼 수 있는 것으로 보고되고 있다.

인간을 포함한 생태계에 대해 나타낼 수 있는 내분비계 장애물질의 대표적인 영향은 다음과 같다. 즉, (1) 호르몬 분비의 불균형, (2) 생식능 저하 및 생식기관 기형, (3) 생장저해, (4) 암유발, (5) 면역기능 저해 등이다.

2) 인간과 야생생물에 대한 영향

내분비계 장애물질의 차세대 영향을 나타내준 사건으로는 1970년대 합성에스트로겐인 DES(diethylstilbestrol)라는 유산방지제를 복용한 임산부의 2세들에게서 나타났다. 이 약을 복용한 임산부에서는 영향이 나타나진 않았으나 이들의 2세에게서 생식능이 감소되었고, 딸의 경우 자궁기형, 불임, 면역기능 이상이 증가하는 사례가 발생했다.

덴마크에서는 1992년에 과거 50년동안 남성들의 정자수가 반감되었다는 보고가 있었으며, 일본에서 최근 Teikyo 대학 의학부 조사에 따르면 20대 남성 34명의 정액을 조사한 결과 정자의 농도와 운동성에서 WHO의 기준을 충족시킨 사람은 1명에 불과함이 발견되었다. 내분비계 장애물질은 이와 같이 정자수의 급격한 감소 이외에도 정소종양(고환암)이나

표 16-7 내분비계 장애로 의심되는 야생생물에 대한 주요 보고사례

	생물	장소	영향	추정되는 원인물질
패류	고둥	일본해안	웅성화, 개체수 감소	유기주석화합물(TBT)
어류	옥새송어	영국하천	자성화, 개체수 감소	노닐페놀
	잉어	영국하천	자웅동체화	노닐페놀
	연어	미국오대호	갑상선비대형성, 개체수감소	불명
파충류	악어	미국플로리다주 호수	음경왜소화, 알의 부화율 저하, 개체수 감소	호수에 유입된 DDT 등 유기염소계 농약
조류	갈매기	미국오대호	자성화, 갑상선종양	DDT, PCBs
	미국 가마우지	미국미시간호	알의 부화율저하	DDT, PCBs
포유류	바다표범	네덜란드	개체수 감소, 면역기능저하	PCBs
	흰돌고래	캐나다	개체수 감소, 면역기능저하	PCBs
	아메리카표범	미국	정류정소, 정자수 감소	불명
	양	호주 (1940년대)	다발성사산, 기형발생	클로버 유래의 식물성에스트로겐

표 16-8 환경호르몬 피해로 추정되는 국내 주요 사례

- 모유(母乳)에서 신종 환경호르몬(PBDE)검출(2007년 식품의약품안전청)
- 서·남해안 수컷 숭어 10% 암컷으로 성(性) 변화(2007년 제주대 이영돈 교수팀)
- 붕어 8%는 암수의 성(性) 혼재하는 자웅동체(雌雄同體)(2006년 국립환경과학원)
- 시중 유통 농산물의 11%에서 '환경호르몬 농약' 검출(2005년 서울시 보건환경연구원)
- 남아 신생아, 성기 기형(畸形) 7년 만에 두 배 증가(2005년 연세대 한상원 교수)
- 20대 남자 정자(精子) 운동성 50% 이하도 비정상(2005년 연세대 한상원 교수)

요도하열과 같은 기형의 증가를 유발시키며, 여성의 유방암의 증가도 이와 관련된 것으로 보인다.

최근 일본의 후생성과 오비히로 축산대학에서의 연구에 의하면, 쓰레기 처리 소각장에 가까울수록 그 지역 주변의 모유나 낙농장 젖소의 우유에서 다이옥신(Dioxin)이 고농도로 함유되어 있다는 사실이 발표되어 사회적으로 커다란 파문을 일으켰다.

내분비계 장애물질 가운데 기존 연구를 토대로 가장 많이 알려진 잠재적 인체영향을 살

펴보면 다음과 같다. (1) 여성의 경우 : 유방 및 생식기관의 암, 내분열증(endometriosis), 자궁섬유종(uterine fibroid), 유방의 섬유세포 질환, 골반염증성 질환(pelvic inflammatory disease) 등이고, (2) 남성의 경우 : 정자수감소, 정액감소, 정자운동성감소, 기형정자 발생증가, 생식기 기형, 정소암, 전립선질환, 기타 생식에 관련된 조직의 이상 등이다.

내분비계 장애로 의심되는 야생생물에 대한 주요 보고사례는 표 16-7에 제시되어 있으며, 환경호르몬 피해로 추정되는 국내 주요 사례는 표 16-8에 제시되어 있다.

16.2.5 내분비계 장애물질(환경호르몬)에 대한 평가

내분비계 장애물질을 평가하는 방법에는 생체내 시험(*in vivo* assay), 시험관내 시험(*in vitro* assay), 현장조사(field survey) 등이 있다. 내분비계 장애물질의 영향에 대한 명확한 규명을 위해서는 어느 한 가지의 시험만으로 이루어지는 것이 아니라, 이들 세 가지 방법이 서로 협조적으로 이루어져야 가능하다.

1) 생체내(*in vivo*) 시험

생체내 시험은 시험물질을 시험동물에 직접 투여하여 실시하는 시험으로서 물질의 영향을 직접적으로 확인할 수 있는 장점이 있다. 그러나 이 시험은 시간이 오래 걸리며, 심지어 수세대에 걸쳐 실시하기도 한다. 간단히 말하면 쥐에 시험물질을 투여하여 독성여부를 관찰하는 것 등이 생체내 시험의 예이다.

2) 시험관내(*in vitro*) 시험

시험관내 시험은 생체내의 조건을 인위적으로 만들어 시험관 등의 생체 밖에서 실시하는 시험으로서 생체내 시험보다 용이하고, 결과를 신속히 볼 수 있는 장점이 있다. 따라서 현재 이 방법은 유해화학물질을 일차적으로 검색하는데 널리 이용되고 있다.

3) 현장조사

현장조사는 실제 생태계에서 내분비계 장애물질에 대한 노출영향을 집단수준의 차원에서 조사하는 것이다. 이러한 현장조사는 생태계 현장에서 영향 유무를 단순히 육안적인 관찰로만 하는 것이 아니라, 기존의 생체내 시험, 시험관내 시험, 생태학적 조사, 그리고 각종 통계학적 기법을 이용한 통합적인 프로그램으로 운영되어야 한다.

16.2.6 내분비계 장애물질(환경호르몬)의 관리방안

1) 정부의 관리 대책

- 실제 또는 잠재적 위해성에 따른 관리대상물질의 우선순위 설정
- 내분비계 장애물질의 환경기준치 설정 및 모니터링
- 농약의 의존도를 낮추기 위한 병충해 내성 신품종의 개발
- 청정생산기술의 장려와 지원 및 위해성이 없는 대체물질 개발
- 대상물질의 내분비계 장애정도를 측정할 수 있는 방법의 개발
- 내분비계 장애물질과 관련한 실험, 연구, 조사 등이 필요할 뿐만 아니라 이러한 결과의 수집, 평가가 요구되며, 이를 위해 학계와 관련부처 연구기관 및 민간전문가로 구성된 전문연구협의체의 운영이 필요함.

2) 산업체의 대응 방안

- 생산 또는 폐기하는 물질에 대한 내분비 장애독성 평가 및 시험
- 소비자에게 상품의 구성성분과 위해성에 대한 정보의 제공
- 상품의 생산에서 폐기까지 전과정평가(LCA)를 통한 청정생산기술의 이행
- 내분비계 장애물질에 의한 제품의 오염여부 감시를 위한 측정

3) 생활환경 관리

(1) 음식물 및 용기

- 육류보다는 섬유소나 Vitamin 등이 많은, 농약이 배제된 곡류, 채소, 과일의 섭취
- 육류 조리시 지방질과 육류 및 생선의 내장의 제거(생물농축부위의 회피)
- 과일이나 야채는 물에 깨끗이 충분히 씻고 되도록 껍질을 벗겨서 섭취
- 전자렌지에 플라스틱 또는 랩으로 음식을 씌워 데우는 일 삼가
- 플라스틱 및 1회용 식품용기(플라스틱 주걱, 컵라면, 뜨거운 캔음료수)사용 자제
- Fast food(Junk food)와 통조림 식품의 사용 자제와 유아(乳兒)에게 모유 먹이기
- 식품첨가물이 많은 식품(과자 등)은 피한다.

(2) 일상생활 관리

- 금연, 개인위생철저(특히 손의 청결유지 ; '1830운동', 'Clean Hands, Save Lives', 질병의 60%를 예방), 치아 치료시 아말감 사용의 억제
- 농경지에 과다한 농약 살포 자제(집안 해충 구제시 살충제의 과다한 사용억제)
- 석유화학제품의 사용 자제(PVC 장난감 구매 자제 → 목재 또는 천연 소재로)
- 폐건전지, 폐수은온도계, 폐형광등과 같은 유해폐기물의 적절한 처리
- 세척력이 지나치게 강한 합성세제(노닐페놀에톡시레이트류) 및 표백제의 사용 자제
- 새옷(특히 내의류)은 세탁 후 사용(dry-cleaning한 옷은 1-2일 바람을 쐰 후에 사용)

16.2.7 환경오염과 아토피(atopy)

아토피(atopy)란 면역반응(immune response)의 하나인 엘러지(allergy ; 어떤 외래성 물질과 접한 생체가 그 물질에 대하여 정상과는 다른 반응을 나타내는 현상) 반응의 일종으로, 심한 소양증(가려움)과 피부 건조증 등을 동반하는 것이 특징이다.

아토피는 대개 5살 이하의 영유아한테 주로 발생해 아이가 자라면서 15살 이전에 대부분 사라지거나 완화되는 것이 보통이다. 그런데 성인임에도 불구하고 아토피 증세가 느닷없이 나타나 고생하는 사람들이 늘어나고 있다. 이런 현상에 대해 정확한 원인은 밝혀지지 않고 있으나, 유전적 소인만으로는 설명이 불가능해 환경적 요소의 중요성이 강조되고 있다.

아토피성 피부염의 유병률은 과거에는 1% 정도로 보고됐으나, 선진국에서는 1970~1980년대부터 15~20%로 급격히 높아졌고 우리나라도 최근 영유아 및 소아의 경우, 선진국과 비슷한 추세를 보이고 있다. 아토피도 유전질환의 하나이기는 하지만, 인간의 유전자가 어느 날 갑자기 바뀐 것도 아닌데, 유병률 1%에 불과했던 아토피가 급증하고 있는 현상을 이해하기 위해서는 주거환경, 사회생활, 공기오염 등 환경적 요소들을 감안할 수밖에 없다는 것이다.

아토피가 유전질환이라는 사실은 최근 외국의 여러 연구에서 입증되고 있다. 부모 중 한쪽이 아토피 피부염, 기관지 천식 또는 엘러지성 비염이 있을 경우에는 자녀의 40%에서 아토피 피부염이 나타나고, 부모 모두가 이들 질환을 가진 경우에는 자녀의 70%에서 아토피 피부염이 발생한다는 것이다.

그러나 아토피 발병에 관련된 유전자를 보유한 사람 모두가 아토피에 걸리는 것은 아니다. 아토피 유전자들이 발현되거나 그 반대이기 위해서는 뭔가 자극이 필요하다. 과거의 상황, 즉 세균, 곰팡이 기생충 등 생물학적 병원체가 사람의 주위에 많이 존재하였던 때에

는 적절히 제공된 그러한 자극들이 아토피의 발현을 억제하는 쪽으로 작용하였으나, 인공적이고 새로운 환경오염물질이 많은 현대문명사회에서는 이러한 자극들이 아토피를 발현시키는 쪽으로 작용하고 있다는 분석이 우세하다.

아토피를 일으키는 자극과 관련해서는 여러 가지 가설이 제기되고 있다. 자극(특히, 생물학적 자극)이 부족하거나 편향되어 아토피가 발생하고 있다는 견해를 보이는 쪽에서는 위생가설(衛生假說, hygiene hypothesis), 기생충가설 등을 제기하고 있고, 자극의 존재 자체가 원인이기 때문에 중요하다는 쪽에서는 엘러지 유발음식, 식품첨가물, 환경유해물질, 스트레스 등 자극의 종류에 주목하고 있다.

위생가설은 아이들을 너무 깨끗한 환경에서 키우면 세균 등 미생물에 의한 자극이 없어서 면역체계(immune system)의 불균형을 초래해 오히려 아토피에 걸리기 쉽다는 것이다. 잡초처럼 자라거나 잔병치레를 많이 한 아이일수록 면역체계가 튼튼해져 아토피와는 거리가 멀 수밖에 없다는 논리다.

즉, 영·유아시기에 세균 감염에 대한 과보호로 엘러지 질환에 대한 면역력을 갖지 못하는 것이 아토피 발현의 중요한 이유라는 것이다. 열악한 환경에서 뛰노는 아이들은 세균이나 바이러스에 쉽게 노출되고 감염되기도 하는데, 이때 체내 면역세포들은 다양한 물질에 접하면서 인체에 이롭거나 해로운 물질을 구분하는 능력과 그에 대한 기억을 간직하게 된다. 이후 해로운 물질이 들어오면 면역체계는 적신호를 보내 이에 대응하는 균형감각을 갖는다.

그러나 이러한 균형감각을 갖추지 못하거나 훈련을 덜 받은 면역세포들은 무조건 외부물질(allergen ; allergy 유발물질)에 대해 비상등을 켜고 이를 처치하는 데만 열중하게 된다. 즉, 특정 물질에 과민반응을 보이는데 이런 증상이 호흡기·피부·코 등에서 나타나 천식·아토피 피부염·엘러지성 비염 등의 엘러지 증상(아토피)이 발생하며, 따라서 잘못된 생활습관과 주변 환경은 개선하면서도, 어느 정도 자연과 친화하며 사는 법을 가르쳐 줘야 한다는 것이다.

기생충가설은 과거에는 몸속의 기생충이 면역체계의 균형을 이루는데 큰 역할을 했으나, 문명사회에서는 기생충을 거의 박멸해 인체 내 면역체계의 균형을 잡을 수 없어서 아토피가 많이 발생한다는 것이다.

아토피를 일으키는 자극으로는 음식물 그 자체, 가공식품의 식품첨가물과 방부제, 실내의 건축자재에서 나오는 각종 유해 화학물질, 집 진드기, 애집개미, 꽃가루, 먼지 등이 많이 거론되고 있다(phytoncide와 forest therapy).

아토피 환자들 중에는 엘러지(allergy)를 일으키는 물질(allergen), 즉 특정 음식을 회피하거나, 도시의 유해한 자극물을 피해 시골로 이주하거나, 자신이 성장한 나라를 떠나 외국으로 이주했음에도 불구하고 상태가 전혀 호전되지 않거나 오히려 나빠지는 경우도 있는데, 이의 대부분은 유전적 소인을 주된 원인으로 하는 아토피가 유발된 것으로 볼 수 있다.

이밖에 무형의 자극이라고 할 수 있는 스트레스(stress)는 아토피 환자가 어디에 살건, 어떤 엘러젠(allergen)과 접촉하고 있건, 관계없이 영향을 미칠 수 있다는 점에서 관심을 모으고 있다. 스트레스는 인체 안에 신경펩타이드라는 단백질을 만들고 그것이 아토피 발생과 관련이 있다는 것이다.

아토피에 대해 이처럼 여러 가설들이 있음에도 불구하고, 아토피 전문가들은 물질문명이 발달할수록 아토피를 더 많이 일으키는 쪽으로 환경이 바뀌고 있다는 견해에 공감을 표시하고 있다. 후진국보다 선진국에서, 시골보다 도시에서, 사회경제적 지위가 높은 계층에서 아토피 환자가 더 많이 발생하고 있기 때문이다.

16-3 토양오염과 생태계

16.3.1 토양오염의 정의

토양은 고체상태인 흙, 액체상태의 지하수 그리고 기체상태인 토양 공기가 어우러진 것으로 그 자체가 자정능력을 지니고 있다. 즉, 토양이 오염되었다고 하는 것은 자정능력을 초과하는 방대한 오염물질이 토양에 유입된 것을 의미한다.

토양오염은 대기오염, 수질오염에 이어서 제3의 오염문제로 대두되고 있으며 수질오염이나 대기오염에 비해 토양오염의 문제성은 뒤늦게 인식되기 시작했다. 이는 토양이 각종 오염물질에 의해 직접 오염될 수도 있으나, 대개는 오염된 대기나 수질에 의해 오염되기 때문이다. 토양오염은 인간에게 직접적인 위해(危害)를 끼치지는 않지만 농작물의 생육을 저해시킬 뿐만 아니라 오염된 농작물을 섭취하는 인간에게 커다란 위해를 끼치는 간접오염이라는 점에서 대기오염이나 수질오염과는 그 성격이 다르다고 할 수 있다.

결국, 토양오염은 산업과 생활활동에서 배출되는 유해물질에 의해서 발생되며, 이로 인해 농작물에 유해물질이 흡수되어 이를 섭취하는 인간이 건강을 해치거나 식물과 동물의 생육을 저해하는 현상이라고 할 수 있다.

오염물질이 일단 토양에 유입되면, 토양은 이를 수일에서 수십년까지 장기간 저장시키는 능력을 지니고 있어 오랜 시간에 걸쳐 서서히 오염물질을 배출함으로써 장기간 주위 생태계에 영향을 끼치게 되며, 이로 인해 다시 지하수를 오염시키거나 대기 중으로 방출되므로 모든 오염문제와 관련되는 것이라고 할 수 있다.

최근에 이르러 농약 사용량 증가와 무분별한 농약살포 그리고 산업발달에 따른 도시화로 인해 소비물질의 증가와 산업체에서 배출되는 유해물질량이 크게 증가함에 따라 토양오염은 날로 심각해지고 있다.

16.3.2 토양오염물질의 종류

토양오염은 농약류, 산업폐수, 생활하수, 방사능 물질 및 기타 오염원에 의해서 이루어지며, 원인물질로는 유기물, 무기염류, 중금속(특히 인체에 유해한 카드뮴, 납, 수은, 구리, 아연 및 비소) 등이다. 이 중에서 중금속은 토양에 장기간 잔류하여 농작물을 오염시켜 이를 섭취하는 인간과 가축의 체내에 잔류, 축적되어 급·만성 중독을 일으키기 때문에 토양오염의 주된 원인 물질이라고 할 수 있다.

1) 농약

농약은 농작물 뿐만 아니라 사람과 동물에게도 강한 독성을 지닌 극·독약이라 할 수 있으며, 농약은 토양 내에서 물리, 화학 및 생물학적 반응으로 원래의 목적과는 달리 유해한 성질로 변화될 수 있기 때문에, 장기간 일정한 장소에 계속 살포하게 되면 작물의 수확량이 감소되는 경향이 있다.

농약 중에서 유기염소제(DDT 등)와 유기수은계 화합물을 비롯한 유기금속화합물 등은 토양 내에서 잘 분해되지 않아 장기간 잔류하게 되어 식물체 내에서 발견되므로 그 잔류독이 심각한 문제가 된다.

한편 농약 이외에 비료 중의 금속류에 의해서도 토양오염이 발생되는데, 이들 물질은 비소, 카드뮴, 크롬, 코발트, 구리, 납, 니켈, 세레늄 및 아연 등이다.

농약은 토양의 온도, 수분 및 미생물의 분포상태에 따라 분해속도에 차이가 있다. 유기염소계 농약은 종류에 따라서 상당히 오랜 기간 토양 중에 잔류하는데, 농약의 95%가 소멸될 때까지 DDT는 평균 10년, dieldrin은 평균 8년, 그리고 heptachlor는 평균 3.5년이 소요된다.

유기수은계 농약은 토양에 살포된 후 일부는 농작물 조직에 흡수되고 나머지는 토양 중에서 세균의 작용으로 알킬수은으로 변화하여 잔류하게 된다. 알킬수은은 식물조직에 흡수되어 농작물을 섭취할 경우 사람과 가축의 체내에 축적되어 중독을 일으키게 된다.

비산납은 살충 및 살균작용을 하는 농약으로서, 토양 중에서 분해되어 유독한 납화합물과 비산(砒酸, arsenic) 등으로 변화해서 잔류되고 극히 일부는 작물에 흡수된다.

이와 같이 토양 중에 잔류하는 농약과 그 분해산물들은 생물에 나쁜 영향을 미치고, 많은 종류의 토양세균을 사멸시킴으로써 토질(土質)과 토양 생태계에 이상을 초래하게 한다.

2) 생활하수 및 산업폐수

질소나 인화합물이 함유된 유기성 폐수를 농토에 주입하여 처리하는 것(토지 경작법, land farming)은 토양오염에 별 문제가 없으나, 중금속을 함유한 폐수의 경우 토양오염을 시키는 유독한 오염원이 될 수 있다.

폐수 내에는 세균, 곰팡이, 바이러스 등의 미생물이 많이 존재하므로 상수원 및 지하수를 오염시킬 뿐만 아니라, 폐수를 무단으로 방류하였을 때는 토양에 오염되어 병원균이 크게 증식할 수 있는데, 일본에서는 쌀생산에 막대한 지장을 초래한 사건이 있었으며, 아일랜드에서는 감자농사를 망친 사건이 있었다.

3) 방사능 물질

원자력 발전소에서 원자력의 이용과 핵실험 등으로 인해 방사능 폐기물이 생성되어 토양을 오염시키기도 한다. 이 물질은 핵실험을 한 곳으로부터 먼 곳까지 운반되어 비와 함께 낙하되는데 이를 방사능 낙진(放射能 落塵)이라 하며, 땅표면은 물론 하천, 농작물, 농토 등을 오염시킨다. 또한 방사능 물질을 처리하기 위하여 매립시키는 경우에는 토양오염을 유발시킬 수 있다는 우려를 전혀 배제할 수 없다.

4) 대기오염 물질

토양을 오염시키는 물질로는 오존, 불소, 구리 및 니켈과 같은 오염물질이 대기로부터 땅표면에 침적(沈積)되어 토양과 식물에 영향을 미치는데, 이들 물질들은 토양 내에서 확산, 흡착, 침전 그리고 고정됨에 따라 화학적 성질이 변화하여 토양의 화학적 성질을 변화시킨다.

대기오염물질인 질소산화물(NO_x) 및 황산화물(SO_x) 등은 산성비를 초래하여 농작물에 직접적인 피해를 줄 뿐만 아니라 토양을 산성화(酸性化)시켜 지력쇠퇴(地力衰退)를 초래한다.

5) 일반폐기물 및 특정폐기물

일반폐기물이나 특히 유해성이 큰 특정폐기물을 적절히 처분(위생매립, 안전매립)하지 않고 무단폐기했을 경우, 폐기물로부터 직접적으로, 혹은 강우 등에 의한 침출수 속으로 용출된 중금속 등 유해물질에 의한 토양오염 및 지하수 오염이 초래될 수 있다.

16.3.3 토양오염의 영향

토양오염이 미치는 영향으로는 중금속 등의 농작물 내 축적에 의한 인체피해 그리고 난분해성, 축적성 살충제에 의한 자연야생동물의 피해 및 식물의 생산성 저하 등을 들 수 있는데 이 중에서 식물에 미치는 영향이 매우 크다고 할 수 있다.

1) 토양의 산성화

(1) 토양의 산성화의 원인

토양이 산성화되는 원인에는 다음과 같이 여러 가지가 있다.

① 과다한 농약과 화학비료 사용증가로 토양이 산성화되는데, 이는 황산암모늄〔$(NH_4)_2SO_4$〕, 황산칼륨(K_2SO_4) 및 염화칼륨(KCl) 등과 같은 비료를 사용하면 비료 중 NH_4^+, K^+ 등은 식물에 흡수되고 SO_4^{2-} 및 Cl^-만 남게 되어 산성화가 된다.

② 분뇨(糞尿)를 비료로 사용할 경우 분뇨 중의 Na^+이 토양 내 Ca^{2+}를 치환시키고, Na^+은 H^+에 의해서 쉽게 치환되어 토양이 산성화되기 쉽다.

③ 과다한 산성 화학비료의 사용이 원인이 될 수 있으며, 고농도 유기성 폐수가 토양속으로 유입되면 이에 대한 혐기성 반응의 중간단계에서 유기산이 형성되어 산성화가 초래될 수 있으며, 또한 호기성 조건하에서도 미생물의 작용으로 유기물질 내의 질소의 질산화 과정으로 산성화가 이루어진다.

④ 대기 중으로 배출된 SO_x, NO_x 및 CO_2 가스에 의해서 산성비를 수반하여 토질이 산성화된다.

(2) 토양의 산성화의 영향

토양의 산성화가 식물에 미치는 영향은 다음과 같다.

① 식물은 중성의 범위에서 가장 잘 성장하며 대체로 pH 5～8 범위에서는 성장에 별 문제가 없으나, 토질이 산성화될 경우 뿌리에 산성용액이 흡수되면 식물체 내의 단백

질을 응고시키거나 용해시켜 직접적인 피해를 준다.

② 산성토양에서는 Al^{3+}과 Mn^{2+}이 용해되어 작물에 피해를 주는데 특히 맥류(麥類)에 있어서는 더욱 심하다. 토질이 산성일 경우 Al^{3+}이 활성화되며 이것이 인산과 결합되어 비용해성인 인화합물이 형성되므로 농작물에 인결핍 현상이 나타날 수 있고, 또한 산성토질에서는 Ca^{2+}이 Na^{+}과 쉽게 치환되어 유출되므로 Ca^{2+} 결핍이 되며, Mg^{2+}, Mo^{3+} 및 B^{3+}와 같은 것이 유실되기 쉽다.

③ 산성토양에서는 미생물의 결핍으로 토양의 **단립구조** ※(團粒構造, 떼알구조, crumb-, aggregate-structure)의 형성이 저해되며, 토질이 노후화(老朽化)되고, 또한 뿌리균과 질소고정균과 같은 유용한 미생물의 활동이 저하된다.

2) 토양의 염분량 증가의 영향

토양의 염분량 증가도 식물에 영향을 미친다. 토양의 염도(鹽度)가 큰 경우 농업용수의 삼투압에 의해서 식물의 성장이 저해되는데 삼투압은 대체로 **전기전도도**(電氣傳導度, electrical conductivity, 1/microohm-cm or μmho/cm)와 관련이 있다. 즉, 전기전도도에 따른 식물의 영향을 살펴보면 전기전도도가 0~2,000까지는 영향이 거의 없으나 2,000~4,000에서는 민감한 식물인 감귤류와 콩류 등에 영향이 있고, 4,000~8,000에서는 대부분 식물에 장해가 발생되며, 8,000~10,000에서는 목화나 사탕수수와 같은 염도가 강한 작물 이외에는 큰 피해가 발생한다. 그러나 만약 토질이 좋아서 배수가 잘 되는 경우에는 뿌리 밖으로 염분의 유출이 용이하므로 그 피해는 감소될 수 있으며, 기온이 높거나 습도가 낮고 비가 덜 오는 경우에는 염도에 의한 영향이 증대된다.

단립구조

토양구조 분류의 하나로 단일 토양 입자가 유기, 무기 콜로이드 등에 의해 무리(떼알)로 접착되어 형성된다. 단립구조에서는 작은 단립이 달라붙어서 보다 큰 2차 단립을 형성하여 복합 구조를 하는 경우가 많고, 따라서 크고 작은 여러 가지의 공극이 풍부하다. 때문에 작은 공극은 보수성이 높고, 큰 공극은 통기성을 좋게 하는 등 식물의 뿌리나 토양생물에 의해서 바람직한 환경을 가져다 준다〔봄에 논이나 밭을 가는(耕 ; 갈 경) 것도 단립구조 형성의 한 방편이다〕.

3) 토양의 중금속 오염의 영향

토양이 중금속에 의해 오염될 경우, 특히 Cd^{3+}은 식물체 내로 흡수되어 잔류하여 인체에 피해를 주며, Cu^{2+}와 Zn^{2+} 등이 과잉존재하면 세포 내의 원형질의 단백질과 결합하여 세포의 물질대사를 저해하여 죽게 한다.

일반적으로 중금속에 의한 피해는 낮은 pH에서 발생되므로 석회(石灰, lime ; 생석회 CaO, 소석회 $Ca(OH)_2$, 석회석 $CaCO_3$) 등을 가하여 중화시킴으로써 그 피해를 줄일 수 있다. 유해 중금속의 발생원으로는 우선 지각 중에 있던 것이 용출되어 나오는 것으로 자연함유량을 꼽을 수 있고, 공장폐수나 폐기물 매립장에서 유출되는 침출수 등이 농경지에 유입되는 경우가 있다.

4) 토양의 물리적 성질변화의 영향

한편, 토양을 악화시키는 물질로는 탄광폐수 및 요업폐수 등에서 발생되는 미립자로서 토양입자의 조성을 변화시켜서 토양구조에 악영향을 미치게 된다. 이는 토양 내로의 공기의 유통을 막는 경우로서 배수를 저해할 뿐만 아니라 토양을 경질화(硬質化)시킨다.

또한 토양의 물리적 성질을 악화시키는 미립자로는 폐수 속의 부유물질과 유기물질을 들 수 있다. 즉 무기성 부유물질은 토양의 배수를 저해시키며 염색폐수 내의 염기가 토양 내에 유입되면 토양 내의 양이온과 결합되어 토양을 경질화시킨다.

유기물질은 용존상태와 부유상태로 존재할 수 있는데 부유상태로 존재하면 토양의 배수상태를 우선 불량하게 만들며, 용존상태로 존재할 경우 미생물의 증식으로 배수가 불량해지고 토양을 환원상태(혐기성 상태)로 변화시킨다. 그리고 수심이 깊은 논의 하부에는 용존산소가 결핍되어 환원상태가 되는데, 이 때 유기산이나 H_2S 등이 발생하여 뿌리에 악영향은 미친다.

5) 토양의 나트륨 이온의 영향

만약 농업용수 내에 Na^+이 양이 Ca^{2+}과 Mg^{2+}의 양과 비교하여 많을 경우에는 Na^+이 Ca^{2+}과 치환되어 배수가 불량한 토양이 되어, 경작이 어려운 토질로 변화하게 된다. 즉, 토양은 Na^+에 의해서 일시적으로 알칼리성이 되지만 물속의 H^+에 의해 곧 치환되어 산성으로 변화된다.

따라서 농업용수에 있어서는 이와 같이 나트륨의 흡착비(Na 吸着比, sodium adsorption

ratio : SAR)가 그 이용척도(利用尺度)로서 다음과 같이 산출된다.

$$SAR = \frac{Na}{\frac{Ca + Mg}{2}} \quad \text{혹은} \quad \frac{Na \times 100}{Na + Ca + Mg + K}$$

여기서 Ca, Mg, Na, K의 단위는 me/L(mili-equivalent per liter, mg/L를 각 원소의 원자량으로 나눈 수치)이다. 이 때 SAR 값이 26 이상일 경우, 토양에 문제가 발생될 수 있다.

16.3.4 토양오염의 제어

1) 예방 대책

토양오염은 일단 한 번 발생하면 그 처리 및 처분이 어렵기 때문에 예방에 최선을 다해야 한다.

(1) 농약 사용의 규제

토양 및 작물에 잔류하여 인체에 위해를 가져오는 주요 유독성 농약 등의 제조 및 사용에 대해 법적인 규제를 하고, 더불어 각종 농작물에 대한 안전사용기준을 설정하여 사용시기 및 사용범위 등을 준수하도록 한다.

(2) 생산품 제조공정상의 청정기술 도입

토양오염문제는 산업발전 과정에서 필연적으로 나타나는 것으로, 오염이 발생하지 않도록 생산품의 제조공정상 청정기술을 도입하여야 한다. 특히 유해화학물질의 제조회사에서는 생산에서부터 소비 후 처분에 이르기까지 그 사용과 유통경로를 철저히 관리하고, 인본주의에 입각한 기술의 도입에 적극 힘써야 할 것이다.

(3) 폐수 및 폐기물의 관리 철저

토양을 오염시키는 축적성의 중금속이나 유해화학물질이 배출되는 공장에서는 제조공정 및 배출되는 폐수나 폐기물을 적극적으로 관리하여 토양오염의 피해가 발생하지 않도록 하여야 한다.

(4) 토양오염 측정망의 설치 운영

토양오염 방지대책의 기초자료를 확보하기 위해 각 지역에 토양오염 측정망을 설치하여 정기적으로 토양오염도를 측정하여야 하며, 이와 함께 주요 원인물질 발생원과 금속광산 및 제련소 등에 대해 특별점검을 실시한다.

(5) 토양오염 방지를 위한 국민홍보

국민전체가 토양오염의 위해성을 인식하고, 토양오염 방지에 대한 적극적인 자세가 필요하다.

2) 사후 대책

일단 오염된 토양에 대한 대책으로는 다음과 같은 방안이 있다.

① 토양의 조건을 고려하여 재배식물을 권장한다. 예컨대 디엘드린(dieldrin)에 오염되어 있는 토양에서는 디엘드린을 잘 흡수하지 않는 엽채류(葉菜類)를 재배하고 근채류(根菜類)는 피한다.

② 밭을 논으로, 논을 밭으로 일시 전환한다. 이로 인해 물에 용해성의 것과 난용성의 것, 혐기적 분해성의 것과 호기적 분해성의 것이 서로 전환이 가능하며, 또 난분해성 유기물의 분해 또는 무독성으로 바뀌게 되는 것도 기대할 수 있다.

③ 토양의 이전교환 또는 용도변경, 택지조성 등의 기회를 이용하여 오염토양을 매립용에 제공하고 다른 곳에서 비오염 토양을 운반하여 메꾼다.

④ 비료에 기인하는 토양의 산성화 등은 석회 사용으로 쉽게 회복을 도모할 수 있으나 내산성의 작물을 선택하는 것도 한 방책이다.

⑤ 유해중금속에 의해 일단 오염된 토양에는 토양개량제(soil conditioner) 등을 사용하여 토양 중의 중금속 농도를 줄이고, 객토(客土)를 실시하여 중금속 함량을 극소화시키는 방안을 강구할 수 있다.

16.3.5 토양오염의 생물복원(Bioremediation)

1) 생물복원의 정의

생물복원(bioremediation, bioreclamation)의 목적은 오염된 지역을 정화하기 위하여 자연적으로 일어나는 생분해 과정을 이용하는 것이다. 생물복원에는 몇 가지 종류가 있다. 현장

생물복원(*in situ* bioremediation)은 오염지역 현장에서 처리하는 방법이고, 현장 외 생물복원(*ex situ* bioremediation)은 현장의 오염된 토양이나 물을 다른 곳으로 옮겨 처리하는 방법이다.

고유 생물복원(intrinsic bioremediation) 또는 자연감쇠(natural attenuation)는 어떤 자극이나 처리공정의 도입 없이 자연상태에서 일어나는 오염물질의 생분해 과정을 의미한다.

2) 생물복원의 적용

(1) 산소의 공급

① 생물반응조(Bioreactor)를 이용한 생물복원

오염된 토양과 지하수 부근에 관정(管井)을 설치하여 오염된 지하수를 뽑아 올려서 지상의 생물반응조(bioreactor)에 의한 처리를 거친 후, 처리된 지하수에 미생물에 필요한 영양물질(N, P)과 산소를 주입한 뒤 파이프라인을 통해서 오염부위에 재주입한다.

이 체제에서 지상에 설치된 오염물질에 순응(順應, acclimation)된 미생물이 함유된 생물반응조의 적용 공정은 현장 외 생물복원으로 간주할 수 있다.

② 생물환기(Bioventing)와 생물여과(Biofiltration)를 이용한 생물복원

오염된 토양(불포화층에 존재)에 공기흡입관을 설치하고 진공펌프로 오염물질이 함유된 공기를 뽑아 올려(bioventing) 생물여상을 통과시켜 오염물질을 여과, 분해시킨다(biofiltration). 이를 다시 활성탄 흡착탑을 거쳐 소각시킬 수도 있다. 이러한 운전은 오염부위에 산소공급을 증가시켜 오염물질의 생물분해 속도를 증가시킬 수 있다.

③ 공기주입(Air sparging)을 이용한 생물복원

지하수면 아래의 오염된 지하수를 처리하기 위해 그 부위에 공기주입관을 설치하여 양압으로 공기를 주입하고, 지하수면 위쪽의 불포화층에는 공기흡입관을 설치하여 진공펌프(음압)로 오염물질이 함유된 공기를 뽑아 올려 생물여상(생물여과)을 거친 후, 활성탄 흡착탑을 거쳐 소각시킬 수도 있다. 이때 오염된 지하수에 공급된 공기는 미생물에 의한 호기성 분해를 촉진시킨다.

(2) 영양물질 공급

두 번째로 가장 흔한 생물복원 처리법은 영양물질, 특히 질소와 인을 첨가하는 방법이다. 많은 오염지역은 탄소가 풍부한 유기성 폐기물 함량은 높으나 질소와 인의 함량은 적다. 영양물질의 첨가는 지상에 설치한 회분식 주입조를 이용하여 오염층에 주입된다. 영양

물질의 주입 목적은 오염지역 탄소, 질소, 인의 비(C : N : P)를 100 : 10 : 1 정도로 적정화하기 위해서이다.

(3) 대체 전자수용체를 이용한 혐기성 분해의 촉진

많은 유기물이 혐기성 조건에서 잘 분해되지 않는 것으로 생각된다. 현재 호기성 분해가 일반적으로 월등히 빠른 과정으로 생각되고 있지만 혐기성 분해도 생물복원의 또 다른 방안으로 제안되고 있다. 이는 일부 지하수 지역에서 호기성 조건을 확립하고 유지하기가 어렵기 때문이다.

혐기성 분해를 이용하기 위한 몇 가지 전자수용체가 제시되고 있는데, NO_3^-, SO_4^{2-}, CO_2, Fe^{3+} 등이 거론되고 있는 물질이다.

현장 적용에 대한 사례는 적지만 질산 이온이 우수한 것으로 나타나고 있다. 이 전자수용체에 관한 연구는 생물복원 영역의 새로운 부분이며 확실히 앞으로 수년 내에 상당히 높은 관심을 받게 될 것으로 보인다.

(4) 계면활성제의 첨가

오염물질의 생물이용성을 높여 생분해성을 향상시키기 위한 방안으로 계면활성제 첨가법이 제안되고 있다. 계면활성제는 화학적으로 합성하기도 하지만 많은 미생물에 의하여 생산되기도 하는데, 미생물에 의해 생산되는 계면활성제를 **생물 계면활성제(biosurfactant)**라 부른다.

이들 물질은 기계, 의류 식기 등에 붙어있는 유류 잔재를 효과적으로 제거하는 산업용 및 가정용 세제와 유사한 역할을 한다. 오염물질들은 수중 계면활성제 **현탁 미립자(micelle)**의 내부에 용해되어 물과 함께 제거된다. 이들 현탁 미립자는 직경 5~10nm 정도의 크기이다. 또한 생물 계면활성제는 미생물들이 기름방울에 잘 부착하게 해주는 역할을 할 수 있다.

실험실 연구에 의하면 합성 계면활성제 및 생물 계면활성제 등이 유기오염물질의 용해도를 상당히 높일 수 있는 것으로 알려지고 있다.

(5) 미생물 또는 DNA의 첨가

토양에 적절한 생분해성 미생물이 없거나 오염물질의 독성에 의하여 미생물 개체군이 월등히 감소한 경우, 존재하는 미생물의 수를 증가시키기 위해 미생물 개체군을 첨가할 수 있다. 이 방법을 **생물증대법(bioaugmentation)**이라 한다.

첫 번째 생물증대법으로 과학자들은 오염물질을 빠르게 분해할 수 있는 "superbug"을 개발하고 있다. 이러한 미생물은 실험실 조건에서 계속 적응시키거나 유전공학적 조작에 의하여 개발할 수 있다. 생분해의 관점에서 보면 이들 superbug은 자연계에 존재하는 미생물군에 비해 그 능력이 월등할 수 있다.

Superbug의 장점을 이용하는 다른 방법으로 환경조건을 제어할 수 있는 생물반응기에 도입하는 방안이 있다. 지상처리 체제로 이용하는 생물반응기의 높은 처리효율은 많이 보고되어 있고 실용화되어 있다.

두 번째 생물증대법은 환경의 고유 미생물에 특이한 분해능력을 제공할 수 있는 **특별한 유전자**를 첨가해 주는 방법이다. 이 방법은 첨가해 준 유전물질을 고유 미생물이 흡수하여 새로운 유기물 분해능을 얻을 수 있어야 한다. 유전자 전달에 이용될 수 있는 두 가지 방법이 시도되고 있다. 첫 번째는 **접합**(conjugation)에 의해 유전자를 전달할 수 있는 미생물을 첨가하는 방법이다. 이 때 첨가미생물의 DNA 일부가 고유미생물에 이동되는 것을 기대한다. 두 번째는 노출된 DNA 자체를 토양에 첨가하여 **형질전환**(transformation)을 통해 전달하는 방법이다. 두 번째 방법은 유전자 전달의 어려움을 감소시킬 수도 있는데 그 이유는 단독 DNA가 전체 세포보다 크기가 훨씬 작기 때문이다.

찾아보기

환•경•생•태•학

ㄱ

가이아 가설 • 163
개체군 • 45
개체의 분포 • 49
경수로 • 146
경질화 • 355
고도처리 • 288
광자(photon) • 210
광화학적 스모그 • 198
국제 협약 • 179
군집 • 75, 89
기생 • 67

ㄴ

나트륨의 흡착비 • 355
내분비계 장애물질 • 338
내성의 법칙 • 30, 31
내인성 자연증가율 • 52
녹조현상 • 27
농약 • 351

ㄷ

단립구소 • 354
대발생 • 122
도시화 • 157
동화작용 • 233

ㄹ

로마클럽 • 168
리우환경회의 • 187

ㅁ

먹이그물 • 14
먹이사슬 • 4, 241
멸균 • 270
물 • 6
미나마타병 • 234
밀도측정법 • 46

ㅂ

방사능 낙진 • 352
방사능 동위원소 • 324
방위 • 65
백화현상 • 207
부담금제도 • 176
부상 • 267
부영양화 • 27
부영양화 현상 • 237
분기선(파괴점) 반응 • 274
분쇄 • 311
불소증 • 206
비생물적 개체군 조절 • 60

ㅅ

사막 • 8
사망률 • 47
산업적 스모그 • 198
살균 • 270
살생물제 • 327
살수여상법 • 281
상리공생 • 70
생명표 • 132
생물농축 • 334
생물농축현상 • 241
생물량 • 13
생물적 개체군 조절 • 60
생물화학적 산소 요구량(BOD) • 22, 251
생산자책임활용제 • 295
생존곡선 • 56
생태적 지위 • 76
생태적 천이 • 82
생태학 • 3
생태학적 지표 • 40
수질오염 • 233
스크린(screen) • 266

ㅇ

에너지 보존의 법칙 • 11
엔트로피 증가의 법칙 • 11
엘니뇨 • 158
여과 • 267
연령분포 • 48
열섬현상 • 202
열역학 제2법칙 • 12
열역학 제3법칙 • 12
열오염 • 242
열점 • 148
오염자 부담의 원칙(3Ps) • 175
오존경보 • 217
오존주의보 • 217
오존중대경보 • 217
온실가스 • 214
온실효과 • 21
외부효과 • 174
위장 • 64
유전자변형농수산물(GMO) • 336
음성 되먹임 고리 • 61
의제(Agenda) 21 • 169
의태 • 65
이따이 이따이병 • 235
이화작용 • 233

ㅈ

자원 • 141
자정기구 • 230
자정능력 • 156
적조현상 • 240
전국자연환경보전계획 • 115
전도현상 • 106, 232
주요 대기오염사건 • 194
지구온난화 • 213
지표미생물 • 264
지표생물 • 30
지표수 • 228
집단행동 • 66

ㅊ

촉발작용 • 343
최저폭발한계 • 310
출생률 • 46
침사지 • 266
침적여상법 • 283
침전 • 266
침출수 • 310

ㅌ

탄소세 • 175
텃세권 • 78
토양개량제 • 357
토양의 형성 • 7
토지 경작법 • 311, 352
퇴비화 • 312
투수성 • 228

ㅍ

패혈증 • 333
편리공생 • 69
피라미드형 • 15

ㅎ

항생작용 • 73
해양오염 • 243
혐기성 소화 • 315
호르몬 봉쇄작용 • 343
호르몬 유사작용 • 343
화학적 산소 요구량(COD) • 254
환경 • 3
환경 정의 • 162
환경레짐 • 162
환경세 • 174
환경영향평가 • 178
환경저항 • 52
환경호르몬 • 338
활성오니법 • 278
회전원판법 • 282
회피반응 • 67
흡착 • 269

기타

3대 지구 환경문제 • 166
CITES • 116
DES(dicthylstilbestrol) • 344
Dioxin • 321
GP • 16
LCA • 173
NCP • 16
NP • 16
Ramsar 협약 • 119
Superfund 법 • 294
Wave Theory • 128

환경생태학 정가 18,000원

인 쇄 1997년 5월 20일 초판 1쇄
발 행 2013년 9월 10일 5 판 1쇄
저 자 박석환 · 곽동희 · 이태진 · 장관순 · 허우명 · 신윤근
발행인 전귀연
발행처 **신 광 문 화 사**
경기도 파주시 광인사길 201(문발동, 파주출판도시)
Tel (031)955-4211~6 donghwapub@nate.com
Fax (031)955-4217 www.donghwapub.co.kr
(등록) 1991년 6월 26일/6-130호

Printed in Korea

ISBN 978-89-7432-454-4

공급처 도서출판 **동 화 기 술**